実在とは何か

実在とは何か

量子力学に残
究極の問い

アダム・ベッカー
吉田三知世 訳

Adam Becker
What is Real
The Unfinished Quest for
the Meaning of Quantum Physics

筑摩書房

WHAT IS REAL?
by
Adam Becker

Originally published by Basic Books,
Hachette Book Group, New York.
Japanese translation published by arrangement with
Adam Becker c/o The Science Factory Limited
through The English Agency (Japan) Ltd.

いつもよき理解者だった、エリザベスに。

本書のための調査とその執筆に対する、アルフレッド・P・スローン財団のご支援に、著者は心から感謝申し上げる。

いかに確固たる事実も、
無視されるか広まるかは、
その語り方によって決まる。

——アーシュラ・K・ル＝グイン

実在とは何か◆目次

第Ⅱ部　量子の反乱分子

本文中、著者による註は番号を付して「原註」として巻末にまとめた。

［ ］は著者による註ならびに補記である。

傍註（＊）および〔 〕は訳者による註ならびに補記を表す。

実在とは何か

量子力学に残された究極の問い

はじめに

ナノスケールのハムレット

日々の暮らしで接するさまざまな物は、同時に二ヵ所に存在できないという、厄介な性質を持っている。上着のポケットに入れっぱなしの鍵が、同時に玄関脇のフックにぶらさがっていることなどあり得ない。これは驚くようなことではない――このような物体には、未知の能力や効果はない。それらは、とことん「普通」だ。ところが、こういうありふれた物体が、じつは、夥しい数の摩訶不思議なものでできている。あなたの家の鍵は、一兆の一兆倍もの原子がかりそめに一体となったもので、その原子はどれも、大昔に、死にゆく恒星のなかで形成され、生まれたばかりの地球の上に降ってきた。若い太陽の激しい光にも晒されたし、地球上の生物の歴史も、その誕生の瞬間から目撃してきた。原子はほとんど叙事詩的ですらある。

叙事詩のヒーローがたいていそうであるように、原子は普通の人間には無縁な問題を抱えている。人間は習慣の生き物で、一度にひとつの場所にひたすら留まっている。しかし原子は、とかく気まぐれに行動する。研究所の通路をさまよう一個の原子は、右か左かどちらに行くかの分かれ道にぶつかる。人間ならどちらかの道を選ぶのだが、原子は、どこに存在すべきで、どこに存在すべきでないかを決められないという危機に直面する。結局、われらがナノスケールのハムレットは、両方を選ぶ。原子はふたつに裂けたりしない。一方の道を選んで、その次にもう一方の道に進んだりということもない——論理の法則をあざ笑いながら、両方の道を同時に進む。あなたと私、そしてデンマークの王子に課せられるルールは、原子には及ばない。原子は、異なる物理学に支配される別世界に住んでいる。それは、顕微鏡でも見えないほど小さな量子の世界だ。

量子力学——原子をはじめ、分子や素粒子などのきわめて小さな物体の物理学——は、すべての科学のなかで、最も成功している理論だ。それは、驚くほど多様な現象を途方もない正確さで予測し、極微の世界をはるかに越えて、私たちの日常生活にも影響を及ぼしている。二〇世紀の初期に量子力学が発見されたことは、あなたのスマホに組み込まれているシリコン・トランジスタや、その画面の下にあるLED、最も遠方を飛行する宇宙探査機の原子力電池、スーパーマーケットの精算用スキャナーへと、直接つながった。量子力学は、太陽がなぜ輝くのか、人間の目がなぜ物を見ることができるのかを説明する。それは、化学という学問全体を、周期表その他すべてをひっくるめて説明する。それどころか、あなたが座っている椅子や、あなたの骨や皮膚のような、さまざまな物がどうして姿かたちを維持できるのかも説明する。このすべてがつまるところ、きわめて小さな物体が、非常に奇妙なふるまいをしていることに由来するのである。

だが、ここに厄介な問題がある。量子力学は、人間や、人間の日常の尺度のあらゆる物には当てはまらないように見えるのだ。私たちの世界は、人間や鍵やその他の普通の物、つまり、一度にひとつの道しか進めない物の世界だ。それにもかかわらず、私たちの周囲のありふれた物はみな、原子でできている――あなたも、私も、そしてデンマークの王子も。そしてこれらの原子は、まちがいなく量子力学に支配されている。ならば、いったいどうして、原子の物理学は、原子でできた世界の物理学と、これほど大きく異なるのだろう？　量子力学は、どうして超微小なものだけの物理学なのだろう？

問題は、量子力学が奇妙だということではない。世界はむちゃくちゃで、あやふやなところで、奇妙なことが起こる余地がたっぷりある。しかし私たちは、日常生活のなかで、量子力学のあれこれの奇妙な効果などまったく見ていない。どうしてだろう？　量子力学は微小な物体だけの物理学で、大きな物体には当てはまらないのかもしれない――きっと、どこかに境界線があって、それを越えると量子力学はもう働かないのだ。もしもそうなら、その境界線はどこにあって、どのように機能するのだろう？　そして、もしもそんな境界線がないのなら――もしも量子力学が、原子や素粒子に当てはまるように、私たちにも当てはまるなら――なぜ量子力学はこれほど甚だしく私たちが経験する世界と矛盾するのだろう？　私たちの鍵は、なぜ一度に二カ所に存在しないのだろう？

生きていると同時に死んでいる

八〇年前、量子力学の創設者のひとり、エルヴィン・シュレーディンガーは、これらの問題に深く悩んでいた。何に悩んでいるかを同僚たちに説明するために彼は、いまでは有名になったある思考実験を考案した。「シュレーディンガーの猫」だ（図0－1）。シュレーディンガーは、一匹の猫を、青

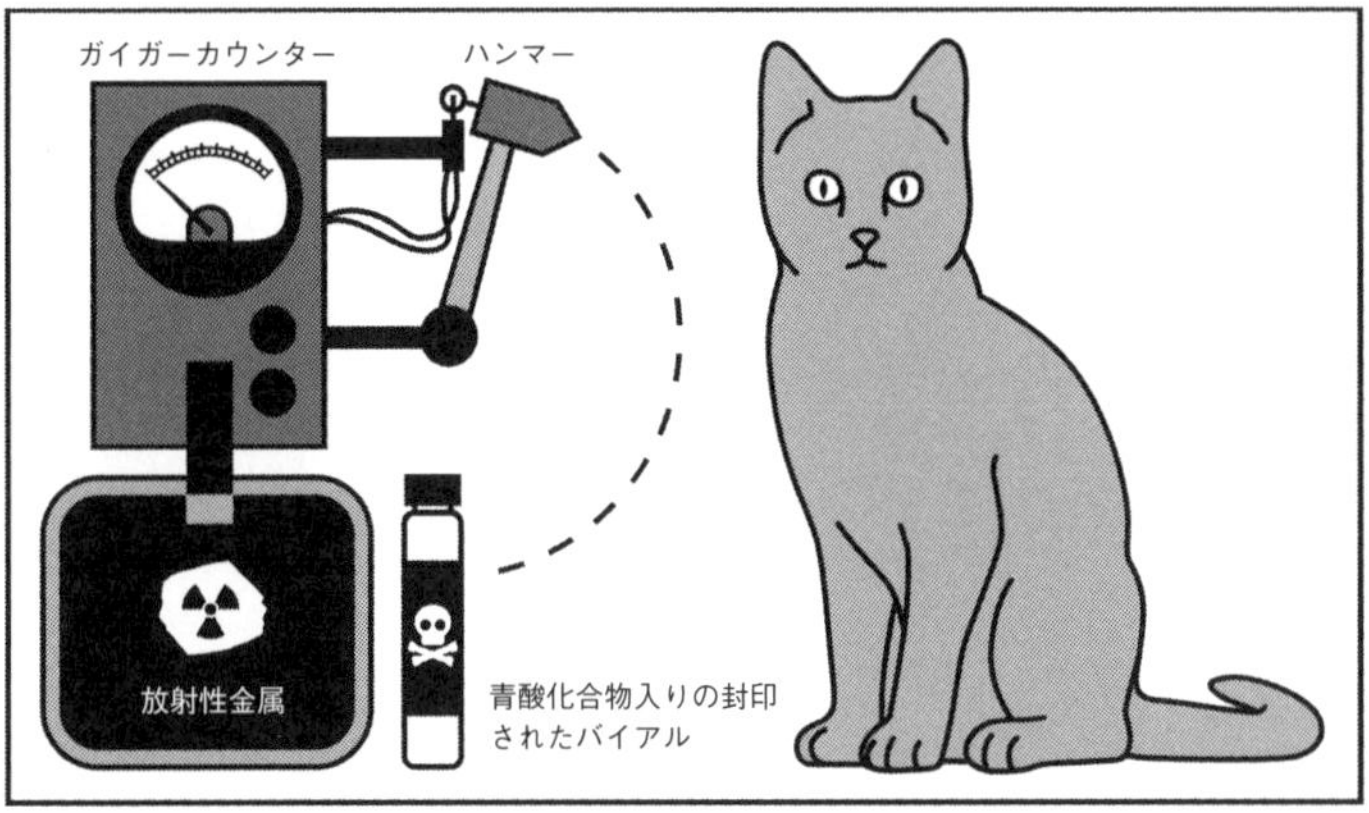

図0－1　シュレーディンガーの猫。金属が放射線を出すと、ガイガーカウンターがそれを検出し、ハンマーを動かし、青酸化合物を拡散させて猫を死なせる。

酸化合物が入ったガラスのバイアルと共に箱のなかに入れるところを思い描いた。バイアルの上には小さなハンマーが吊るされている。このハンマーは、放射能を検出するガイガーカウンターにつながっており、ガイガーカウンターは、弱い放射性を持っている金属の小片に向けられているとしよう。このルーブ・ゴールドバーグ・マシン*は、金属が少しでも放射線を出した瞬間に作動する。つまり、放射線が出れば、ガイガーカウンターがそれを検出し、ハンマーを動かし、バイアルが割れて猫が死んでしまう（シュレーディンガーはこの実験を実際に行うつもりはなかったので、動物虐待防止協会も心配無用）。シュレーディンガーは、猫をしばらくこの箱のなかに入れておき、その後箱を開けて、猫の運命を確かめようと提案した。

金属片が出す放射線は、原子より小さな粒子で、金属に含まれる原子から分かれて高速で飛び出す。十分小さな物はすべてそうだが、これらの粒子も量子力学の法則にしたがう。しかし、これらの粒子はシェークスピアを読んだりはせず、代わりにザ・クラッシュの

『ステイ・オア・ゴー』**をいつも聞いている――どの瞬間にも、留まっているべきか、飛び出すべきか、迷っているわけだ。そこで粒子たちは、その両方を行う。箱が閉じられているあいだ、この優柔不断な金属片は、放射線を出すと同時に出さないのだ。

これらのパンクロック粒子のおかげで、ガイガーカウンターは放射線を検出すると同時に検出せず、そのためハンマーは青酸化合物のバイアルを割ると同時に割らない――したがって猫は、死んでいると同時に生きているだろう。そしてシュレーディンガーは、これは深刻な問題ではないか、と指摘したわけである。原子はふたつの道を同時に進めるかもしれないが、猫が、死んでいると同時に生きていることなど絶対あり得ない。箱を開けたとき、猫は死んでいるか生きているかのいずれかであり、したがって箱を開く直前に、猫はどちらかの状態だったに違いないというのは理に適っている。

しかし、シュレーディンガーの時代の研究者の多くがこれに異議を唱え、まさにこの点を否定した。猫は、箱を開くまで「死んでいると同時に生きている状態」か「死んでいる状態」のどちらかを取ることを強いられるのだと主張する者がいた。箱を開く前に、箱の内部で何が起こっていたかを論ずるのは無意味だ、なぜなら、開かれていない箱の内部は当然観察不可能なのだから、と主張する者もいた。彼らにとっては、観察不可能なものについて心配するのは、まわりに誰もいないときに森のなかで倒れる木は音を立てるかどうか尋ねるのと同じくらい無意味だというのだ。

* 単純な作業を、わざわざ複雑で大掛かりな機械で行う場面を好んで描いた漫画家にちなんで、必要以上に複雑な装置を揶揄する言葉。ここでは単に複雑な機械の意。

** イギリスのパンクロックグループ、ザ・クラッシュの一九八一年の曲。タイトルは、「行こうか、留まろうか」の意。

シュレーディンガーがこの猫に抱いていた懸念は、このような議論で和らぎはしなかった。彼には、同僚たちは問題の核心を見失っていると思われた。それは、「量子力学は、ある重要な要素、すなわち、世界に存在するさまざまな物と量子力学がどのように両立しているのかを説明する物語を欠いている」という懸念である。量子力学に支配された夥しい数の原子が、いかにして私たちが周囲に見ている世界をもたらすのだろう？　最も基礎的なレベルにおいて、実在するのは何で、それはどのように機能するのだろう？　しかしシュレーディンガーに反対する者たちが優勢となり、量子の世界で何が実際に起こっているかについての疑問は無視された。彼の懸念を置き去りにし、物理学はただひたすら前進していった。

何が実在しているのか？

シュレーディンガーは少数派だったが、孤立していたわけではなかった。アルベルト・アインシュタインも、量子の世界で何がほんとうに起こっているのか理解したいと考えていた。彼は、デンマークの偉大な物理学者、ニールス・ボーアと、量子力学と実在の本質について議論した。このアインシュタイン－ボーア論争は物理学の一大伝承物語となり、普通は、ボーアが勝利したとされている。アインシュタインとシュレーディンガーの懸念は根拠がないと示され、量子力学に実在に関する問題は存在しない、なぜならそもそも実在について考える必要などないのだから、と。

しかし、量子力学が、この世界で「何が実在なのか」について私たちに何かを語っているのは間違いない。そうでなければ、どうして量子力学がまっとうに使えているのか？　世界のなかに実在するものとまったく結びつきがなかったなら、量子力学の大成功を説明するのは非常に難しくなるだろう。その理論が単なる模型に過ぎないとしても、それは間違いなく何かの模型であり、しかもその仕事をそこそこよくこなしている。

だが、量子力学が世界について述べていることを理解するのは、今なお難しい。その一因は、量子力学理論がとことん奇妙なことにある。量子の世界に何があるのだとしても、それはなじみ深いものではない。量子論的な物体が持つ、一見相矛盾するような性質――ここともあそこに同時に存在する原子、放出されたと同時に源に潜んだままの放射線――は、量子力学の唯一の異様さではない。遠く離れた物体どうしが、瞬時に結びつくという特徴もある。この結びつきは精妙なもので、直接のコミュニケーションには使えないが、計算や暗号化には驚くほど有用だ。そして、量子力学に従う物体の大きさには制限はないようなのだ。実験物理学者たちの考案した巧妙な装置は、毎月のように、ますます大きな物体が奇妙な量子的現象を示すことを明らかにしている――そして、そのような量子的現象が私たちの日常生活で見られないのはなぜかという問いをいっそう深刻なものにしている。

だがこれらの現象は、量子力学のメッセージの解読を阻む唯一の難問ではない。これらは、最大の難問ですらない。量子力学がうまく機能していることはすべての物理学者が認めるが、それにもかかわらず、その意味をめぐっては、量子論が初めて登場して以来、この九〇年間にわたって激しい論争が繰り広げられてきた。そして、その論争におけるひとつの立場――大多数の物理学者が支持し、言い伝えによればボーアも支持したという――が、この論争の前提そのものを否定してきた。これらの物理学者たちは、量子論の驚異的な成功にもかかわらず、量子の領域で何が起こっているかを問うことは、ある意味不適切、あるいは非科学的だと主張する。彼らにとっては、量子論は解釈など一切必要ないのだ。なぜなら、量子論が記述する物は、真の意味で実在ではないからだ。たしかに、量子的現象の奇妙さゆえに、著名な物理学者のなかにも、これに代わる理論はないときっぱり述べる人たちがいる。小さな物体は私たちの日常生活のなかの物体と同じ客観的実在性[1]を持って存在してはいない、そのことは量子力学が証明している、したがって、量子力学で実在について語ることは不可能なのだ、と彼らは主張する。量子論に何らかの世界の物語が付随しているわけではないし、そもそもそんな物語は存在し得ない、というわけである。

量子力学に対するこの態度は、驚くほど広く支持されている。物理学は、私たちの周りの世界についての学問だ。その目的は、宇宙の根本的な構成要素と、そのふるまいを理解することだ。多くの物理学者が、自然が持つ最も基本的な性質を理解したい、パズルのピースをすべてつなぎあわせるにはどうすればいいかを見たいという欲求に駆られて、物理学を志す。ところが、量子力学に関しては、大多数の物理学者がこの追究を完全に放棄し、物理学者のデイヴィッド・マーミン言うところの、「黙って計算しろ」[2]スローガンを信奉しているのだ。

それよりいっそう驚かされるのが、この多数意見の考え方ではうまくいかないことが、これまでに何度も示されていることだ。物理学者たちに広まっている見解とはうらはらに、アインシュタインはボーアとの論争において明らかに優勢で、量子力学の核心には、答えなければならない深い問題があることを、納得のいくかたちで示した。実在性に関する疑問を、シュレーディンガーの一部の論敵のように「非科学的だ」と言って片付けてしまうのは、時代遅れの哲学に基づく立場であり擁護できない。そして多数派に異議を唱える者たちのなかには、量子力学の正確さを少しも損なうことなく、世界で何が起こっているかを明確に説明するような、量子力学への異なるアプローチを考え出した科学者たちもいる。

これらの、まっとうに使える代替解釈が存在することそのものが、量子論では実在性を放棄せよという考え方が間違っていると証明している。それでも、大多数の物理学者たちは依然としてこのアイデアのいずれかのバージョンに同意している。これはいまなお教室で教えられており、量子力学とはこういうものだという市民向けの説明に使われている。異なる解釈が紹介されるときでさえ、それは標準に対する非主流に過ぎないと言われる。しかし事実は、標準のほうが完全に機能不全なのだ。このような次第で、量子論が初めて登場してから一〇〇年近く経ったいまも――良くも悪くも、世界と、世界に暮らすすべての人間の生活を根底から変貌させたあとも――私たちは依然として、それが実在性の本質について何を告げているのかわかっていない。この、まったく奇妙な話が本書のテーマである。

計算と予測を超えて

これは驚くべき状況だが、物理学の外では、ほとんど誰もこのことに気づいていない。だが、どうして気にする必要があろうか？　つまるところ、量子力学はたしかにうまく機能しているのだ。さらに言うなら、物理学者たちがどうして気にする必要があろうか？　彼らの計算は正確な予測を立てているのだ。それで十分ではないか？

しかし科学の意味は、計算と予測だけではない――科学の意味は、自然がいかに働くかを明らかにすることにもある。そしてその説明、つまり、世界についての叙述は、科学の外側にある人間の活動というそう広い世界はもちろん、科学は日々何をしているのか、科学理論は今後どう展開するのかを、教えてくれる。どんな一組の方程式にも、それらの方程式が何を意味するかについて、私たちが語ることのできる物語が無数に存在する。良い物語を取り上げ、その物語に穴はないかと探ることによって、科学は進歩する。最高の科学理論によって語られた物語が、科学者たちが行う実験を決め、その実験の結果がいかに解釈されるかに影響を及ぼす。アインシュタインが指摘したように、「私たちが何を観察できるかは、理論が決める」[3]。

科学の歴史は、これを繰り返し証明している。ガリレオは望遠鏡を発明したわけではない――しかし彼は、良い望遠鏡で木星を見ようと考えた最初の人間だった。なぜなら彼は、木星は地球と同じように太陽のまわりを周回している惑星だと信じたからだ。その後望遠鏡はずっと使われ、彗星から星雲、星団にいたるまで観察してきた。しかし、太陽の重力が星の光を湾曲させるかどうかを確かめるために日食の際にわざわざ望遠鏡を使った者などいなかった――ガリレオの発見から三百年以上ものちに、[4]アインシュタインの一般相対性理論がまさにそのような効果を予測するまでは。科学の習慣そのものが、私たちの最善の科学理論の内容に依存する――その計算のみならず、その数学に付随する世界についての物語に。その物語は、科学の最も重要な一部であり、既存の科学を越えて次の理論を発見するうえでも重要なものである。

その物語は、科学の領域の外でも重要だ。科学が世界について語る物語は、徐々に広く文化全体に伝わっていき、私たちが周囲の世界と、そのなかにおける自分たちの位置をどう見るかを変える。地球は宇宙の中心ではないという発見や、ダーウィンの進化論、ビッグバンや、一四〇億年ほど昔に始まった膨張する宇宙、そしてそのなかに数千億個の銀河が含まれ、それぞれの銀河には数千億個の恒星が含まれているという発見——このような知識が、人類が持つ人類という概念を、根本から変えてきたのだ。

量子力学はうまく機能するが、それが実在性について語っていることを無視するのは、世界についての私たちの理解に欠けているものを覆い隠すことであり——しかも、人間の営為としての科学という、より大きな物語を無視することでもある。より具体的に言えば、それは失敗についての物語を無視している——分野を越えて考え損なうという失敗、科学的探究を堕落させるような巨大資本や軍事契約を排除し損なうという失敗、そして科学的方法の理想にしたがって行動し損なうという失敗などである。そしてこの失敗は、この世界に暮らしている、思考する住人全員にとって重要だ——この世界の隅々までもが、科学によって何度も作り直されてきたのだから。これは、人間の努力としての科学の物語だ——自然はいかに機能するかのみならず、人々はいかに生きるかという物語でもあるのだ。

プロローグ

成し遂げられた不可能なこと

ジョン・ベルが量子力学の数学に初めて出会ったのは、ベルファストの大学生だった当時だが、それはあまり納得のいくものではなかった。ベルにとって量子力学は、曖昧でぐちゃぐちゃだった。「間違っていると決めつけるのははばかられましたが、出来が悪いことはわかりました」[1]。

量子力学の創始者ニールス・ボーアは、古典的なニュートン物理学が支配する、大きな物体の世界と、量子力学が君臨する小さな物体の世界のあいだにある境界について語った。だがボーアは、ふたつの世界の境界がどこにあるかについては、腹立たしいくらい、明確にすることを避けた。そして、量子力学の完全な数学的形式を初めて発見したヴェルナー・ハイゼンベルクも、ボーアと大して変わらなかった。量子力学に対するボーアとハイゼンベルクのアプローチ――名高いボーアの研究所〔ニールス・ボーア研究所〕の所在地にちなんで「コペンハーゲン解釈」と呼ばれる――は、ベルが大学の量子力学の講座で感じたのと同じ曖昧さであふれていた。

一九四九年に大学を卒業する直前、ベルは、もうひとりの量子力学の創始者、マックス・ボルンが書いた本に出合った。ボルンの『原因と偶然の自然哲学』は、ベルに強い印象を与えた。とりわけ、偉大な数学者にして物理学者でもあるジョン・フォン・ノイマンの証明についての議論は心に灼き付いた。ボルンによれば、フォン・ノイマンはコペンハーゲン解釈が量子力学を理解する唯一可能な道であると証明したのだという。だとすると、コペンハーゲン解釈が正しいか、量子力学が間違っているかのどちらかになる。そして、量子力学が大成功していることからするに、コペンハーゲン解釈とその曖昧さは今後も廃れることはない、というわけだ。

ベルは、フォン・ノイマンの証明そのものを自分で読むことはできなかった――当時それはドイツ語でしか出版されておらず、ベルはドイツ語はできなかったからだ。しかし、ボルンがその証明について書いた文章を読んだあと、ベルはコペンハーゲン解釈に抱いた懸念よりも「もっと実際的な事柄に取り組み始めた」[2]。彼はやがてイギリスの原子力エネルギー計画のもとで働くことになり、量子力学にまつわる疑問は脇へやってしまった。しかし、一九五二年、ベルは「不可能なことが成し遂げられるのを見た」[3]。一件の新しい論文が、コペンハーゲン解釈に対する彼の数年間の慢心をくじいたのである。

どういうわけかよくわからないが、デイヴィッド・ボームという物理学者が、フォン・ノイマンの反証に矛盾するようなかたちで量子力学を理解する別の方法を発見したのだ。いったいどうして？　偉大なフォン・ノイマンが、どこでしくじったのだろう？　それに、ボームの前に誰もそれに気づかなかったのはなぜだろう？　フォン・ノイマンの反証を読まないことには、こういった疑問に答えることはベルにはできなかった。だが、三年後にフォン・ノイマンの反証が英語で出版されるまでに、ベルの人生の局面は大きく変化してしまう。ベルは結婚し、量子力学の博士号を取得すべく、バーミンガムへと移ったのだ。しかし、ボームの論文が「私の頭のなかから完全に消えてしまうことはついぞありませんでした」とベルは言う。「それが私を待っているのは、いつもわかっていました」[4]。十年を超える時を経て、ベルはついにその論文に戻ってきた——そして、実在の本質について、アインシュタイン以来最も深遠な発見をしたのである。

その（トレーンの）算術の基本は不定数の観念である。……計算の操作は量を限定して、不定数から定数へとそれを転換するという。おなじ量を計算する数名の人間がおなじ結果をえるという事実は、心理学者によれば、観念連合（訳注：連想のこと）あるいは記憶の活用の好例であるという。

——ホルヘ・ルイス・ボルヘス、『トレーン、ウクバール、オルビス・テルティウス』（『伝奇集』鼓直訳）

この認識論で酔っ払った乱痴気騒ぎは終わりにしなければなりません。

——アルベルト・アインシュタインからエルヴィン・シュレーディンガーへの手紙、一九三五年

第I部　心を鎮めてくれる哲学

第1章　万物の尺度

認識論で酔っ払った乱痴気騒ぎ

二〇世紀の最初の四分の一で、ふたつの偉大な理論が、世界を揺るがし、人々の足元を打ち砕き、それまでの物理学の残骸をまき散らして、私たちが実在をいかに認識するかを永久に変えた。その理論のひとつ、相対性理論は、一匹狼の科学者が学者集団から離れ、この上ない孤独のなかで研究を行い、やがて、深遠な真実を携えて古巣に凱旋するという、SFさながらの経緯で作り上げられた。もちろんこの科学者は、アルベルト・アインシュタインだ。

もうひとつの理論、量子力学は、これよりはるかに難産だった。それは、数十名の物理学者が三〇年近くにわたって取り組んだ共同作業だった。アインシュタインもそのひとりだが、彼はこの取り組みのリーダーではなかった。この、まとまりもなく手に負えない革命家集団のリーダーらしき人物は、偉大なデンマークの物理学者、ニールス・ボーアだった。ボーアが設立したコペンハーゲンの理論物理学研究所は、量子力学の揺籃期において、研究の中心地となった。五〇年にわたり、この分野の著名人のほぼ全員が、研究者人生のどこかの時点でここに滞在した。ここで研究した物理学者たちは、科学のほぼすべての分野で重要な発見を行った。最初の本物の量子力学理論を構築し、元素周期表の根底にある論理を発見し、放射能の力を使って、生きている細胞の基本的な仕組みを明らかにしたのも彼らだ。そして、ボーアと、彼の学生や同僚のなかでも最も才能のある者たち――ヴェルナー・ハイゼンベルク、ヴォルフガング・パウリ、マックス・ボルン、パスクアル・ヨルダン、そのほかの人々――は、量子力学の数学の標準的な解釈として瞬く間に認められることになる「コペンハーゲン解釈」を構築し、それを推し広めた。量子力学は、世界について、何を教えてくれるのか？　コペンハーゲン解釈によれば、答えはきわめてシンプルだ。「一切何も教えない」。

コペンハーゲン解釈は、量子力学は原子や、それよりも小さな粒子が住む世界についての物語を語るものではなく、実験のさまざまな結果の確率を計算するツールに過ぎないのだと主張する。ボーアによれば、量子の世界についての物語は存在しない。なぜなら「量子の世界など存在しないからだ。抽象的な量子力学的な記述が存在するだけだ」[1]。その記述によって私たちにできるのは、量子的な事象の確率を計算することだけである。量子的な物体は、私たちの周囲の日常的な世界と同じようには存在していないからだ。ハイゼンベルクはこれを、「その最も小さな部分が、私たちがそれを観測しているかどうかにかかわらず、石や木が存在するのと同じような意味で客観的に存在すると考えることはできない」[2]と述べた。しかし、実験結果はきわめて実在的だ。なにしろ、それらを観測する過程で、私たちはそれらを生み出すのだから。ヨルダンは、電子などの原子以下の粒子の位置を観測するとき、「電子は決断を強いられる。われわれはそれに、明確な位置を占めるように強いる。それまでは、電子はここにもあそこにもいなかったのだ……。われわれ自身が観測の結果を生み出すのである」[3]と述べた。

このような主張は、アルベルト・アインシュタインにはばかばかしく思えた。「この理論は、知性が非常に優れたパラノイア患者が抱く体系的妄想のように思われます」[4]と、彼は友人への手紙に記した。彼自身も量子力学の発展に重要な役割を演じたにもかかわらず、アインシュタインはコペンハーゲン解釈に我慢がならなかった。彼はそれを「心を鎮めるための哲学――または宗教」で、「熱狂的な信者には柔らかな枕を提供する……［しかしそれは］私にはまったく何の効果もない」[5]と述べた。アインシュタインは、世界について一貫性のある物語を提供してくれるような、量子力学の解釈を要求した。観測が一切行われていないときでも、問いに答えることができるような解釈を。コペンハーゲン解釈が、このような問いに答えることを拒否していることに憤慨し、それを「認識論で酔っ払った乱痴気騒ぎ」[6]と呼んだ。

だが、もっと完全な理論を求めるアインシュタインの訴えが聞き入れられることはなかった。その理由のひとつは、ジョン・フォン・ノイマンが、そのような理論は不可能だと証明したことにあった。フォン・ノイマンは、ほぼ間違いなく、当時存命の最高の天才数学者だった。[7]彼は八歳までに独学で微積分学を学び、一九歳のときに、高等数学について最初の論文を発表し、二二歳で博士号を取得した。原子爆弾の製造で重要な役割を果たし、コンピュータ科学の創始者のひとりでもある。また、数カ国語に堪能であった。プリンストンでの彼の同僚たちは、冗談半分、本気半分で、フォン・ノイマンには何でも証明できる――そして、彼が証明したものはすべて正しいと言ったものだ。[8]

フォン・ノイマンがこの証明を発表したのは、一九三二年に出版した量子力学の教科書『量子力学の数学的基礎』の一部としてだった。アインシュタインがこの証明のことを知っていたかどうかは定かではない。[9] しかし、ほかの物理学者の多くはこの証明を知っており、彼らにとっては、あの万能のフォン・ノイマンの証明があるというだけで、論争を終わりにするに十分だった。哲学者のポール・ファイヤアーベントは、このことを間近に実感したという。ボーアが行った公開講演のひとつに出席したあとのことだ。「講演が終わると［ボーアは］退席し、議論は彼抜きで進んだ。発言した何人かが、彼の議論があまりに大雑把だったことを批判した――抜け穴がたくさんあるように思われたのだ。ボーア支持者らは、あげられた論点に答えることはしなかった。ただ、噂のフォン・ノイマンによる証明のことを話に出すと、それで議論はおしまいになった……まるで魔法のように、『フォン・ノイマン』という名前と、『証明』という言葉だけで、批判者たちは沈黙してしまったのだ」。[10]

出版された直後に、フォン・ノイマンの証明に問題があることに気づいた者が少なくともひとりいた。一九三五年、ドイツの数学者にして哲学者でもあったグレーテ・ヘルマンが、フォン・ノイマンの証明を批判する論文を発表したのだ。フォン・ノイマンはある重要なステップを正当化し損ねており、そのため証明全体が不完全になっていると指摘した。[11] しかし、彼女の指摘に耳を傾ける者などなかった。その理由のひとつは、彼女が物理学者のコミュニティーにとっては部外者だったこと、そしてもうひとつには、彼女が女性だったこともあろう。[12]

フォン・ノイマンの証明に欠陥があったにもかかわらず、コペンハーゲン解釈は完全な優勢を維持した。アインシュタインは、世界からかけ離れ孤立した老人と見なされるようになり、コペンハーゲン解釈に疑問を呈することは量子力学の大成功そのものを疑問視することに等しいとされた。こうして量子力学はその後二〇年間にわたって成功を積み重ね、その中心にある穴についてそれ以上問われることはなかった。[13]

理論になぜ解釈が必要か

どうして量子力学には解釈が必要なのだろう？　どうして量子力学は、世界がどのようなものかを、直接教えてくれないのだろう？　いったいどうして、アインシュタインとボーアのあいだに論争など起こったのだろう？　アインシュタインもボーアも、量子力学がうまく機能することについてはたしかに同意している。ふたりともその理論を認めていたのなら、その理論が述べることについて、どうしてふたりの意見が一致しなかったのだろう？

量子力学に解釈が必要なのは、その理論が世界について何を言っているのか、すぐにははっきりしないからだ。量子力学の数学は、なじみが薄く、難解で、その数学と私たちが住む世界との結びつきはなかなか見えてこない。これは、量子力学が取って代わった理論、すなわち、アイザック・ニュートンの物理学とは対照的だ。ニュートンの物理学は、なじみ深く単純な三次元の世界を記述し、何かに跳ね飛ばされて逸れてしまうまで、直線の上を運動する堅固な物体だけが存在する。ニュートン物理学の数学は三つの数で物体の位置を特定する。数字は一次元にひとつ対応し、その三つ組みをベクトルと呼ぶ。もしも私が梯子に登っていて、地面から二メートルの高さにおり、その梯子はあなたの前方三メートルのところに立てかけてあるとすると、私の位置は（0、3、2）と表すことができる。0は、梯子がまっすぐで左右どちらにも傾いていないという意味であり、3は、私があなたの三メートル前にいるという意味で、2は、私はあなたの二メートル上にいるという意味だ。完全に明快である——ニュートン物理学をいかに解釈すべきかと深刻に悩んでうろたえる人はいない。

だが、量子力学はニュートン物理学よりもはるかに奇妙で、その数学もやはり、ずっと奇妙だ。ある電子がどこにあるかを知りたければ、三つ以上――いや、無限個の数が必要になるのだ。量子力学は、世界を記述するために、波動関数という無限個の数の集合を使うのである。これらの数のひとつひとつが、異なる位置、つまり、空間のあらゆる点のひとつひとつに対応している。[14] あなたのスマートフォンに、ある一個の電子の波動関数を測定するアプリが入っていたとすると、画面にはたったひとつの数が表示されるだけだろう。それは、あなたのスマホが存在している位置に対応する波動関数の値だ。いまあなたが座っている場所では、その「波動関数ゼロメーター™」が「5」という数を表示しているとしよう。通りを半ブロック歩くと、画面表示は「0・02」に変わっているだろう。[15] これが波動関数の最も単純な例だ。つまり波動関数とは、位置ごとに決まっている数をすべての位置について集めたものなのである。

量子力学では、あらゆるものがひとつの波動関数を持っている。この本も、あなたが座っている椅子も、あなた自身も。あなたの周りの空気に含まれる原子も、その原子の内部の電子やその他の粒子もそうだ。ある物体の波動関数は、その物体のふるまいを決定するが、物体の波動関数のふるまいは、シュレーディンガー方程式によって決定される。これは、一九二五年にオーストリアの物理学者エルヴィン・シュレーディンガーが発見した、量子力学の中心的な方程式である。シュレーディンガー方程式は、波動関数が常になめらかに変化することを保証している――つまり、ある位置に対する波動関数の値が、5から0・05へと瞬時に変化することなど起こらないということだ。数値の変化は、完全に予測可能である。5・1、5・2、5・3、という具合に変化するわけである。波動関数の値は、増加と減少を繰り返す場合もある。まるで波のようだが――それゆえ「波動」関数と呼ばれている——常になめらかに、波打つように変化し、急激に跳ね上がったり下がったりすることは決してない。

波動関数はそれほど複雑ではないが、量子力学にそれが必要だというのはちょっと奇妙だ。ニュートンは、どんな物体についても三つの数を使うだけでその位置をあなたに教えることができた。どうやら量子力学は、たった一個の電子の位置を記述するだけでも、宇宙全体にわたる無限個の数の集合が必要らしい。しかし、もしかすると奇妙なのは電子のほうかもしれない——きっと、電子は岩や人間と同じようにはふるまわないのだろう。もしかすると、電子は宇宙全体にぼんやり広がっていて、波動関数は、ある特定の位置に、その一個の電子のうちどれぐらいが存在しているのかを記述しているのかもしれない。

しかし、じつのところ、明確に定義されたひとつの場所に、半分の電子、あるいは、一個に満たない電子が存在するなどということはあり得ない。波動関数は、一個の電子が一つの場所にどれだけの分量存在しているかを示すのではない——それは、その電子がその場所に存在する確率を示しているのだ。[16] 量子力学の予測は概して、確率によって示され、何も確実なことは示さない。だが、それは奇妙だ。というのも、シュレーディンガー方程式は完全に決定論的だからだ——そこに確率はまったく入ってこない。シュレーディンガー方程式を使えば、どんな波動関数でも、完璧な正確さで、いかにふるまうかを永遠の未来まで予測することができる。

ただし、これもまったくの真理というわけではない。あなたがその電子を見つけたら直ちに、その波動関数に妙なことが起こる。まっとうな波動関数はシュレーディンガー方程式にしたがうが、この波動関数は収縮する——あなたがその電子を発見した場所以外では、その関数は瞬時にゼロになって

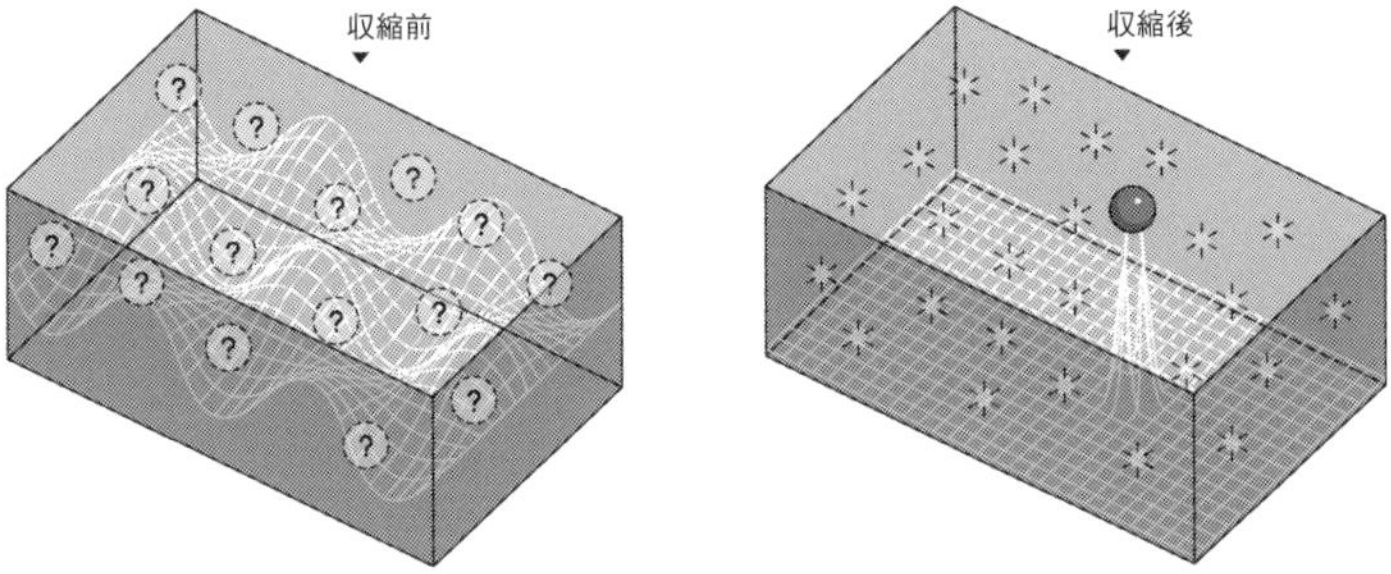

図１－１　観測問題

左図：箱のなかのボールの波動関数はシュレーディンガー方程式にしたがい、湖面のさざ波のように、なめらかに波打っている。ボールは箱のなかのどの位置にも存在し得る。

右図：ボールの位置が観測され、ある特定の位置に発見される。波動関数は瞬時に、かつ劇的に収縮し、シュレーディンガー方程式にはまったくしたがわなくなる。どうしてシュレーディンガー方程式は観測が行われていないときにしかあてはまらないのか？　そして、ここで一体何をもって「観測」と呼べばいいのだろう？

しまうのだ。どういうわけか、あなたが観測を行うとき、物理法則は異なるふるまいをするようなのだ。シュレーディンガー方程式は常に成り立っているのだが、観測が行われるときだけは例外で、その時点でシュレーディンガー方程式は一時的に宙づり状態になってしまい、波動関数はある一点を除いて収縮する。これはあまりに奇妙なため、特別な名称で呼ばれている。「観測問題」だ（図１－１）。

シュレーディンガー方程式は、どうして観測が行われていないときだけ成り立つのだろう？　自然法則はそんなふうには働かないのではないか――自然法則というものは私たちが何をしていようが、常に成り立つはずだ。一枚の葉がカエデの木から離れるとき、それを見ている者がいようがいまいが、葉は落下するだろう。そばに見守っている者がいようがいまいが、重力はそんなことには構わない。

だが、もしかすると量子力学は本当に違うのかもしれない。観測は実際に、量子の世界を支配する法則を変えるのかもしれない。それはたしかに奇妙なのだが、あり得ないことではなさそうだ。しかし、仮にそれが本当だとしても、それは観測問題をまだ解決してはいない。なぜなら、いまや新たな難問が出てきたからだ。「観測」とは一体何だ？　という難問である。観測には観測者が必要なのだろうか？　量子の世界は、そこに観客がいるかどうかに依存するのだろうか？　意図的に波動関数を収縮させることのできる者がいるのだろうか？　目覚めている間中、波動関数を意識していなければならないのだろうか？　あるいは、昏睡状態の人は観測者になれるだろうか？　生まれたばかりの赤ん坊はどうだろう？　観測者は人間だけなのだろうか？　それともチンパンジーでもいいのだろうか？　「一匹のネズミが見守っているとき、それは宇宙の〔量子〕状態を変えるのだろうか？」[17]と、アインシュタインはかつて問うた。ベルは、「世界の波動関数は、単細胞生物が一匹現れるまで、数億年のあいだジャンプするのを待っていたのだろうか？　それとも、もうしばらくのあいだ、もっと高い能力を持つ観測者——博士号を持った——を待たねばならなかったのだろうか？」[18]と問うた。だが、観測が、生きた観測者と無関係なら、そこには何が関与しているのか？　それはただ単に、量子力学に支配された小さな物体が、量子力学の支配は受けない大きな物体と相互作用をしたというだけのことなのだろうか？　その場合、観測は基本的には常に起こっており、シュレーディンガー方程式はほとんど成り立っていないということになるのだろうか？　そして、微視的なものの量子論的世界と、巨視的なもののニュートン的世界の境目はどこにあるのだろう？

このような奇妙な疑問がたくさん詰まったパンドラの箱が、基礎物理学の中心に横たわっていると気付くのは、控えめに言っても不安な気持ちにさせられる。しかし、これだけ奇妙なのにもかかわらず、量子力学は世界を記述することに大成功している——もっと簡単だった昔のニュートン物理学

（これ自体かなりの成功を収めてきたが）に比べて、はるかに大きな成果を上げている。量子力学がなかったなら、ダイヤモンドはなぜこんなに硬いのかも、原子は何でできているのかも、エレクトロニクスをいかにして作り上げるのかも、まったく理解できなかっただろう。ならば、波動関数は、宇宙全体にその数値を持ちながら、この世界に住む私たちの周囲の、日常的な物体にも何らかの関連があるはずだ。さもなければ、量子力学が何かの予測をすることなど不可能だろう。だがこれで、観測問題はいっそう深刻になる――それは、実在の本質について、私たちが理解していない何かがあるということなのだから。

では、この奇妙で素晴らしい理論を、いかに解釈すべきなのだろう？　量子力学は、世界について、どんな物語を語っているのだろう？

そんな問いかけに答えるのはやめて――答えるなんて難しそうだ――そんな問いはそもそも的外れだと、否定してしまうことも可能だろう。量子力学で大事なのは、観測の結果を予測することだけだと主張することもできる。そうすれば、観測をしていないときに何が起こっているかを気に病む必要はなくなるし、こういった難しい問いも消え去ってしまう。波動関数とは何か？　それは私たちの周りの世界とどのように結びついているのか？　ほら、もう、簡単で、心安らぐ答えがここにある。「波動関数は単なる数学的手段に過ぎない。私たちが観測について予測できるようにしてくれる、会計ソフトに過ぎない。それに、波動関数と私たちの周りの世界との結びつきなんて全然ない――それは、ただの便利な数学ツールだ。私たちが見ていないときに波動関数が違うふるまいをしていても別に少しも構わない、なぜなら、観測からつぎの観測までのあいだのことなど、まったくどうでもいいのだから。その間の物体の存在について話すことさえ非科学的だ」。妙な話だが、これが量子力学の正統とされる見解である——コペンハーゲン解釈の「安眠枕」だ。

こういう胡散臭い安直な答えには、もうひとつ別の疑問が浮かぶが、こちらにはそんな明解な答えはない。物理学は物質世界の科学だ。そして、量子論は、その世界の最も基本的な構成要素を支配する物理学だとのたまう。だがコペンハーゲン解釈は、量子力学において実際に何が起こっているのかを尋ねるのは無意味だと言う。ならば、実在しているのは何なのか？　コペンハーゲン解釈はこれに沈黙と、そもそもそんなことを尋ねた厚かましさに対する厳しい非難の目をもって応える。

このような答えには、とても納得などできない。しかしこれは、標準的な答えでもある。この疑問をあくまでも追究した物理学者たち——アインシュタインや、のちのベルやボームのような物理学者たち——は、コペンハーゲン解釈に対するあからさまな反逆の姿勢で取り組んだ。したがって、実在の追究は、その反逆の物語でもある。そしてこの反逆は、量子力学と同時に生まれた。

第2章　どこか腐敗していたデンマークの固有状態

ついにヴェルナー・ハイゼンベルクにお呼びがかかった。弱冠二四歳の新進物理学者は、ドイツの、ひいては世界の物理学の中心である、かのベルリン大学から講演に招かれたのだ。彼はそこで、自身が案出した新しい驚異的な考え方を、アインシュタインその人の前で説明するのである。「これほど大勢の有名人たちに会うのは初めてだったので、当時は最も型破りとされていた理論の基本概念や、数学的基盤についてわかりやすく説明するよう細心の注意を払った」と、ハイゼンベルクは何十年ものちに回想している。「私は、アインシュタインに関心を持ってもらうことに成功したようだった。というのも、その新しい考え方についてもっとじっくりと議論できるように、一緒に歩いて帰らないかと、私を誘ってくれたからだ[1]」。

一九二六年のその春の日、彼のアパートまで歩きながら、アインシュタインは、さりげないふうに、ハイゼンベルクが受けた教育や経歴について当たり障りのない質問をし、ハイゼンベルクの新理論に話を向けないように気を遣っていた。安全な自宅の扉の内側に入ってしまうまで、罠をしかけるのを待っていたのである。

奇妙な新しい数学

ハイゼンベルクの「最も型破りな理論」は、非常に大きなブレークスルーだった。それは、当時の科学の未解決難問――量子論的世界とはどのようなところかという疑問――に、けりを付けるものと目されていた。物理学者たちは、もう三〇年近くも、何かがおかしいと思い続けていた。極微の世界――原子の世界――で何が起きているかを理解するための革新が必要だ。しかし、彼らはやみくもにこれに取り組んでいた。原子は小さすぎて、普通の顕微鏡では、どれだけ倍率をあげようが、その内部を観察することはできない。可視光の波長は、一個の原子の大きさの数千倍も大きいからだ。だが原子は、熱せられると異なる色の光を放出し、原子ごとに固有のスペクトルを持っている。指紋のようなものである。一九世紀末から二〇世紀初頭にかけて、物理学者たちは、これらの指紋の存在を認識するようになっていたが、原子が持つどのような内部構造がこのようなさまざまな「スペクトル系列」をもたらしているかは、まったく見当がつかなかった。スペクトル系列には数学的な規則性があり、これを手がかりに系列の一部を理解する方法が案出された。最も顕著な成果をあげたのがニールス・ボーアだ。

一九一三年、ニュージーランド生まれの物理学者、アーネスト・ラザフォードの実験結果に刺激されて、ボーアは原子構造の「惑星」模型を提唱した。小さいが非常に重い原子核のまわりを、電子が周回しているという説だ。ボーアの模型では、電子は許された軌道にのみ存在し、そのような軌道が一組、厳然と決まっていると主張していた。電子は、許された軌道と軌道のあいだに存在することはできなかったが、軌道から軌道へと「ジャンプ」することはできた。それぞれの軌道が、異なるエネルギーに対応し、電子は軌道と軌道のあいだをジャンプする際に、そのエネルギーの差に相当する光を放出または吸収し、実験室で観察されるスペクトルを生み出す。このような、特定のエネルギーのあいだの不連続なジャンプは、量の程度＝分量を意味するラテン語の「クアンタ（量子）」と呼ばれていた――そのため、原子の世界の新しい科学は、「クアンタム・フィジックス」、「量子力学」と呼ばれることになったのである。[2]

ボーアの模型は、最も単純な原子である水素原子に対しては、驚くほどうまく当てはまった。あまりにうまく当てはまったので、一九二二年にこの業績が評価されて、ボーアにノーベル賞が贈られたほどだ。いま振り返ってみると、ボーア模型は単純に思えるが、それは、いかにこの模型が、原子という概念を根底から変貌させ、新たに構築したかを示すものである。「原子」という言葉を聞いたときに、あなたの頭のなかに、原子核の周囲を数個の電子が周回している模式図が浮かぶのは、ほとんど完全にボーアのおかげだ。彼の模型は、自然の仕組みに関する真に秀逸で独創的な洞察だった。だが、それはまた不完全でもあり、ボーア自身もそのことには気づいていた。彼の模型は、水素以外の原子に対しては、水素の次に単純なヘリウムについてさえ、スペクトルの色を正しく予測できなかったのだ。しかも、水素に対してすら、ボーアの模型で説明できることは限られていた。水素スペクトルの色は説明できても、それぞれの色の相対的な明るさは説明できなかった。ボーア模型で一色が予測されているところに二重または三重の、色が微妙に異なるスペクトル線が密集して現れたのだ。そして極めつけに、原子のスペクトルは外部からの影響を受けるのだが、ボーア模型ではそのような影響の多くを十分に説明できなかった。一個の原子を磁場のなかに入れると、その原子のスペクトルは変化した。電場のなかに入れると、スペクトルは違うかたちの変化をした。色がずれたり、ぼやけたり、スペクトル線が分裂したり、明るくなったり暗くなったりしたが、それらを包括的に説明できるパターンは現れそうにもなかった――ハイゼンベルクが登場するまでは。

一九二五年六月、ハイゼンベルクはひどい花粉症に苦しんでいた。くしゃみはとまらず、ほとんど目が見えないぐらい涙が流れ、ひどく腫れた顔は乾くまもない。どうしようもなくなった若き物理学者は、二週間休暇を取り、北海に浮かぶ砂岩の小島、ヘルゴラント島に引きこもった。木も花もまったくない島だ。数日間この島で過ごすうちに体調は回復し、研究を再開した。原子に属する電子の軌道についてボーア模型が述べていることをすべて無視し、ハイゼンベルクは彼が実際に見ることができるものに注目した。つまり、異なるエネルギー準位のあいだの電子の跳躍によって放出される光のスペクトルそのものに注目したのだ。午前三時に、冷たい海の波が繰り返し打ち寄せる岩の上に建つ小屋のなかで、たったひとり、興奮状態におちいって、震える手で「何度も何度も計算のミスを繰り返し[3]」てはを修正するなかで、ハイゼンベルクはブレークスルーを成し遂げた。「私は原子現象の表面を突き抜けて、その背後に深く横たわる独特の内部的な美しさをもった土台をのぞきみたような感じがした。そして自然が私の前に展開してみせたおびただしい数学的構造のこの富を、今や私は追わねばならないと考えたとき、私はほとんどめまいを感じたほどだった[4]」。その場でハイゼンベルクは、奇妙な新しい数学を編み出した。そこでは、「三かける二は、二かける三に等しい」などの単純なことが必ずしも成り立たない。この扱いにくい数学を使って、ハイゼンベルクは量子的な振動子――要するに、微小な振り子——のスペクトルを予測する方法を見出した。そしてこれを元にすれば、原子スペクトルが磁場に対してどのように応答するかを予測することが可能になったのである。

ゲッティンゲン大学の職場に戻ったハイゼンベルクは、慎重を期して、彼が構築した新しい理論の草稿を、友人の切れ者物理学者ヴォルフガング・パウリに送った。ハイゼンベルクが後年、「いつも私の最も辛辣な批判者だった」[5]と回想するパウリは、この新理論を手放しで称賛した。「[ハイゼンベルクの説は]新しい希望と、新たな生きる喜びをもたらす……。それは謎の答えではないけれど、いまや再び前進することが可能になったと思う」[6]とパウリは述べた。ハイゼンベルクの上司、マックス・ボルンも同意見だった。ボルンと、彼が指導する学生のパスクアル・ヨルダンは、ハイゼンベルクが彼の新理論の構造と意味を解明するのを手伝った。ボルンはその新理論を、「行列力学」と名付けた。その核心にある、物理学者たちにはあまりなじみのなかった数学的形式にちなんだものだ。ハイゼンベルクの行列力学は、手法として近寄りがたい印象で、可視化するのはとても不可能に思われた。しかし、それは、原子スペクトルのみならず、量子的世界の全体を記述するものとしての理論へ展望を与えていた。

アインシュタインの革命

アインシュタインが物理学の革命をもたらしたのはその二〇年前、ちょうど一九二五年のハイゼンベルクと同じ年齢で、しかも、やはり一種の孤立状態にあった——もちろん花粉症のせいで引きこもっていたわけではなかったが。一九〇五年、スイスの特許審査官として勤めるかたわら、特殊相対性理論を発表し、光の本質をめぐる長年にわたる議論に終止符を打った。アインシュタイン以前は、光は未だ検出されていない何らかの媒体を伝わる波だと考えられており、その媒体は、（一九世紀らしい煌（きら）びやかな）「輝くエーテル」という名称で呼ばれていた。しかし、一八八七年、アルバート・マイケルソンとエドワード・モーリーというふたりの物理学者が、エーテルのなかを動く地球の運動を検出しようと実験を行ったが、そのようなものは検出できなかった。この実験結果を説明するために、急ごしらえの理論があれこれ提案されたが、ただ次々登場する説がますます複雑化するばかりだった。ある物理学者は、この実験結果は、エーテル内を運動している物体がエーテルによって圧縮されている証拠だと示唆した。別の物理学者は、それだけでは不十分だ――エーテルはそれに加えて、そのなかを運動する物体の内部で起こっている物理的プロセスをすべて遅らせていなければならないと指摘した。しかし、エーテルは非物質的なものだとしながら、それがこういった奇妙な性質をすべて持っていると言われても、信じるのも理解するのもますます難しくなるばかりだった。

アインシュタインはこの混乱を一気に解決したのだが、その見事さは後になって振り返ってはじめてわかる類のものだ。彼は、エーテルを思い描くのが難しいのは、それがまったく存在していないからだという考え方を提案した。「光は、電磁場の波にすぎず、媒体は必要とせず、常に一定の速度で運動している」――この単純な仮定から、アインシュタインは運動に関するひとつの理論の全体を紡ぎ出した。それが特殊相対性理論である。この理論は、マイケルソン‐モーリーの実験の否定的な結果を説明でき、しかも、ほかの学者たちはただ仮定することしかできなかった、奇妙な効果――長さの収縮と時間の遅れ――のすべてを第一原理から導き出していた。

特殊相対性理論はまた、新しい予測もしていた。この理論のひとつの帰結が、光速は絶対的な制限速度だというものだ。物体にせよ信号にせよ、真空中の光よりも速く進めるものは存在しない。特殊相対性理論の数学は、光速に近づきつつある物体はどれも、光速に達するには、無限大の量のエネルギーが必要だという。そして、何とかうまくやって、光速よりも速い速度に達した物体は、この理論の上では、自らの過去へと入り込んでしまい、そもそも自らが出発することを妨げてしまう――これはパラドックスである。光速は、制限速度だとしても、やはり非常に速い――秒速約三〇万キロメートル――のだが、アインシュタインは、これが、物体が運動したり、信号を送ったり、あるいはほかの物体に影響を及ぼす速度の上限であることを発見したのである。

同年に発表した、その追加論文で、アインシュタインは自身の相対性理論を、ニュートンの一連の運動法則を修正するために拡張し、その過程で、質量はエネルギーの一形態であることを示す、名高い方程式を発見した。$E = mc^2$ である。しかもこのふたつの論文は、「奇跡の年」一九〇五年にアインシュタインが発表した論文のうちのふたつでしかない。同年、彼はさらにふたつの重要な論文を発表した。原子のふるまいに関するもの、光と物質の相互作用に関するものである。この四つめに挙げた論文によって、彼はのちにノーベル賞を受賞する。

相対性理論の研究で、アインシュタインが導き手としたもののひとつが、オーストリアの物理学者にして哲学者でもあったエルンスト・マッハの研究だ。マッハには科学についての信念があった。科学は、世界の真の本質について何も主張しない、記述的な法則に基づいているべきだ、というのだ。科学の実践に不要な主張を、彼は否定した。マッハにとって、この点に関する最悪の違反者は、物理学の偉大な神、アイザック・ニュートンだった。ニュートンの最大の著作『プリンキピア――自然哲学の数学的諸原理』は、空間と時間はそれ自体が絶対的な存在で、世界に実在しているという仮定で始まる。この「絶対空間という概念的怪物」は、マッハの見解では、「純粋に思考の産物で、経験のなかで指し示すことはできない」[7]。マッハは、正しい科学的な力学は、この手の存在論的主張――現実世界に実際に存在するものは何かという主張――を無用にし、それに代わって、すべての物体の観察される運動を正確に予測する、記述的な数学的法則を提示するだろうと考えた。マッハによれば、良い理論とは、観察事実どうしを結び付けるものであり、まったく観察できないものを仮定するものではなかった。

一九世紀初頭に構築された熱力学の諸法則こそ、マッハの考える近代的物理学理論のお手本だった。カルノーやジュールをはじめとする研究者らによって定式化された熱力学は、蒸気機関の内部や、そのほかのあらゆる場所において、観察可能な熱のふるまいをただ定量化することだけに専念するものだった。その結果それは、熱の本質そのものにまつわる無関係で観察不可能な仮定など一切なしに、予測を可能にしたのである。熱力学は、世界に実際に何が存在するかについて、難解で検証不可能な仮説を持ち込まなかった――それはただ世界を記述していた。

アインシュタインは、学生時代に『マッハ力学史』を読み、ニュートンの絶対空間と絶対時間の概念に対するマッハの批判に深い印象を受けた。「この本は、私に重大な影響を及ぼした」[8]と、彼は数十年後に記した。無関係で観察不可能なものを排除せよというマッハの考え方を重く受け止めたうえで、アインシュタインはエーテルの問題に取り組み、特殊相対性理論においてそれが不要な仮定であることに気づいた。そして、それよりなお良いことには、特殊相対性理論は、マッハが非常に軽蔑していた絶対空間と絶対時間も無用のものとしたのである。

要するに、アインシュタインは、マッハの思想を使って物理学の枠組みの大転換をやってのけたのだ。マッハ主義者たちは、アインシュタインの成果から何年にもわたってインスピレーションを受けつづけ、相対性理論の成功は、世界に対する彼らのアプローチを正当化するものと考えた。マッハの見解は間違いなくアインシュタインにも共有されている、なぜなら、マッハの考え方の多くが、アインシュタインの最も有名で重要な研究のなかで、これほど重大な役割を担っているのだから、と。しかし、マッハの信奉者たちが実際にアインシュタイン本人と話してみると、アインシュタインは厳格なマッハ主義者ではないどころか、それとは程遠いことに気づいて驚くのだった。[9] 彼の相対性理論は絶対空間と絶対時間の概念を否定してはいたが、その一方で、これらの概念を、別の絶対的なもの、「時空」に置き換えていた。時空とは、時間と空間が一体になったもので、すべての観察者にとって同じである。そして、絶対的存在を拒否しているかに聞こえる「相対性」という名前そのものが、アインシュタインではなく、物理学者マックス・プランクによってつけられたものだった[10]――アインシュタインは、「相対性」という名称が相対主義を連想させるとして嫌っていた。彼はむしろ「不変量理論」[11]という名前のほうが好きだった。こちらはまた、まったく別の事柄をいろいろと連想させる。（相対性理論の「不変量」とは、すべての観察者が同意する、たとえば時空のような量のことだ――そして、この理論にはそのようなものが多数含まれている。）そしてアインシュタイン自身、晩年になって、マッハの思想はあまり真剣に受け止めるべきではないと繰り返し語っている。「マッハの認識論は……本質的には支持できないものだと、私には思える」[12]とアインシュタインは記した。「それは、生きたものを生み出すことが一切できない。できるのは、害虫を駆除することだけだ」[13]。マッハは、物理学は単に、世界についてのさまざまな知覚を組織化するだけだと考えていたが、アインシュタインによれば、物理学は世界そのものの記述だった。「科学の唯一の目的は、何が存在するのかを決定することだ」[14]と、彼は述べた。

だが、一九〇五年時点でのアインシュタインのマッハに対する姿勢を、最も納得のいくかたちで最も如実に物語っているのは、同年に発表されて高く評価された、別のふたつの論文だろう。ひとつは、ブラウン運動を説明したものだ。ブラウン運動とは、流体のなかに浮遊する微視的な塵のランダムな運動のことで、植物学者のロバート・ブラウンがその八〇年近く前に発見した現象だが（光合成の発見者ヤン・インゲンホウスが、さらにその四〇年前に発見していた）、誰もそれに納得のいく説明ができなかった。アインシュタインは、見事にそれをやってのけた――しかも、マッハの物理学に対するアプローチを拒否することによってそれを行ったのである。代わりにアインシュタインが採用したのは、マッハの宿敵で、世界は夥しい数の微小な粒子によってできていると主張したルートヴィッヒ・ボルツマンのアプローチだった。マッハは、自分は原子の存在を信じないと声高に繰り返し主張した。原子は理屈から言って、小さすぎて観察できないから、というわけである。しかしボルツマンは、膨大な数の原子の統計的なふるまいが直接、熱力学の諸法則へとつながっているのだと示すことに成功した。マッハのほうでは、それらの法則をただの仮定に過ぎないと言い張っていた。（原子の存在については、化学のほうからも証拠があがっており、化学は半世紀以上も前に原子の存在を受け入れていた。）マッハはボルツマンの議論に納得していなかった。だがアインシュタインは、ボルツマンの説明には説得力があると認識し、目の前にある問題を解決するために、喜んで原子の存在を受け入れた。ボルツマンの統計的手法を使い、アインシュタインは、ブラウン運動は塵の粒子が流体の原子にぶつかって跳ね返るために起こることを示した。一世紀にわたる謎を解明したのみならず、ボルツマンの、原子に基づく物理学への統計的なアプローチが妥当で有用だということを示したのだった。

マッハ主義者らの視点からすると、アインシュタインのブラウン運動に関する論文は十分ひどいものだったが、彼のもうひとつの論文は、なおいっそうひどかった。こちらの論文でも、アインシュタインはまたもや、ある古くからの謎に対する答えを提案していた。こちらの謎は、金属板に光を照射すると、空気中から電流が近くのワイヤーにジャンプして流れる光電効果という現象だ。光電効果が不思議なのは、それが照射する光の色に左右されるということだ。照射光がスペクトルの赤の側に寄りすぎていると、どんなに強度をあげても、電流は生じないのである。アインシュタインは、光は光子という、まったく新しい粒子によってできているという説を提唱することで、この奇妙な現象を説明した。これは、マッハ哲学に真っ向から対立するのみならず、光は粒子ではなく波であるという、一〇〇年にわたる実験による証拠と矛盾しているように見える大胆な仮説だった。光が電磁波であることは、アインシュタインもよく承知していた――この考え方は、相対性理論誕生の重要なきっかけとなった――が、それにもかかわらず、彼は光はどういうわけか同時に粒子でもある、あるいは、何らかの粒子的な性質を持っていると提案したのである。この奇妙な考え方を擁護するうえで、アインシュタインが使うことができたのは、光電効果そのものと、五年前にドイツの物理学者マックス・プランクが発見した、「黒体放射の法則」が記述する、光の奇妙なふるまいだけだった。アインシュタインの光電効果に関する論文から二〇年近くのあいだ、アインシュタイン以外、光子の存在を信じる者はほとんどいなかった。プランクでさえ、自分の研究が、光が粒子でできていることを示唆しているとは考えなかった（後年、プランクの研究は量子革命のスタートを切ったと称賛されるのだが）。一九二三年にアーサー・コンプトンが、電子から跳ね返る光子を実際に捕らえてようやく、物理学コミュニティーはアインシュタインの考え方を受け入れたのである。ただし、それでもなお抵抗する者たちが一部残っていた。[15]

だがアインシュタインは、孤立には慣れていた。一九〇五年に彼は世界を変えたが、そのころ彼はスイスの特許局に一人で勤務しており、一人で研究をするスタイルはその後も生涯にわたり続いた。彼は一度、自分は「一頭立ての馬車」[16]として生きてきたと述べたことがある。彼はほかの物理学者と共同研究することはめったになかったし、学生を直接指導したこともほとんどなかった。彼は、科学の上でも、それ以外の点でも、現状や多数意見には生涯疑いを持ち続けた。常識とは、彼に言わせれば、一八歳までに蓄積した偏見にほかならなかった。[17]そんなわけで、一九二五年にハイゼンベルクの驚異的な新理論が登場し、多くの支持者を得たとき、アインシュタインが懐疑的だったのは当然のことだった。ハイゼンベルクの理論が初めて出版された直後、アインシュタインは「ハイゼンベルクが大きな量子の卵を産んだよ」と、友人のパウル・エーレンフェストに書き送った。「ゲッティンゲンではみんな支持している。私はしないね」[18]。直接ハイゼンベルクを問い詰める機会を得たアインシュタインは、それに飛びついたのだった。

アインシュタイン VS. ハイゼンベルク

誰にも邪魔されない自分のアパートのなかに落ち着いたところでアインシュタインはついに、本当に知りたかったことをハイゼンベルクに問いかけた。「君は原子の内部に電子が存在すると仮定しているが、そうするのはきっと、まったく正しいことだろう。だが君は、電子の軌道を考えることは拒否する……。君がそんな奇妙な仮定をする理由をぜひ聞いてみたいな」[19]。

「原子内部の電子の軌道を観測することはできません」とハイゼンベルクは応えた。彼は、実際に観察できるのは原子が放出する光のスペクトルだけだと指摘し、かなりマッハ的な言葉で締めくくった。「良い理論は直接観測可能な量だけに基づかなければなりません。ですから、そのような量だけを扱うのが適切だと思ったのです」[20]。

ハイゼンベルクがのちになってこのときのことを回想した文章では、アインシュタインはこれに啞然としたという。「しかし君は、観測可能な量だけが物理学の理論に含まれるべきだなどと、本気で信じているわけじゃないだろう？」

「まさにあなたが相対性理論をつくったときになさったことではありませんか？」とハイゼンベルクは応じた。

「たしかに私もそのような考え方を使ったかもしれないが、それがナンセンスなことには変わりはない」とアインシュタインは言った。「物理学のルールとして、理論を観測可能な量だけに基づいて構築するのは完全に間違っている。実際には、まったく逆なのだ。何が観測可能であるかを決めるのは、理論なのだ」[21]。アインシュタインはさらに続けて説明した。私たちが科学的装置――あるいは、私たち自身の感覚そのものも含めて――から受け取る、周囲の世界に関する情報は、世界がいかに機能しているかを語る何らかの理論なしには、まったく理解不能になってしまうだろう。オーブンで焼いたチキンの温度を確かめるために温度計を使うとき、君は、その温度計はチキンの内部の温度を正確に示すものと仮定している――また、温度計に反射して君の目に届いた光が正確に温度を示すのだと仮定している。言い換えれば、君には、世界はいかに機能するかに関する理論があって、その理論を使って（それは十分理に適ったことだ！）、君の温度計から情報を得ているのだ。同じことだよと、アインシュタインはハイゼンベルクに指摘した。一個の原子のスペクトルを見るとき、「振動する原子から分光器に、あるいは目に光が伝わるというメカニズム全体は、いつも思っていたとおりに働くのだと君が仮定しているのはきわめて明らかだ」。

ハイゼンベルクは、「アインシュタインのこの態度は、まったく思ってもみなかったもので、あっけにとられてしまった」と、のちに回想している。堅固な地盤とおぼしきマッハ哲学をよりどころに、ハイゼンベルクは応えた。「良い理論はつまるところさまざまな観測が凝縮したものだという考え方は、たしかにマッハに遡りますし、じつのところ、あなたの相対性理論はマッハの諸概念を明白に使っていると言われています。ですが、あなたがいま私におっしゃったことは、その正反対のようです。私はこのことをどう理解すればいいのですか？　というより、あなたご自身はこれについてどうお考えなのです？[22]」

「世界は実在する、私たちの感覚が受ける印象は客観的なものに基づいている、という事実をマッハは軽視しているのだよ」とアインシュタインは応えた。「彼は『観測』という言葉の意味を完璧に知っているとうそぶいているのだ。そして、『客観的』現象と『主観的』現象を区別する義務を自分は免れているかのようにふるまっている……。まさにいまわれわれが議論している問題のせいで、君はいつか窮地に立たされるのではないかと、私は強い懸念を抱いているよ[23]」。

どうやらふたりは袋小路にはまってしまったようで、ハイゼンベルクは話題を変えることにした。数日前から、彼は自分の科学者人生を左右するかもしれない重大な選択に悩んでいた。彼は一年前、七カ月にわたりコペンハーゲンのボーアの元で研究した。それは、花粉症を和らげるためヘルゴラント島に引きこもり運命的な発見を行う直前のことだった。そしていまボーアは再びハイゼンベルクに、コペンハーゲンに来ないかと誘っていた。今回はボーアの助手としてである。当然ハイゼンベルクは、その機会に飛びついた。ところが、その数日後、彼はあり得ないくらい幸運な板挟み状態に陥ってしまった。ライプツィヒ大学から終身在職権付の教授職を提示されたのである。それは終身の、栄誉ある地位で、この若さでの就任は前代未聞だった。どうすべきか途方に暮れ、彼はアインシュタインに助言を求めた。アインシュタインは彼に、ボーアと研究するよう勧めた。[24]三日後、ハイゼンベルクはコペンハーゲンに向かった。再び量子力学の父の元で研究するために。

鈍重な賢人ボーア

ボーアとアインシュタインは友人だった――一九二〇年にふたりが初めて会ったあと、アインシュタインはボーアに、「あなたのように、そばにいるだけであれほどの喜びを与えてくれた人は、これまでの人生で、めったにいませんでした」[25]と書き送っている。親友のパウル・エーレンフェストへの手紙には、ボーアは「感受性の強い子どものようで、一種の催眠状態でこの世界を歩き回っている」[26]と記した。アインシュタインとボーアは同世代の偉大な物理学者どうしで、どちらも、量子力学の発展に大きな影響を及ぼした。しかし、共通点はだいたいそこまでだ。アインシュタインとは違い、ボーアは常にほかの物理学者たちと共に研究した。半世紀近くにわたる期間に、ボーアは数十名の若き物理学者を庇護の下に置き、物理学のみならず、生活のあらゆる側面について指導した。彼の強大なカリスマ性と強烈な人柄は、コペンハーゲンにある彼の研究所を訪れたすべての人に深い印象を残した。「大物たちにとっても、ボーアは偉大な神だった」と、アメリカの物理学者リチャード・ファインマンは言う。学生や年下の同僚たちにとっては、ボーアは父親のような存在であり、超人的な叡智を持つ賢者で、アメリカの物理学者デイヴィッド・フリッシュによれば、「当代最高の賢人」[27]だった。ボーアの学生のなかでも最も有名で影響力が大きかった人物のひとり、ジョン・ホイーラーは、ボーアの叡智を、「孔子や仏陀、イエス・キリストやペリクレス、エラスムスやリンカーン」のそれになぞらえた[28]。そして、ボーアの同僚の多くにとって彼は、ほとんど超自然的な存在で、純粋な科学的真実の泉だった。「私たちはみな、あなたを科学界の最も深遠なる思想家として尊敬しています」と、イギリスの化学者フレデリック・ドナンはボーアへの手紙にしたためた。「これらの新しい進歩の真の意味を解説するために天から贈られた者……美しい庭を歩きながら、草花や小鳥がささやきかける秘密を聞き、束の間の穏やかなときを過ごしているあなたを、私は思い浮かべることができますし、今後もそうでしょう」[29]。

ボーアの驚異的なカリスマ性は、彼が当時の学問・研究機構のなかで強大な力を持っていたという事実によっていっそう強められていた。デンマーク政府は、ボーアが研究できる環境を提供するという目的だけのために研究機関を設立し、その資金も提供した。デンマーク芸術科学アカデミーは、デンマークの巨大ビール醸造会社カールスバーグ社が設立した、カールスバーグ・ハウス・オブ・オナーの住人としてボーアを選んだ。デンマーク有数の知識人一家の御曹司として生まれたボーアは、自宅に物理学者のみならず、芸術家、政治家、そしてデンマーク王室の人々まで、定期的に招待し、もてなした。コペンハーゲンを訪れた若手物理学者たちに対して、「ボーアは知的刺激を提供できたほか、キャリアの向上、精神的充足、現世的な楽しみ、物質的恩恵、そして心理的な悩みにも助言するなどの点でも彼らを助けることができた」と、科学史家のマーラ・ベラーは述べる。「彼は、若き物理学者らがこぞって称賛したがる父親的存在となり、その権威にあえて挑戦する者はほとんどなかった」[30]。たしかに、ボーアが学生たちに与えた影響は科学者としての領域をはるかに越えて、きわめて個人的なことにまで及んだ。ボーアの最も優秀な学生のひとりだったヴィクトル・ヴァイスコップによれば、「ボーアと共に研究する物理学者はみな、二年以内に必ず結婚しました」[31]。

コペンハーゲンの偉大な賢者の元を訪れるのは、自分の知力も試されるし、そもそも気後れすることで、とりわけ若い科学者にとってはそうだった。「ボーアは私たちの多くを、カールスバーグに招いた。訪れた私たちは、夕食後コーヒーをすすりながら、彼の傍に座り――なかには文字通り彼の足元に、床の上に座り――一言も聞き逃すまいとした」と、やはりボーアの学生だったオットー・フリッシュは記した。「ここに、ソクラテスがよみがえったのだ。優しく語り掛けながら難問を叩きつけ、毎回議論を一段と高いところまで上昇させ、自分が持っていたとは気づかなかった（そしてもちろん、そもそも持っていなかった）叡智を私たちから引き出した。私たちの会話は、宗教から遺伝学まで、政治から芸術までと、多岐に及んだ。そして、自転車でコペンハーゲンの街路を家まで帰る道のり、ライラックの香りに包まれ、あるいは雨に濡れ、私はプラトン的対話の知的高揚感に酔いしれた」[32]。

だがボーアは、一風変わった賢者だった。鋭く洞察力に満ちている一方で、反応が鈍く、いいかげんで、ときに腹立たしいほどだった。「ニールス・ボーアを、彼と共に研究したことのない人に説明するのは事実上不可能だ」と、ロシアの物理学者ジョージ・ガモフは言う。ガモフは、ボーアの学生だったことがあり、自身も独特の存在感のあった人物として有名だ。続けてガモフは、量子力学の父と映画を見ていたときに感じた苛立ちを次のように記している。

ボーアが好んだ映画は、『レイジー・ジー牧場の銃撃戦』やら『スー族の少女』といったいわゆる西部劇ものだけだった。しかし、ボーアと映画を見に行くのは大変だった。彼は筋を追うことができず、ひっきりなしに私たちに、「あれは、あのカウボーイの妹かね？　牛を群れごと盗もうとしたインディアンを撃ったカウボーイの？　彼女の義理の兄の牛のことだけれども」などという質問をしては、ほかの観客の邪魔をしていた。これと同じ反応の遅さは、科学の会議でも顕著だった。客員研究員の若手物理学者（コペンハーゲンに客員で来る物理学者のほとんどが若手だった）が、量子力学の複雑な問題について最近自分が行った計算を紹介する、すばらしい講演を行うことは珍しくなかった。聞いていた全員が、その説明を至極明確に理解したのに、ボーアは納得しようとしなかった。そこで皆がボーアに、彼が見逃した単純なポイントについて説明しはじめるのだが、それに続く混乱のなかで、全員が何も理解できない状態に陥った。かなりの時間が経過して、ついに、ボーアが理解しはじめ、客員研究員が提示した問題についてボーアが理解したことは、その客員研究員が意図していたこととはまったく違うことが明らかになり、そしてボーアの理解が正しく、客員研究員の解釈が間違っていたことが判明するのだった。[33]

彼の学生や同僚にとっては、ボーアの名声の魅力と、彼の強烈な個性が持つ抗いがたい引力が、彼との共同研究の厄介さや奇妙さよりはるかに優っていた。それどころか、このような奇妙さがボーアを学生たちにとっていっそう愛すべき人物にした。というのも、ボーアの奇行は学生たちに、彼らがボーアを必要としているだけではなく、彼のほうも彼らが必要なのだと思わせてくれたからだ。ボーアの仕事のやり方は、ゆっくりで、極度に集中的で、他人との共同作業を要する性質のものだった。彼はしょっちゅう、自分のアイデアを言葉で表しては、それを別の表現で言い換え、その都度他人にぶつけて、反応を見ていた。書くというプロセスはボーアにとって苦痛で、助力なしにやり遂げるのはほとんど不可能だった。実際、量子論の揺籃期として重要な一九二二年から一九三〇年のあいだに、ボーアは単独では論文を一件も発表していない[34]。そして、アインシュタインの文章が明瞭で、見た目には簡潔だったのとは対照的に、ボーアの文章は回りくどくて、わかりにくく、長々として入り組んだものが多いことで知られていた。ここに一例を挙げよう。これは彼の文章としては短く、わかりやすいもので、量子「跳躍」が、量子力学とニュートン物理学との決定的違いであることを説明している。

このようなわけで、量子論の構築に関わる困難にもかかわらず、このあと私たちが見るように、量子論の本質はいわゆる量子条件、すなわち、任意の原子的プロセスに、ひとつの本質的な不連続性、というよりもむしろ、本質的な個別性を与えるという点にあると思われ、この個別性は古典的理論にはまったく無縁のもので、プランクの作用量子によって表される[35]。

ボーアがする話も、彼が書く文章に負けず劣らず不明瞭だった。「一九三二年のある会合で、ボーアは原子物理学の現状の困難について、その根本に迫る重要な報告を行った」と、彼の学生だったカール・フォン・ヴァイツゼッカーは回想する。「苦悶の表情を浮かべ、終始首を片側に傾けたまま、しどろもどろで、言いかけたどの文章も完全に言い終えることはなかった[36]」。そして、自分の考えを表現するのにボーアが苦労したのは、公の場だけではなかった。個人的な会話でもボーアの「しどろもどろのしゃべり方は……重要な話題になればなるほど、ますますわかりにくくなった」[37]とヴァイツゼッカーは言う。（奇妙な話だが、ボーアは彼の学生に、「自分が思考できる以上に明瞭に、自分自身を表現するな」と指導していたという噂があった。）しかし、このように思考が曖昧なことも、ボーアの賢者じみた人柄を強調するばかりだった。彼が単語をひとつ口にするだけで、彼の学生たちは何時間も、何日も、その単語について頭を悩ませた。[38]そして、彼の曖昧さも、学生たちの彼に対する敬愛の情を少しもそぐことはなかった。ボーアの学生のひとり、ルドルフ・パイエルス（のちに若きジョン・ベルの博士論文研究を指導する）は言う。「私たちが［ボーアを］理解できないことも珍しくなかったが、私たちは彼をほとんど無条件で尊敬し、限りなく愛していた」[39]。

行列力学 vs. 波動関数

ベルリンのアインシュタインの元を去って三日後、ハイゼンベルクはコペンハーゲンに到着した。前回ボーアの研究所で過ごしたとき以来、彼は博士号取得に成功し、行列力学を構築し、教授の地位を提示されていた。それにもかかわらず、華々しく凱旋した気分になるどころか、ハイゼンベルクは苛立っていた。彼の行列力学は革新的だったが、その勝利は長続きしなかったのである。ハイゼンベルクの論文が初めて出版された六カ月後、ウィーンの物理学者エルヴィン・シュレーディンガーが、それに対抗する量子力学理論を発表したのだ。波動力学である。

シュレーディンガーが波動力学を思いついたのは、一九二五年の一二月に、スイス・アルプスのリ

図２－１　1936年、ニールス・ボーア研究所に集った、コペンハーゲン解釈の創始者たち。左から、ボーア、ハイゼンベルク、パウリ。

ゾートで愛人と過ごしていたときのことだった。彼の理論は、どちらかというと単純な、波動の数学的形式で書かれており、なめらかに変化する波動関数がシュレーディンガー方程式に支配されているというものだった（第1章で見たとおりだ）。ハイゼンベルクは、シュレーディンガーの偉業のせいで自分の研究の影が薄くなるのではないかと恐れたが、それは無理もないことだった。ハイゼンベルクの行列力学の難解な数学は、当時の物理学者の大半にとってなじみのないもので、しかもそこには、わかりやすい世界像など付随していなかった。一方シュレーディンガーの理論は、単純な物理概念を伴うなじみ深い数学を使っており、扱いやすく、考えやすかった。シュレーディンガーは、彼の理論を使えば、物理学者は「直観を抑圧し、遷移確率やエネルギー準位などの難解な概念だけを使って解く」[40]必要から解放されるのだと豪語した。物理学コミュニティーの大半がこれに同意し、それにはハイゼンベルクのかつての仲間たちも含まれていた。ハイゼンベルクの博士課程の指導教官だったアルノルト・ゾンマーフェルトは、「行列力学の正しさは疑う余地はないが、その扱いはきわめて複雑で、恐ろしく抽象的だ。シュレーディンガーがいま、私たちを救いに来てくれたのだ」[41]と述べた。ボルンはシュレーディンガーの波動関数を「量子法則を表す最も深い形式」[42]と表現した。パウリはといえば、シュレーディンガーの理論を使って、行列力学だけでは彼にもできなかったことをやり遂げた――彼は、水素のスペクトル線の明るさを導出するのに成功し、七〇年以上未解決だった問題の答えを出したのだった。[43]

波動力学は大きな成功を収めたが――また、シュレーディンガーはあれこれ大言壮語していたが――シュレーディンガーの波動力学とハイゼンベルクの行列力学は、どうやらどちらも、同じ結果を導くようだった。シュレーディンガーの理論は、ハイゼンベルクのそれと同様に、水素原子のスペクトルを完璧に再現した。ボーアの原子模型における異なるエネルギー準位は、シュレーディンガーの理論では、異なるエネルギー「固有状態」――エネルギーが一定である特殊な波動関数――に対応した。シュレーディンガーがすぐに発見するように、行列力学と波動力学は、数学的に等価で、同じアイデアを異なる数学ツールを使って記述しているだけだった。つまり、両者は量子力学という、ひとつの新しい理論だったのだ。スペクトル線の明るさなどの問題が、波動力学を使って初めて解決されたのは、シュレーディンガー方程式が、ハイゼンベルクの行列よりも、たいていの状況で数学的に扱いやすかったというだけのことだった。しかし、これらふたつの形式の量子力学は、解釈の点では極端に異なっていた。シュレーディンガーは、すべての量子現象を、彼の方程式が記述するとおり、波のなめらかな運動として解釈する方法を発見できると確信していた。ハイゼンベルクは、そんな確信は持てなかった。「シュレーディンガーの理論の物理的な側面を考えれば考えるほど、私はますます反感を覚える」と、彼はパウリに書き送った。「シュレーディンガーは自分の理論が可視化できると書いているが、それは『どうもしっくりこない』、つまり、ゴミだよ」[44]。

だが、シュレーディンガーの波動のほうが、ハイゼンベルクの行列よりも、たいていの物理学者にははるかに自然に感じられた。この状況に苛立ち、シュレーディンガーの説が自分のそれの存在感を薄れさせることを恐れたハイゼンベルクは、恩師のボーアに手紙を書いた。それを受けてボーアはシュレーディンガーに手紙を送り、「こちらの研究所で研究に励んでいる厳選メンバーたちと議論をしてはどうでしょう。そうすれば、原子物理学の未解決問題にもっと深く取り組むことができますよ」[45]と、コペンハーゲンに招待した。シュレーディンガーは汽車に乗り、一九二六年一〇月一日に到着した。ハイゼンベルクはこのときのことを、のちに次のように回想している。

ボーアとシュレーディンガーとの議論は、駅で始まり、その後毎日早朝から深夜まで続いた。何ものにも会話を妨げられないように、シュレーディンガーはボーアの家に滞在した。そして、ボーアは普段人と接するときには非常に思慮深く親切なのだが、いまの彼は、まるで譲る気など毛頭ない、あるいは自分が間違っている可能性など一切認めないと硬く決意しているかのようで、私には無慈悲な狂信者としか見えなかった。その議論がいかに激しかったか、両者の確信がいかに深いものだったかは、とても伝えられるものではないが、両者が口にしたすべての言葉に、それははっきりと見て取れた[46]。

シュレーディンガーは、自分の波動方程式の成功は、最終的にはすべての量子現象が、連続的な波動のふるまいによって完全に説明できることを意味すると信じていた。だがボーアとハイゼンベルクは、ボーア原子で軌道から軌道へと飛び移る電子のように、量子「跳躍」という概念がなければ説明できないとおぼしき現象が存在することを指摘した。シュレーディンガーはそれに反発した。「もしも、このいまいましい量子跳躍なるものをほんとうに捨て去ることができないなら、私は自分が量子論に関わってしまったことを後悔しなければなりません」[47]と、彼は抗議した。とうとうシュレーディンガーは、ボーアの容赦ない質問攻めに疲れ切って、じめじめした暗いデンマークの秋に「風邪をひいて熱を出し」、ボーアの家で床に臥してしまった。ボーアの妻のマルグレーテがシュレーディンガーにお茶とケーキを持ってきたときも、ボーアは自分の優勢に乗じて、シュレーディンガーのベッドの端に腰かけながら、静かな声で、「だが、君もこれを認めないわけにはいかないだろう……」と言い続けた。[48]

どちらの側も相手方の議論に納得しないまま、シュレーディンガーは帰っていった。「理解しあうことなどまったく期待できなかった。なにしろ、当時はどちらの側も、量子力学の完全で一貫性のある解釈を提供できなかったのだから」とハイゼンベルクは回想する。「とはいえ、コペンハーゲンのわれわれは、シュレーディンガーの訪問が終わるころには、自分たちは正しい方向に進んでいるのだという確信を抱いた」[49]。根本的には、問題はシュレーディンガーの波動関数の意味がまだ明らかではないことにあった。しかし、その夏マックス・ボルンは、パズルのピースをひとつ見つけた。ある位置の波動関数の値からは、その位置でその粒子を観測する確率が得られること[50]――そして、観測が行われれば、波動関数は収縮すること――を発見したのだ。ボルンのこの洞察は、ついには彼にノーベル賞をもたらしたが、それも当然だろう。だが、波動関数をいかに扱うかにボルンが与えたルールは、物理学者たちに新しい謎をもたらした。「観測とは何か？」というのがそれだ。また、観測されているときに波動関数のふるまい方が異なるのはなぜだろう？「観測」が何を意味するかはまた別として。ボルンの解釈とシュレーディンガーの数学は、量子の世界の扉を開いたが、それは代償を伴っていた。観測問題がもちあがったのである。

不確定性と相補性

ハイゼンベルクは、観測問題を解決することにはあまり関心がなかった。彼にとっては、新たに別の終身在職権付の教授職を提示してもらうことのほうがはるかに重要だったのだ。彼は、シュレーディンガーの成果が、自分のそれを凌駕してしまったのではないかと気に病んでおり、ライプティヒから提示された生涯にわたる安定な職を断ってコペンハーゲンに戻ったのは間違いではなかったかと悩んでいた。雇用市場での自分の可能性を高めるために――そして、シュレーディンガーの一歩上を行くために、新たな洞察を切望していたハイゼンベルクは、観測に注意を向けた。ただし、観測問題を取り上げたのではなかった。それほど難しくなく、より結果を出しやすそうなものに注目したのだ。それは、量子的な対象物について、私たちはどこまで知ることができるかというテーマだった。そして、ベルリンで会ったときにアインシュタインがしてくれた助言に、ボルンの新しい解釈を結び付けて、ハイゼンベルクは明快な新しい真実を見出した。これなら、シュレーディンガーが推進する秩序ある量子的世界というアイデアは誤りだと証明できるはずだ。

ハイゼンベルクは、たとえば電子のような、一個の粒子の位置を、きわめて高い精度で観測しようとしたらどうなるだろうと、考え始めた。やがて、闇夜に野原で落とした財布を探すのと同じ方法を使うことができることに彼は気づいた。つまり、懐中電灯であたりを照らして、探し物が見つかるまで続ければいい、というわけだ。しかし、普通の懐中電灯は電子を探すのには使えない――可視光の波長はそれには長すぎる。しかし、もっとエネルギーが高く、波長が短い光、つまりガンマ線を使えばいいことは、ハイゼンベルクにはわかっていた。ガンマ線の懐中電灯で部屋中を照らせば、探していた電子が見つかるだろう。だが、ガンマ線は強烈なパンチ力を持っている――ガンマ線の光子を一個、電子に当てて跳ね返らせると、電子はでたらめな方向に逸れて行ってしまうだろう。そのような次第で、電子がどこにあったかはわかるが、それがどんな速度で、どの方向にいま進んでいるかは、決してわからないだろう。

　ハイゼンベルクは、物体の位置と運動量の観測値のあいだにある、このようなトレードオフの関係は、避けられないものなのか、それとも、自分の思考実験の設定から出てきただけなのかと訝った。彼にとっては嬉しいことに、このような観測の制限は、根本的なものだということを、彼は発見した。シュレーディンガーの波動力学の数学のなかに、ある厳密な関係が隠されていることを見出したのだ。ある物体の位置についてより多くを知るためには、その物体の運動量に関する情報を、どれだけあきらめなければならないのか、そして、位置と運動量を入れ替えても同様の問題がある。この関係を表す、厳密な式をハイゼンベルクは発見したのである。ある物体がどこにあったかについて、詳しく知ることはできるし、その物体がいかに運動していたかについても、詳しく知ることはできる――だが、その両方を同時に知ることはできない。

ボーアの勧めで、ハイゼンベルクはこの洞察を「不確定性原理」と名付けた。ハイゼンベルクが不確定性原理を発表した論文は、彼の望み通りの効果をもたらした。ライプツィヒ大学がふたたび、終身在職権付きの教授職を提示してきたのだ。彼はこれを受け入れ、一九二七年六月、ハイゼンベルクは、ドイツ全土で最年少の二五歳で終身在職権を保持する教授となったのである。

一方ボーアは、ハイゼンベルクの不確定性原理が、「相補性」とボーアが呼ぶ、量子的世界の本質に関する彼自身の新しいアイデアとうまくかみ合うことに気づいた。いつもの調子で、ボーアの相補性に関する論文も難航し、何度草稿を書き直しても、どの文章もだらだらと長引き、どこまで書き続けても終わらなかった。しかし、その九月、ボーアにはもう書き直す時間がなくなった。国際物理学会が北イタリアのコモ湖のほとりで開催されることになっており、ボーアは基調講演をする予定だったのだ。準備した原稿を講演当日まで必死に書き直していたが、ついにボーアは演台に立ち、穏やかに、たどたどしく話をした。

ボーアは、こう始める。「通常、私たちが物理現象を記述する方法は、もっぱら、その現象が、目に見えるほど乱されることなしに観測できるだろうという考えに基づいています[51]」。しかし、ハイゼンベルクの不確定性原理が明らかにしたように、「原子の現象の観測には、常に、その観測手段との無視できない相互作用が含まれるでしょう[52]」。したがって、「通常の物理的な意味での独立した実在は、その現象にも、観測手段にも、あるとは言えないでしょう」とボーアは続けた。言い換えれば、誰も見ていないときに、原子の内部で実際に何が起こっているのかを、尋ねることはできないということだ――ボーアによれば、量子的世界は、その世界を調べる何らかの装置との関連においてのみ、実在すると考えることができるのだ。そして、そのような装置が示す世界のなかの物体のふるまいは、粒子的かもしれないし、また、波動的かもしれないが、同時にその両方ではあり得ない。粒子の記述と波動の記述は矛盾する——粒子は明確な位置をもつが、波動はそうではない。波動は周波数と波長をもつが、粒子はもたない——が、ボーアは、この「避けられないジレンマ」は量子力学にとっては問題ではないと主張した。「私たちが扱っているのは、現象の矛盾した描像ではなく、相補的な描像であり、それらは経験を記述するためには不可欠なのです[53]」とボーアは断じた。

この「波動と粒子の二重性」は、あらゆる量子現象で出現する。たとえば、昔のブラウン管テレビでは、テレビの後ろ側にある電子銃から、テレビの前にある蛍光スクリーンに向かって、電子がビーム状に発射される。スクリーンは電子が当たると明るく輝く。電子がブラウン管の内部へと発射されるとき、電子の波動関数はシュレーディンガー方程式に従い、波のように伝わっていく。しかし、電子が蛍光スクリーンにぶつかるとき、電子は一カ所に衝突し、スクリーンの特定の点を発光させ、粒子のようにふるまう。このように電子は、ときに波動のように、ときに粒子のようにふるまうが、決して同時に両方のふるまいはしない。ボーアによれば、電子に対しては——というより、あらゆるものに対して——これ以上完全な記述は存在しない。不完全で、両立し得ず、決して重なることのないふたつの比喩しか存在しないのだ。これが相補性の核心であり、これは必然であり不可避であるとボーアは述べた。新しい量子理論は、常に正しい、ひとつの一貫性のある説明を、電子に対して与えることは不可能だと示したのである。

ボーアは、相補性の不可避性を正当化するさらなる根拠として、ハイゼンベルクの不確定性原理を挙げた。ハイゼンベルクのガンマ線懐中電灯の例を使い、一個の電子の位置を観測するとき、その運動量を変えないようにする方法など存在せず、また、運動量の観測で位置を変えないことも不可能だとボーアは指摘した。続いてボーアは、ハイゼンベルクがしたようにマッハの考え方をなぞり、[54]一個の電子についてふたつの性質を同時に測定するのが不可能だということは、電子がこれら両方の性質を同時に持つことは不可能だということを意味すると主張した。位置と運動量は、粒子と波動のように、相補的だ――一度に両方使うことは決してできないが、状況を完全に記述するには両方が不可欠だ。

だが、ボーアは間違っていた。相補性に、不可避なところも不可欠なところもまったくない――量子力学には、ほかにもいろいろな解釈があり得る。[55]実際、科学の解釈にまつわる問題に不可避性を主張するのは、ひどく強硬で奇妙だ。どんな理論も、常に再解釈ができるのだから。しかしボーアは、量子論から摑み取ることができる、自然に関する最も深い洞察は相補性だと確信していた。

それよりも奇妙なのは、ボーアが自分の主張を強化するためにガンマ線懐中電灯を使ったことだ。この思考実験が、私たちの知り得ることに限界がある世界をわかりやすく示しているのはたしかだが、一方その世界では、粒子たちが常に、明確に定義された位置と運動量を両方とも持っている。電子にガンマ線を当てるとその電子の運動量が変化することなど、そもそもその電子が運動量を持っていないかぎり不可能だ。その運動量がどんな値なのかはわからない――だがそれは、運動量は存在しないと断言するのとはまったく違う。

ボーアはいつもそうなのだが、彼が書く文章は非常に複雑で曖昧なので、彼が実際に何を言おうとしていたか、たしかなことを把握するのは難しい。また、コモ湖でボーアの講演を聞いていた人々についても、彼らがこれをどのように理解したかははっきりしない。講演への反応はほとんどなかった。聴衆の多くは彼の学生や同僚――ハイゼンベルク、パウリ、ボルン――で、コペンハーゲンで長い期間を過ごしており、ボーアが以前にこのようなアイデアを詳しく解説するのを聞いていた。一方、それ以外の多くの人は、関心を引かれなかった。「[相補性は]それまでにはなかった方程式をひとつも提供しない」[56]と、イギリスの物理学者ポール・ディラックは述べた(ディラックは、ただけなしていたのではない――彼は実際、自分自身で新しい方程式を発見している。彼は量子力学と特殊相対性理論を巧みに融合し、その後「場の量子論」と呼ばれるようになる、素粒子物理学の新理論を導き出した。ディラックの理論は、反物質の存在を見事に予測し、その功績で一九三三年にノーベル賞を受賞した)。才気あふれるハンガリーの数理物理学者ユージン・ウィグナーも同意見で、「ボーアの原理は、私たちが物理学に取り組む方法を変えないだろう」[57]と述べている。もちろんシュレーディンガーは、ボーアの説には猛反対した――しかし、シュレーディンガーはその場には居合わせなかった。彼はベルリンに居心地のいい教授のポストを獲得し、スイスから赴任するための段どりに手間取っていた。そして、アインシュタインも、ボーアの説のなかに気に入るものなど一切なかったが、そこには姿はなかった。五年前、ベニート・ムッソリーニが三万の黒シャツ隊を率いてローマに進軍し、イタリアの実権を掌握して以来、アインシュタインはムッソリーニとその一味が権力を握っているあいだはイタリアでのイベントはすべてボイコットすることに決めていたのだ。だが、翌月、ボーアとコモ湖にいた物理学者の多くが、ブリュッセルで行われた、招待者以外立ち入り禁止の権威ある会議に再び集結した。今度は、アインシュタイン、シュレーディンガー、その他多くの研究者がみな、そこに集まった。量子をめぐる対立の舞台が整ったのである。

第3章　街なかの乱闘

第五回ソルヴェイ会議

エルネスト・ソルヴェイは、自らの持つ資金によって、この世に足跡を残したいと願っていた。先人のアルフレッド・ノーベルと同様、彼は化学の工業的応用で財をなし――「ダイナマイトの父」の異名を持つノーベルほど爆発的にではなかったが――やはりノーベルと同様、科学研究を推進することによって世界をよりよくしたかった。そこで一九一一年、ソルヴェイは自分の資金を使って、母国ベルギーの地で、生まれて間もない量子論をテーマとした会議を開催することにした。この会議は大成功で、ソルヴェイは、最先端の物理学と化学をテーマとした、招待者だけが参加できる会議を今後も開催すべく、さらに多額の資金を投入した。ソルヴェイ自身は一九二二年に没したが、彼の会議は今日なお存続しており、すべての科学関連会議のなかでも、最もレベルの高いものとなっている。だが、一九二七年にブリュッセルで開催された第五回ソルヴェイ会議は、他に抜きん出ている。二九名の出席者のうち、一七名がノーベル賞をすでに取っていたか、その後取った。出席者のひとり、マリー・キュリーは、早くもふたつのノーベル賞を贈られていた。キュリーのほか、アインシュタイン、プランク、シュレーディンガー、ボーア、ハイゼンベルク、ボルン、ディラック、そしてパウリが参加しており、このときの会議の集合写真は量子力学の教科書の多くに載っている。そして、この写真と共に、ある歴史的寓話が、物理学者のあいだで世代から世代へと語り継がれてきた。それは、量子力学の起源に関する一種の創世神話で[1]、次のような話だ。

昔むかし、傑出した物理学者の一団が量子力学を発見しました。その新しい理論は大成功を収めました。しかしアインシュタインは、量子力学が明らかにした、まったく新しい自然観を受け入れることができませんでした。彼自身、量子力学の初期の発展に重要な役割を演じたにもかかわらず（そして、一世代前には、彼の相対性理論が年長の物理学者たちから攻撃された経験もあったのに）。「神はサイコロ遊びをなさらない」[2]という有名な科白で抗議したアインシュタインは、一九二七年のソルヴェイ会議以降、ボーアと非公式な討論を重ね、そのなかで、ハイゼンベルクの不確定性原理を回避する方法を見つけようと努力しました。結局ボーアが勝利を収め、物理学者のコミュニティーも量子力学が正しく、それを理解する正しい方法はコペンハーゲン解釈だと認めました。しかし、アインシュタインは、この新しい理論を決して受け入れることはなく、亡くなるその日まで、自然が根本的にランダムなことなどあり得ないと主張しました。このように、最も偉大で最も有名な物理学者も間違うことがあるのです――と、教訓を述べてこの寓話は終わる。

この物語の一部は真実だ。アインシュタインとボーアのあいだで、量子力学をめぐって意見が対立したのは本当だ。ふたりがそれについて、一九二七年のソルヴェイ会議とその後に議論を戦わせたのは本当だ。そして、アインシュタインが「神はサイコロ遊びをなさらない」と述べたのも本当だが、

図３－１　1927年ブリュッセルで開かれた第5回ソルヴェイ会議。前列：中央にアインシュタイン、左から3人目にキュリー、左から2人目にプランク。2列目：右端にボーア、右から2人目にボルン、右から3人目にド・ブロイ。後列：右から3人目にハイゼンベルク、右から4人目にパウリ、中央にシュレーディンガー。

それは彼が一九二六年にマックス・ボルンに宛てた手紙のなかでのことで、一九二七年のブリュッセルではなかった。しかし、それ以外のほとんどすべての重要な点——アインシュタインが量子力学に関して抱いていた真の疑問、ボーアのそれに対する反論、さらに、コペンハーゲン解釈の内容と、一九二七年以降の、残りの物理学者のコミュニティー全体によるその受容さえも——については、真実とはまったく異なり、定番の寓話が語っているよりもはるかに面白い。

ド・ブロイ、口火を切る

物理学者にしてフランスの貴族だったルイ・ド・ブロイは、第五回ソルヴェイ会議で初めに講演したひとりだった。三年前に博士論文の審査に合格したばかりのド・ブロイは、物質の基本的な構成要素のすべては、粒子と波動の両方の側面を持っていると最初に提唱した人物である。彼は、論法の多くをアインシュタインから取り入れていた。ド・ブロイの指導教官だったポール・ランジュバンは、ド・ブロイの主張をどう判断すればいいかはかりかね、助言を求めてアインシュタインに手紙を書き送った。アインシュタインはド・ブロイを支持する熱烈な手紙を返し、ド・ブロイは「偉大なヴェールの一端を持ち上げた」[3]と称賛した。そしてド・ブロイは博士号を取得した。

ブリュッセルの会議に集まった出席者たちの前で、ド・ブロイは新しい説を披露した。シュレーディンガー方程式を巧みに操り、同じ数学を使って、彼は量子力学のまったく新しい描像をもたらした。不完全で、矛盾する「相補的」な粒子と波動という描像ではなく、粒子と波動が平和に共存する量子的世界を、ド・ブロイは提唱した。そこでは、粒子は「パイロット波」という、粒子の運動を支配する波に乗って運動する――四半世紀後にボームが提唱する量子力学の解釈を先取りするものだった。ド・ブロイの粒子は完全に決定論的な運動をし、波動関数の確率を計算するツールだとするボルンの統計論的解釈とはまったく異なる。しかし、ド・ブロイの粒子はハイゼンベルクの不確定性原理を満たした。というのも、粒子の経路は観察できないからだ――ハイゼンベルクが述べたとおり、粒子の経路を完全に明らかにすることはできなかった。ド・ブロイは、新しい量子力学の理論と実験結果が見せている驚くべき一致を損なうことなく、量子的世界に決定論と因果律を復活させる方法を見出したのである。

ド・ブロイの説は、関心と活発な議論に迎えられた。ヴォルフガング・パウリが即座に反論した。ド・ブロイの理論は、量子力学における既存の粒子衝突理論に矛盾すると、パウリは主張した。パウリの厳しい指摘に苦しみながら、ド・ブロイは指摘が間違っていることを説明しようと悪戦苦闘した。パウリの反論は、非常に誤解を招きやすい類推に基づいていたが、フランスの青年貴族はそれに動揺してしまった。ド・ブロイの応答は大筋で正しかったのだが、パウリは納得しなかった。[4]

ド・ブロイの解釈に対しては、もっと重大な反論が、オランダ人物理学者でボーアの学生のひとりだった、ヘンドリク・アンソニー・クラマースからあがった。彼は、光子が鏡で跳ね返るとき、その衝撃で鏡は反対の向きに少し動くはずだと指摘した。だが、ド・ブロイの理論では、この鏡の反発が説明できていない、と。ド・ブロイは、たしかに自分は、この問いに答えることができないと認めた。ド・ブロイもクラマースも知らなかったことだが、実際には、ド・ブロイの理論を使って鏡の反発を説明することはできた――ただ、光子のみならず、光子と鏡の両方を量子的物体として扱う必要があったというだけのことだった。しかし、当時のたいていの物理学者と同じく、量子力学は微小な物体にしか当てはまらないと考えていた彼は、クラマースに応えることができなかった。この会議が終わって間もなく、クラマースの批判に関連した理由から、ド・ブロイ自身がこの説をあきらめてしまった。[5]

次に講演したのがボルンとハイゼンベルクで、行列を使った量子力学の数学的形式を披露した。この行列力学では、集約不可能なランダムな量子跳躍が中心的な役割を果たしていた。講演の終盤、彼らは大胆にも、量子力学は「閉じた理論で、その根本的な物理学上、また数学上の前提には、もはやいかなる変更もあり得ない」[6]と主張した。言い換えれば、量子力学は完成している、加熱調理済み、というわけだ。中身を詳しく調べて、これ以上何か発見する必要は、数学的にも解釈に関しても一切ないというのである。さらに、もっとあとに、ボーアが講演したが、話の大半は、コモ湖で行った発表をただ焼き直しただけで、量子現象の波動と粒子による記述は、矛盾というより相補的なのだと強調した。つまり、完璧な記述には両方が必要だが、同じ物体を記述するのに、同時に使うことはできない、と繰り返したのである。[7]

とうとう、数日間ただ座ってすべての発言をほとんど黙って聞いていたアインシュタインが、自由討論の時間に、話をしようと立ち上がった。それまでのあいだ、彼はやんわりとコペンハーゲン学派をあざ笑い、親友のパウル・エーレンフェストにメモを回しては、自分の考えを注意深くまとめあげ、反論する機会をうかがっていた。その場にいた誰もが、アインシュタインがボーアとハイゼンベルクの考え方に対して重大な懸念を抱いていることを知っていた。いまや、視線を一身に浴びながら、彼は黒板まで歩いていった。そして、コペンハーゲン解釈に対する圧倒的な批判が含まれる、ひとつの単純な思考実験を模式図に描いたのだった。

閉じた理論

ボーア、ハイゼンベルク、そしてそのほかの人々は、どうして量子の世界は可視化できないと、あれほど確信したのだろう？　彼らは、観測されない限り物体は実在ではあり得ないと考えていたようだが、それはなぜだろう？　なぜ彼らは、古典的な世界は量子の世界とは根本的に違うルールに従っていると主張したのだろう？　つまり、いったいどうして彼らはコペンハーゲン解釈と呼ばれるようになった一連の奇妙な主張を信じたのだろう？

まず思いつく答えが、ボーアのカリスマ性だ。だが、だとすると次の疑問が浮かぶ。そもそもボーアはどうしてこのような考え方を持つようになったのか――あるいは、彼はほんとうにこんな考えを持っていたのか――というのがそれだ。ボーアが書いた文章はあまりに難解で曖昧なので、ボーア自身がいかなる立場にあったかを見極めるのは困難で、そのため、どんな考え方がボーアに影響を及ぼしたのかを突き止めるのはなおさら難しい。（驚くべきことに、ボーアの学生や同僚たちは、この理由として相補性を挙げる。彼の学生たちによれば、ボーア自身が、「真実は明瞭さと相補的な関係にある」と述べたという。したがって、「ボーアの話が非常にわかりにくかったのは、彼が真実にこだわりすぎたためだ」と主張する。また同様に、「彼の文章が長く、入り組んで、難解なのは、彼が正確であろうと努めたからだ」というのだ。）[8] だが、ボーアの難解な文章も、その出どころを辿る努力を拒絶することはなかった。事実はその逆で、ニールス・ヘンリク・ダヴィド・ボーアの頭のなかで何が起こっていたかについて仮説を立てる取り組みは結構盛んである。彼が最も影響を受けているのはカントだと主張する人々は以前からいたし、同じデンマーク人のセーレン・キルケゴール（コペンハーゲンのアシステンス教会墓地では、ボーアから数十メートルのところに眠っている）の影響を指摘した人たちもいる。さらに、相補性の矛盾のなかにグノーシス派の影響を見る人々もある。ボーアに最も忠実で熱心な支持者だったレオン・ローゼンフェルトは、ボーアの文章や思想に、常にマルクス主義の血脈があると見ていた――ローゼンフェルト自身がマルクス主義者を自認していたこととは、これっぽっちも関係なさそうな意見だが。要するに、ボーアにまつわる文献は膨大で、まだ結論めいたものはない（カントの著作が何らかの影響を及ぼしたに違いないという点では、ほとんどの研究者が合意しているが）。

だが、ボーアの曖昧な文章と、学生や同僚たちに崇敬の念を抱かせる特異な能力だけでは、すべてを説明することはできない。ボーアが何に影響を受けていたかという問いに対する答えの、もうひとつの要素は、その時代の知的な風潮そのものである。たとえば、第一次と第二次の世界大戦の間にあった、ワイマール共和国時代のドイツの反物質主義的な文化も影響を及ぼした可能性が高い。[9]そして、ハイゼンベルクらがエルンスト・マッハとその後継者にあたる「ウィーン学団」の哲学者たちの影響を受けていたことは間違いない。ウィーン学団の提唱した思想が「論理実証主義」である。論理実証主義は、マッハがたどりついた思想を引き継いだものだ――彼らによれば、観測不能なものへの言及はすべて、科学としてよくないのみならず、文字通り無意味である。したがって、誰も見ていないときに量子系のなかで起こることについて話をしても意味をなさない。[10]

論理実証主義が量子力学の創始者たちに及ぼした影響が、特に個人的に現れているのがヴォルフガング・パウリだ。パウリはウィーンで生まれ育ち、エルンスト・マッハその人が名付け親である。率直に物を言い、頭の回転が速く、比類ない才能に恵まれたパウリは、当時の物理学者たちに多大な影響を及ぼした。ハイゼンベルクもボーアも、パウリから良い評価をもらうことを切望した。しかし、それはめったに叶わなかった――パウリの痛烈な酷評は伝説的で、彼が「神罰」[11]というあだ名で呼ばれたのもそのためだ。「君がゆっくり考えるのは別に構わないのだが、君が考えられるよりも速く論文を発表するのには断固反対だ」[12]と、彼はある同僚に向かって言ったことがある。また別の物理学者の論文について、尊大な口調で「それは間違ってすらいない」[13]と断言した。褒め言葉にさえ、嫌みがこもっていた。ミュンヘン大学で、満員の聴衆に向かってアインシュタインが講演をするのを聞いたあと、パウリは、「ほらね、アインシュタイン氏が言うことも、それほどばかげちゃいないんだ」[14]と叫んだ。そして、量子の解釈に関する問題を議論する際には、パウリはしばしば実証主義的な発言をした。彼によれば、観測する前に、物体の位置について気にするのは無意味だった。「針の頭に何人の天使が腰かけられるかという大昔の問いと同じく、それについて一切知ることができない物が、それでもやはり存在するのかという問いに頭を悩ませるべきではない」[15]と、彼は言った。

実証主義は、彼以外のコペンハーゲン学派にも影響を及ぼしたが、その程度はまちまちだった。そして、メンバーたちはその思想をさまざまなかたちで適用したので、彼らのあいだでも見解は一貫しなかった。ボーアは、量子的世界という概念そのものを完全に否定した。「量子的世界は存在しない」と彼は言った。「孤立した物質粒子というのは、抽象的概念で、量子論におけるそれらの粒子の性質が定義可能で観測可能になるのは、それらの粒子と他の系との相互作用を通してのみだ」[16]。しかし、ハイゼンベルクは、量子的世界は存在すると考えていた――私たちの世界とは違うかたちで機能している世界が。「原子や素粒子は［日常生活における諸現象と同じような］実在ではない。それらは、物体や事実でできた世界の代わりに、潜在性や可能性でできた世界を形成する」[17]。そしてヨルダンは、「観測は、観測されるはずのものを乱すのみならず、それを生み出しもする」と考えた――彼は、一個の電子を観測することは、「その電子に、明確な位置を持つように説得することだ」と主張した。しかし、ボーアが主張するように、量子的世界が存在しないのなら、観測は何に対しても、そこで起こるように説得などできない。そして、パウリもボーアと意見が食い違った。パウリは、観測することは、観測されている系を、制御不能なかたちで乱してしまう「決定不能な効果」をもたらすと考えた[18]。だが、ボーアが考えるように、量子的世界が存在しないのなら、観測が量子的世界を乱すことはあり得ない。パウリは、自己矛盾もしていたかもしれない。彼は、誰も見ていないときに何が起こったかについて話すという取り組み全体を否定した。しかし、観測する前に物体について話すのが無意味なら、どうしてパウリは、観測が何かを乱すというようなことが言えるのだろう？　そして、ハイゼンベルクとヨルダンは、明らかにパウリと見解を異にしていた。ふたりは、観測されていない系について強い発言をすることに、ためらいなど一切感じていなかった。このように、こういった物理学者たちが統一的なコペンハーゲン解釈を作り上げたという神話は——単なる神話に過ぎないのである。[19]

とはいえ、彼らの見解に相違があったとしても、ボーア、ハイゼンベルク、そしてほかのゲッティンゲン-コペンハーゲン学派のメンバーたちには、いくつか共通点があった。彼らはみな、量子的世界で何が「ほんとうに」起こっているかについて論じることは無意味だという点では意見が一致していた。観測の結果を正確に予測できるなら、彼らにとっては十分だった。ソルヴェイ会議から何年も経ってボーアが、「物理学の仕事は、自然がいかにあるかを明らかにすることだという考えは誤りだ。物理学は、自然について私たちが言えることを扱うものだ[20]」と述べたとおりだ。だとすると、物理学は、世界がいかに機能しているかについて、明解な、あるいは、一貫性のある描像を提供する必要はない——実際、ボーアの相補性によれば、そのような描像は必然的に不可能だった。何が実際に起こっているかについて語ることなく、世界の観測可能な特徴を記述するだけで十分だった。要するに、量子力学は、世界が実際にどうあるかに関する理論として、真剣に受け止めるべきものではないのだ。量子力学は単なるツールにすぎず、観測の結果を予測するための手段でしかない。だが、奇妙なことに、この真剣に受け止めるべきでないということは、非常に真剣に受け止めなければならない。ハイゼンベルクとボルンは、彼らが定式化したかたちの量子力学を「閉じた理論」だと主張することによって、観測から独立した量子的世界の説明の可能性さえも、原理的に排除しようとしていたのだ。

アインシュタインが、ボーア、ハイゼンベルク、そして彼らとイデオロギーを共有するものたちと袂を分かったのは、まさにここにおいてであった。「すべての物理学の、取り組みとしての目的は」、アインシュタインによれば、「任意の（個別の）現実の状況（それに対する観測や、それを実体化するための行為にかかわらず存在すると思われるところの）についての完全な記述」である。この見解で、アインシュタインは、自分が当時の知識人に流行していた立場からずれていることを承知していた。「実証主義的な傾向がある近現代の物理学者は、このような説明を聞けば必ず、憐憫のこもったほほえみを返すだろう」[21]。だがアインシュタインは、実証主義はまったく説得力がない、と感じた。それは、物理世界の完全な否定であり、実在は私たちの心のなかだけに存在するのだと主張するに等しい。「この手の議論で私が嫌いなのは、その根本から実証主義的な態度だ。私から見れば、とうてい受け入れがたい。［アイルランドの哲学者ジョージ・］バークリーの基本原則、『存在することは知覚されることだ』と同じになると思われる」[22]。アインシュタインは、新しい量子論の重要性を疑ってはいなかったが、ボルンとハイゼンベルクが量子力学は完全だと主張しているのは間違いであり、ボーアの相補性の哲学は量子的世界の真の性質を理解するには不適切だと確信していた。彼の思考実験は、単純で、エレガントで、この不適切さの核心を突くために注意深く組み立てられていた。

最初の思考実験

ソルヴェイ会議に集まった人々に向かって、アインシュタインは語りかけた。考えてみてください、スクリーンに開いた、とても小さなひとつの穴を、電子の流れが通過するところを、と（図3－2）。

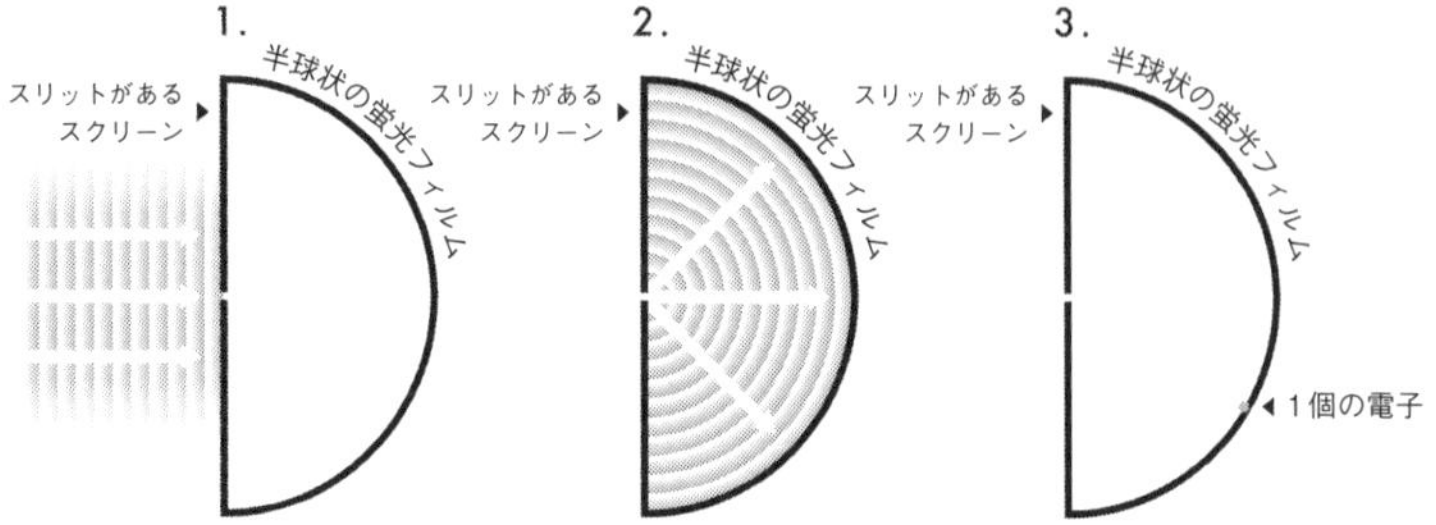

図3－2　アインシュタインがソルヴェイ会議で披露した思考実験。電子がフィルムにぶつかるとき、電子の波動関数が、その位置以外で即座に収縮しなければならないと「知る」のはなぜだろう？　Bacciagaluppi and Valentini 2009, p.486の図に基づく。

スクリーンの向こう側には、個々の電子が衝突したことを記録できる半球型の蛍光フィルムがあるとしよう。量子力学によれば、電子の流れの波動関数は均一でなければならない——一個の電子がフィルムに衝突する確率は、半球のどの位置でも同じはずだ。それは問題ない——量子力学が、この実験のあと、フィルムの一センチ四方ごとに一〇個電子を見つけるだろうと予測するなら、平均すればそのとおりに見つかるだろう。量子力学は、粒子の大集団の集合的ふるまいを記述することには非常に優れている。しかし、量子力学は、確率を与えることしかできない。具体的に何個の電子がフィルムの各点に衝突するかは、正確には予測できない。与えられるのは平均だけだ。

では、電子を一個だけその穴を通過させた場合を考えてみてください、とアインシュタインは聴衆に求めた。このような状況でも、量子力学はやはり電子はフィルムの任意の点に同じ確率でぶつかると予測する。このうえなく正確な予測である。それは問題ない。だがそれは、量子論がある意味で不完全か、あるいは、限度があるということではなかろうか。ハイゼンベルクとボルンは、量子力学は閉じており、そのままの状態で完璧で完全だと主張した——そのことを、アインシュタインは聴衆に思い起こさせた。

しかしもしもそうなら、電子がフィルムのどの位置にぶつかるかを特定するものはまったく存在しないことになる。それは問題だ――しかも、その理由は、それがランダムさを自然のなかに持ち込むからではない。

問題は、局所性にまつわるものだ[23]。局所性とは、あるひとつの場所で起こることは、どこか別の場所に即座に影響を及ぼすことはできないという原理だ。いまの思考実験の一個の電子の波動関数は、蛍光フィルムの半球全体に均一に広がっており、ハイゼンベルク、ボルン、ボーアによれば、その電子自体はどこにも存在しない。電子の波動関数が均一に広がっているという事実は、フィルムのどの位置も、電子の衝突を検知する確率はまったく同じだというだけのことだ。しかし、アインシュタインはこう指摘する。「フィルムのある一カ所で電子の衝突が検出されるとき、波動関数には何が起こるのでしょう？」ボルンは、一個の粒子の波動関数は、その粒子をある特定の場所で見出す確率に比例すると示した。だが、電子がフィルムの特定の位置に衝突すると、フィルムのそれ以外の位置にその電子が衝突する確率は瞬時にゼロになる。したがって、フィルム上に、電子の衝突が記録された瞬間、半球全体にわたって、波動関数は即座に消失しなければならない。瞬時の消失以外、波動関数がまだゼロでないどこかの場所で、あるはずのない第二の電子が、第一の電子に続いて検出されてしまう恐れが生じる。この「まったく奇妙な、遠隔作用というメカニズムは、私の考えでは、相対性理論（すなわち、特殊相対性理論）の原理と矛盾すると思われます[24]」と、アインシュタインは述べた。特殊相対性理論は、物体も信号も、光速を超える速度で運動することはできないとはっきりと述べている。したがって、もしも量子力学がほんとうに自然の完全な記述なら、それは相対性に違反していることになる。アインシュタインにとって、結論は明らかだった。電子は、フィルムに衝突する前から特定の位置に存在していたに違いない。量子力学が、厳密にどこにそれがあったのかについて何も言うことができなかったとしても。アインシュタインにとっては、これが唯一、局所性に違反する、瞬時の波動関数の収縮を回避する方法だった。したがって、量子力学は、自然の記述としては不完全で、量子的世界の真実を理解するには、さらに多くのことが必要だった。特に、相対性との矛盾を避けるためには、粒子は波動関数に加えて、常に明確な位置を持っていなければならなかった。「ド・ブロイ氏がこの方向で研究されているのは正しいと、私は思います[25]」とアインシュタインは結んだ。

アインシュタインの思考実験に対して、ほかの出席者たちは、理解できないがゆえに控えめな反応しか示さなかった。ボーアは、堂々とそれを認めた。「私は、自分がとても難しい立場にいると感じます。というのも、アインシュタインが何を指摘したいのか、私には明確にはわからないからです」と彼は言い、「それが私の責任であることは間違いありません[26]」とはっきり言ったのだ。アインシュタインの単純な思考実験は、コペンハーゲン解釈に対する辛辣な批判として示されたのだが、その単純さがかえって理解を阻んだのかもしれない。アインシュタインの説明はごく短かったので、彼自身が確率の性質について混乱していたという印象を与えてしまった恐れがある[27]。とりわけボーアは、アインシュタインをひどく誤解してしまったようだ。のちになって彼は、アインシュタインはハイゼンベルクの不確定性原理に疑いを抱いており、それを回避する方法を見つけたくて自分の思考実験を導入したのだと回想している。アインシュタインの局所性に関する懸念は、その後ソルヴェイ会議が終わるまで、再び聞かれることはなかった。しかし、ほどなくアインシュタインは、新しい思考実験を次々と提起し、彼が量子力学に見出した問題を執拗に追求するのであった。

ＥＰＲ論文が問うたこと

一九三〇年に開催された次のソルヴェイ会議で、アインシュタインはボーアに新たな思考実験を突き付けた。それは、光で満たされた箱がバネばかりにぶらさがっており、その箱の時間が正確な時計で監視できるようになっていたらどうか、というものであった。ボーアは、アインシュタインがまたもや不確定性原理が成り立たない例を示そうとしているのだと思った。しばらくのあいだ考えていたボーアは、やがて、アインシュタインの思考実験には欠陥があることを明らかにした。なんと彼（アインシュタイン）は自らの一般相対性理論を考慮に入れるのを忘れていたのだ。

図3－3　アインシュタインとボーア。1930年頃。

このエピソードは、量子力学の歴史のなかで伝説となっている――アインシュタインが自分の罠にはまったのだ、という。[28]だが実際には、問題はボーアのほうにあった。アインシュタインの一九三〇年の思考実験は、どんな類の不確定性原理に対しても、その反例を示そうとしたものではない――彼の不満は、三年前のソルヴェイ会議のときと同じく、このときも局所性に関するものだった。彼の友人のパウル・エーレンフェストによれば、アインシュタインは「不確定性関係については、もはやまったく疑っていなかった」し、この思考実験を考案したのは、「まったく別の目的のため[29]」だったという。ボーアはまたしても論点をよく理解していなかったのだ[30]。

数年後、アインシュタインはさらにもうひとつの思考実験を準備して、局所性をめぐる彼の懸念を示そうとした。この思考実験は、その後数十年にわたり影響を及ぼし続けることになる。アインシュタインと、ふたりの同僚、ボリス・ポドルスキーとネイサン・ローゼンは、一九三五年に「量子力学による物理的実在の記述は完全だと見なせるか？[31]」という挑発的な題の論文を発表した。著者らの頭文字を取ってEPR論文と呼ばれるこの論文は、アインシュタインがボーアとの対決で取った最後の自暴自棄の行動と説明されることが多い。しかし、真実ははるかに混乱しており、はるかに興味深い。

EPR論文は、一見したところ、局所性を論じているようには思えない――皮肉にも、ハイゼンベルクの不確定性原理をすり抜けようという企てに見える。しかし、アインシュタインが前回、前々回の思考実験で試みたとされるように、一個の粒子の運動量と位置を、同時に測定する手段を考案する代わりに、EPR論文は、間接的にテーマに取り組む。この論文の核心にある思考実験では、AとBという一対の粒子を想定する。これらが互いの間近で、きわめて明確で微妙なかたちで相互作用を行い、その後別々の方向に飛び去る。運動量は常に保存される――それは自然の基本法則だ――ので、これらの粒子の運動量の総和はその後ずっと一定だ。そして、これらの粒子どうしがある種の相互作用をしているせいで、両者のあいだの距離は、いつでも簡単に測定できる。

ニュートン物理学では、これは、ふたつの同一のビリヤード球が正面衝突し、その後跳ね返って、巨大なビリヤード台の両端に向かって反対の方向に転がっていくことに相当するだろう。ふたつの球の運動量の総和はゼロでなければならないので、片方の球の速度と運動方向がわかれば、即座に、もう一方の球は同じ速度で逆向きに運動していることがわかるだろう。同様に、衝突の時間と位置がわかっていれば、一方の球を見つければ、もう一方の球の位置を測定することができる。

量子力学では、状況はもう少しややこしくなる。コペンハーゲン解釈によれば、粒子は位置や運動量はもちろん、ほかのどんな性質であれ、観測を行わないかぎり、一切持たない。しかし、一方の粒子に行った観測が、遠く離れたもう一方の粒子に、瞬時に影響を及ぼすことはあり得ないと、ＥＰＲは主張した。では、不確定性原理を回避するため、ＡとＢの粒子が遠く離れるまで待ってから、Ａの運動量を観測しよう。Ａの運動量がわかれば、Ｂを一切乱すことなしに、Ｂの運動量はわかる。また、Ａの位置を測定しよう。Ａの位置がわかれば、ＡとＢのあいだの距離はわかっているのだから、Ｂの位置もわかる。こうして、Ｂの位置も運動量も、まったく測定を行わなくとも、同時に予測でき、どちらも「実在の要素」であることがわかる。しかしコペンハーゲン解釈では、たとえば位置の測定が行われない限り、粒子は位置を持たないという。もしもそれが量子力学の主張なら、それは実在の要素を説明していないことになり、量子力学は不完全だということになる――つまり、量子力学が説明していない特徴が、世界にはあるに違いない、とＥＰＲは論じた。ＥＰＲ論文は、これらのことを説明できるような、より良い理論への希望を示して終わっている。「このように、波動関数は物理的実在の完全な記述を提供しないことを私たちは示したが、そのような記述が存在するか否かという疑問について、私たちは結論を保留した。しかし、そのような理論は可能だと私たちは信じる」。

世界一有名な科学者が、よく知られている（よく理解されているとは言えないにしても）理論を、これほど厳しい言葉で非難しているものだから、当然メディアは大騒ぎになった——とりわけ、ポドルスキーが勇み足で新聞社に話を漏らしたせいで。一九三五年五月四日、ニューヨーク・タイムズ紙は、「アインシュタイン、量子論を批判」[32]と大きく報じた。EPR論文が発表される数日前である。小見出しには、「高名な科学者と二人の同僚が、それは『正しい』が『完全』ではないと特定」[33]とあった。アインシュタインは激怒し、新聞社に対し、記事に応える声明を送った。「『アインシュタイン、量子論を批判』という記事が根拠としている情報はすべて、私の承認なしに提供されたものだ。科学的問題は適切な場においてのみ議論するのが、私の不変のルールであり、そのような事柄に関する発表が、世俗的な新聞に事前に掲載されることを、私は不快に思う」[34]。

アインシュタインが苛立っていたのは、ポドルスキーのリークのせいだけではなかった。EPR論文の共著者として名前を連ねてはいたが、この論文を実際に書いたのはアインシュタインではなかった——そして、彼は書きあがった論文に満足していなかった。発表の直後、アインシュタインはシュレーディンガーに、EPR論文は、議論を重ねたあと、ポドルスキーが書いたものだと手紙で打ち明けた。「しかし、私が元々期待していたほどには、うまく仕上がらなかった。本質的なことが、言うなれば、[数学によって]覆い隠されてしまったのだ」と。同じ手紙の後半で彼は、不確定性原理に関しては、自分は「まったく気にしていない」[35]と述べている。彼が量子力学に対して抱いていた本当の懸念は、それとはまったく関係なかったのだ。

アインシュタインにとって、EPR思考実験の最も重要な部分は、やはり局所性に関係していた。Aの運動量を測定すれば、Bの運動量もわかる。しかし、BはAから遠く離れているので、局所性を仮定すれば、Aでの測定がBに即座に影響を及ぼせたはずがない。Bの運動量は、AとBが接近したときに、Aとの関係ができあがったにちがいない。ビリヤード球と同じように。

しかし、量子力学では、接近したあと、AとBそれぞれの運動量を計算することはできない。その代わり、量子力学の波動関数は、AとBを奇妙な関係で結びつける。接近の結果AとBは、それぞれが個別の波動関数を持つのではなく、ひとつの波動関数を共有するようになるのだ。だが、この共有された波動関数は、これらの粒子の運動量について、観測が行われないかぎり何も示さない。Aの運動量が観測されたなら、Bの運動量は常に、それに大きさが等しく、向きが逆だと述べるだけである。

コペンハーゲン解釈によれば、粒子は観測されるまで、特定の性質を持たない。したがって、AとBが観測される前に特定の運動量を持っていたなら、コペンハーゲン解釈は間違っており、量子力学は自然の記述として不完全だということになる。しかし、もしもAとBが観測前には特定の運動量を持っていなかったとしたら、Bの運動量が必ずAのそれと同じ大きさで向きが逆になるためには、Aの運動量の観測がBに瞬時に影響を及ぼさなければならない――Aがニューヨークに、Bが月にあったとしても。そして、もしそうなら、局所性に反してしまう。要するに、量子力学が不完全か非局所的だということだ。アインシュタインが見るに、書きあがったEPR論文では、この「不完全か非局所的か」という差し迫った選択が「覆い隠されて」しまっていたわけである[36]。

アインシュタインは、局所性に対するいかなる違反も認めず、それをマックス・ボルンへの手紙のなかで「薄気味悪い遠隔作用[37]」と呼んだ。アインシュタインは、このような奇妙な結びつきを仮定する理由などまったくないと指摘した――いま問題になっていることは、量子論が不完全だということで、簡単に説明がつく、というのだ。

私が知っている物理的現象、とりわけ、量子力学によって見事に包括されている現象を考えるとき、［局所性を］放棄せねばならないと思えそうな事実は、どこにも見当たらない。それゆえ私は、［コペンハーゲン解釈という意味での］量子力学の記述は、不完全で間接的な実在の記述と見なされるべきであり、のちには、より完全で直接的なものに置き換えられるべきだと考えたい。[38]

一方、物理学コミュニティーはEPR論文に衝撃を受けた。「これで一から全部やり直しだよ、アインシュタインがダメだと証明したのだから」[39]と、ディラックは嘆いた。パウリは激怒して、ハイゼンベルクに手紙を書き、そのなかでアインシュタインの行為を「最悪」だと呼び、それに対する公開の反論を書くようハイゼンベルクをけしかけた。[40]ハイゼンベルクは、ボーア自身が反論を準備していると知ると、自分の草稿は棚あげにして、大御所自らがアインシュタインの最新の異論に応えるに任せることにした。

「この猛烈な攻撃は青天の霹靂のように私たちを襲った。それがボーアに及ぼした影響は驚くほどだった」と、レオン・ローゼンフェルトは言う。「私がボーアにアインシュタインの議論について報告するや否や、それ以外のことはすべて捨て置かれた。こんな誤解はすぐに解かねばならん、というわけだ」[41]。ボーアは、ローゼンフェルトの助けを借りて、即刻反論を組み立てにかかった。普段はひどい遅筆なのにもかかわらず、ボーアは六週間でEPRに反論する論文を書き上げ──ローゼンフェルトによれば、ボーアにすれば「驚くべき速さ」で[42]──EPR論文が掲載されたのと同じ『フィジカル・レビュー』誌に投稿した。

ボーアは、この論文のなかで、EPRの思考実験を注意深く検討した。Aの運動量を観測することがＢに「力学的な擾乱」を及ぼさないという点については、彼は認めた。これについては疑問の余地はない、と。だが、「系のその後のふるまいについて、どのようなタイプの予測が可能かを決める諸条件そのものに対する影響という問題[43]」が、なおも存在していると、ボーアは主張した。残念ながら、「力学的な擾乱」と「影響」とを、ボーアがいかに区別していたのか、その境界線ははっきりしない。Ａの観測が即座にＢに影響を及ぼすのだと言いたかったのだろうか？　そうかもしれない。そのことゆえに、量子力学は非局所的でなければならないと考えていたのだろうか？　これも、そうかもしれない。ＥＰＲへのボーアの応答を解読しようと、たくさんの論文が執筆された。彼が言わんとしたこと、あるいは、彼が量子力学は非局所的だと考えていたのかどうか、明確な共通認識はない[44]。

ボーア自身、自分の文章の出来について謝っている。一五年ほど経って当時を振り返り、彼はＥＰＲへの反論の重要な部分[45]で「表現が要領を得なかったことは重々承知していた[46]」と記している。しかし、自分の反論の内容そのものについては詳しい説明をせず、ただ、量子的世界では、観測したい対象物と、その対象物が観測装置と交わす相互作用とを明確に区別するのは不可能だと述べただけだった。それがＥＰＲの議論とどのように関係するかははっきりせず、アインシュタインの局所性にまつわる懸念に応えていないのは間違いない。

ボーアの書いていることがまったくもってあいまいだったにもかかわらず、彼がＥＰＲ論文に反論したという事実だけで、物理学のコミュニティーの大半にとって、懸念は和らいだ。ボーアの文章は「しばしばわかりにくく、判然としない[47]」という点に関しては、たいていの物理学者はマックス・ボルンと同意見だったが。ボーアが書いたものを実際に読んだ者はほとんどいなかった[48]。だが、ボーア自身が、コペンハーゲン解釈は非局所的だと考えていようがいまいが、ほかの物理学者のほとんどが、そうではないと考えていた。[49] 彼らにとっては、ボーアが反論した事実は、コペンハーゲン解釈が健在で、ＥＰＲが糾弾する不完全性は無視して問題なかろう、ということを意味した。

しかしシュレーディンガーは、依然としてコペンハーゲン解釈に納得していなかった。ＥＰＲ論文を読んだあと、アインシュタインに宛てて、「あなたが［ＥＰＲ論文］のなかで公に、あの教条的な量子力学を非難されたことを、たいへん嬉しく思います」[50] と書き送った。

シュレーディンガーはまた、ＥＰＲ思考実験について、ある驚くべきことを指摘した。粒子ＡとＢのあいだの奇妙な結びつきのせいで、このふたつの粒子はひとつの波動関数を共有しているのだが、このような結びつきは珍しいものでない、というのだ。シュレーディンガーはこのことを、アインシュタインへの手紙や、その年のうちに発表した数本の論文のなかで説明し、この結びつきを「エンタングルメント（量子もつれ）」と名付けた。[51]

量子もつれは、量子力学の至るところに見られることにシュレーディンガーは気づいた。原子以下の粒子どうしが衝突するとき、それらの粒子はほとんど常に量子もつれ状態に入る。たとえば、原子を構成する粒子や、分子を構成する原子などの粒子のように、ひとつの大きな物体を作る複数の小さな粒子は、量子もつれ状態になる。じつのところ、どんな粒子どうしのどんな相互作用でも、ほとんどの場合、粒子どうしは量子もつれ状態になり、ＥＰＲ思考実験の粒子と同様、ひとつの波動関数を共有するようになるのである。

量子もつれは量子力学の至るところに現れるとシュレーディンガーが気づいたことで、コペンハーゲン解釈が抱える問題は一段と深まった。量子もつれ状態にあるすべての系には、アインシュタインが突き付けた、「その系は非局所的か、あるいは、量子力学がその系のすべての特徴を完全に記述することはできないかの、いずれかだ」という、二者択一問題が生じる。そしてシュレーディンガーはこのとき、ほぼすべての量子論的相互作用は、系を量子もつれ状態にすることを示した。こうして、ＥＰＲ論文が提起した難題は、量子力学の小さな一角だけに関するものではなくなった――それは、量子論の根幹に深く埋め込まれている大問題だということが明らかになったのである。

しかし、書きあがったＥＰＲ論文では、非局所性か、不完全性か、という、この厳しい二者択一問題が目立たなくなってしまったのではないかというアインシュタインへの懸念は、残念ながら、そのとおりだった。シュレーディンガーは、アインシュタインへの手紙のなかで、ほかの物理学者たちが、いかにひどく論点を誤解しているかについて、苛立ちをぶちまけた。「まるで、ひとりが『シカゴは凍える寒さだ』と言ったら、もうひとりが『そんなの間違いだ、フロリダは猛暑だ』と答えた、というような話です[52]」と。アインシュタイン自身、コペンハーゲン解釈を積極的に弁護し、ＥＰＲ論文がどこでおかしくなったかを指摘しようという、ほかの物理学者らからの手紙を何通も受け取っていた――しかし、正確にどこでおかしくなったかについては、どの手紙の意見も一致しておらず、アインシュタインは面白がった[53]。多くの人は、ＥＰＲの議論と、アインシュタインが量子論に対して抱いている疑問のすべては、彼がニュートン物理学のような、時計仕掛けの決定論的な宇宙を望んでいることから生じたのだという印象を持っていた[54]。「神はサイコロ遊びをなさらない」という、アインシュタインの有名な叫びに惑わされてしまったのかもしれない。しかし、アインシュタインの懸念は、決定論とはほとんど関係なかった――それは、局所性と、観察者がいようがいまいが関係なく存在する物理的実在、このふたつの重要性に関することだった。量子力学は、「実在と理性を回避する[55]」とアインシュタインは述べた。彼の見解では、物理学はボーアにしたがったために堕落してしまったのだった。シュレーディンガーへの手紙のなかでアインシュタインは、ボーアは「『実在』には少しも関心がなく、そんなものは浅はかさが化けたものだと考えている、タルムード学者*[56]」だと記した。

しかし、同時代のほとんどの物理学者の目には、アインシュタインの懸念は、せいぜい無関係、最悪で見当違いだった。イギリスの物理学者チャールズ・ダーウィン（高名な祖父にちなみ名付けられた）は、「物理学者がどんな哲学を持っていようが、あまり問題ではないというのが、私の信条のひとつです[57]」と述べた。ダーウィンはかつてボーアの学生だったことがあるが、当時の量子力学研究の最先端にいた物理学者の多くが同じくボーアの元で学んでいた――だが、アインシュタインと共に研究したことのあるものは、皆無に近い。そのような次第で、たいていの物理学者は、量子哲学問題をめぐるふたりの衝突では、物理学者アルフレッド・ランデが「ボーアの日曜礼拝の言葉[58]」と呼んだものに従うことにしておいて、量子力学のもっと実際的なテーマについての自分の研究に勤しもうという態度に出たのだった。なにしろ、量子力学はうまく使えているのだし、気に病むことなどないじゃないか？　量子力学という新しい理論は、じつにさまざまな現象について、計算を行い、前例のない正確さで予測を立てることを可能にしてくれたし、これらの現象の大半が、量子もつれの謎とはほとんど関係なかった。実験による探究をもっと行いやすい、ほかのさまざまな謎――とりわけ、原子核の内部に潜んでいる、強力で悪魔的な謎――が招いていた。これらの謎は、EPR論文発表から四年も経たないうちに明るみに出て、世界は戦争へと向かった。

＊　タルムードはヘブライ語で書かれたユダヤ教の聖典。

第4章 マンハッタンのなかのコペンハーゲン

ハイゼンベルクのまやかし

一九五五年の冬、ヴェルナー・ハイゼンベルクはスコットランドのセント・アンドルーズ大学で一連の講演を行った。冷戦時代の真っただ中だった。これに先立つ十年のあいだに、ハイゼンベルクはイギリスの敵国人から、信頼できる同盟国の市民へと変化を遂げていた。とはいえ、同業の物理学者たちのあいだで自分がどんな評判を取っているのか不安だった彼は、スコットランドでのこの講演の機に乗じて、自分の評判を高めようと考えた。

まず、ハイゼンベルクは、おなじみのコペンハーゲン解釈の金科玉条を説いた。「その最も小さな部分が、石や木が存在するのと同じ意味で、私たちが観察しているか否かにかかわらず客観的に存在する、客観的な実在世界という概念は不可能です」[1]と、ハイゼンベルクは述べた。では、石や木からなる私たちの世界は、原子や分子の世界から、どのようにして出現するのだろう？「『可能な』から『実際の』への変化は、観察という行為のさなかに起こります」とハイゼンベルクは説明した。では、私たちが見ていないときには何が起こるのだろう？　ハイゼンベルクによれば、その疑問は、提起することすらできない。「原子レベルの事象のなかで何が起こるかを記述したければ、『起こる』という言葉は、観測にのみ適用でき、観測と観測のあいだの状況に対しては適用できないのです」。では、観測問題はどう考えればいいのだろう？　なぜ観測はそんなに特別なのだろう？　それが何であれ、それは「物理的」なものであり、「精神的」なものではないと、ハイゼンベルクは述べた。「『可能な』から『実際の』への変化は、物体と観測装置との、したがって、世界との、相互作用が始まると同時に起こります。それは、観測者の精神が結果を認識する行為とは結びついていません」[2]と。しかし、「観測装置」とは何からなるのか、そして、それが量子的世界とは異なるルールにしたがうのはなぜかという疑問については、ハイゼンベルクは腹立たしいほど不明瞭だった。講演のどこにも、観測問題の解決策らしきものの提案はなかった。

しかしハイゼンベルクはまた、自分自身の見解と、ボーアの見解とのあいだに、なるべく隔たりがないようにと努めた。「一九二七年の春以来、量子論には、ひとつの一貫性ある解釈が存在しており、それはしばしばコペンハーゲン解釈と呼ばれています」[3]。一九二七年以来、量子力学に、たったひとつの一貫性ある解釈が存在していたという主張は、よくても誇張でしかないし、その間、コペンハーゲン解釈と「しばしば」呼ばれるものが何か存在したというのが真実ではないことは間違いない。実際、この言葉は、ハイゼンベルク当人が数カ月前に、ボーアの七〇歳の誕生日を祝って書いたエッセーのなかで作ったものだった。エッセーでも講演でも、ハイゼンベルクはコペンハーゲン解釈を、ボーア、自分、そして数名のほかの物理学者が、一九二七年に行った一連の研究を統合したものとして描いた――そして、エッセーでも講演でも、コペンハーゲン解釈をその敵から守る責任を、ハイゼンベルクは自ら引き受けたのだった。「コペンハーゲン解釈を批判し、古典物理学や物質主義的哲学の諸概念によりよく適合するものに置き換えようとする試みが幾度もありました」[4]と、彼はスコットランドの聴衆に語った。しかし、それは不可能です——ハイゼンベルクは、量子力学の驚異的な成功によって、そのような試みは完全に排除されたと主張した。量子力学は、唯一の真の道、すなわちコペンハーゲン解釈によってのみ解釈可能だと。

「コペンハーゲン解釈」という名称は新しかったが、コペンハーゲンで研究したことのある者が、量子力学を解釈する方法はひとつしかないと主張したのは初めてではなかった。だが、いまのハイゼンベルクには、自らを正統な量子力学の創設者であり擁護者として描かねばならない、特別な理由があった。共通の敵の出現で、イギリスとドイツの関係は修復した。それと同じような修復をハイゼンベルクは期待していたのかもしれない。彼が戦時中に取ったおぞましい行動のせいで、ボーアとの、さらにはほかの物理学者たちとの関係は、破壊されてしまったも同然だった。しかし、戦争の試練は、物理学そのものを激変させていた——そして、ハイゼンベルクと、彼が愛おしむ名声にとっては幸運なことに、そのような眩暈がしそうな変化のおかげで、物理学者たちはコペンハーゲン解釈を以前より受け入れやすい心理状態になっていた。

ユダヤ人科学者たちの脱出

一九三三年五月一六日、量子革命の口火となった黒体放射の法則を発見したマックス・プランクがアドルフ・ヒトラーと面会した。ドイツ最高の科学研究所、カイザー・ヴィルヘルム研究所の所長として、国家の新しいリーダーとの面会は、プランクにとって常の業務の一環だった。[5] ヒトラーは首相に就任してまだ四カ月足らずだったが、国会議事堂放火事件をきっかけに、国内テロへの危惧を口実として、建国間もないワイマール共和国において、独裁的な権力をすでに掌握していた。ヒトラーは、「純粋なアーリア人」の子孫でない者は誰も、公務員の職には就けないとする法律を成立させたばかりだったが、公務員には国立大学の教授も含まれていた。プランクには、これはまったくのやりすぎと思われた。彼はヒトラーに、当然のこととして、「ユダヤ人にもいろいろあります。人類にとって価値のある者もいれば、役に立たない者もおり、その区別をしなければなりません」と進言した。「それは間違っている」と、ヒトラーは応じた。「ユダヤ人はユダヤ人だ。ユダヤ人はみな、群れている。ヒルのようにな」

プランクは違う方向から説得してみた。「価値のあるユダヤ人を国外に追いやることは、自傷行為となるでしょう。私たちには彼らの科学的研究が必要なのですから」[6]

ユダヤ人の助けが必要になるかもしれないとほのめかされ、ヒトラーはぴしゃりと言った。「ユダヤ人科学者の追放が現在のドイツの科学の壊滅を意味するなら、二、三年科学なしでやればいいだけのことだ！」[7] 次第に早口になってまくしたてながら、彼は「激昂して狂乱状態になったので、私は、口をつぐみ、立ち去るほかなかった」[8] と、のちにプランクは回想している。ユダヤ人たちは、もはやドイツ科学界に居場所を失ってしまい、プランクはそれに対してなすすべもなかった。

当時はすべて国立だったドイツの大学は、一〇〇年以上にわたって、ヨーロッパの知的活動の中心だった。いまや、一六〇〇人の学者が職を失った。その痛手は、科学分野に著しく集中していた。一九世紀以来、ドイツの観念論哲学は科学を「物質主義的」で、それゆえ劣っていると蔑視していたので、ユダヤ人が阻まれることなく昇進しやすかったのは、科学分野だったのだ。[9] こうして、一〇〇名を超えるドイツの物理学者が解雇された——物理学の世界で並ぶものなき中心地であった場所で、すべての物理学者の四分の一が失職したのだ。[10] たったひとつの法律で、ドイツ物理学界は破壊されたのである。

アインシュタインこそ、真っ先に解雇されそうだ——だが彼には、ドイツの運命がとっくに見えていた。アインシュタインは、ヒトラーが政権を掌握する数カ月前、妻エルザとともにベルリンの家を離れ、アメリカへ向けて旅だっていた。「よーく見ておくんだ。二度と再び見ることはできないよ」[11]と、出発に際しアインシュタインはエルザに語り掛けた。ナチスが政権を握ると、世界で最も有名なユダヤ人としてマークされることとなった。アインシュタインの継娘が彼の論文を、ナチスに破棄されないうちにと、ベルリンにあった彼のアパートから安全に外に運び出した。ヒトラーの手下どもが三日のうちに四度にわたってアパートを捜査したが、アインシュタインの家族も論文もすべて国外に逃れたあとだった。ベルギーで家族と落ち合い、所持品を回収したアインシュタインは、ドイツ市民権を放棄し、アメリカに戻り、創設されたばかりのプリンストン高等研究所にポストを得た。彼はその後、終生アメリカで暮らした。

アインシュタインのような先見の明のなかったユダヤ人物理学者たちは、ユダヤ人を公職に就けなくする職業官吏再建法が施行されたあとになってナチス政権下のドイツから脱出した。彼らの多くがアメリカとイギリスに移り、物理学の世界の中心は一気に動いた（そして、物理学の世界共通言語はドイツ語から英語へと変わった）。マックス・ボルンはゲッティンゲンのポストから突然解任された。「一二年間、このゲッティンゲンで築きあげたものすべてが打ち砕かれた」と、彼は記した。「私には、この世の終わりのように思えた」[12]。彼は家族と共にケンブリッジにしばらく滞在したが、次にインドへ向かい、最終的にはスコットランドに再び落ち着いて、戦争のあいだはそこにとどまった。

一九三〇年代、ヒトラーがドイツ国境を越えて支配を広げるにつれ、逃げる手段のあるユダヤ人は逃れていった。一九三八年三月、オーストリア併合によって、ドイツはヒトラーの母国を吸収することになったが、ウィーン文化の偉大なユダヤ系知識人たちの多くがすでに脱出していた。ルートヴィヒ・ウィトゲンシュタインはケンブリッジで教えていたし、カール・ポパーはニュージーランドの大学で講師となっていた。そしてビリー・ワイルダーはハリウッドでグレタ・ガルボの脚本を書いていた。オーストリアで最も有名な物理学者、エルヴィン・シュレーディンガーはユダヤ人ではなかったが、彼の妻はそうだった。シュレーディンガーは、一九三三年にはベルリン大学で教授を務めていたが、ヒトラーが政権の座につくと、抗議のため辞任した。ヒトラーがオーストリアを併合すると、シュレーディンガーは反ナチスの見解を公式に撤回したが、新しい政権にはこれでは不十分だった。「政治的信頼性の欠如」[13]を理由にグラーツ大学の教授を解任され、シュレーディンガーは妻とともにアイルランドへ逃れた。その地に落ち着くと、彼はアインシュタインに手紙をしたため、そのなかで、自らの「大それた二枚舌」[14]をしきりにわびた。

一九三八年の夏にヒトラーがムッソリーニのファシスト政権下にあるイタリアを訪問すると、イタリアのユダヤ人たちもナチスの反ユダヤ政策の圧力を感じるようになった。「人種差別キャンペーンが……驚くべき速さで勢いを増した」と、ローラ・フェルミは記した。「私たちは即座に、できるだけ早くイタリアを去ることに決めた」[15]。彼女の夫、エンリコは、イタリア物理学界の誇りで、実験、理論両面において原子核物理学では世界の第一人者だった。しかし、カトリック教徒の男と、そのユダヤ人妻からなる一家にとってイタリアは安全でなくなってしまい、エンリコとローラは密かに国外へ脱出する計画を立てた。ところが、ムッソリーニがファシスト政権の経済政策として、小銭を超える金額を国外に持ち出すことを違法としてしまったため、計画は困難に立ち至った。ここでニールス・ボーアが助けに入る。その夏フェルミが会議のためにコペンハーゲンを訪れた際、ボーアは彼を脇へ連れて行き、そして――物理学コミュニティーの不文律を破り――フェルミに、彼の名前がその年のノーベル賞の候補者として挙がっていることを教えた。一〇〇万ドルの賞金と、海外へ渡航する口実を提供してくれるこの賞は、今年なら役に立つだろうか？　それとも、政治的な情勢からすると、別の機会のほうが都合がいいだろうか？　とボーアは尋ねた。フェルミは、その賞は今年がとりわけ都合がいいのですとボーアに答えた。帰国したフェルミは、イタリア政府が、ローラも含め、すべてのユダヤ人のパスポートを押収したことを知った。裏で画策し、ストックホルムのノーベル賞授賞式に出席するのに間に合うタイミングで妻のパスポートを取り返すことに彼は成功した。ストックホルムで式典が終わったあと、コペンハーゲンのボーアを訪問したフェルミは、「ノーベル賞受賞者」という言葉でアメリカの移民手続きがスムーズになったことを知った。夫妻はクリスマスの直前にマンハッタンに向かって出港し、一九三九年一月二日に到着した。

アインシュタイン、ボルン、フェルミなど、すでに確立した名声を持つ者たちは、新しい国でも、その地に到着する前でさえ、新しい仕事を確保することができた。しかし、学生や若手研究者たちの生活は、はるかに徹底的に混乱してしまった。「若者たちのことを考えると、心が痛む」[16]と、アインシュタインは一九三九年にボルンに書き送っている。アインシュタインはまもなく、ナチス政権の犠牲となった研究者たちを救済するイギリス主導の取り組みに加わり、この活動はある程度成功を収めた。一九三九年九月一日にヒトラーがポーランドに侵攻し、第二次世界大戦を開始するまでに、一〇〇人以上の物理学者がヨーロッパ諸国からアメリカとイギリスに移住した[17]——最も若い者たちは、とにかく逃げてきただけで、小さなかばんひとつで英仏海峡または大西洋を渡ってきた難民たちであり、新しい国に約束された仕事などなかった。無一文で来た者もいた。最大限の努力もむなしく、来られなかった者もいた。

火星人と観測者

ジョン・フォン・ノイマンも、アインシュタインと同様に、早い時期にドイツを後にしていた。* フォン・ノイマンも、そして彼の友人で同じハンガリー生まれだったユージン・ウィグナーも、一九三〇年にプリンストン大学に招聘された。このふたりが、二つ返事に荷造りしてヨーロッパを離れることはあるまいと承知していたプリンストン大学は、ふたりに半年ずつの兼任教授の地位を提供した。一年の半分はプリンストンに滞在し、残りの半年は、ベルリンの教授職に戻ればいい、そこではアインシュタインやシュレーディンガーとコーヒーショップでくつろぐことができるだろう、というわけだ。ふたりはこの寛大な提案を受け入れたが、「新世界」についての意見はふたりのあいだで食い違っていた。フォン・ノイマンはすぐにアメリカへと出発し、毎晩のように、妻と一緒にディナーパーティを開き、いつも非の打ちどころのない服装に身を包んでいた（フォン・ノイマンは一度ラバに乗ってグランドキャニオンを訪れたが、そのときもピンストライプの三つ揃いのスーツを着ていた）[18]。ウィグナーのほうは、ヨーロッパにもう少し未練があった。しかし、いつまでもベルリンに戻り続けることはできないだろうということは、彼にも明らかだった。「外国人、特にユダヤ人を祖先とする者がドイツにいられる日々はもう数えるほどしかありませんでした」と、のちにウィグナーは回想した。「きわめて明白で、察しが速い必要も何もありません……『ああ、一二月になったら寒くなるよね』というのと同じですよ。そう、そうなる。そうなることは誰もが知っている」[19]。ヒトラーが権力の座につくと、ウィグナーもフォン・ノイマンも、ベルリンにはもう戻らなかった——ふたりとも、ユダヤ人の子孫だという理由で、ドイツでの教授職を解雇されたのだ。

フォン・ノイマンとウィグナーは、当時の、すばらしい才能に恵まれたユダヤ系ハンガリー人科学者グループのふたりだった。彼らの驚異的な数学的能力と多彩な科学的才能に、同僚らは半ば冗談で、ハンガリー出身というのは、彼らの真の出身地を隠すための作り話に過ぎないと言っていた。「この人たちは、実は火星から来たんだ」と、彼らの同僚オットー・フリッシュは言った。「彼らにとって、……訛りなしにしゃべるのは難しいので、正体を見破られてしまうのを恐れ、ハンガリー人のふりをすることに決めたんだ。ハンガリー人は、ハンガリー語以外、訛りなしにはどんな言語も話せないことで有名だからね。というわけで、「これらの」とんでもなく頭のいい人たちはみな、他のところで暮らしていたんだ」[20]。とりわけフォン・ノイマンの頭の良さは、ほとんど人間離れしていた。プリンストンの彼の同僚たちは、彼は「じつは半神なのだが、人間を研究し尽くしたので、完璧に人間をまねることができるんだ」[21]と言った。フォン・ノイマンと火星人たちは、しばしば同僚たちとは違う考え方をした——それは量子力学の基礎についても言えた。

＊　ふたりともドイツの大学で教鞭を執っていた。

プリンストンにやってきてまもなく、フォン・ノイマンは量子力学についての著書を完成させた。その本は即座に、第一級の教科書として受け入れられた。量子力学の教科書は、すでに何冊かあったが、フォン・ノイマンは、それらのなかでも最も有名で数学的形式の面でも最も洗練されていたものについて、序論のなかであっさりと、「必要とされる数学的厳密さをまったく満たしていない」[22]と否定した。フォン・ノイマンのこの著書もじつは、「量子力学の隠れた変数定理の不可能性の証明」という、際どい所で誤ってしまった記述が含まれているのだが、この誤りは、それがなければ素晴らしい理論物理学の成果となったであろうものの（ほとんど見えないとはいえ）汚点となってしまった。*

さて、フォン・ノイマンは、彼の服装と同じくらい厳格で形式的な数学を使って量子力学を記述し、すでに良く知られていた量子力学の内容を、ごく少数の前提から、その結論として導き出してみせた。それらの仮定のひとつが、当時量子力学にとって本質的なものと理解されており、フォン・ノイマンもそのように認識していたものだった。それについてフォン・ノイマンは、波動関数は通常はシュレーディンガー方程式にしたがうが、観測の際に収縮するのだと述べた。「したがって私たちには、ひとつの系のなかで起こり得る、ふたつの根本的に異なるタイプの介入がある」とフォン・ノイマンは記した。物体が乱されないままでいるときには、シュレーディンガー方程式が「その系が時間の経過にしたがい、いかに連続的かつ因果的に変化するかを記述する」。しかし、観測が行われると、シュレーディンガー方程式のなめらかな規則性は消え失せてしまう。「観測による不定の変化」は、「非連続的、非‐因果的、そして瞬間的な作用である」[23]と、フォン・ノイマンは述べた。

ここにおいて、フォン・ノイマンはボーアの見解には異を唱えた。ボーアは、観測装置やその他の巨視的な物体は古典物理学で記述されなければならず、そしてこのことが、量子力学の実験の結果を、波動関数の収縮など一切持ち出さなくともうまく説明するのだとした。** いったい、これでどういう具合にうまく説明できるのかという詳細については、ボーアも彼の支持者たちもまったくあやふやだった――そして、この明瞭さの欠如は、量子力学を数学的により厳密にしようと探究していたフォン・ノイマンには受け入れられなかった。それに代わる考え方として、彼は、量子力学は、小さい物体と同じく、大きな物体にも適用されるのだとした。フォン・ノイマンの見るところ、量子力学は、世界全体の理論だった。だが、このような見解に立つことで、観測問題は一段と厄介になった。普通の物体が、原子と同じように量子力学の法則にしたがうなら、普通の物体は波動関数を収縮させたりはできない。なぜなら、波動関数の収縮は、シュレーディンガー方程式に違反するからだ。そして、もしも普通の物体が波動関数を収縮させないなら、それはシュレーディンガーの猫のパラドックスに直結する。本書の「はじめに」でお話ししたパンクロック粒子たちは、一見矛盾するような状態――重ね合わせと呼ばれる奇妙な状態――にあり、それらの状態の波動関数は決して収縮しなかったので、結局シュレーディンガーの猫も重ね合わせ状態にならざるを得ず、死んでいると同時に生きているという妙なことになったのだった。しかし、私たちは、生きている猫か死んでいる猫のいずれかしか見ることはなく、両者の重ね合わせ（それが何を意味しようが）を見たりはしない。フォン・ノイマンは、

＊　この汚点の存在は、出版の三十年後にヘルマンにより発見されるが認知されず、のちにジョン・スチュアート・ベルが再発見することになる。

＊＊　哲学者のドン・ハワードらによると、ボーアは著書や論文で波動関数の収縮について言及したことは一度もない。また、哲学者 Zinkernagel によると、ボーアは、波動関数の収縮は物理的過程ではなく形式論的な過程を捉えるべきで、可視化すべきではないと繰り返し戒めたという。

この問題を避けたかったがために、著書で波動関数の収縮の存在についてはっきりと述べたのだ。だが、その収縮がいかにして、そしてなぜ起こったかという問題は依然として残った。

フォン・ノイマンの解決策は、波動関数の収縮の責任は観測者――観測しているのが何者であろうと――が負うとすることだった。「私たちは常に、世界をふたつの部分に分けて考えなければならない。観測される系と、観測者のふたつに」と、フォン・ノイマンは断じた。「量子力学は、観測される側の世界のなかで起こる出来事を記述するが、それは、それらが観測者の側と相互作用しない限りにおいてのみであり、また、[シュレーディンガー方程式の]助けによってである。しかし、そのような相互作用、すなわち観測が起こるや否や、それは[波動関数の収縮を]強制する」[24]。

じつは、フォン・ノイマンがこれによって何を言わんとしていたかはよくわからない。観測者の意識そのものが波動関数を収縮させるという意味だと解釈した者もいた。この見解は、物理学者のフリッツ・ロンドンとエドモン・バウワーが、フォン・ノイマンのこの本の出版の数年後に、その影響を大いに受けて執筆した本のなかで推進したものだ。ウィグナーもやがて、この見解を採用した。しかし、これはじつに奇妙な見解だ。意識が波動関数を収縮させると主張すれば、たしかに観測問題は解決するかもしれないが、それだけの代償を払わなければならない――つまり、新たな問題が持ち込まれてしまうのだ。意識はいかにして波動関数を収縮させるのか？　という問題である。波動関数の収縮がシュレーディンガー方程式に違反してしまうのなら、意識は、自然法則を一時的に保留にしたり変更したりすることができるのだろうか？　そんなことが正しいなんてことがあるだろうか？　そして、そもそも意識とは何なのだろう？　誰が意識を持っているのか？　チンパンジーは波動関数を収縮させられるのだろうか？　犬はどうだろう？　ノミは？　観測問題を「解決」するために、意識をめぐるさまざまなパラドックスの詰まったパンドラの箱を開けてしまうとは、自暴自棄の行為だ。観測問題に対する、完成された解決法がほかに存在しなかった当時は、妥当な方法だと思われたのはたしかだが。

奇妙に思われるかもしれないが、フォン・ノイマン自身も、意識が波動関数の収縮を起こしていると考えていた可能性はある。しかし彼は、自著のなかではこの問題を回避した。その本のなかで彼は、量子論のなかで、意識を持つ観測者は何ら特別な地位を占めていないと主張した。「［観測者と観測されるものとの］境界線は、著しく恣意的である」と彼は記した。かなり実証主義的な論調で、彼は、「経験は、『観測者はある特定の（主観的な）観察を行った』というようなタイプの発言のみをもたらすのであり、決して、『ある物理的な量がある特定の値を持つ』というようなタイプの発言はもたらさない」[25]と主張した。彼はまた、ボーアの研究は、自然をこのような「二重の記述」で表すことを支持すると主張した。[26]しかし、フォン・ノイマンの量子論解釈が、ボーアのそれと一致しないことはたしかだった。実際、ボーアと「火星人たち」のあいだには、波動関数の収縮と測定装置に量子論を適用することについてのみならず、相補性についても隔たりがあった。一九二七年にコモ湖でボーアが初めて相補性の概念を発表したとき、ウィグナーはそれをけなしていたし、フォン・ノイマンは、彼の教科書のなかで相補性の概念をほとんど使っていなかった。いまやフォン・ノイマンとほかのメンバーたちがいくつかの問題点をめぐる議論でコペンハーゲンの正統性に疑問を呈していたので、量子論の基礎をめぐる対決が迫っているように思われた。

しかし、一九三〇年代の後半になると、ボーア、フォン・ノイマン、そしてウィグナーには、量子力学の基礎について考える暇などほとんどなくなってしまった。戦争が差し迫っていることはもはや間違いなく、はるかに実用的な物理学分野における新たな展開が、物理学の哲学的基盤をめぐる懸念を圧倒してしまった。一九三九年一月、ボーアとその助手、レオン・ローゼンフェルトは、汽船に乗って大西洋を渡り、ヨーロッパ大陸の最新ニュースをマンハッタンへと届けた。ドイツの物理学者オットー・ハーンが原子を分裂させたという知らせである。ボーアは直ちにこの問題に取り組み始めた。かつて彼の学生だったジョン・ホイーラーの協力を得て、量子力学の父は、ウランの謎を解明する仕事に着手したのである。

原子力の発見

原子爆弾の驚異的な威力は、つまるところ、すべての原子の原子核の内部で行われている、精妙な均衡維持活動から生じている。一個の原子の原子核を取り巻いている電子の雲は、負に帯電した電子と、正に帯電した原子核内部の陽子とのあいだに働く電気的引力によって原子核に拘束されている。しかし、この同じ電気的な力が、原子核をばらばらに分裂させようとする——同種の電荷は反発し、近づけば近づくほど、いっそう強く反発しあう。典型的な原子核は、それを取り巻く電子の雲の一〇万分の一という小ささだが、その電子の雲自体、人間の髪の毛の太さの一〇〇万分の一の直径しかない。これほど密接した状態では、原子核内部の陽子どうしの電気的反発力は、抑制されなければ、陽子たちを光速に近いスピードでてんでんばらばらの方向に飛び出させてしまうだろう。ところが、実際の原子核は、電気的な力よりももっと強い力で一体に保たれている。この力は、想像力のかけらもない「強い核力」(「強い力」とも)という名称で呼ばれている。強い力は、原子核の内部で陽子と中性子を結び付けている。中性子は、電気的に中性――名称はここから来ている――だが、陽子と同じく強い力は感じる。中性子は原子核内部における、電気的反発力と、強い力の引力とのせめぎ合いで重要な役割を演じ、前者に影響を及ぼすことなく後者を助ける。強い力は、単独では二個の陽子を接近させたままに保つことはできないが、そこに中性子が加わると、電荷を加えなくても、強い力の「くっつきやすさ」が向上し、二個の陽子と一個の中性子からなる安定な原子核（ヘリウム－3）を形成する。

原子核内部の、強い核力の結びつける力と、電気力の引き離す力のせめぎ合いの勝敗は、つまるところ原子核の大きさで決まる。小さな原子核では強い力の楽勝で、一般に、陽子や中性子を加えれば加えるほど、核力はいっそう強くなる。ところが、強い力はごく短い距離――陽子のサイズと同じくらいの距離――にわたってしか作用しないので、一ミリメートルの一兆分の一（エンリコ・フェルミにちなんで、一フェルミと呼ばれる距離）よりも長い距離になると、強い核力には不利になる。あるところまで達すると、原子核は大きくなりすぎ、電気力が綱引きで優位になりはじめ、陽子や中性子が加わるにつれて、原子核は次第に弱くなっていく。その分かれ目は、具体的に言うと、ニッケル（陽子二八個と中性子三四個）と鉄（陽子二六個と中性子三〇～三二個）のあたりである。それよりも大きな原子核は、より不安定になり、あるサイズ――すなわち、陽子八二個と中性子一〇〇個以上――を超えると、安定な原子核など存在しなくなる。

ウランは、その境目をはるかに越えている。陽子が九二個なのだから、ウランに何個中性子を加えようと、関係ない――結局は崩壊してしまう。しかし、ウランの原子核には、数十億年にわたって安定して存在し続けるものが二種類存在する。ウラン235とウラン238である。ここで、元素名のあとに続く数字は、その原子核に含まれる陽子と中性子の総数を示している。U－235には中性子一四三個と陽子九二個が含まれるので、合計二三五個である。U－238にはさらに三個の中性子が含まれるので、U－235より少し重くなっている。だが、両者はいずれもウランだ。原子核の化学的性質は陽子の数だけで決まるのである。化学は、原子どうしの電磁的相互作用に尽きる。一個の原子の化学的性質は、そこに含まれる電子の数だけで決まる──そして、ある原子核を取り巻く電子の数は、その原子核に含まれる陽子の数で決まる。陽子の数は同じだが中性子の数が異なる原子核は、同じ元素の、異なる同位体である──同位体は、質量は異なるが、化学的性質は同じである。

ボーアとホイーラーは、ドイツからスウェーデンに亡命した物理学者リーゼ・マイトナーと、彼女の甥オットー・フリッシュの研究をさらに発展させ、このウランの二種類の同位体は、核の性質がまったく異なることを発見した。とりわけ、U－235の原子核に中性子をぶつけると、原子核は分裂する。ふたつの小さな原子核に分裂し、その際に、三個の自由な中性子と大量のエネルギーを放出する。十分な量──臨界質量──のU－235があれば、分裂で生じた中性子の一つひとつが、別のU－235に衝突し、そのU－235が分裂して、さらに多くの中性子を解放し、連鎖反応を起こす。一二〇ポンドの純粋なU－235──高密度金属でできた直径二〇センチの小さな球──を無制御状態で放置すると、連鎖反応によって、一万五〇〇〇トンのTNTに相当する威力で爆発する。これは、小さな都市を瞬時に平らにしてしまうに十分である。余剰な中性子を吸収することでこの反応を制御すれば、同じ一二〇ポンドのU－235で、小さな都市の全電力を連続で何日間も供給できるだろう。

U－238では話はまったく違う。三個の中性子が余計に含まれているせいで、U－238は安定性が高くなっており、中性子をぶつけても簡単には分裂しない。そのため、U－238で爆弾を作ることはできない。[27]そして、ありがたいことに、自然界に存在するウランの約九九・三パーセントがU－238だ。原子爆弾を製造するには、膨大な量のU－238から微量のU－235を分離しなければならない――そして、両者は化学的には同一なので、分離する唯一の方法は、U－238がU－235より一・三パーセント重いという事実を利用することだ。そのようなわけで、原子力を実現するのは途方もなく難しく、大量のウランと都市ひとつ分ほどの大きさの産業レベルの拡散・遠心分離施設が必要になる。「アメリカ合衆国を巨大な工場に変えないかぎり、これは絶対に不可能だ[28]」とボーアは結論した。

しかし、原子力の実現を目指さないことのリスクはあまりに高かった。もしもナチスドイツが原子爆弾を製造してしまったら、戦争はそこで終わりだ。世界じゅうにいる、アインシュタインやフェルミやボルンと同じように優れた、同じような立場の人たちは、ヒトラーの帝国を逃れることができなくなってしまう。「このくらいの小さな爆弾が一個あれば」と、フェルミは両手をカップのように丸めて合わせ、マンハッタンを見わたした。「これが全部消えてしまうんだ[29]」

涙の訴え

「私がどこで［核分裂の発見について］知ったかわかりますか？……病院ですよ」。ユージン・ウィグナーは黄疸が出てしまったのだ。「私は六週間病院にいました。それは素晴らしい日々でしたよ、だって、黄疸は大して痛みませんから[30]」とウィグナーはのちに回想している。「食事は、ジャガイモと豆だけ、それも、全部茹でてあって、おいしくはなかったですね。だが、それ以外のことと、世間から隔離されているのは素晴らしかった」[31]。ウィグナーは見舞いに来た友人のレオ・シラードに、ウランの核分裂発見のニュースを知らせた。シラードもハンガリーから逃れてきた物理学者で、数年前、核分裂の連鎖反応の可能性に気づいていた。「シラードがプリンストンに滞在していて、毎日私の見舞いに来てくれたので、私たちは核分裂の問題や、あれこれの話をしました。ボーアとホイーラーの理論は、もちろん私たちの頭をほとんど常に占めていました……。シラードはある朝私のところにやってきて、こう言いました。『ウィグナー、思うんだけど、連鎖反応は起こるよ』[32]と」

次にどうすべきかを議論しながら、ふたりのハンガリー人は三人目を引き込んだ。ワシントンDCで教授職に就いてたエドワード・テラーだ。一九三九年の夏のあいだ、この「ハンガリー人の共謀」は、アメリカ政府に、シラード言うところの、「ヒトラーの成功は［核分裂に］かかっている」[33]という事実を知らせて警告する計画を立てた。この計画を実行に移すにあたり、彼らは四人目の共謀者を引き込んだ。アルベルト・アインシュタインである。ハンガリー出身の三人は、世界一有名な科学者からの手紙なら、ルーズベルト大統領も関心を持つはずだと考えたのだ。何度か週末をアインシュタインのロングアイランドの別荘で彼と共に過ごしながらシラードは、テラーとウィグナーの助けも借りて、確実にルーズベルト大統領まで届くように手紙を書き上げた。計画は成功した。しかし、大成功とは言い難かった。手紙はたしかに大統領の関心を引いたのだが、大統領はウラン委員会の委員長に、国立標準局の局長で、この仕事にはあまり役に立たないライマン・ブリッグスを指名したのだ。ブリッグスと彼の委員会はほとんど何もせず、プロジェクトは一年以上放置され、そのあいだヒトラーはデンマークを占領し、パリを占拠して、ロンドンを容赦なく爆撃していた。

一九四一年の秋になってようやく、アメリカ政府が原子力について真剣に調査しはじめると、ウィグナーは、アーサー・コンプトンというアメリカの物理学者に接触した。[34] コンプトンは原子爆弾開発の実行可能性について、大統領のトップ政策グループに提出する報告書を準備しているところだった。「[ウィグナーは] ほとんど涙ながらに、核兵器開発計画が開始されるように助けてほしいと訴えた」とコンプトンは記している。「ヨーロッパで暮らすなかで、ナチスがどういう者たちか、身に染みて知っていたことを思えば、ナチスが原爆を先に作ってしまうという彼の生々しい恐れは、一段と心に深く刺さった[35]」。

真珠湾攻撃の数カ月後、アメリカの原子爆弾計画は軍に引き渡され、陸軍工兵隊の司令官レズリー・グローヴズ准将がリーダーに指名された。グローヴズは、ペンタゴン（当時は世界最大の建物だった）建設の監督を終えたばかりで、自分の指名に抗議した――彼は前線に派遣されたかったのだ。しかし、この事業がもたらし得る結果について詳しく知ると、乗り気になった。グローヴズは、マンハッタン計画というコードネームで呼ばれることになったこの計画の科学部門のリーダーに、カリフォルニア大学バークレー校のロバート・オッペンハイマーを任命した。マンハッタン計画の「特殊な重要性」のもとに、フェルミやウィグナーをはじめとするヨーロッパを逃れてきた物理学者たちと、アメリカの物理学者たちがニューメキシコ州の砂漠の台地にあるロスアラモスに集結し、ドイツのライバルたちと競い合って、爆弾の製造に取り組むことになった。

ハイゼンベルクと原爆開発

ロスアラモスの物理学者の多くは、原子爆弾に関してはナチスのほうが先にスタートを切ったと考えていたが、彼らがそう考えるのも当然だった。[36] ドイツは数世代にわたり物理学の世界的中心地だったし、アメリカは長年にわたり科学後進国と思われていた。だいいち、核分裂が最初に発見されたのもドイツでのことだ。ドイツのほうが長くこの戦争を戦っている。そして、ヒトラーがチェコスロバキアを侵略したおかげで、ドイツは膨大な量のウラン源を利用することもできた。おまけに、ヒトラーの人種差別的な職業官吏再建法にもかかわらず、多くの優れた物理学者がドイツに留まっていた。核分裂を発見した核化学者、オットー・ハーンは、ナチスとは関わりたくなかったものの、ドイツに残っていた。彼は静かに自分の研究を続け、できる範囲でユダヤ系の同僚たちを助け、マイトナーやフリッシュら、国外に出た者たちとは手紙でやり取りしていた。ハーンの友人でノーベル賞物理学者マックス・フォン・ラウエは、反ナチスの立場をもっと鮮明に示し、ヒトラーの政権を内部から、繰り返し公に批判することで自らの命を危険にさらした。しかし、ドイツの物理学者の大半はハーンの例には倣わず、フォン・ラウエのような信念に基づいた態度を取った者はほぼ皆無だった。そして、パスクアル・ヨルダンのように、ヒトラー政権を積極的に支援した者たちもいた。ヨルダンは美学的理由からナチスのイデオロギーに魅力を感じ――また、科学哲学に対する自身の観念主義的な立場にも沿って――一九三三年にナチ党に加わったのみならず、ヒトラーの準軍事組織、突撃隊にも参加した。そして、ヨハネス・シュタルクやフィリップ・レーナルトのように、ヒトラーが権力を掌握する前からナチ党だった者たちもいたわけで、彼らはヒトラーの人種差別的「哲学」を物理学に適用し、相対性理論と量子論は「ユダヤ人の物理学だ」と決めつけた。

ヴェルナー・ハイゼンベルクは、ナチ哲学に対して、フォン・ラウエの良心的拒否と、ヨルダンの全面支持の中間に位置する立場を取っていた。ハイゼンベルクは、当惑するほどばかげた、シュタルクやレーナルトの「ドイツ物理学」を糾弾し、ドイツで行われていた量子力学と相対論に反対するキャンペーンを終わらせるためのフォン・ラウエの取り組みを助けた。しかし、ハイゼンベルクはその一方で、主に義務感と愛国心から、ヒトラーの帝国のなかに留まった。ナチスに協力しながら、その一方で、科学は「非政治的」だということを隠れ蓑にしていたせいで、彼は信用を落としてしまった。ヒトラーの政権掌握から戦争勃発までの六年間に、彼にはアメリカ全土とイギリスから――直近の例を挙げれば、一九三九年の夏にアメリカを回ったときに――多くのポストを提案された。ハイゼンベルクは、ただ「ドイツが私を必要としている」と言い張るばかりで、これらをすべて断った。[37] ハイゼンベルクはナチ党員ではなかったが、誰がドイツのリーダーであるかにはかかわらず、彼のドイツへの忠誠心が深いということは、誰の目にもほとんど疑いはなかった。「バイエルンアルプスでのマシンガンの演習のために」ドイツに帰国しなければならないと言って、彼はミシガンでの物理学夏季講座を途中で抜け出したのだった。[38]

戦争が始まってしばらくすると、ハイゼンベルクは（しごく当然のことだが）ドイツの原爆開発計画の委員会に招集された。この計画は、ほとんど最初から難航した。ハイゼンベルクは、ミュンヘンの学生時代から、実験物理学についてはあまりよく理解しておらず、いくつかの重要な数量の計算で単純なミスをしていた――「頭の切れる理論家だったが［ハイゼンベルクは］数についてはいつも、きわめて無頓着だった」[39]と、彼の元同僚、ルドルフ・パイエルスは回想している。コミュニケーションの断絶と事務手続きの誤りが計画の遂行を始終妨げた。ナチスの科学官僚は、科学者としての才能よりも政治信条を重視した人選を押し付けようと干渉してきた。そして、ある重要な事実――精製した黒鉛を減速材として使えば、核分裂の連鎖反応を制御できるという事実――を、ハイゼンベルクも彼の同僚たちも見落としてしまった[40]。不純物の混ざった黒鉛は使えないと判断したあと、彼らは代わりに、より希少で高価な減速材、重水に努力を集中させたが、このことがさらに彼らの進展を遅らせた。アメリカの原爆開発が勢いに乗ってきていた一九四二年までには、ドイツの計画はほぼ完全な停止状態に陥ってしまった。一九四二年にベルリンで行われた陸軍兵站委員会で、ハイゼンベルクはナチスの上層部に、終戦までに原爆が完成する可能性は低いが、原子炉は帝国が戦争を進めるための新たなエネルギー源となる見込みが大きいと述べた[41]。その直後、ハイゼンベルクは、それまでに実験チームを率いた経験などまったくなかったにもかかわらず[42]、ドイツの核開発計画の事実上の最高責任者となった。ハイゼンベルクのチームは、一九四五年のドイツの敗北まで、核分裂連鎖反応の制御を実現しようと努力を続けた。一九四二年にシカゴで、フェルミがとっくにそれを成し遂げていたとは露知らず。そして、仮にハイゼンベルクらがこれに成功していたとしても、メルトダウンを防ぐことはできず、反応が制御できなくなる事態は避けられなかっただろう。実際、ハイゼンベルクは、思っていたよりも自分でコントロールできることは少なかった。彼は、ナチス政権から与えられた「流血によって得た金」で興味深い原子核物理学の研究を行い、「物理学のために戦争を利用する[43]」思惑だった――その研究が、ヒトラーに原爆を与えることになったとしても。ハイゼンベルクは「悪魔と食卓*を共にすることに同意したのだが、そのあとで、十分柄の長いスプーンがないことに気づいたのだろう[44]」と、後年パイエルスは記している。

　一九四四年の一二月までには、ハイゼンベルクの目にもドイツの敗北が近いことは明らかになっていた――スイスで開かれた晩餐会で同僚のグレゴール・ヴェンツェルと話していたとき、彼は残念そうに溜息をつき、「われわれが勝っていたなら、とても素晴らしかっただろうにね[45]」と言った。彼はヘッヒンゲンの核分裂実験場に戻り、原子炉を完成させるための最後の努力をした。しかし、もう時間がなかった。一九四五年四月、四方八方から連合軍がドイツに迫るなか、ハイゼンベルクは研究を打ち捨てて逃げざるを得なくなった。彼は自転車を七二時間こいで二五〇キロの距離を走った。連合軍の戦闘機に撃たれないよう夜間だけ移動し、ウルフェルトの家族のもとにたどり着いた。数日後、やってきたアメリカ軍の特殊部隊に身柄を拘束された。ドイツの原子核物理学者たちを捕らえて尋問するためにヨーロッパの奥深くへと派遣された、アルソス作戦の一翼を担う特殊部隊だ。

アルソス作戦チームは、ハイゼンベルク、ハーン、フォン・ラウエ、そして数名のほかのドイツ人物理学者たちを捕らえ、ファーム・ホールという建物に連行した。イギリスの荘園領主の邸宅を軍の諜報基地に転用した建物で、スポーツ用具、黒板数枚、ラジオ一台、そしてふんだんな食糧があった――平均的なイギリスの家庭よりもはるかに快適だと[46]、彼らを監視していた軍の係員のひとりが不平がましく言った。しかし平均的なイギリスの家庭に、ファーム・ホールの部屋ごとに仕掛けられた隠しマイク一式がなかったのは間違いない。「ここ、こっそりマイクが仕掛けられてやしないか、気になるよね？」と、ドイツの物理学者のひとり、クルト・ディープナーが尋ねた。彼らがここに連行されてきて、数日後のことだ。「マイクが仕掛けられてるって？」と、ハイゼンベルクは笑いながら答えた。「そんなことないさ、それほど気の利く連中じゃないよ。彼らがゲシュタポのほんとうのやり方を知っているとは思えないな。その点彼らはちょっと古風だよ」[47]。これを聞いて、ドイツの物理学

＊　一四世紀イングランドの詩人チョーサーの『カンタベリー物語』にある表現に由来。悪い人々と付き合うときには、影響を受けないように注意せよという意味。

者たちは安心して、監視役のイギリス人が、彼らの議論を刺激しようとの明らかな意図で渡している新聞を熱心に読んで、物理学、政治、そしていまの情勢について気ままに話し合った。[48]

ハイゼンベルクたちは、自分たちの拘束がなぜ長引いているのかという謎について話し合った――訊いてみても、彼らは「国王陛下のご意向で」拘束されているとしか答えてもらえなかったのだ。自分たちは世界最高の原子核物理学の専門家なのだと信じ、アメリカの原爆開発がドイツのそれをすでに越えていることなどあり得ないと思い込み、彼らは大胆な計画を立てた。報道機関に彼らの窮状を知らせてケンブリッジに逃れ、核に関わる知見を教えてもらいたいと思っているであろう物理学者の仲間たちに会おうというものだ。また、彼らの運命は、いまポツダムで会っている「ビッグ・スリー」、すなわち、トルーマン、チャーチル、スターリンの三人が直々に決定しようとしているのだと、それが事実であるかのように話した。なかには、ナチスとの結びつきのことで、彼らが個人として責められることはない、エリート物理学者としての自分たちの立場を利用すれば、アルゼンチンに逃れ、そこで新たな人生を始めることができるはずだと思い込んでいる者もいた。

とうとう、数週間の優雅な監禁生活の末、一九四五年八月六日の夜、夕食の直前に、イギリス軍の情報部員でファーム・ホールの責任者だったリトナー少佐が、静かにオットー・ハーンを傍に呼び、アメリカ人たちが原子爆弾を広島に投下したと教えた。「ハーンはその知らせに完全に打ちのめされた」と、リトナーは記している。

彼は、数十万の人々の死に、自分は個人的に責任があると感じたのだ。なぜなら、この爆弾を可能にしたのは、元々は彼の発見だったのだから。彼は、自分の発見が持つ恐ろしい潜在的可能性に気づいたとき、最初は自殺を考えたと、私に打ち明けた。……かなりの量のアルコールに助けられて、彼は落ち着きを取り戻し、私たちは階段を下りて夕食の席に向かった。そこで彼は、集まった客にこのニュースを知らせた。予想にたがわず、信じられないという反応に迎えられた。

「そんなこと、ひと言だって信じるもんか」と、ハイゼンベルクは言った。「ウランなんてまったく使っていないはずだ[49]」。ハーンはそれをやじって言った。「アメリカ人たちがウラン爆弾を持っているなら、君たちは全員二流だよ。かわいそうな老いぼれハイゼンベルク[50]」。その夜遅く、BBCがそのニュースを詳細に報道するのを聞いて、ハイゼンベルクもほかの者たちも、真実を受け入れた。彼らは打ち負かされたのだ。

続く数日間、ハイゼンベルクは、自分のプロジェクトがこんなにも遅れを取ってしまった原因を突き止めようとした。彼が行った計算の拙さからは、彼がそもそも爆弾の作り方自体、本当には理解していなかったことがうかがえる。彼自身は完全に理解できていると思い込んでいたのは間違いない。そして、ほかの科学者たちがファーム・ホールで繰り広げた激論からは、アルソス計画が押収したさまざまな文書からすでに推論できたことが確かめられた。ナチスの原爆開発計画は、マンハッタン計画とはまったく異なり、ずさんでまとまりのないもので、重要な情報が部門ごとに独占されており、また、いかに進めるべきかという明確なビジョンもなかったのである。しかし、ファーム・ホールの隠しマイクの音声を原稿に起こした記録からはっきりわかるのだが、この同じ数日間に、ハイゼンベルクと、彼の学生のカール・フォン・ヴァイツゼッカーは、彼らの戦時中の活動について、意図的に修正するような話をでっちあげたのだ。彼らによれば、前例のないスケールの死と破壊の兵器をアメリカ人たちが製造しているあいだ、彼らドイツ人は、あえて原子炉だけを追究したのだ、なぜなら、ヒトラーの第三帝国のために大量破壊兵器を作りたくなかったからだ——という具合に。彼らの失敗の原因は、彼らの完全な無能力ではなく、彼らが持っていたと自ら言う、明確なモラルにあると言おうとしたわけである。

戦争と物理学

ハイゼンベルクがこのような名誉ある終結に向かって努力していた一方で、彼の師は、命の危機に瀕していた。ボーアは、一九三九年にアメリカを訪問したのち、コペンハーゲンに戻っていた。自宅に着いたのは、その年の九月に戦争が始まる数カ月前だった。ドイツは、翌年の四月九日の朝、日の出前に、デンマークに侵攻した。二時間後、デンマーク政府は降伏した。ヒトラーはデンマークを「模範保護国」にし、自分のやり方は平和的であることを世界に示そうと決意していた。流血への欲望をなんとか抑え込み、三年以上にわたり、反ユダヤ的な法律をデンマーク人たちに課さずにいた。だが、一九四三年一〇月、ついにナチス親衛隊がコペンハーゲンの街路に到着した。ユダヤの新年祭に当たるロシュ・ハシャナのあいだに、首都のユダヤ人たちを一斉に逮捕しようとの計画だった。ところが、彼らが一軒一軒回りはじめると、街のほとんどのユダヤ人が忽然と消えていた。ドイツの外交官、ゲオルク・ダックヴィッツが、デンマークのユダヤ人コミュニティーのリーダーたちに、数日前に警告していたので、ナチス親衛隊がやってくるまでに、国中のほとんどのユダヤ人が隠れていたのである。そのひとりがニールス・ボーアで[51]、彼は家族と共に、釣り船でエーレスンド海峡を渡り、ナチスが彼の研究所に押しかける三日前に、中立国であるスウェーデンまで安全に連れて行ってもらえたのだ。ストックホルムで、ボーアはデンマーク王クリスチャン一〇世に謁見し、自分の窮状を訴え、デンマークのユダヤ人たちをスウェーデンに亡命させるよう国王に求めた。スウェーデンのラジオはその夜、デンマークから逃れてきたユダヤ人を受け入れると告知した。その後二カ月にわたり、デンマークのレジスタンス組織とスウェーデンの沿岸警備隊が、数百艘の小型漁船、漕ぎ船、カヌーが安全に進めるよう航路を確保した。どの小船にも、ふたり、三人、あるいは四人のユダヤ系デンマーク人が乗っており、彼らは無事スウェーデンに渡りおおせた。七〇〇〇人以上のユダヤ人――当時デンマークに住んでいたユダヤ人の九五パーセント――が、ナチスから逃れることに成功した。

ストックホルムはナチスの工作員であふれかえり、ボーアにとって安全ではなかった――それに、ボーアはきわめて重要な人物で、スウェーデンに留まっているべきではないと連合軍は判断した。イギリス空軍が高高度爆撃機モスキート――対空射撃が届かない高さまで飛べるよう設計された小型飛行機――を派遣し、ボーアをイギリスに連れてくることになった。モスキートの爆弾倉は、ボーアを運ぶために特別な装備がされ、酸素マスクと、パイロットが貴重な貨物（ボーア）と交信するための一対のヘッドフォンが設置された。しかし、ボーアの巨大な頭には、ヘッドフォンは小さすぎた。酸素をオンにしてくださいという指示が聞こえなかったボーアは、気を失った。パイロットは、何か問題が起こったと察知し、北海上空で機体の高度を下げた。おかげでボーアは生き延びた。イギリスで、マンハッタン計画のイギリス版に取り組む科学者たちと面会したあと、ボーアは空路アメリカに向かい、そこでは即座にロスアラモスのマンハッタン計画の本部へと連れていかれた。移動中はニコラス・ベイカーという偽名を使った。「ニコラス」に施設を案内しながら、テラーはボーアに、原子力開発は誤った方向に進んでいるという自身の悲観論を披露するのを楽しみにしていた。「しかし、私が口を開くより先に、［ボーアが］『前に君に言ったよね、国全体を工場に変えないことには、これは不可能だと。君たちはまさにそれを成し遂げたんだ』と言った」[52]。

ボーアは自分で気づいていた以上に正しかった。終戦までに、マンハッタン計画は二七〇億ドル近い国家予算を費やし[53]、全米とカナダ各地の三一カ所の施設で一二万五〇〇〇人を動員した[54]。マンハッタン計画の、留まるところを知らない人員と資源の要求を満たすために、数百名の物理学者たちが日常の研究から招集された。戦争が終わっても、アメリカの物理学研究が戦前の姿に戻ることはなかった。原子爆弾の製造に成功したおかげで、軍の研究費は物理学に流入し続けた。戦前の一九三八年、アメリカ合衆国が物理学研究へ投じた支出は約一八四五万ドル[55]で、政府の資金はほぼゼロだった。終戦から一〇年も経たない一九五三年、物理学の研究資金は約四億ドルだった[56]——たった一五年で二五倍である。そして、一九五四年には、物理科学の基礎研究への資金の九八パーセントが、軍または、マンハッタン計画を引き継いだ原子力委員会[57]などの、防衛関連の政府機関からのものになっていた。

資金とともに人材もやって来た。ふたつの原子爆弾によって戦争が終結し、復員兵援護法*で資金も得られたので、若い復員兵たちが大学に押し寄せ、新しい物理学を学ぼうとしたのだ。一九四八年にハーバード大学で物理学の博士過程にいた大学院生のひとりは、こう記している。「私が物理学に興味を抱いたのは、陸軍にいたころに、ニューメキシコで原子爆弾に関わる仕事をしたときのことだ」。別の学生は、「［物理学が］重要になったのは戦争の結果だという気がする」と記した。また別の学生は、「戦争が私を科学者として生きるよう導いた」と書いている[58]。物理学科には学生が殺到した。一九四一年、アメリカの大学院生で物理学の博士号を取ったのは約一七〇名だった。一九五一年までには、その数は五〇〇を超え、なおも増加していた。同時期の増加率は、ほかのどの学問分野よりもはるかに高かった[59]（図4－1）。そして一九五三年までには、物理学の博士号保持者の半数が三〇歳以下となった。[60] 物理学者を教育することは、もはや単に科学に必要なことではなく、軍のインフラへの投資として不可欠なものとなった。原子力委員会のメンバーで、プリンストン大学物理学科の学科長を務めた〔一九三五－四九〕ヘンリー・スミスは、一九五〇年に米国科学推進協会で講演をした際に、「科学の人的資源を蓄積し、適所に割り当てる」ことに触れた。彼は、科学者は「重要な戦争資源となりました。彼らを、最も有益な方法で活用しなければなりません。……私は科学者のことを、私たちの文化を豊かにする人々ではなく、私たちの自由を守るために必要な戦争のツールだと考えています[61]」と述べた。

この新しい事態に、多くの物理学者たちが不安と不満

＊　一九四四年に制定された、復員兵に失業給付金を給付し、住宅・教育資金を貸付する法律。

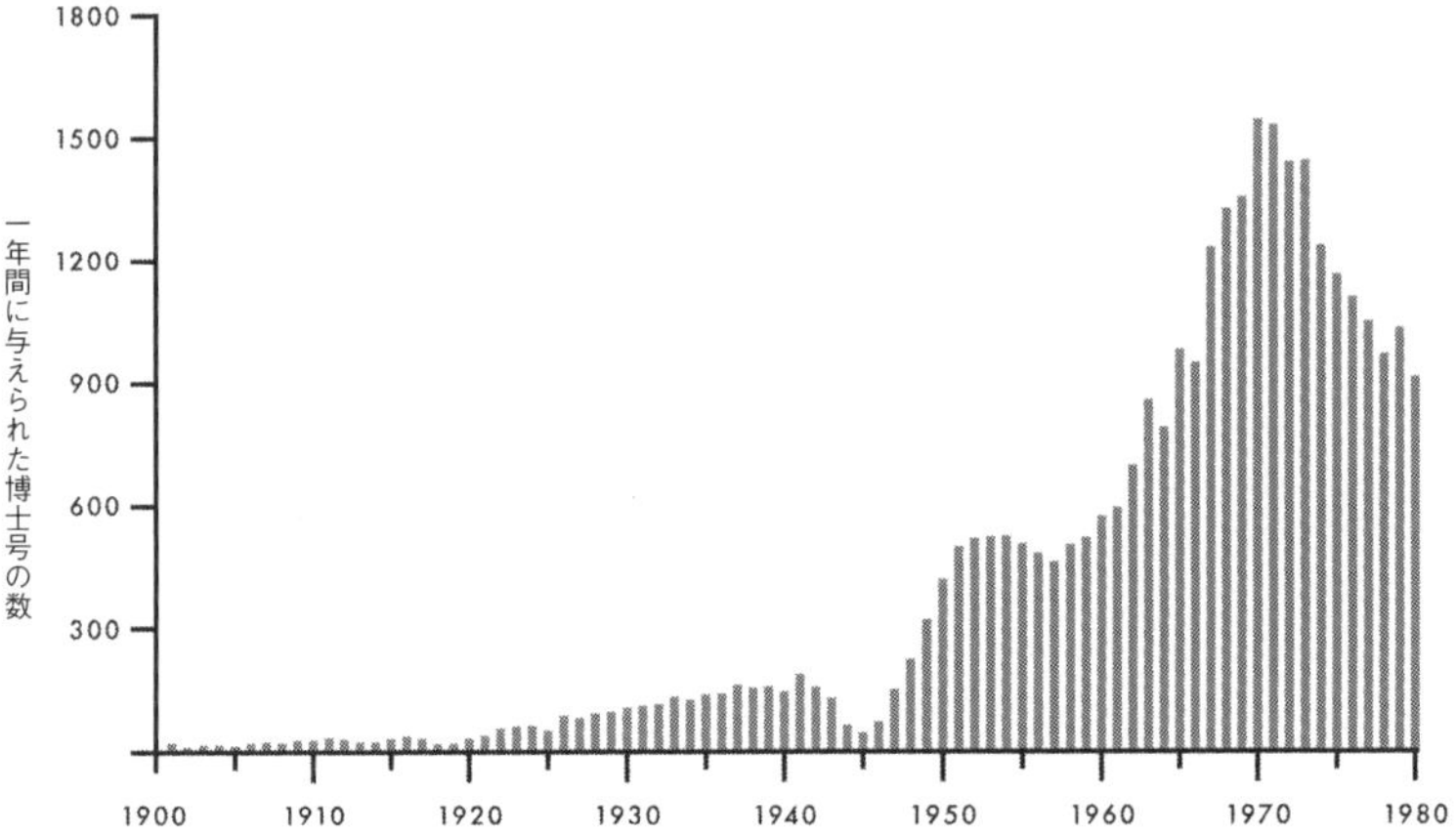

図4－1　アメリカの研究機関が与えた博士号の年間数（1900年〜1980年）

を感じた。「熱い戦争と、冷たい戦争が、私の職業を大きく変貌させてしまい、もはや私には、それが物理学かどうかもわからない」と、オランダ出身のアメリカの物理学者サミュエル・ゴーズミットは不平をもらした。「われわれは、いまの社会に適応しそこねた、第二次世界大戦の退役軍人だ」[62]。彼は、ヒトラーが政権に就くかなり前にヨーロッパからアメリカに移住した数少ないユダヤ人だったが、戦前の「封蠟と紐で手紙を封印した時代」[63]を恋しがった。当時物理学は、微々たる予算で、床の上にスペアの部品を転がしたままでやる泥くさいものだった。戦争が終わって一〇年しないうちに、人間と資金の流れが、物理学の日々の取り組みを劇的に変えてしまった。

ショックだった。私たちは、基礎研究のための素晴らしい研究室を獲得したし、それは自尊心のある物理学者なら誰でも心から望むものだ。しかし、昔なら感じたはずの優しい愛情を、それらの研究室に対して私たちが抱くことはない。昔は、三〇〇ドルの分光器が入手できれば、それだけでパーティを開く十分な理由になった。いまでは、数百万ドルの装置を与えられても、お披露目会が終わった次の瞬間、私たちはよりいっそう高性能の装置を獲得する計画に夢中になっている。かつては、物理学者は自らのすべてを宇宙の基本法則をひたむきに研究することに捧げた。いま私たちは、自分がそんなことをしているところを想像したことすらないような類のこと――まったく非科学的なこと――をするよう求められているように感じる。私たちは、国防長官とともに座って、彼が来年の予算を決めるのを手伝っている。私たちは、国の核兵器の備蓄について大統領に説明している。……私たちのなかには、産業界にいて、電子機器を設計している者もいれば、イギリス、フランス、そしてドイツの大使館員とつながりのある者もいる。広島以前には、わざわざ選挙で投票などしなかった私の同僚たちが、いまでは、原子力が議題にあがっているときには、アメリカの国連代表者たちのそばに座っている。[64]

ゴーズミット自身、この非科学的な活動を戦時中に経験していた――彼は、ハイゼンベルクをはじめとするドイツの原子核物理学者たちを拘束し、ファーム・ホールに連行したアルソス作戦の非軍人のリーダーだったのだ。彼はそのほかに、ＭＩＴでレーダーを研究し（これも大規模戦時物理学研究計画で、数千人を動員し、数百万ドルを費やした）、イギリス空軍に助言した。戦争になる前は、彼はミシガン大学で研究を行っており、やがては研究から退き、正規の教員として教育に献身しようと計画していた。戦争が終わり、彼は気が変わった。「広島〔への原爆投下〕のあとに、物理学に関わるすべてのことが一気に盛り上がり、自分もそれに巻き込まれたと感じた」とゴーズミットは回想している。「それで私は、大学のキャンパスにいてできることよりももっと密接にそれに関わりたいと思ったのだ」[65]。彼は新設された国立の純粋な研究機関のひとつ、ブルックヘブン国立研究所の物理学部門の長となった。しかし、新たに出現した巨大科学の体制のなかで、監督者の地位に就いたにもかかわらず、ゴーズミットは物理学という学問分野の変貌に対して居心地の悪さを払拭することができなかった。「今日私たちがそのなかで研究している状況が、ブレークスルーを推進していないことは間違いない」と、彼は一九五三年に述べている。

四半世紀前、私たちは、国家機密や、兵器開発計画や、スパイ事件などまったく気にせずに、ボーアの研究についてアイデアを交換することができた。……大学の学長や産業界の大物といったポストを提示されて気を取られる者はいなかったし、政府も物理学者に関心など持たなかった。人を押しのけて権力の座に就こうとする者もなかった。それも、権力を振るえるような場所がないという単純な理由から。巨大な研究所など存在せず、軍の計画なども存在しなかった。……私たちはみな、ひとつの「ロッジ」のようなものに属しているのだと感じていた。世界中に四〇〇名かそこらしか物理学者はいなかったし、誰もが他の全員をよく知っていた——あるいは、少なくともほかのみんなが何をやっているかを知っていた。いまでは、その四倍の人数が、アメリカの物理学者のみの会議にも集まり、その大半が他人どうしだ。[66]

量子力学の意味を掘り下げる研究は、戦争の犠牲となった多くのもののひとつだ。新しい学生たちが大挙して、国じゅうの教室に詰めかけたので、教授たちは、量子力学の基盤にある哲学的問題を教えるのは不可能だと判断せざるを得なかった。戦前の量子力学の講座は、ハイゼンベルクがライプツィヒで、あるいはオッペンハイマーがバークレーで持っていた講座のように、大西洋の両岸で、概念にまつわる問題にかなりの時間を費やしていた。戦前の教科書や試験は、不確定性原理とはどのようなものか、あるいは量子の世界における観測者の役割について、詳細な小論文を書くよう学生に求めた。しかし、クラスが急激に膨張してしまい、哲学についての突っ込んだ議論は、まったく不可能になった。「これらのテーマ［不確定性、相補性、そして因果律など］の講義は、ほとんど無意味になった」と、ピッツバーグ大学の物理学の教授は一九五六年に不満を漏らしている。「当惑した学生は、何を書きとめればいいかほとんどわかっておらず、彼が取ったノートを見たら、教師がゾッとすることはほぼ間違いない[67]」。もっと小さな学部の、少人数の量子力学のクラスは、根本的な問題により多くの時間――大人数のクラスの五倍ほど――を割くことができたが、入ってくる学生が増えるにつれ、少人数の物理学のクラスはどんどん減っていった。大人数のクラスでは、根本問題よりも、「効率的で繰り返し使える計算方法[68]」に焦点を当てた。そして、物理学の定期刊行専門誌の新世代の査読者たちが、「哲学的議論や、哲学的傾向のある疑問を回避[69]」した新しいタイプの投稿を評価するようになるにつれ、教科書も、根本に関わる問題をほぼ完全に放棄してしまった。この傾向に抵抗した教科書は、「位置と運動量に関する、かび臭い祖父さんの代の大騒ぎ[70]」に時間をかけすぎていると非難された。巨大科学の時代が始まったのだ――そして、それは、量子力学の意味について頭を悩ませることは許さなかった。

ハイゼンベルクの嘘

ハイゼンベルクは、その後生涯を通して、ドイツの原爆開発計画について、彼が作り上げた物語を繰り返し語った。ファーム・ホール報告書の閲覧が許されており、ナチスの原爆開発計画の哀れな残骸を見ることができたゴーズミットは、ハイゼンベルクの物語がでっちあげであることを知っていた。しかし、ファーム・ホール報告書の存在自体が機密扱いだったため、ゴーズミットは、自分がなぜそれを知っているかも説明せずに、ハイゼンベルクは嘘をついていると言うことしかできなかった。スイスのジャーナリスト、ロベルト・ユンクが一九五八年に書いた、マンハッタン計画を一般読者向けに解説した最初の本、『千の太陽よりも明るく』*は、ハイゼンベルクの物語をほとんどそっくりそのまま採用していた。ドイツの原爆計画の歴史だけを扱った最初の本、『The Virus House（ウィルスの家)』も、ハイゼンベルクや、ファーム・ホールで彼と共に拘束されていた人々へのインタビューに大きく依存していた。(ちなみに、著者のデイヴィッド・アーヴィングは、のちにホロコースト否定論者であることが明らかになっている。)

ハイゼンベルクは、盛んに広報活動をしていたにもかかわらず、残りの生涯、頭のなかのもやもやした疑いを消すことはできなかった。とりわけ、彼とボーアとの関係は、決して元に戻ることはなかった――ユンクの本が出版されると、ボーアは、一九四二年のハイゼンベルクとの面会について、ハイゼンベルクが与えた説明[71]の詳細に対する怒りの手紙をユンクに送ろうとして、下書きを書いた。しかし、例のごとく、数回下書きを書き直した挙句、手紙を送りはしなかった。とはいえ、ボーアとハイゼンベルクは戦後再び話をし、数回会っている。(ハイゼンベルクの嘘は、結局、ほかの幾人かの嘘に比べれば、それほどのものでもなかった。パスクアル・ヨルダンは、科学への国家社会主義的アプローチの美徳を賞賛する文書をいくつも発表していたにもかかわらず、自分はナチスの大義を心から支持したことは決してなかったと言い張った。彼は、厚かましくも、彼の師でナチスのせいで国外に脱出せねばならなかったマックス・ボルンに手紙を送り、自分が「脱-ナチス化」したという人物証明を書いてほしいと求めさえした。ボルンは、ナチスに殺害された友人や親族の一覧を返事として送った[72]。)戦時中に取った行動からすれば、ハイゼンベルクが、唯一の統一されたコペンハーゲン解釈なるものをでっちあげたのは、自分に利するように量子力学の歴史を修正しようという努力だったのだろう。コペンハーゲン解釈は、完全な虚構でもなかった――ボーアと彼の学生や同僚が取った立場には、間違いなく共通点があった――が、ハイゼンベルクの講演とボーア自身が書いたものとの齟齬は、注意深い人々には、コペンハーゲン解釈というものは、ほんとうには存在しなかったのだと知るヒントとして十分だったに違いない。

とはいえ、ボーアとハイゼンベルクという巨人たちによるものだと広く認識されている、ひとつにまとまった量子力学の解釈としてのコペンハーゲン解釈は、マンハッタン計画以降の巨大科学の世界で、長く受け入れられてきた。たいていの物理学者は、コペンハーゲン解釈と総称される、いくつかの考え方の寄せ集めに何の不満もなかった。なにしろ、量子力学の意味など、彼らの研究にはほとんど関係なかったのだから。数学的に定式化された量子論は、戦後物理学が軍産複合体にさまざまなかたちで応用されるなかで、驚くほどうまく機能しつづけた。そのような状況で、たいていの物理学者は、原子核物理学や物性物理学（戦後まもなく、シリコンを利用したトランジスタのほか、コンピュータの小型化ならびに重要性の向上をやがて支えることになる多数のほかの材料の開発につながった、物理学のひとつの分野）を研究するようになった。解釈の問題は、長期的な科学の進歩には重要だが、突如猛烈に誉めそやされるようになった現実的な応用には、重要ではなかった。コペンハーゲン解釈が約束した、量子の謎に対する完全だが曖昧な答えは、戦後の若い大勢の物理学者にとっては、量子論の意味に悩むことなく答えを計算するのを可能にしてくれるものだった。物理学者たちがアメリカに移住したのも、このことを助長した――ヨーロッパの偉大な理論家たちとは対照的に、アメリカの物理学者たちは常に実験と実用性を重んじる傾向があった。アインシュタインやボーアにはきわめて重要だと思われた、量子力学の基盤にある疑問は、新しいアメリカの物理学者たちからは、夢想じみた他愛もないものと軽んじられ、国防省から流れてくる大量の資金をつぎ込むにはほとんど適さない

＊　菊盛英夫訳、筑摩書房『現代世界ノンフィクション全集〈第19〉』に収録。

研究テーマと退けられてしまった。

しかし、アメリカの物理学者の全員が、コペンハーゲン解釈をすんなり受け入れるほど実際的だったわけではない。哲学的傾向が強かった物理学者でイェール大学で研究していたヘンリー・マージナウは「ボーアの［相補性］原理は、自然をどちらつかずの状態に陥らせ、そこに放置する」[73]と、不平を述べた。「それは、理解のなかに存在する隙間を埋める義務から、その提唱者を解放してくれる。その隙間は埋めることはできず、永続すると宣言することによって。それは、困難なことを規範へと、一種法制度化してしまう」[74]。とりわけ、あるアメリカの物理学者が、コペンハーゲン解釈にとって深刻なトラブルを起こす運命にあった。彼は戦時中バークレーでオッペンハイマーの下で研究を行い、その後プリンストン大学に採用された。一九四七年、デイヴィッド・ボームは新任の助教としてプリンストン大学にやってきた。彼はそれまでずっとコペンハーゲン解釈を受け入れてきたが、その後まもなく、いくつもの疑問が払拭できなくなり、イライラを募らせるようになった。五年のうちに、これらの疑問は膨れ上がり、ついには、量子論の正統主義に対し、たったひとりの全面的な反逆を行うことになった。まもなくデイヴィッド・ボームは、不可能なことを行う。すなわち、フォン・ノイマンの隠れた変数への反証に異議を唱え、それを知ったジョン・ベルにショックを与え、コペンハーゲン解釈とのあいだに保っていた不安定な平和から、ベルを脱却させせ——そしてその先の量子力学を決定的に変えてしまう。

第Ⅱ部　量子の反乱分子

私たちの見解は少数派のそれであり、このような問題への関心は現在のところわずかしかない。典型的な物理学者は、それらの問題にはとっくに答えが出ており、もしも二〇分の時間を割いて考えることができたなら、自分も完全に理解できるだろうと思っている。

——ジョン・ベルおよびマイケル・ナウエンバーグ

第5章　流浪する物理学

変人と聖人のあいだで

満員のセミナー室に歩み入ったマックス・ドレスデンは、注がれる視線を一身に受けながら、黒板の前の講師の定位置についた。ドレスデンはカンザス大学に所属する物理学者で、一九五二年、プリンストン高等研究所を訪問する機会に、デイヴィッド・ボームが新たに提案した興味深い説について話をさせてくれと、自ら申し出たのだった。ドレスデンは、ここの聴衆がボームの研究をどう受け止めるか、聞いてみたくて仕方なかった。プリンストン高等研究所は、物理学のコミュニティー全体のなかでも、アインシュタインをはじめ、最も優れた頭脳の多くが集まる場所だ。だが、ドレスデンがセミナー室を見渡したかぎりでは、アインシュタインの白髪のもじゃもじゃ頭は見当たらなかった。

ドレスデンがボームの論文について知ったのは、彼の学生たちに教えられたからだったのだが、最初彼は、コペンハーゲン解釈こそ量子力学を理解する唯一の方法であるという有名なフォン・ノイマンの証明を根拠に、学生たちの疑問を退けた。しかし、学生たちがしつこくせがみ続けるので、ついにボームの論文を読んでみたところ、その内容に驚愕した。ボームは量子力学のまったく新しい解釈法を発見していたのだ。コペンハーゲン解釈のように量子的世界に関する問いに答えることを拒否するのではなく、ボームの解釈は、原子以下の小さな粒子の世界を、誰かがそれを観察しているか否かにかかわらず存在し、どの粒子も常に明確な位置を持つものとして描いていた。これらの粒子の一つひとつが、その運動を決定する「パイロット波」を持っており、このパイロット波自体も秩序ある予測可能なふるまいをした。ある意味ボームは、カオス的で知ることができない量子の世界を手懐ける方法を見出したのだった。しかもボームは、厳密さを損なうことなくそれをやってのけた。というのも、ボームの理論は「通常の」量子力学と数学的に等価だからだ。

ドレスデンは話しながら、ボームの考え方を、その数学的な表記とともに聴衆に示していった。話し終えると、彼が恐れていたときが訪れた。セミナー室を埋め尽くす著名な科学者たちが自由に質問をする時間だ。ドレスデンが講演を申し出たのはほんの数日前で、他人の説について高度に専門的な議論となることは間違いなし、十分準備できているといいのだがと、彼は切に願った。

ところが、ドレスデンが恐れていたとおり、セミナー室では辛辣な言葉が次から次へと飛び出した。一人が、ボームを「社会の厄介者」と呼んだ。もう一人が反逆者、また別の一人がトロツキストと呼んだ。ドレスデン自身の物理学者としての過失だと言わんばかりだった。そしてついに、高等研究所の所長、ロバート・オッペンハイマーが発言した。オッペンハイマーは、存命の物理学者のなかでは最も有名で影響力のある一人だった。彼は戦争中マンハッタン計画を主導して成功を収め、それ以前にはバークレーで非常に優れた物理学者を大勢指導していた。ボームもオッペンハイマーの薫陶を受けた一人だった。そのオッペンハイマーがセミナー室に集まった科学者たちに、「ボームに反証できないなら、みんなで彼を無視するほかありませんな」と語り掛けるのをドレスデンは愕然としながらみつめた。

ボームはそこにはおらず、自説を弁護することはできなかった。彼はつい数カ月前まではプリンストン大学で教職に就いていたのだが、いまは祖国から要注意人物扱いされ、ブラジルに亡命中で、発表した新理論は同僚たちから真剣に取り合われることもなく無下にされてしまった。

このエピソード――ドレスデンがボームの論文を見出し、プリンストンを訪問してその内容を紹介したところ、そこの物理学者たちは驚くほど冷淡な反応を示したという――の信憑性は、完全な作り話ではなさそうだという程度でしかない。ボームについて、そして彼の説がどう受け止められたかについて、巷間で語られている話のひとつであることには違いない。[1] オッペンハイマーがボームを無視しようと言ったとされる発言は、とりわけ有名になっている。しかし、ボームについてはいろいろなことが語られており、その多くは出典があやふやか、あるいは、特定できる出典がまったく存在しない。これらの話が存在しているのは、死後四半世紀経ってなお、ボームの評価が大きく分かれているからだ。変人、勘違いした神秘主義者、アイザック・ニュートンの物理学への回帰を望む、どうしようもなく保守的な懐古主義者などと、ボームは片付けられている。また、夢想家、真なる唯一のコペンハーゲン教会のなかにいる異端者たちの守護聖人とも言い囃されている。

デイヴィッド・ボームについて書く際の問題のひとつが、彼は実際に迫害され、人生で最も重要な時期のいくつかにおいて、遠く離れた異国に逃れなければならなかったことだ。そのため、彼が個人として書いた論文のなかでも最も興味深いものの多くが失われたり潰されたりしてしまった。おまけに、ボームの説を受け入れなかった人々は勝者だった――勝者であるがゆえに、勝者が歴史に対して常に行うことを行った。おかげで、神話と事実を区別するのがいっそう困難になった。さらに、なおいっそう困ったことには、ボームの擁護者らによる抵抗のほうも、正統派陣営の歴史修正主義に過剰反応して、やりすぎになる嫌いがあった。たとえば、ボームの友人で同僚だったデイヴィッド・ピートが書いたボームの伝記がある。彼はボームを、実在の本質についてあり得ないほど明確なヴィジョンを持った、一種の世俗の聖人として描いている。そのうえ、この伝記は事実誤認にあふれており、文脈を無視して発言が引用されている箇所も散見され、実際にそんな発言があったという明確な証拠もないままに記されたものまである。[2] そして最後に挙げておきたい問題点が、ボームの研究に対する世間の関心が著しく上昇したのは、彼の死後だったことだ。没後まもなく急上昇した人気は衰える兆しがなく、新たな疑問が多数出てきたのだが、一九九二年にボームが亡くなる前に誰かが直接彼に尋ねていたなら容易に答えられただろうに、後の祭りだ。この複雑な状況が、まだ多くの人が生前の姿を記憶してはいるものの、それほど良く知られてはいなかった物理学者について、多くの神話や伝説を生んできたのである。

この種の伝説は重要だ。量子力学の文化のなかでボームが演じている役割についてある程度のことを教えてくれるし、ボームの説に対する反応がどのようなものだったかもわかる。これらの伝説の背後には、量子的世界がいかに機能するかに関する、驚くほど単純な理論が――そして、一人の不運な天才の驚くほど複雑な人生も――存在する。

オッペンハイマーとボーム

デイヴィッド・ジョゼフ・ボームが一九一七年一二月二〇日にペンシルベニア州ウィルクスバリで生まれたことは、事実として知られている。ボームの父サミュエルは、ハンガリー出身のユダヤ系移民で、一九歳で単身ペンシルベニアに渡った。その地で彼はフリーダ・ポップキーと出会い、やがて結婚する。彼女はリトアニア出身のユダヤ人で、数年前に家族と共に渡米していた。サミュエル・ボームは実務的な男で街に家具店を所有し、地域の人々には、やり手の漁色家として知られていた。一方フリーダ・ボームは、内気な専業主婦で――一家でヨーロッパをあとにして以来、無口になり、引きこもっていた――気分の変動が激しかった。彼女の奇矯な行動は、息子のボームが成長するにつれ悪化した。幻聴を聞き、隣人の鼻を折り、夫を殺すと脅迫し、やがて精神科の施設に収容された。デイヴィッドは母親とは親密だったが、彼女の行動を恐れるあまり、本に逃避せざるを得なかった。SFを見出すと、ボームは夢中になり、やがて科学に興味を持つようになった。ボームの父は、息子の「科学主義」には辟易していた。軌道に沿って太陽を周回している惑星はほかにも存在すると息子から聞いたサミュエルが、そんなことは人間の世界には関係ないと片付けてしまったこともある。しかし、それにもかかわらず、彼は息子が大学へ行く費用を負担し、ペンシルベニア州立大学（当時は、いまのような大規模な州立大学ではなく、小さな田舎の大学に過ぎなかった）に進学させた。

ペンシルベニア州立大学では、ボームの頭脳が抜群なことは友人たちにも教授たちにも明らかだったが、彼が変わり者であることも誰の目にもはっきりしていた。ボームの友人メルバ・フィリップスによれば、彼には「人に彼の面倒を見たくさせる才能」があった――と同時に、「ふさぎこんでいる才能」[3]もあった。ボームは絶えず自分の健康を気にかけ、常にひどい胃痛に悩まされるようになったのもこの頃からだ。そんな状況ではあったが、彼は懸命に努力し、一九三九年に州立大学を卒業する際には、カリフォルニア工科大学（カルテック）の物理学の博士課程への進学が決まっていた。ペンシルベニアの移民の息子が成功したのだ。いまや彼は、世界の最先端の物理学の中心の一つにまでやって来たのである。しかし、カルテックで最初の学期を終えたところで、博士課程の研究内容と、代わりに選択できる研究課題に、彼は失望してしまった。ボームから見れば、カルテックで行われている研究は、根本を問うというよりむしろ、手堅く着実に進めるもので、しかも、雰囲気が露骨に競争的なことも気に入らなかった。「カルテックではあまり楽しくありませんでした」と彼はのちに回想している。「彼らの関心は科学にはありませんでした。競争し、他人を追い抜き、テクニックを習得するというようなことのほうが彼らには大事だったのです」[4]。落胆し、自分の将来に不安を抱いて、彼はウィルクスバリに帰郷して夏を過ごした。秋になりパサデナに戻ると、彼の憂鬱は一段とひどくなった。「厳密な意味で鬱状態というのではなかったのですが、多分、ちょっと落ち込んでいたのでしょう」[5]。友人に薦められ、ボームは、あるカリスマ的な若手客員教授に近づき、その教授が所属するバークレーの研究グループに空きはないかと尋ねた。次の学期が始まるまでに、ボームはカリフォルニアの海岸線を北上した。新しい指導者、Ｊ・ロバート・オッペンハイマーの下で研究を始めるためだ。

ボームは、オッペンハイマーとは気心が通じ合うのを感じた。二人とも、東海岸出身のユダヤ系の人間で、理論物理学最大の未解決問題に取り組みたいと意気込み、しかも、物理学に留まらず、広い範囲の文化的な課題に関心を抱いていた。しかし、ボームとオッペンハイマーには決定的な違いもあった。とりわけ、ボームの家族が完全に労働者階級に属していたのに対し、オッペンハイマーは、マンハッタンの社交界にも出入りする、広い人脈を持った裕福な家庭の出身だった。当時は反ユダヤ主義的な「ユダヤ人枠」という制度が存在していたにもかかわらず、オッペンハイマーはハーバード大学に進学し学士号を取得した。最優秀の成績で三年でハーバード大を卒業すると、オッペンハイマーは渡欧し、マックス・ボルンの下で博士号を取得した。その後スイスでパウリと共に研究し、また、コペンハーゲンで学んだことはなかったとはいえ、ボーアに面会し、彼ともなじみ深くなった[6]。オッペンハイマー――友人や学生たちからは「オッピー」と呼ばれた――は、アメリカに戻ると、バークレーをアメリカ初の偉大な理論物理学科に変貌させる仕事に取り掛かった。一九四一年にボームがやってくるまでには、バークレーの物理学者たちはみな、「ボーアは神でオッペンハイマーはその預言者[7]」――オッペンハイマーのもう一人の大学院生、ジョー・ワインバーグによれば――だと認識するようになっていた。ボームがやってくると、ワインバーグはこの新入り大学院生を回心させようと躍起になった。「ワインバーグを相手に、私はボーアの相補性について、激しい議論を戦わせました」とボームはのちに回想している。「そのとき私は、ボーアのアプローチは正しいアプローチだと確信するようになり、その後何年にもわたり、私はボーアのアプローチを続けました……。私がそれに夢中になってしまったのは、ワインバーグが非常に強烈で、説得力のある人物でしたし、オッペンハイマーもその背後にいたわけですから、私には非常に重みが感じられたからです[8]」。

バークレーでボームの心を占めていたのは量子力学だけではなかった。彼はヨーロッパで起こっていた激しい戦争にも常に注目していた――そして、そこに見えるものからすると、共産主義が非常に魅力的に思えてきた。「そうですね、一九四〇年か四一年ごろには、共産党にはそれほど共感していなかったのですが」と、のちにボームは回想している。「私に深い印象を与えたのが、ナチスを前にヨーロッパが崩壊したことです。私はそれを、抵抗する意志が欠如しているからだと感じました……ナチスは文明への完全な脅威だと、私は思いました……。彼らと本当に闘っているのはロシア人たちだけだと思えました。それが一番大きかったですね。それで私は、彼らの言うことに、もっと好意的に耳を傾けるようになったのです」[9]。ボームは、一九四二年一一月にカリフォルニア大学バークレー校のキャンパスの共産党支部に加わった。しかし、党の現実は思想ほど魅力的ではないことを思い知らされた。「彼らは、取るに足りないことについて話してばかりだと感じるようになったのです。キャンパスの現状に対し、抗議行動を計画しようとか、そのようなことばかり……。ミーティングは長たらしく、うんざりでした」[10]。ボームは数カ月後には党を脱退するが、その後何年にもわたり、政治的信条においてはマルクス主義者であり続けた。

ボームの政治的関心は、彼がいよいよ博士号取得の審査を受ける段になると、問題となった。オッペンハイマーがボームをロスアラモスに移籍させるよう、個人的に要請したにもかかわらず、軍はボームがロスアラモスの研究所に入る資格を与えなかった。軍の保安部は、オッペンハイマーに対しては、ボームの親戚がまだヨーロッパにおり、そのことが敵に利用される恐れがあるためにセキュリティー権限が拒否されたのだと嘘をついた[11]。実際には、ボームが拒否されたのは、彼が共産党員だったワインバーグと接触していたからだった。ところが、原子核どうしの相互作用に関するボームの博士論文がロスアラモスで進行中の研究に非常に有用であることが明らかになった——あまりに有用だったので、即座にボームにはアクセスできない機密事項扱いとなってしまった。彼のノートや計算は軍に押収され、彼は自分の論文を書くことも禁じられた。これにはさすがにオッペンハイマーがすぐに助け船を出して、カリフォルニア大学バークレー校の当局にボームは博士号に十分値すると保証した。[12]

ボームは戦後二年ほどバークレーに在籍しつづけ、量子力学のさまざまな難解なテーマについて論文を発表した。一九四七年、そのような研究が評価され、また、ジョン・ホイーラーが彼について好意的な面接報告書を提出したことから、プリンストン大学物理学科はボームを助教として採用した。[13]「ボームは、オッペンハイマーが育てた最も有能な若手理論物理学者のひとりだということで、私たちに推薦された[14]」と、プリンストンの物理学科長ヘンリー・スミスは記した（数年後スミスが「科学的人材の備蓄[15]」という考え方についてまとめた時の言葉）。

バークレーからやってきたボームは、プリンストンのキャンパスと気候にがっかりし、物理学科の教授陣は「地位をひどく意識している[16]」と感じた。しかしボームは、すぐにこの地に落ち着いた。彼はオッペンハイマーの古いノートを使って量子力学の授業を担当するようになり、数名の有望な大学院生と共同研究を始めた。[17] 親しい友人たちと小さなグループを作り、さらに高等研究所のある教授の継娘ハンナ・ルーイと付き合い始めた。ルーイとの関係はやがて真剣な交際となり、結婚の話も出始めた。ルーイはボームを家に連れて行き、母のアリスと、継父のエーリッヒ・カーラーに紹介した。ボームはカーラーの親友のひとり、アルベルト・アインシュタインとも面会した。

まったく別の解釈

一九四九年五月二五日、デイヴィッド・ボームは下院非米活動委員会（ＨＵＡＣ）に召喚された。

六人の連邦議会議員——その一人はリチャード・M・ニクソン下院議員——のほかに、数名の議会職員に相対して座ったボームは、共産党とどの程度結びついているのかと尋ねられた。「私はその質問には答えられません」と彼は応じた。「なぜなら、そうすることは私を貶め、私に不利になるかもしれませんから。しかもさらに、それは米国憲法修正第五条が保障する私の権利を侵害すると思われるからです[18]」。委員会は彼に同じことを繰り返して述べるよう求め、さらに何十項目もの新たな質問をし、ジョー・ワインバーグをはじめとするバークレー時代の同僚や友人数名について、共産党との関係を証言するよう求めた。ボームはこれを拒否した。そして帰宅したボームは、その後一年以上、この件についてあまり考えることはなかった。「この件全体がもう収まったという感じがしていました[19]」と彼はのちに回想している。

図５－１　1949年5月、HUACで証言を拒否したあとのボーム

ボームはほかの難題を抱えていた。彼は、自分の量子力学の講座で使っている教材を教科書にまとめようとしており、その仕事を、コペンハーゲン解釈を説明し擁護することに細心の注意を払いながら進めていた。ところが、やがて疑いの気持ちが沸き起こり、教科書が完成間近になった一九五〇年の夏、この疑いは大きくなった。「教科書を書き上げたとき、自分がそれを本当に理解しているという十分な満足感が得られませんでした[20]」とボーアは述べている。そ

んな最中、一九五〇年一二月四日、連邦保安官がボームのオフィスにずかずかと入ってきて、彼を逮捕した。

ボームはトレントンの連邦裁判所に連行され、ＨＵＡＣで証言しなかったことが議会侮辱罪に当たるとして起訴された。ルーイがボームの学生のサム・シュウェーバーと共にトロントに車を飛ばして駆け付け、ボームを保釈してもらった。プリンストンに戻った彼らは、プリンストン大学の学長ハロルド・ドッズがすでにボームを研究職と教職の両方から解任し、キャンパスに足を踏み入れることを禁じていることを知った。ボームはブラックリスト入りしたのだ。

一九五一年二月、出廷を命じられるのを待っているあいだに、ボームは新しい教科書『量子論』の出版を、小さなパーティを開いて祝った。ボームの教科書は、量子力学を単純でわかりやすいかたちで提示し、方程式よりも概念を強調したものだった。まるまるひとつのセクションを観測問題に当て、そのなかでコペンハーゲン解釈を熱心に擁護していた。「この本は、ボーアの視点からのものになるようにと願いながら書きました」と、のちにボームは回想している。「それをできる限りよく理解しようと努力しました。私はそれ［量子力学］を三年間教え、ノートを作ってきましたが、ついに本にまとめたのです」[21]。ボームの本は、出版後、総じて好意的な評価で迎えられた。辛辣さで悪名高いヴォルフガング・パウリさえもが、この本に関しては「非常に熱烈な」[22]反応をボームに示し、このテーマに対するボームのアプローチを楽しんだと述べた。

本が出版されてしばらくすると、ボームに一本の電話がかかってきた。それは彼のその後の人生を変えた。「アインシュタインが電話してきたのです」とボームは述べた。「私は、彼の友人の幾人かと一緒にある家に滞在していたのですが、彼が私に会いたいと言ってきたのです」。アインシュタインはボームの本を読み、それについて彼と話をしたいと考えていた。「私は彼に会いに行き、二人で私の本について議論しました」とボームは回想した。「彼［アインシュタイン］は、この理論について の私の説明は最善を尽くしているとは思ったものの、満足とは言えないようでした。基本的に彼の異議は、量子論は概念として不完全である、この波動関数は実在を完全には記述していない、実在とはそのような記述だけでは把握しきれないということにありました」。アインシュタインは二五年前に自分が突き止めた、その同じ問題をくどくどと繰り返していたのだ。量子力学は、大きな成功を収めてはいるが、実在とは何かという問いには依然として一切答えていない、というわけだ。「私たちはそれについて議論し、彼は、間違いなく存在している実在というものについて、何らかの議論ができるような理論、それ自体で自立していて、常に観測者を持ち出す必要のない理論が必要だと感じていました」とボームは回想する。「量子論はそのようなものにはなっていないと、彼は非常に強く確信していました。ですから、量子論が正しい結果を与えているとは認めていたものの……それは不完全だと、彼は感じていたのです[23]」。

アインシュタインのオフィスをあとにしたとき、ボームの頭のなかにはひとつの考えが響き渡っていた。「量子論に対する別の見方を、私が作り出せないだろうか？」というのがそれだ。量子力学の奇妙な数学を解釈する、別の方法はないだろうか？　それとも、コペンハーゲン解釈が量子論に対する唯一の考え方なのだろうか？　「私はそのときにはもう、アインシュタインが正しいという気がしていて、自分でも量子論を不満に思うようになっていました」とボームは回想する。「［波動関数は］実在の完全な記述を与えているだろうか？[24]」アインシュタインは、そうではないと確信していた。ボームはその考え方を引き受け、それにしっかり取り組んだ。数週間のうちに彼は、量子論の基本方程式を書き換える単純な方法がひとつあることを発見した。予測と結果はそのまま——つまり、新しい表現は従来のものと数学的に等価だった——だが、その数学形式が示唆する描像、すなわちそれが語る物語は、コペンハーゲン解釈とは根本的に異なっていた。

ボームは自分が発見したものに驚いた。自分の考えをきちんとしたかたちに書き上げ、二件の論文として、物理学で最も有名な研究誌『フィジカル・レビュー』に投稿した。同じころ、さらに良い知らせがあった。五月三一日、ワシントンDCの連邦地方裁判所に出廷した彼は、すべての容疑が晴れて、無罪放免となったのだ。ところがその翌月、ドッズ学長からの非常に大きな圧力のせいで、プリンストン大学物理学科はボームの契約を更新しないと通知してきた。おかげでボームは失業してしまった。アインシュタインがボームの推薦状を数通書いたが、無駄だった。法的には無罪となったのに、ボームはブラックリストに載せられたままだった。

その年の夏が終わるころ、ボームは（アインシュタインとオッペンハイマーの助けを借りて）ブラジルのサンパウロ大学に職を見つけた。ボームはそれまでアメリカの国外に出たことはなく、ポルトガル語は一言も話せなかった。だが、彼にはそれ以外に選択肢はなかった——それに、自分はFBIの監視下にあるのではないかという疑いも抱いていた。そのような次第で、彼は一〇月にブラジルへと出発した。

このような苦難の日々のなかボームは、一月になって彼の論文が出版されれば、量子論に関する自分の新しい見解が議論を巻き起こし、仲間の物理学者のあいだで、彼の評価が高まるはずだとの思いに希望をつないでいた。「私の論文がどんなふうに迎えられるか、予想するのは難しいね」と、ブラジルに到着してまもなく彼は、プリンストンの旧友に手紙を送った。「しかし、長い目で見て大きな影響を及ぼせたら嬉しいね」。さらに続けて、自分がほんとうに恐れているのは、「大物たちが私の論文を黙殺するよう共謀することだ。もしかすると彼らは、それほど大物ではない学者たちに、個人的に働きかけて、この論文に明らかに非論理的なところはないが、そんなものは哲学的なことに過ぎないし、実際的な重要性はまったくないよ、とほのめかすかもしれないね」[25]。ボームはポルトガル語を学ぼうと努力し、また違う（そして彼にとっては不快な）気候に慣れようとがんばった――そして、自分の考え方がついに世に出るのを待った。

波が導く粒子

ボームによる量子力学解釈では、量子的世界の謎の多くがあっさりと消え去ってしまう。物体は、誰かがそれを見ていようがいまいが、常に明確な位置を持っている。粒子は波動の性質を持っているが、それに関して「相補的」なところは何もない――粒子はただ粒子であり、その運動をパイロット波が導く。粒子はパイロット波に乗り、パイロット波の運動によって導かれていく（これが、「パイロット波」という名称の所以だ。「パイロット」には「導く」という意味がある）。ハイゼンベルクの不確定性原理はなおも成り立つ――粒子の位置について知れば知るほど、その運動量についてはますますわからなくなり、そしてまたその逆の関係も成り立つ――が、ボームによればこれは、量子的世界が私たちに与えようとしている情報にそのような制約がかかっていることの表れに過ぎない。ある電子がどこにあるかは、私たちにはわからないかもしれないが、ボームの宇宙ではその電子は常にどこかにある。

このシンプルな図式のおかげで、ボームは量子のややこしいパラドックスを切り抜けることができた。コペンハーゲン解釈では、箱のなかを見るまで、シュレーディンガーの猫に何が起こっているかを尋ねることは許されない。観測不可能なものについて語るのは無意味だ、というわけだ。しかし、ボームのパイロット波解釈では、この問いを尋ねることができるのみならず、その答えも存在する。箱のなかを見る前、猫は死んでいるか生きているかのどちらかで、箱を開くことは、そのどちらが真実かを明らかにするだけである。観測という行為は猫の状態とは何の関係もない。[26]

一見したところ、これはあまりに安易に思える。ボームの理論では、粒子の位置にもシュレーディンガーの猫にも不思議なことなど何もないというのなら、いったいどうして、その理論によって量子力学の奇妙な結果のすべてを導出できるのだろう？　だが、数学がそれを保証しているのである。ボームの理論は数学的には、量子力学の中心にある方程式、シュレーディンガー方程式と等価であり、それゆえ、ほかのどんな解釈とも同じ予測をもたらすに違いないのである。とはいえ、理屈の上ではその通りだが、数学的に等価といわれても、ボームの解釈が実際にどのように働くのかを感覚的に捉えることはできない。そうするには、量子力学の歴史のなかでも最も奇妙な実験のひとつ、二重スリット実験を見てみなければならない。

偉大な物理学者リチャード・ファインマンは、よく知られているように、二重スリット実験のなかには「量子力学の核心」があると述べ、「実際、それはミステリー以外の何ものでもない」[27]と続けた。しかし、それほどセンセーショナルな言われ方をしてきたにもかかわらず、これは驚くほど単純な実験だ。一枚の写真乾板の前にスクリーンを立て、そのスクリーンの接近した二カ所に細いスリットを入れる。そしてスクリーンに光を当てる。光の波動はスリットを通過したあとで干渉しあい、写真乾

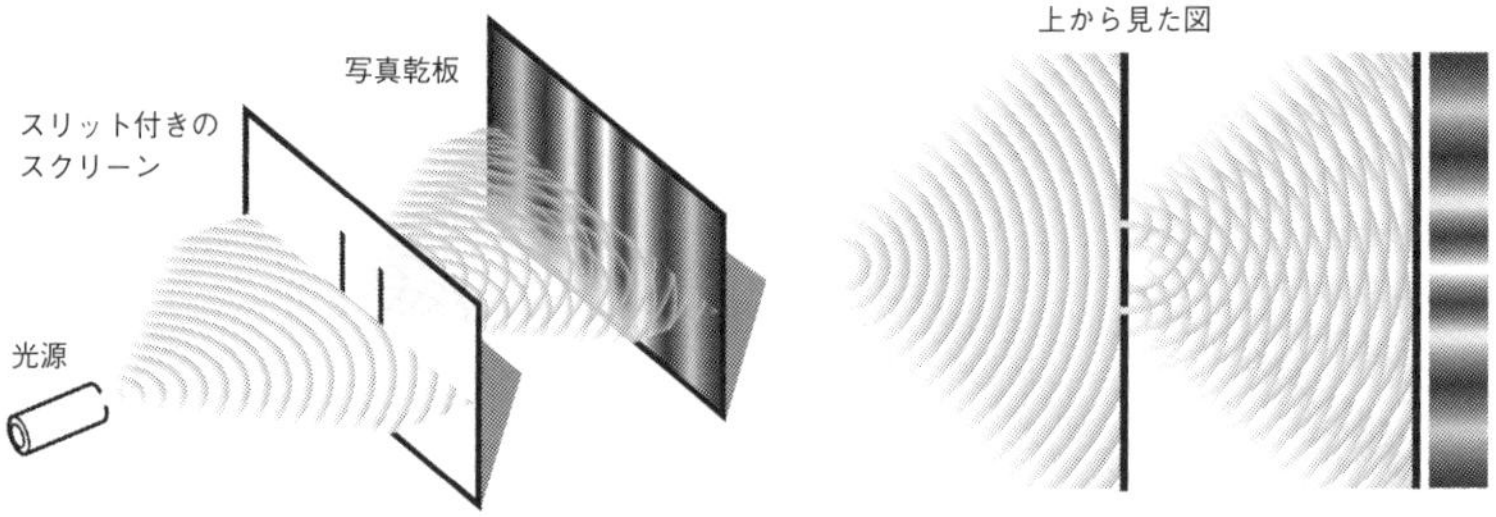

図５－２　二重スリット実験では、波動が互いに干渉しあう。

板に明暗の帯のパターンを形成する（図５－２）。この実験の設定には、量子に関わるようなことは特に何もない――波動が干渉パターンを形成するのは常のことで、池に投げ込んだ二個の石から生じる波紋の干渉であれ、二個のステレオスピーカーから出てくる音波どうしの干渉であれ、同じだ。波の干渉には謎めいたところは何もない。一方の波の山と他方の波の谷が出会うところでは、波どうしが打ち消し合い、波は消える。両方の波の山が出会うところでは、波が増幅される。これにより図５－２の明暗の帯ができるわけである。

ほんとうに奇妙なことが起こるのは、二重スリットにもっと暗い光を当てたときだ。懐中電灯を当てるのではなく、可能な最少量の光、つまり、一度に光子一個ずつを当てるのだ。このとき、個々の光子は選択を迫られる。本書の「はじめに」で登場したナノメートル・サイズのハムレットのように、「左と右、どちらのスリットを通過すべきか？」と。光子は一方のスリットを通過すると、そのスリットの真後ろで写真乾板にぶつかり、ぶつかった跡に点を一個残す。これを何度も繰り返すと、それぞれのスリットの真後ろに点が並んで、二カ所の痕跡が残るだろうと期待されるかもしれない（図５－３ａ）。つまるところ、光子も粒子だ――光の超小型テニスボールである。テニスボールを投げて、（もっと大きな）二重スリットを通過させると、ボールは、壁の上のそれぞれのスリットの真後ろに当たる二カ所を中心に当たるだろうと予測される。しかし光子は、じつは光のテニスボールではなく、驚くようなふるまいをするのだ。個々の光子は写真乾板のどこか一カ所に当たるのだが、当たったすべての光子の痕跡は、写真乾板上に干渉パターンを形成するのである（図5－3b）。個々の光子は別々に二重スリットを通過したのだが、どういうわけか、乾板に干渉パターンを形成するにはどこに当たればいいかを「知っていた」かのようだ。一度に一個ずつの光子しか二重スリットを通過していないのだから、粒子どうしは干渉していない。その事実にもかかわらず、一個の光子が二重スリットを通過するたびに、何かがそれに干渉していたのだ。

実験結果に当惑し、あなたはもう一度二重スリット実験をやってみることにする。だが今度は、少し手を加えよう。それぞれのスリットの後ろ側に、小さな光子検出器を一台ずつ設置して、個々の光子がどちらのスリットを通過したかがわかるようにし、写真乾板に干渉パターンがどうやって形成されるのかを明らかにしようというわけである。さて、いざ実行してみると、この二度目の実験の結果からあなたは、すでに疑っていたけれども信じようとしなかったことが、結局正しかった、つまり、光子たちは意図的にあなたを混乱させていたのだと確信する。つまり今回は、あなたが光子を注意深く見守っているので、光子たちは干渉パターンを形成するのを完全にやめて、代わりに、あなたがそもそも予測していたとおりの二カ所に点の集合を形成するのである（図5－3a）。いったいどうなっているんだ？　あなたが見ているだけで、なぜ光子はふるまいを変えるのだろう？　そもそも、あなたが見ていることが、どうしてわかるのだろう？

コペンハーゲン解釈は、例のごとく、ボーアの相補性の哲学に染まった、答えとも呼べないような神秘的な答えを与える。コペンハーゲン解釈では、粒子という概念は、波動という概念と相補的な関

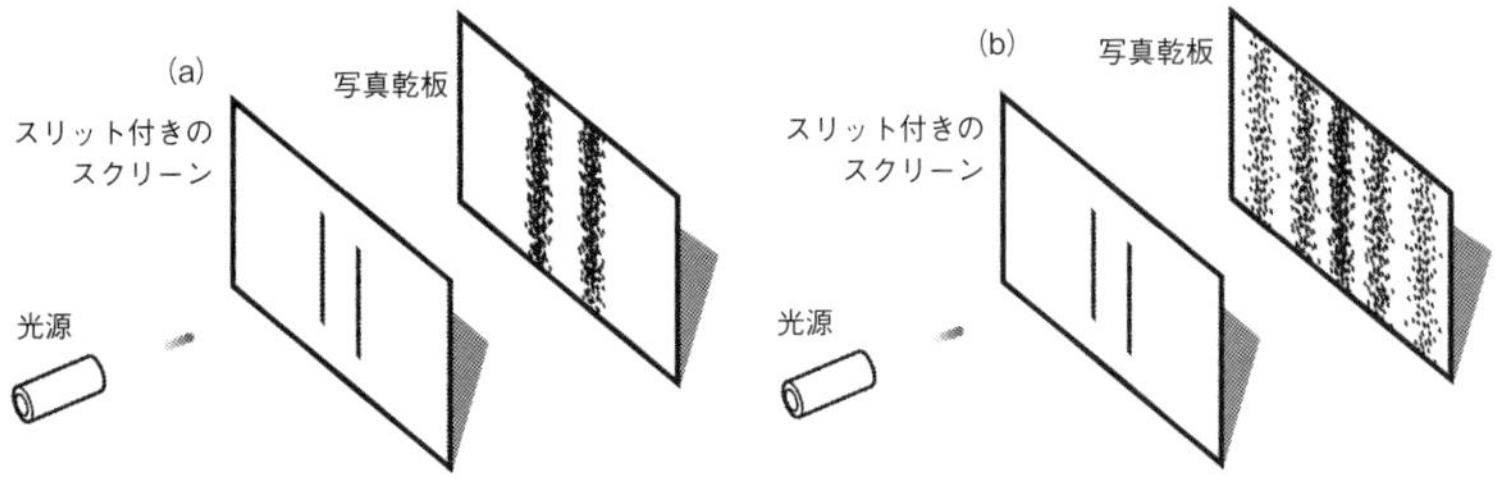

図５－３　(a) 二重スリットを一度に一個ずつ光子が通過する場合、多数の光子を通過させても、干渉パターンが生じるとは、私たちは期待しない。(b) ところがどういうわけか、二重スリットを一度に一個ずつ光子が通過する場合も、個々の光子はどういうわけか自分自身と干渉してしまう。

係にある。この二つの概念は相反する――光子は同時に粒子でありかつ波動であることはできない。しかし、この実験を記述するためには、これらの概念の両方が交互に必要になる。光子の位置を測定していないとき、光子は波動だ。だからこそ光子は、二重スリットを通過する際に、自分自身と干渉することができる。しかし、光子の位置を測定することによって、光子は粒子としてふるまうよう強制される。つまり、二重スリットの背後のスクリーンにぶつかるとき、光子は一点だけにぶつからねばならない。[28] 同様に、それぞれのスリットに光子検出器を取り付けると、光子は二重スリットを通過する際に粒子としてふるまう。つまり、検出器が、個々の光子を一つのスリットのみを通過するように強制する。その結果、光子が自らと干渉することはできなくなる。検出器を設置する前は、自由に波動としてふるまい、両方のスリットを通過することができたのに。だが、測定前に光子がどこにあったかを尋ねても無意味だ。波動が単一の位置を持つことはないのだから。測定された属性は、測定そのものによって生み出されたのであり、それ以前の光子の位置を尋ねるのは屁理屈に過ぎない。こんなことがいかにして起こり得るかを説明しようという試み、測定と測定のあいだに量子的世界がいかにふるまうかを説明しようとする試みはすべて、失敗する運命にある。なぜなら、ボーアが述べたように、量子的世界など存在しないからだ。

ボームは、コペンハーゲン解釈では不可能だとされていたまさにそのことを行って、二重スリット実験の奇妙な結果を説明した。つまり彼は、誰かが見ていようがいまいが、量子的世界で何が起こるかを詳細に説明したのだ。ボームによれば、光子は波の上に乗っている。一個の粒子は一つのスリットしか通過できないが、そのパイロット波は両方のスリットを通過し、自らと干渉する。この自己干渉は、粒子の運動に影響を及ぼす。なぜなら、粒子はパイロット波に導かれているのだから。波が粒子を押して、二重スリットから十分多数の光子が到達した際には写真乾板に干渉パターンがちゃんと現れるような経路に乗せる（図5－4）。それぞれのスリットに光子検出器を設置すると、個々の光子のパイロット波がそれに影響されてしまう――検出器がどんなに巧妙に設計されていようとも、光子検出器は光子のパイロット波を変えてしまう。これは、ハイゼンベルクの不確定性原理によって保証されているとおりだ。ボームの解釈では、この不確定性原理は、検出器が、測定しようとする対象物と干渉してしまうことをどれだけ避けられるかという制限である。これらの測定が光子のパイロット波に及ぼす影響のせいで、光子の軌跡が変化してしまい、二重スリットを通過した多数の光子は、干渉パターンではなく、二カ所の塊を写真乾板上に形成する。ボームの説明によれば、測定は粒子の運動に影響を及ぼし得るけれども、すべての粒子は、誰かに見られているか否かにかかわらず、明確な位置を持っている。

ボームの解釈は、ド・ブロイが一九二七年のソルヴェイ会議で提唱した、古い解釈と非常によく似ていた。この二つの解釈が使っている数学は本質的に同じであり、どの側面を最重視するかが違うだ

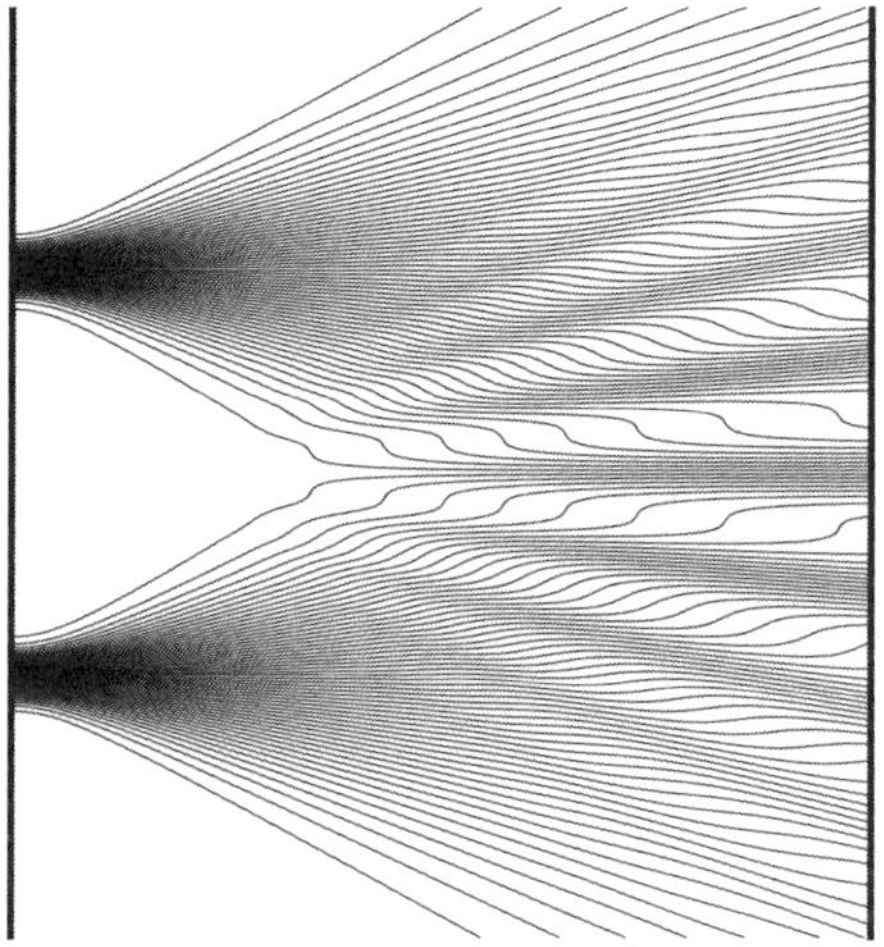

図5－4　二重スリット実験において、パイロット波に導かれた粒子の軌跡（上から見下ろした図）。マセマティカ（訳注：スティーブン・ウルフラムが考案した数式処理システム）のコードで作成されたもの。UCSD（カリフォルニア大学サンディエゴ校）のチャールズ・セベンス教授のご好意による。

けで、鍵となる物理学的洞察は同じだった。量子的世界は波動に導かれる粒子からなる、というのがそれだ。しかしボームは、ド・ブロイが失敗した箇所でちゃんと成功していた。ソルヴェイで四半世紀前、パウリ、クラマース、その他の人々が提起した問題を、「測定されている物体も、測定を行っている装置も含め、万物は量子的に扱われねばならない」と主張することによって、ボームはあっさりと解決した。これはほんとうにまったく新しい考え方だった。世界全体を説明する一つの方法として量子力学を真剣に受け止めていたのだから。ボームのパイロット波解釈では、巨視的な物体に対しては、奇妙な量子的ふるまいは極小に抑えられている。これが、私たちが日常の世界で量子的な効果を目にしない理由だ。

しかし、巨視的であれ微視的であれ、すべての物体は、突き詰めてみれば、同じ量子力学の方程式によって支配されているのである。

これとは対照的に、コペンハーゲン解釈は、量子力学を世界全体を説明するための手段とは見なしていなかった。とりわけ、写真乾板や二重スリットのように測定するために使われる実験装置を説明する手段では絶対になかった。ボーアによれば、量子力学の基本的な特徴の一つが、「測定装置の機能を純粋に古典的な言葉で説明し、量子との関係は原則的に完全に排除する必要がある[29]」ことだった。量子力学は微視的なもののための物理学で、巨視的なものは対象とはしておらず、この巨視的世界と微視的世界は決して交わることはないのだ。ボーアの学生だったジョージ・ガモフが、ただ純粋に、科学者ではない人々に量子力学とはどのようなものかを説明する手段とするだけのために、巨視的な尺度で量子効果が現れる空想の世界についてストーリーを書いたところ、ボーアは「面白がるどころか、腹を立てた[30]」。コペンハーゲン解釈によれば量子力学は、世界全体の理論として真剣に受け止めるべきものではなかった。それはそのようなものではなくて、私たちがきわめて小さなものの世界とどのように接しているかに関する理論であり、さまざまな実験の結果を予測するためのものであって、それ以上のものではない。そして、ボーアによれば、当然そうあるべきだった。彼は、物理学者の仕事は、私たちを取り巻く世界の「真の本質を明らかにすることではなく」、ただ「人間の経験を整理し、調べるための方法[31]」を発見することだと主張していたのだから。

ボーアは正しいのだろうか？　物理学者たるもの、世界が実際にいかなるかたちで存在するかを明らかにしようと努力すべきだと主張するのは間違っているのだろうか？　実験の結果を正確に予測する理論を構築するだけで十分なのだろうか？　そして、ボームの理論が「通常の」量子力学（それが何であれ）と同じ予測をするなら、それにどんな意味があるのだろう？　まったく同じ予測を立てる、対立する二つの理論のあいだに、どんな重要な違いがあるというのか？

これらの疑問は、科学哲学の難問を指し示している（そのいくつかは、第8章で再び取り扱う）。手短な答えは、「いいや、ボーアは間違っている、少なくとも単純に正しいとは言えない」だ。ある物理理論に伴う世界の描像は、その理論の重要な要素だ。まったく同じ予測をする二つの異なる理論は、大きく異なる世界観を持っている可能性がある――たとえば、太陽ではなく地球が宇宙の中心にあるとするなど。そして、これらの世界観が逆に、科学の日々の研究活動について、多くを決めてしまう。太陽系の中心は地球ではなく太陽だと考えるなら、地球あるいは私たちの太陽系には特別なことなど何もなく、ほかの恒星を周回している惑星が当然存在するはずだと結論するだろう。地球中心説でも、太陽中心説でも、地球の空でさまざまな天体がどのように運動するかについては、まったく同じ予測をするとしても。ある科学理論に付随する物語は、科学者がどのような実験に取り組むか、新しい証拠をどう解釈するかに影響を及ぼし、ひいては新しい理論の探究も導くことになる。

ボームは、自分の新しい解釈の概要を提示した一九五二年の二件の論文のなかで、まさにこの点を主張した。「ある理論の目的は、どのように行うかがすでにわかっている観測の結果を相互に関係づけるのみならず、新しい種類の観測の必要性を示唆し、それらの観測の結果を予測することでもある」[32]と、彼は二件目の論文の結論に記した。ボームは、コペンハーゲン解釈が登場した責任の一部は論理実証主義――マッハの思想を基礎に起こった科学哲学（本書では第3章で最初に登場した）――にあるとする。ボームの見解では、コペンハーゲン解釈は、見ることのできない対象物は実在しないという実証主義の考え方に「相当程度引きずられている」。しかし、ボームが指摘しているように、「科学研究の歴史は、ある種の物体や要素が直接観察できる手段が知られるずっと前から、それらのものの実在を仮定することが実際にきわめて有用であった例に満ち溢れている」[33]。ボームは、原子を例に挙げる。原子の存在を支持する圧倒的な証拠があったにもかかわらず、原子が見えないことを理由に、マッハはその存在を認めることを最後まで拒否したのだ。ボームはこの点について、ブラジルに着いた直後に、友人で物理学者仲間でもあったアーサー・ワイトマンへの手紙のなかで、再び主張している。

実験的証拠が得られる前から、暫定的な概念は必要だ。実験の解釈を導くためのみならず、そもそも実験を選択し計画する手掛かりとしても。……新しい概念についての実際の実験的証拠は、驚くような方面からやってくることが非常に多い（原子が存在するという最初の証拠となったブラウン運動は、生物学者によって発見されたという事実を見てくれ[34]）。しかし、そのような証拠は、さまざまな可能性に対してよく注意を払っている人たちにしか見つけられない。このような理由から私は、物理学者たちのあいだで、すべての可能性についての知識が、最大限拡散して広まっている状態が望ましいと主張したい。そのようなとき、物理学者たちはすべての可能性を知っていなければならず、また、そのうちどれが正しいかはわからない一方で、もしも必要となれば、古い観点からは最も確実で美しいと思えたものを捨て去り、もしもそれが何かを説明する助けとなるなら、新しい観点に含まれる恣意的で醜いと思えるかもしれないものを選択する、心構えがなければならない。[35]

しかし、ボームが一九五二年の二件の論文で指摘したように、「［論理実証主義の］影響はなおも、現代の理論物理学者の多くが、あからさまにではないが採用している哲学的な視点に残っている」。[36] 実証主義的傾向のある物理学者にとっては、量子力学の新しい解釈など必要ない――彼らによれば、そもそも解釈など一切必要ない。量子力学は完璧に観測結果を相互に関連づけ、予測しており、厳密に実証主義的な科学の説明において科学理論がなすべきことはそれだけだった。理論に付随する、自然は実際にどのようなものかという考え方はすべて、余計なお荷物に過ぎなかった。これが、科学史家のマーラ・ベラーの言う、ボーアの「不可避性のレトリック」の背後にある理屈だった。ボーアと彼の支持者たちによれば、コペンハーゲン解釈は、量子力学を理解する正しい方法であるというだけではなかった――彼らにとっては、それは量子力学を理解する唯一の方法で、量子革命の必要で不可避的な結論だった。「［コペンハーゲン解釈の］すべての要素は、典型的な量子現象を古典的な用語で解析しようとすれば必ず生じる曖昧さを回避する唯一の手段として、私たちは採用せざるを得ない」[37]と、ボーアに最も近い同僚の一人レオン・ローゼンフェルトは主張した。このように、ボーア陣営によれば、別の解釈を探すことは、不要であるのみならず、時間の浪費だった。ボームの二件の論文が世に出たとき、つまり、第二次世界大戦が終わり、その結果物理学の文化にもさまざまな変化が起こって七年経ったころ、このような見解が物理学者のあいだでは主流になっていた。

もちろんボームは、コペンハーゲン解釈の実際の代替理論を作ることで、不可避性のレトリックが嘘であることを示した。しかし、ボームが彼の理論によって何らかのことを成し遂げたという評価は、ボームは、自分が無視されたり軽んじられたりするかもしれないと予想はしていたものの、プリンストンで彼の論文がどのように受け止められたかという噂が届くと、無理もないが、少しがっかりした。

コペンハーゲン学派の結束

「プリンストン高等研究所については、そこの愚か者たちが何を考えていようが、私にはどうでもいい。……自分が正しい方向に進んでいることは間違いない」[38]。ブラジルで孤立していたボームにとって、鬱屈した気持ちの唯一のはけ口が友人たちへの手紙だった。そしてこれらの手紙は、広い物理の世界で何が起こっているかを知る唯一の手段でもあった。一九五一年の一〇月に到着した数週間後、ボームはサンパウロのアメリカ領事館に呼び出された。領事館に行くと、パスポートを押収され、アメリカ合衆国に帰国する場合のみ有効というスタンプが押された[39]。しかしボームは、もしも祖国に帰ったなら、わが身に何が起こるか心配だった。「可能な最善の解釈は、彼らはただ私にブラジルから出てほしくないだけだ、というものです」とボームはアインシュタインへの手紙に綴った。そして続けて、「一方、最悪の解釈は、彼らはこの卑怯な企てを再開しようとしている、というものです」[40]。ボームはヨーロッパに旅して、ヨーロッパにいる傑出した物理学者たちと会い、自分の説を弁護したいと望んでいた。「できればヨーロッパで、そしてヨーロッパがだめなら、たぶんアメリカで、話をさせてもらうことがほんとうに必要だ。さもないと、［私の論文なんて］誰もわざわざ読まないだろう」[41]と、彼は友人の一人に書き送った。だが、パスポートがなくては、ボームは遠く離れたところで自分の論文の弁護を準備するほかなかった。それはうまくいかなかった。

ボームは、論文が世に出る前に、量子力学の創始者数名（数カ月前、ボームの教科書への賛辞を書き送ってくれた人たちも含めて）に、その草稿を送っていた。ド・ブロイが返事をよこし、二五年前、自分も同じようなことを考えたが、パウリをはじめ、ほかの者たちが、パイロット波理論が抱えるさまざまな問題を指摘し、自分が間違っていることを明らかにしてくれたと綴っていた。次に返事を送ってきたのはパウリで、ド・ブロイのときと同じ問題点をボームに指摘した。しかしボームは、観測装置そのものも量子的記述に含まれなければならないという、彼が得た素晴らしい洞察をよりどころに、それらの指摘にそつなく落ち着いて対処した。手紙での激しいやりとりを数カ月続けたすえに、パウリはとうとうボームの理論には一貫性があると認めた。しかし彼はなおも、この理論を「通常の」量子力学に対して検証する方法は存在しないのだから、それは依然として「換金できない小切手」[42]のままだと主張した。つまるところパウリは、ボームの考え方は「人為的な形而上学」[43]に過ぎないと考えていたのだ。

ニールス・ボーア当人は、ボームに返事を送ることは決してなかった。しかし、ボーアの友人で、そのころボーアの研究所を訪れていたアーサー・ワイトマンの報告が、ボームに届けられた。ワイトマンによれば、ボーアはボームの理論を「ひどく愚かだ」と考え、それ以上はあまり話さなかったという。[44]一方フォン・ノイマンはそれほど否定的ではなく、ボームの考え方には一貫性があり、「きわめてエレガント」とさえ思ったものの、[45]この理論を拡張してスピンの現象も説明しようとするなら、ボームは困難に直面するのではないかと考えた[46]——フォン・ノイマンのその疑いは、やがて間違っていたことが明らかになる。

フォン・ノイマンの疑いの出どころは、自らがコペンハーゲン解釈の必然性を示した、「不可能性」の証明だったようだ。ボームのほうは、彼自身のパイロット波の理論が、フォン・ノイマンのこの証明に何らかの欠陥があることを——あるいは、少なくとも、ほかの多くの物理学者たちが考えているほどには強力な証明ではないと——示したのだと認識していた。ボームは、自分の理論がいかにしてフォン・ノイマンの証明をすり抜けたかを、自らのパイロット波理論を概説する二件目の論文の終盤で論じた。しかし、彼によるフォン・ノイマンの証明の分析は、良く言って不明瞭、悪く言えばまったく間違っていた。そして、フォン・ノイマンの証明で何がうまくいかなかったかについての明確かつ簡潔な説明がないのだから、多くの物理学者たちは、間違っているのは逆にボームの理論のほうだと考えた。フォン・ノイマンがそのような理論は不可能だと示しているのだから、ボームの説が正しいことはまったくあり得ない、というわけだ。

ごく少数だが、自らの意見を変えてボームの見解を支持するようになった物理学者もいた。最も注目すべきは、ルイ・ド・ブロイだ。彼は昔自分が発表した解釈を引っ張り出してきて、ボームを相手にこの研究をめぐる優先権争いを始めた。ボームは初め、ド・ブロイの貢献を認めることを拒否した。「ある人物がダイヤモンドを見つけたものの、それは無価値な石だと誤った結論を出して、捨て去ってしまったとして、やがてその石を別の人物が見つけ、その真価を認めたとすると、その石は第二の人物のものだと考えるものではないでしょうか？[47]」というわけだ。しかし、この論争は長続きせず、二人の関係は友好的なものに転じた。数年後ボームが、自分の新たな解釈についての本を執筆した際、ド・ブロイは称賛に満ちた前書きを書き、ボームの研究を「エレガントで示唆に富んでいる[48]」と評した。パリにあるド・ブロイが所属する研究所は、コペンハーゲン解釈に反対するのが普通という、世界でも稀な場所のひとつとなった。

ボームはまた、ソビエトの物理学者や他の共産主義者からの支援を期待した。彼の解釈は、量子力学は世界に存在するものについての理論であって、実験結果について物理学者たちが言えることに関する抽象的な主張ではないことを明らかにした。このことは、マルクス主義の多くの流派に共通する、「唯物主義」の強調と実証主義の拒否の姿勢とぴったり一致した。[49] とりわけマッハの実証主義は、マルクス主義者に共通する批判の的だった。レーニン自身、『唯物論と経験批判論』のなかでマッハの哲学を「反動的」で「唯我論的」と呼んだ。ソビエトの物理学者のなかには、ドミトリー・ブロヒンツェフやヤーコフ・テルレツキー*などのように、コペンハーゲン解釈に対してこの種の攻撃をしかけた者たちもいた。ボームは自分自身の解釈を作り上げたあとで、彼らの研究に接した。

ボームの理論が登場したのは、ジダーノフ批判の最盛期でもあった。ジダーノフ批判とは、スターリンが支配するソビエト連邦で行われたイデオロギー的芸術統制で、ソビエトの共産主義の理想との矛盾を少しでもにおわせるすべての知的活動を撲滅するというものだった。コペンハーゲン解釈にもソビエトの国家イデオロギーと両立しそうなバージョンがあったのはたしかだが、コペンハーゲン解釈が実証主義的な雰囲気を持っているというだけで、ソ連の物理学者たちは、スターリン政権下においては、大っぴらにボーアの考え方を擁護するのを差し控えた。そのため、ソ連には、科学史家ローレン・グレアムが言うところの「相補性消失の時代」が訪れた。[50]

＊　二人とも二〇世紀ソビエト連邦の理論物理学者。

ボームのマルクス主義者仲間の一部は、彼の研究に好意的に反応した。ド・ブロイの学生数名（最も特筆すべきはジャン＝ピエール・ヴィジエ）は、マルクス主義もパイロット波も魅力的だと感じた。しかし、マルクス主義の物理学者の多くは、ボームの考え方を支持しなかった。ブロヒンツェフもテルレツキーも、ボーアの相補性原理や、その他のコペンハーゲン解釈の離れ業的細工には批判的で、ときには声高に糾弾したが、ボームの解釈は支持せず、彼ら自身によって量子論正統主義に代わるものを構築しようと努力した。実際ボームは、鉄のカーテンの向こう側の物理学者の大半は、ジダーノフ批判のせいで、量子論の解釈にまつわる問いを議論するのを差し控えているのではないかと疑った。『どうして二五年ものあいだ、ソ連の誰かが量子論の唯物主義的解釈を見出さなかったんだろう？』と、私は自問してしまう。ほんとうに、それほど難しいことではなかっただろうに」と、彼は友人のミリアム・イェヴィクへ書き送った。「ソ連では、イデオロギー的な観点からの量子論批判は以前から盛んだったが、それが何らかの結果をもたらすことはなかった。それはおそらく、その批判が人々を鼓舞するよりもむしろ、恐れさせ遠ざけてしまったからだろう」[51]。

いずれにせよ、ジダーノフ批判の政策は、一九五三年にスターリンが死去すると同時に終焉し、その後のフルシチョフ政権下ではソビエト連邦のイデオロギー統制が（前政権下に比して、だが）ゆるめられることになった。おかげで、ボーアの下で学んだロシアの物理学者たちは、コペンハーゲン解釈の支持を以前よりも堂々と表明できるようになった。そのひとり、ウラジーミル・フォックは、ソ連の物理教育システム全体を通してボーアの考え方を広める活動を行い、パイロット波による解釈を「ボーム－ヴィジエ病」と呼んだ。ボームのほうは、ほかの人々がコペンハーゲン解釈を批判するのを躊躇しているのは、ボーアへの忠誠からだけではなく、イデオロギー的な理由からそうしていると思われるのを恐れているからだろうと推測した。[52] ソ連ではすでに、生物学の「適正なマルクス主義的理解」に基づくダーウィンの進化論の代替として、ルイセンコ説がでっちあげられていた。ソ連の生物学と農業は、ルイセンコと、彼の似非科学仲間たちがもたらしたダメージから回復するのに数十年を要した。ソ連の善良なる物理学者は、それと同じような失態が量子力学で起こることを絶対に回避したかったのである。

とりわけ、ある一人のマルクス主義者がボームを目の敵にした。コペンハーゲンにおけるボーアの右腕、レオン・ローゼンフェルトだ。相補性とマルクス主義の両方に情熱を注ぐ彼に、パウリは「ボーア×トロツキーの平方根」というあだ名をつけた。ローゼンフェルトは、「真なる唯一の量子力学」をボームから守る仕事を引き受けたのだ。「私は相補性というテーマに関しては、貴君であろうとほかの誰であろうと、論争の相手には絶対にしない。それに関しては少しでも論争すべき点などまったく存在しない、という単純な理由からだ[53]」と、彼はボームに手紙を送った。ローゼンフェルトは、自由に使える時間のほとんどを、この存在しない論争に参加することに費やし、ボームの考え方が広まるのを阻止するために驚異的な努力を注いだ。ローゼンフェルトは、ボームがある論文を『ネイチャー』誌に発表するのを首尾よく妨害した。また、相補性に批判的なロシア語の論文一件が『ネイチャー』誌に掲載されるのを阻止した。このときは、翻訳者に撤回するよう説得したのだった。さらに、ド・ブロイによって書かれた本の英訳の出版も中止させた。[54] そして数年後、ボームがパイロット波解釈に関する自分の本を出版したときには、ローゼンフェルトは手厳しい書評を書き、ボームは量子力学をどうしようもないほど誤解していると主張した。「未知の領域を進む先駆者が、出発時に最善の道を見出さないのは理解できるが、その領域が測量されて二万分の一の正確な地図ができているのになお旅人が道に迷うのは、理解に苦しむ[55]」と。ローゼンフェルトの見解は、物理学者のコミュニティーで広く共有された。彼の友人のひとりはこう書き送った。「デイヴィッド・ボームへの攻撃はとても面白かったよ……。最も傑出した科学者数名が彼を辛辣に批判している。あれほど若い人間にとっては、大変名誉なことだ[56]」。

それらの傑出した科学者には、ローゼンフェルトとパウリのほかに、ヴェルナー・ハイゼンベルクとマックス・ボルンも含まれていた。ハイゼンベルクはボームの理論を「『一種のイデオロギー的上部構造』で、直接の物理的実在にはほとんど関係ない[57]」と退け、ボルンはパウリについて、彼は「ボームを哲学的にのみならず、物理的にも打倒する[58]」と述べた。とはいえ、ハイゼンベルク、ボルン、パウリ、ローゼンフェルト、そしてそれ以外の保守派物理学者らのあいだには、個人個人でイデオロギーがずれているがゆえの分断があった。ローゼンフェルトは、ハイゼンベルクは観念論をもてあそんでいると考えていた――これは、マルクス主義者からの辛辣な攻撃にほかならない――一方、パウリとボルンは、ローゼンフェルトの科学は、あまりに政治的に動機づけられていると考えた[59]。しかし、コペンハーゲン解釈の創始者たちは、彼らの間では互いに不満があったにもかかわらず、ボームに敵対して結束を固めた。

そして、ボームの考え方を不快に感じたのは、保守派だけではなかった。若手物理学者たちも、たとえ少しでもボームに関心を示すことがあったとしても、やはり否定的だった。とりわけ、多くの者が、ボームの理論が含む、ある避けられない事実に嫌悪感を抱いた。それは、彼の理論が非局所的で、粒子どうしが長い距離を越えて瞬時に影響を及ぼしあえるという事実だ。何にもぶつかることなく、宇宙のなかを単独でさまよっている一個の粒子は、自らのパイロット波によって導かれた経路に沿って運動し、完全に局所的だ。しかし、この第一の粒子と何らかのかたちで相互作用をする第二の粒子を導入すると、突如としてこれら二個の粒子は結びつき――もつれあい――一方の粒子のパイロット波が、もう一方の粒子の正確な位置に応じて変化する――そちらの粒子がいかに遠く離れていようと。このような「薄気味悪い遠隔作用」は、コペンハーゲン解釈でも現れる――これこそが、アインシュタインがＥＰＲ論文で反論していたものであった。しかし、物理学者の多くがまだＥＰＲ論文の存在に気づいていなかったし、気づいていた人の大半は、その内容を大いに誤解していた。彼らにとっては、ボームの理論にあからさまな遠隔作用が含まれることは、コペンハーゲン解釈との比較において彼の理論が持つもうひとつの大きな欠点であった。

さらに、ボームの考え方は実際に新しい物理研究の洞察をもたらすのだろうかという問題もあった。とりわけ、ボームの理論では粒子どうしの結びつきが光速を超えた速さで成り立つので、ボームの考えを特殊相対性理論に組み込むのは難しいと思われた。場の量子論（ＱＦＴ）と呼ばれる相対論的量子力学は、すでにアメリカとヨーロッパで盛んに研究され、多くの成果をあげる研究分野になっていた。ＱＦＴの最初の先駆者はディラックで、当時はファインマン、ジュリアン・シュウィンガー、朝永振一郎、フリーマン・ダイソンらによって先導されていた。ＱＦＴは大成功を収めた。ディラックはこれを使って反物質の存在を予測し、そのとおりのものが発見されてノーベル賞を受賞した。ほかの者たちは、ＱＦＴを使って、一見無関係と思える量子的性質どうしの結びつきを探ったり、次々と建造される世界中の粒子加速器から続々と出てくる高エネルギー粒子物理学の、ますます複雑になる結果を説明したりしていた。そして非相対論的量子力学も、固体物理学をはじめとするほかの領域で利用され、大いに成功していた。シルヴァン・サミュエル（サム）・シュウェーバーによれば、ボームは物理学におけるほかの研究ではなおも高く評価されていた――しかし、量子論に関する彼の新しい考え方を、目の前にあるじつにさまざまな興味深い問題にどのようにあてはめればいいのか、誰にも見当がつかなかった。「［固体］物理学でも、高エネルギー物理学でも、あまりに多くのことが起こっていたので、人々は基礎についてはあまり気にしていなかったのです」とシュウェーバーは回想する。ボームによる量子論の解釈は、「生産性がなかったのです。場の量子論へと拡張しようとしたときに、ボーム流の量子力学をどう扱えばいいのか、理解するのは非常に難しかったのです。それで脇に置き去りにされたのですよ」[60]。

ボームの理論が生き残るためには、場の量子論の成功を説明し、すでに盛んに研究が行われているほかの研究領域とも結びつかなければならなかった。しかし、ブラジルに閉じ込められたボームの研究ははかどらなかった。「私はたったひとりで、一、二年のうちに、ニュートン、アインシュタイン、シュレーディンガー、そしてディラックの仕事をすべてひとまとめにしたものに匹敵する科学革命を起こさなければならないんだ」[61]と、彼は友人のひとりにぼやいた。ボームが亡命生活を送っているせいで、量子力学の最新の展開に接し続けるのも難しくなってしまった。彼の友人、リチャード・ファインマンが場の量子論でなしとげた最新の研究は、やがてファインマンにノーベル賞をもたらすのだが、それをボームは、「何の役にも立たないことが知られている理論についての、長々しく退屈な計算」[62]といって取り合わなかった。ボームの地理的およびイデオロギー的孤立は、彼の科学研究に悪影響を及ぼしていた。

エルヴィン・シュレーディンガーのようなコペンハーゲン解釈の強硬な反対派も、ボームを支持しなかった。シュレーディンガーは四半世紀経ってもなお、コペンハーゲン解釈には深刻な問題があると考えており、死ぬまで闘い続けた。「コペンハーゲン解釈は事実上普遍的に受け入れられていると、繰り返し貴君が断言する厚かましさ、貴君に完全に従順なイタリアの聴衆の前でさえ手放しで断言するのは、尊重できない行為に限りなく近い」と、彼は一九六〇年にマックス・ボルンに手紙を書いた。「歴史の審判が気にならないのか？」[63]しかし、ボームがシュレーディンガーにパイロット波解釈について書き送ったとき、ボームが受け取ったのは、彼の秘書からの、シュレーディンガーはボームの研究には関心がないという返信のみだった。「シュレーディンガーはご自身で私に手紙を書いてはくださらないが、枢機卿猊下は量子論に機械論的なモデルが見つかる可能性があるという考えは見当違いだと思っておられると私に伝えるよう、秘書にわざわざお命じくださった」とボームは不平がましく述べた。「もちろん、枢機卿猊下は私の論文を読む必要などお認めにならない。……ポルトガル語で、私はシュレーディンガーを『ロバ』と呼ぼうかと思う。それをどう訳すかは、君の推察に任せよう」[64]。じつはシュレーディンガーは、量子力学を自分自身のやり方で解釈しようという取り組みに没頭していたのだ。それは、波動関数しか存在せず、粒子はまったく登場しない量子的世界の描像だった。パイロット波に導かれた粒子に、彼はまったく興味がなかったのである。

しかし、とりわけ残念だったのは、アインシュタインがボームの研究に対して示した反応だった。アインシュタインがボームの動機に共感していたのは間違いない——そもそも、ボームに自分の考えを発展させるよう勇気づけたのはアインシュタインの助言だったのだ。しかし、ボームが到達した答えには、アインシュタインはまったく満足できなかった。「ボームが（ド・ブロイがかつて、二五年も前に思い込んだのと同じように、だよ）、量子論を決定論的な立場で解釈できると思い込んでいるのを、君は知っているかい？」と、アインシュタインは旧友マックス・ボルンに手紙を送った。「その方法は、私にはあまりに安っぽく感じる」[65]。

アインシュタインの手紙は、ボームの考え方の何が「あまりに安っぽい」のかについて、それ以上説明はしていない。しかし、パイロット波解釈には、アインシュタインにはどうしても受け入れられない特徴がいくつかあった。物体が奇妙なかたちで運動していたり、運動すべきだと思われるときにまったく運動しないなどだ。アインシュタインは、ボームの理論では、箱のなかに閉じ込められた粒子は、膨大な運動エネルギーを持っていたとしても、静止していることが可能だと指摘した。これは、巨視的な物体に対しては、量子力学は古典物理学に一致しなければならないという原則に反していた[66]。これに対してボームは、そのような状況では、箱を開いたなら、箱の壁が粒子と相互作用し、それまで静止していた粒子が高速で——箱を開く前に粒子が持っていた運動エネルギーに対応する速度で——箱の外に確実に飛び出すはずだと指摘した。たしかに奇妙だが、量子力学の直観に反する結果を再現するには、どんな理論も奇妙でなければならないだろう（アインシュタインの名誉のために付記すると、彼自身の批判と、それに対するボームの応答を、並べて記載した状態で出版できるように、彼は手配した）。

アインシュタインは、非局所性の概念にも不満だった。コペンハーゲン解釈が非局所性を採用していることは彼も知っていたとおりで、したがってボームの理論は通常の解釈よりも悪いというわけではなかった。それでもアインシュタインには、局所性を放棄する物理学上の理由は何もないとしか思えなかった——EPR論文の議論が、量子力学は非局所的か不完全かのいずれかだと、明瞭に示していた。そしてアインシュタインは、絶対に後者であると確信していた。ボルンへの手紙のなかで、彼は次のように述べた。「私が知っている物理現象、とりわけ、量子力学によって非常にうまく説明されたさまざまな物理現象について熟考しても、［局所性を］放棄しなければならないと思えるような事実はどこにも見出せない[67]」。

アインシュタインはまた、量子のレベルで起こっていることすべてを記述する、別の方法を見出したいとも考えていた。コペンハーゲン解釈とボーアは、古典的概念と、測定装置の古典的記述を使う必要性を主張した。ボームの考え方は、その両者とも捨て去っていたものの、アインシュタインが望んでいたほど徹底的にではなかった。アインシュタインが求めていたのは、既存の量子論を解釈する新しい方法ではなく、自然を見る新しい方法、それまで知られていなかった真実を明らかにする、量子力学の根底にある理論だった。アインシュタインは、そのような描像は統一場の理論――彼の一般相対性理論と、量子力学の数学の根底にあると彼が確信していた、より深い実在とを統一するもの――のなかに見出せるのではないかという希望を持っていた。ボルンは、アインシュタインが亡くなったあと、「彼の考え方は［ボームのものよりも］急進的だったが、『未来の音楽』だった[68]」と記している。

歴史が繰り返していた。二五年前のソルヴェイ会議と同じで、コペンハーゲン解釈の擁護者たちは、個人的には互いに同意しない点はあっても、統一戦線を形成した一方、反逆者たちはひとつの立場に合意することができず、失速した。

失意と忘却

二年後、ボームはブラジルから出たくてうずうずしていた。彼の理論は、無視されては酷評されての繰り返しだったが、彼が自分の理論を擁護するために話をしたくても、どこへも旅することはできなかった。ボームはアインシュタインに助けを求めた。アインシュタインは、パイロット波解釈は気に入らなかったものの、基本的にはなおもボームを支持していた。そこでアインシュタインは、ボームを自由にするために裏でいろいろと手を回した。アインシュタインは以前の助手でEPR論文の共著者の一人だったネイサン・ローゼンに接触し、先ごろ彼が創設にも関わった現在の職場、建国間もないイスラエルの大学の新しい物理学科*でボームを雇えないかと尋ねた。才能ある物理学者でユダヤ人の政治亡命者であるボームは、イスラエルにはぴったりだと思われた。世界で最も有名なユダヤ人であるアインシュタインは、そこにかなりのコネがあった。ローゼンはボームの職を準備したが、パスポートを持たないボームは、なおもブラジルに足止めされたままだった。せっかくポストを提供してもらったボームは、イスラエル国籍を取得しようとした。それが失敗すると、アインシュタインは、ブラジル国籍を取得し、そのパスポートで旅してはどうかと示唆した。ボームのブラジル人の知人たちが彼のために政治のからくりをうまく回してくれて、ボームは一九五四年一二月二〇日、晴れてブラジル国民となった。数カ月後、ボームはついに、四年近く滞在したブラジルを出発した。

ボームはイスラエルの暮らしにはよくなじんだ。同じ移民のサラ・ウルフソンと出会い、やがて二人は結婚した。彼は自分の解釈による量子力学に関する本を出版した。また、ヨーロッパに旅し、ほかの物理学者たちとともに研究を行った。コペンハーゲンにあるボーアの研究所も何度か訪れたが、そこではプラズマ物理学のみに取り組み、彼がニールス・ボーアとパイロット波解釈について話をしたという記録はまったく存在しない。ボームはまた、テルアビブで、非常に才能のある学生、ヤキール・アハラノフとともに研究を行った。アハラノフを、自分の異端的な量子論で「汚染」したくなかったので、ボームはこの共同研究を始めるときに彼と約束をした。二人はすべての研究を、ボームのではなく、「通常の」量子力学で行うことにしたのである。[69]二人は、量子力学の驚くべき新しい効果を発見し、それは結局、ボームの「通常の」物理学における最も有名な業績となる。これがアハラノフ－ボーム効果で、電磁場の近くを移動している電子やその他の荷電粒子の特異なふるまいである。

その一方でボームは、パイロット波解釈については自分が間違っていたのだと、自分に納得させた。このテーマで本を書いたものの、その後ボームは、自分は誤解しており、自分の解釈は結局うまくいかなかったと心に言い聞かせた——とはいえ、正統的なコペンハーゲン解釈が正しいとも思っていなかったのだが。彼が自分の解釈を放棄したのには、さまざまな理由があった。まず、特殊相対性理論と両立させる方法がわからなかった。また、物理学の広いコミュニティーから関心を持たれなかったことで失望してしまったし、さらに、自分自身の理論の考え方から、どのように前進することができるのかも見当がつかなかった。「当時私はどうすれば前に進めるかはっきりわからなかったので、私の関心は別の方向へと向かい始めたのです」[70]と彼はのちに述べた。この変化が起こったのは、これと関係はするがまた別の、ボームにとっての大きな考え方の変化とほぼ並行してのことだった。一九五六年のハンガリー動乱がむごたらしく鎮圧されたことを受けて、ボームはマルクス主義を放棄したのである。この思想信条の変化により、ボームの量子的世界の性質に関する考え方も変わった。そのことが彼に、古い考え方を捨てるよう後押ししたのだ。

量子力学への新しいアプローチを模索していたあいだに、彼はついに学者としての生活に安定を見

＊　一九一二年創設のテクニオン・イスラエル工科大学。物理学科ができたのは一九五〇年代。

出すことができた。彼は一九五七年に、イギリスのブリストル大学で短期的なポストを得て、イスラエルをあとにした。数年後、ロンドン大学のバークベック・カレッジに終身在職権のあるポストを見つけた。そしてついに、アメリカから二つの終身ポストのオファーを受けた。一つは、ボストンに新設されたブランダイス大学、もう一つは数年後にニューメキシコ工科大学からだ。ところが、これらのポストを引き受けようとすると、彼は新たな問題に直面した。米国政府は、彼がブラジル国籍を取得したことを知ると、直ちに彼のアメリカ国籍を剝奪したのだ。そして、彼が共産主義とつながりを持っていたことがまだ記憶に新しかった国務省の役人たちは、ボームが祖国の国籍を再取得しようと申請したことを快く受け止めなかった。彼が帰国して再びアメリカ国民になることは可能だ、ただし、公に共産主義を放棄したならだが、と彼らはボームに告げた。ボームはもはやどんな種類のマルクス主義者でもなかったが、何か別の実利的な目的のために、自分の過去の政治信条を公に放棄するのは倫理にもとると考えた。「私は、アメリカ国籍を取得するためにそう述べる［共産主義を批判する］のは、間違っていると感じます。そんなことをしたなら、私が何かを言うのは、それが正しいと考えるからではなく、何らかの隠れた目的のためだということになるからです。それは、良い職を得ようとして、目上の人たちに印象づけるために科学論文を書くようなものです[71]」。自分の品位を汚すことを潔しとせず、ボームはバークベックに留まった。

そうこうする間に、パイロット波解釈は、忘れさられていった。しかし、かつて彼の災難のすべてが始まったプリンストンでは、正統派量子物理解釈に取って代わる新しい考え方がすでに発見されていたのである。

第６章　別世界からやって来た！

アルベルト・アインシュタインは、一九五四年四月一四日、ニュージャージー州プリンストンで、生涯最後の講義を行った。ジョン・ホイーラーの相対性理論をテーマとする大学院のセミナーのゲストレクチャーだったのだが、話題は自然に量子力学における観察者の役割へと移ってしまった。（「私は、相対性理論よりも量子論のほうに脳液を使い果たしてしまったよ」[1]と、かつてアインシュタインは友人のオットー・シュテルンに話した。）アインシュタインは、量子力学に対する自分自身の異議をおおまかに説明した。そして、そのあと学生たちが質問し、ホイーラーに教わったとおりに、ボーアの解釈を擁護しようとした。アインシュタインは鷹揚に彼らの質問に対応し、軽く微笑みながら、逆に質問を返した。「一匹のネズミが観察しているとき、それは宇宙の状態を変えるかね？[2]」

その日セミナールームにいた大学院一年目の学生の一人が、コペンハーゲン解釈に対するアインシュタインの鋭い異議申し立てをメモに取っていた。翌年、アインシュタインは死去し、その学生、ヒュー・エヴェレットは、量子力学についての自分自身の新しい解釈を擁護するのに、アインシュタインの言葉をうまく利用していた。アインシュタインとは異なり——そして、ボームのように——エヴェレットは量子力学の諸問題を、まったく新しい方法を見つけるよりも、量子力学そのものの数学を使って解決しようとした。だがボームとは違い、エヴェレットの解はパイロット波を使っていなかった。量子力学の根底に潜む問題に対するエヴェレットの答えは、まったく独創的だった——そして、ボームやアインシュタインが提案したことのあるどんなものよりもはるかに奇妙だった。

パラドックス好きの異才

ヒュー・エヴェレット三世は、一九三〇年一一月一一日に生まれた。父方は数世代遡ることのできるヴァージニア州の一族だった。父方の曾祖父は、南北戦争で南部連合国側として戦った。エヴェレットの父、ヒュー・エヴェレット二世は、工兵で、兵站将校としての彼の暮らしは軍を中心に回っていた。彼の母キャサリンは、自由奔放な作家で平和主義者だった。彼女とヒュー二世は、性格的にも思想的にも相性が悪く、二人はヒュー三世が生まれた数年後、離婚した(当時は恥ずべきことだった)。ヒューは父親と継母の下でメリーランド州ベテスダで成長した。彼は家族から「パッジ」と呼ばれたが、それは彼の体型がややずんぐりしていたからだ。エヴェレットはこのあだ名が大嫌いだったが、結局この呼び名が一生ついて回ることになった。

いつもSFの本に鼻をうずめていた少年ヒューは、幼いころから学問の才能と、パラドックス好きの兆候を示していた。一二歳のとき彼は、動かせない物体と止めることのできない力がぶつかったらどうなるかという問題を解決したと記した手紙をアインシュタインに送った。その手紙は失われてしまったが、アインシュタインは、次のような内容の返事を送った。止めることのできない力も動かせない物体も実在しないが、「自らが突破する目的で自ら作り上げた奇妙な困難を誇らかに突破した、非常に頑固な少年がいるようですね[3]」。

翌年エヴェレットは奨学金を得て、ワシントンDCにあるカトリック系のセントジョーンズ陸軍士官予備学校に入学した。そこでの彼は、ほとんどすべての課目で卓越していた。無神論者であることを標榜し、それゆえ「異端者[4]」という新たなあだ名をもらったにもかかわらず、必修科目の宗教教育でさえも抜きんでていた。一九四八年、エヴェレットは成績優秀で卒業し、やはりワシントンDCのアメリカ・カトリック大学に進学して、化学工学と数学を学んだ。数学と論理の非凡な能力で、すぐに教授たちと学友たちを感服させた。

論理の才能に恵まれた学生なら当然だが、エヴェレットのパラドックス好きは変わらなかった。必修の宗教教育に辟易してきたエヴェレットは、カトリック大学の敬虔な教授の一人に、神は存在しないという「証明」を突き付けた。噂によれば、その教授は深刻な宗教的懐疑と絶望に陥り、エヴェレットは当惑した。彼は、誰かの世界観を実際に根底から変えることには特に関心はなかった――ただ楽しみたかっただけだ。そしてエヴェレットにとって楽しみとは、ある命題の論理的帰結をゲーム感覚で突きとめ、そのとき行っている議論で勝つことだった。誰かに信仰の崩壊を起こさせることは、まったく目的ではなかった。エヴェレットは、この「証明」を敬虔な人には二度と示さないと決意した。しかし、そんな誓いを彼が守り抜くことはできなかった[5]。彼はその後生涯にわたり、「証明」を宗教心の厚い友人たちに示すという、愚かな行為に喜びを感じずにはいられなかったのである。

エヴェレットは一九五三年にカトリック大学を卒業し、プリンストン大学の物理学の博士課程に合格した。彼が入学を申し込んだのは六週間後だったが、お咎めはなしだった。というのも、プリンストンの教授陣はこれほど並外れた才能のある学生に会ってみたくてうずうずしていたからだ。エヴェレットは、当時始まったばかりの物理学適性試験で九九パーセンタイル*の成績を収めており、また、輝かしい推薦状を何通も携えていた。「これは一生に一度の推薦です。……エヴェレットは、プリンストン、ラトガース、あるいはカトリック大学で私が教えたなかで、ずば抜けて優れた学生です。エヴェレットはカトリック大学の大半の大学院生よりも優れた数学の知識を持っており、おそらく生まれながらの才能で彼にかなう大学院生などいないでしょう」[6]。やはり設立直後だった全米科学財団（NSF）も、同様に強い印象を受けており、エヴェレットの大学院の学費と奨学金を支払った。

プリンストンで、エヴェレットは三人のクラスメートと特に仲良くなり、やがて彼らは一つのアパートで共同生活を送るようになった。「エヴェレットは、ものすごく面白いやつでした。人を苛立たせるのを楽しんでいましたね」と、三人のうちの一人、ヘール・トロッターは回想した。「彼は、ポーカーであれ卓球であれ、とにかく負けず嫌いでね」と、二人目、ハーヴェイ・アーノルドは言う。「[エヴェレットは]いつも勝者として立ち去りたくて、自分が勝つまで終わらせてくれないんですよ」[7]。三人目のチャールズ・マイスナーも同意する。エヴェレットを「頭脳優秀な変わり者で……好きな気晴らしは、人を出し抜くこと」[8]だと言い、すぐに、エヴェレットの場合は「常に友好的な競争でした」[9]と言い添えた。

エヴェレットのプリンストンの友人たちも、彼の頭脳の優秀さには感服した。「彼と知り合ってからですよ、あんなに頭がいいとわかって驚いたのは」とアーノルドは過去を思い起こして語った。

「親しい間柄になるまでわからないんですよ。そして親しくなると、こいつは世界一なんだとわかるのです。彼は非常に広い意味で頭が良かった。なにしろ、化学工学から数学から物理学までやって、しかもほとんどの時間をSFの本に没頭して過ごしている。これは才能ですよ」[10]。

プリンストンに入ったはじめのころは、エヴェレットはその才能を、彼ほど競争意識が高い人間にはうってつけの、高度な数学が必須の分野、すなわち、数学的ゲーム理論の研究に注いだ。エヴェレットの関心は、個人的であると同時に実際的だった。ゲーム理論はペンタゴンの軍事戦略家やオペレーションズ・リサーチ担当者らの共通語で、エヴェレットは博士号取得後は、そこで働きたいという野心をすでに抱いていた。当時プリンストンは、ゲーム理論を研究する世界最高の場所のひとつだった。この分野の創始者のひとり、フォン・ノイマンは、つい目と鼻の先にある高等研究所に在籍していたし、オスカー・モルゲンシュテルンやアルバート・タッカーら、ほかのゲーム理論の大家たちはプリンストン大学にいた。毎週定例でゲーム理論のセミナーがあり、プリンストンの教授陣が講義した。ジョン・ナッシュなどの重鎮がゲストで登壇することもあった。エヴェレットは、一年目にはこのセミナーに毎回出席し、最終的には、短い論文を書き上げて発表した。この論文はやがて、ゲーム理論の古典となる[11]。

いつものようにゲーム理論に没頭していないとき、エヴェレットは次第に量子力学に関心を引かれるようになった。当時、アメリカの大学院の量子力学の講座の大半が、量子力学の中核にある謎につ

＊　パーセンタイルは、データを大きさ順でならべて、小さいほうから何パーセントの位置にあるかを見るもの。九九パーセンタイルの成績は、下から測って九九パーセントの位置、つまり全体の上位一パーセントに位置するということ。

いては、ほとんど議論していなかった。エヴェレットがプリンストンでの最初の年に取った講座も例外ではなかった。[12]だが、当時早くも古典として扱われていたフォン・ノイマンの教科書と、ボームの新しい教科書の両方を読んだエヴェレットは、量子力学の理論の中心に問題が潜んでいることを見て取った。フォン・ノイマンの教科書は、波動関数の収縮はシュレーディンガーの方程式とは元々つながりのないものであり、理論の辻褄を合わせるために外から付け足されたものだということを明示していた。だが、それはどこから来たのだろう？ ボームの本の、コペンハーゲン解釈を擁護しようとの勇敢な試みを読んで、量子力学に対する通常の考え方では、その問いに答えることはできないということをエヴェレットははっきりと認識した。一方、ボームのパイロット波についての論文は、標準的な解釈に取って代わり得る具体的なものを提供していた。この種の研究課題に取り組んでいると、当時は白眼視された――ボーム自身が当時政治的に要注意人物だったという事実とはまた別に――が、エヴェレットは何が尊敬されることで何がそうでないかなどあまり気にしていなかった。そして、アインシュタインがコペンハーゲン解釈に対して見下すような態度をとっていたので、自分もそれに異議を申し立ててみようかと気軽に考えられた――ウィグナーやフォン・ノイマンなど、当時プリンストンにいた量子力学の創設にかかわった専門家たちにしても、常にボーアと意見が一致するわけではなかったことも、その線で進めていいではないかという気にさせてくれた。

そのころ、エヴェレットの教授のひとりジョン・ホイーラーは、エヴェレットとは別の、やはり白眼視されがちなテーマに没頭していた。一般相対性理論である。この理論は、広く受け入れられていたにもかかわらず、当時はまっとうな研究分野とはみなされていなかった。[13]ホイーラーは、アインシュタインが解こうとしていたのと同じ問題に関心を抱いていた。一般相対性理論と量子論を単一の量

図６－１　1954年にプリンストンを訪問したボーア。左から右へ：マイスナー、トロッター、ボーア、エヴェレット、デイヴィッド・ハリソン。

子重力理論にまとめあげ、最終的には、宇宙全体を、その起源も含めて、量子宇宙論という、生まれたばかりのいっそう物議を醸している理論で説明したいと考えていたのだ。彼は、エヴェレットの友人のチャールズ・マイスナーをこのテーマの研究に加わらせた。「当時ホイーラーと話をした人はみな、量子重力について考えてみようという強い気持ちにさせられるようでした」[14]とマイスナーは回想する。エヴェレットも量子論の根底にある問題に関心を抱いていたことから、ホイーラーがエヴェレットの指導教官になるのも当然の選択だった。

しかし、ホイーラーの影響と、エヴェレット自身のパラドックス好きだけが、エヴェレットが観測問題に興味を抱いた理由ではなかった。エヴェレットの負けず嫌いな性格も大きな要因だ。今回彼の相手は、ニールス・ボーアの助手だった。エヴェレットがプリンストンで過ごす二年目に当たる一九五四年の秋、ボーアがプリンストンを訪れ四カ月間滞在した。彼は助手も連れてきた。それがデンマークの物理学者、オーエ・ペテルセンで、エヴェレットより二、三歳年上に過ぎなかった。エヴェレットはペテルセンと仲良くなり、彼を通じてボーアに接近した。その秋、アーノルドは、エヴェレットがペテルセンとボーアとともに、話に夢中になりながらプリンストンのキャンパスを歩いているのを見かけた。[15] ボーアが大学で講義する際には、エヴェレットとマイスナーは聴講に行った。二人は、年老いた量子の大御所が、「観測の量子理論」という考え方は間違っていると言うのを聞いた。[16]

同じころエヴェレットは、資格認定試験に合格し、博士論文について真剣に考え始めた。エヴェレットは短く面白い論文を書きたかったが、ふさわしいテーマを見つけなければならなかった。彼がそれを思いついたのは、酒を飲んでいたときのことだった。「ある夜、大学院でシェリー酒を一、二杯やったあと」と、何年ものち、マイスナーと話しながらエヴェレットは回想した。「君とオーエが量子力学の意味することについてばかげたことを言い始めて、私はちょっと面白がっていたんだ、君をからかって、君が言ったことがとんでもない帰結をもたらすんだと説明しながらね。そして、ああ、私たちはまた少しシェリーを飲んで、会話しながらますます酔いが回ってきたんだ――覚えていないかい、チャーリー？　君はそこにいたんだよ！」[17] マイスナーは覚えておらず、エヴェレットはそれを「シェリーの飲みすぎ」のせいにして、さらに話を続けた。

エヴェレット「まあ、ともかくさ、すべてはこのときの議論から始まったのであり、私の記憶によれば、そのあと私はホイーラーのところに行き、『これ、どうでしょう？　これをやるべきですよ』と言ったんだ……。［量子］理論のなかにある、このあからさまな矛盾、というか、そのとき私が認識していたところのもの……」

マイスナー「彼がそれにあんなに関心を持つようになるとはね――あれだけとことんね。だって、それは、彼の偉大なる師、ボーアの正規の教義には間違いなく反していたからね」

エヴェレット「彼はいまでもちょっとそう思っているよ[18]」

当時ホイーラーは、「君たちはただ方程式をじっくり見て、物理学の基本にしたがいながら、その結論を追跡し、真剣に耳を傾けなければならない、という考え方を説いていた[19]」とマイスナーは証言する。エヴェレットは、博士論文についてはホイーラーの助言にしたがった。つまり、量子力学のとんでもない、常識をはずれた帰結をじっくり見て、それに真剣に耳を傾けたのだ。そして彼が見出したものは、彼の大好きなＳＦ小説に出てくるどんなものよりも驚異的だった。

収縮しないで分岐する

観測問題は、第1章で登場した。一言で表現すれば、こうである。量子論の波動関数は、常に一つの単純で決定論的な法則、すなわちシュレーディンガー方程式にしたがって、問題なくなめらかに動いている――はずだがそうではない。観測が起こるとき、波動関数は収縮する。波動関数の収縮が、なぜ、いかにして、起こるか――そして、そもそも何をもって「観測」を定義するのか――これが観測問題、量子力学の中心にある難題だ。

エヴェレットは、フォン・ノイマンの教科書に記されたかたちの観測は、「きわめて極端な何か（波動関数の収縮）が起こる『魔法の』プロセスなのだが、それとは対照的に、それ以外のあらゆる場合には、系は完全に自然な連続的な法則に従うとされている」[20]と考えた。観測は、ほかの物理的プロセスと、根本的に違ってはならなかった。そして、エヴェレットによれば、なお悪いことに、フォン・ノイマンのアプローチは観測とは何かを教えてはくれなかった。観測が、系を誰かが見ているときだけ起こるのなら、具体的に誰が見なければならないのだろう？　エヴェレットは、このような筋道で考えてゆけば、結局唯我論に行きついてしまうと論じた。ここでの唯我論とは、自分が宇宙のなかの唯一の存在で、ほかのすべての者は、一種の幻のようなもの、あるいは二次的なもので、波動関数の収縮を引き起こす偉大な権威者である自分が観察するまでは、実在が定まらない状態で存在しているという考え方だ。エヴェレットは論文のなかで、これはこれで一貫性のある見解だと認めたが、「たとえば、量子力学の教科書を執筆していて、［波動関数の収縮］を、それが適用されないほかの人々に対して説明するときには、気まずい感じがするにちがいない」[21]。

微小なものの量子的世界は、巨視的なものの古典的世界を支配するルールとはまったく違うルールに従うというボーアの考え方は、このジレンマから抜け出せる可能性を提供していた――だがそれは、矛盾のない統一的な世界の描像を犠牲にしてのことだった。エヴェレットは（無理からぬことだが）そんな犠牲は払いたくなかった。「コペンハーゲン解釈は、絶望的に不完全だ。というのもそれは、（量子論から古典物理学が演繹されることも、観測問題の妥当な研究も、原則的にすべて排除しながら）無条件に古典物理学に依存しているからだ」とエヴェレットは不満を述べた。「［それが依存するもうひとつのものが］巨視的世界のみが持ち、微視的世界には否定される『実在』という概念をめぐる哲学的怪物だ」[22]。ペテルセンへの手紙のなかで、エヴェレットは自分の意図をごく明快に述べた。「いよいよそのときが来た……［量子力学を］それ自体として、古典物理学に一切依存しない根本的な理論として扱い、そして、古典物理学をそこから導出するときが」[23]。彼に先立つボームと同様に、エヴェレットは量子力学を世界全体の理論として真剣に取り上げたかったのだ。

フォン・ノイマンとボーアの両方を拒否することによって、エヴェレットは観測問題に対する独自の解法を見出した。波動関数の収縮を説明するどころか、エヴェレットは波動関数は決して収縮しないと述べた。これ自体は新しいことではない。ボームも同じことを言った。しかしボームは、理論のなかに明確な位置を持った粒子を加え、それによって観測の結果を説明した。エヴェレットは粒子を加えたりはしなかった――必要とは考えなかったのだ。代わりに彼は、存在するのは、単一の普遍的な波動関数だけであると主張した。これは、全宇宙に存在するすべての物体の量子状態を記述する、巨大な数学的対象だ。エヴェレットは、この普遍波動関数は常にシュレーディンガー方程式にしたがい、決して収縮せず、代わりに分岐していくのだと述べた。実験が行われるたびに、量子的事象が起こるたびに、普遍波動関数は新たに枝分かれし、夥しい数の宇宙を生み出し、それらの宇宙のなかでは、その事象の取り得るすべての結果が、ひとつずつ生じているというのだ。エヴェレットの衝撃的な考え方は、量子力学の「多世界」解釈と呼ばれるようになった。

多世界解釈――もつれあう世界

多世界解釈は、一見したところ、ばかげた考えだと思えるし、おそらく二度目に見てもそうだろう。

私たちが暮らしているのはひとつの世界であり、膨大な数の世界ではない。すべての量子事象――完全な量子的世界では、あらゆる種類のすべての事象がそうである――が宇宙を分岐させるなら、それら他の宇宙はどこにあるというのか？ そんなものが存在しているという兆候がまったくないのに、どうしてそれほど多くの宇宙が存在できるのか？ それに、さらに言えば、どのひとつの事象――たとえば、一個の光子が一つの二重スリット実験装置を通過する、というような――も宇宙全体を分岐させることができるなんて、いったいどうして？ 多世界解釈がこれらの問題をいかに説明するかを理解するために、単純な量子的実験を一つ、じっくり見直してみよう。二重スリット実験よりも単純な、シュレーディンガーの猫の実験を。

本書の「はじめに」で、シュレーディンガーの思考実験を紹介した。それは、米国動物虐待防止協会に八〇年に及ぶ悪夢を与えた思考実験だった。一匹の猫を、毒の入った小瓶と、弱い放射能を持つ金属の塊とともに箱のなかに入れる。ガイガーカウンター（放射線検出器）とハンマーを設置し、検出器が放射線を検出したらハンマーが小瓶を割るという仕組みだ。この状態で、金属塊が放射線を出した確率が五〇パーセントになるのに十分な時間、猫を箱のなかに入れておく。さて、どうなるだろうか？ 猫は生きているか死んでいるか、どちらだろう？ コペンハーゲン解釈によれば、この問いは無意味だ――箱を開く前に、何が起こったかを尋ねることは不可能だ。なぜならそれは観察不可能だからである。一方、ボームとパイロット波解釈によれば、この問いは十分意味があるが、私たちはその答えを知らない。猫は死んでいるか生きているかのどちらかで、箱を開けたときにどちらかわかるだろう。

だが、数学的にはどうなっているのだろう？ シュレーディンガー方程式は、シュレーディンガーの猫について、何と言っているのだろう？　それはこうである。金属塊の波動関数は、「放射線が放出された」と「放射線は放出されなかった」が五〇パーセントずつ重なり合ったもので表される。この波動関数は、検出器の波動関数と干渉する。つまり、両者はもつれあう。そのため、もともとは金属塊の波動関数と検出器の波動関数という二つの波動関数――つまり、それぞれの物体に対して一つずつの波動関数――だったものが、いまでは奇妙な一つの状態になっている。「放射線が放出され、検出器はそれを検出した」と「放射線は放出されず、検出器は何も検出しなかった」が五〇パーセントずつ重なり合った状態だ。この量子のループ・ゴールドバーグ・マシンが楽しげに稼働し続けるにつれ、波動関数はもつれあい続ける。ハンマーの波動関数が検出器と金属塊の波動関数ともつれあい、小瓶の波動関数がハンマーと検出器と金属塊の波動関数ともつれあい、などと続き、やがて、猫も含んだもつれあいになる。系全体――猫、箱、金属、毒、そして残りのすべて――は、最終的に一つの波動関数を共有することになり、その波動関数は、やはり、確率が等しい二つの状態からなっている。その一方は、放射線が放出され、猫は死んでいる状態、もう一方は、放射線は放出されず、猫は生きている状態だ。

ここまでは問題ない。では、ここで箱を開くとどうなるだろう？　通常の答え――コペンハーゲン解釈の答えと、フォン・ノイマンの有名な教科書が示している答え――は、「観測によって波動関数が収縮する」である。だが、もしも波動関数が収縮しなかったら、どうだろう？　箱を開く人を、箱のなかにあるすべての物と同様に扱うなら、どうなるだろう？　それはこうだ。その人（あなただとしよう）が箱のなかを見るとき、あなたは見ている対象物と相互作用をしている――つまり、あなたは箱とそのなかにあるすべてのものが共有する一つの波動関数ともつれあうのだ。したがっていまや私たちは、いっそう大きな一つの波動関数を持っていることになり、この波動関数もやはり二つの状態の重ね合わせだ。一方は、あなたが死んだ猫と割れた毒入り小瓶を見る状態、もう一方は、あなたが元気な猫と割れていない小瓶を見る状態である。この波動関数は、どちらの状態が実在するのだろう？　物理法則の帰結を真剣に受け止めろというホイーラーの助言を忘れなかったエヴェレットは、両方が実在すると答えた。一方を他方よりも、より実在性があると言って選ぶことはできない。シュレーディンガー方程式は、両者を平等に扱う。そのようなわけで、この実験を行うときは両方の結果が出て、あなたは二つに分裂するのだと、エヴェレットは述べた。

もちろん、実験を行うときに──実際、いついかなるときでも──、私たちが二つに分岐するということはなさそうだ。しかしエヴェレットは、これに対しても答えを用意していた。シュレーディンガーの猫の実験で、生きている猫を確認する「あなた」に、猫は何匹見えますかと尋ねると、あなたは「一匹だけです」と答えるだろう。そして、波動関数のもう一方の分岐にいる、つまり死んだ猫を確認する「あなた」に同じ質問をすると、答えは同じだろう（ただし、声の調子はずいぶん違っているだろうが）。それぞれの「あなた」に、「あなた自身は何人見えますか？」と尋ねたなら、やはり返ってくる答えは同じだと、エヴェレットは指摘した。波動関数の各分岐には、あなたのコピーは一人ずつしかいない。そして、あなたがこの実験を繰り返したとしても、このことはやはり成り立つだろう──分岐は増えるだろうが、各分岐にはやはりあなたのコピーは一人しかいない。そしてシュレーディンガー方程式は、どの分岐も、ほかの分岐とはまったく無関係に進んでいき、分岐どうしが交流することはまったくないとする。

非常に奇妙だが、話はこれで終わりではない。あなたが周囲に存在する物と相互作用するとき、そ

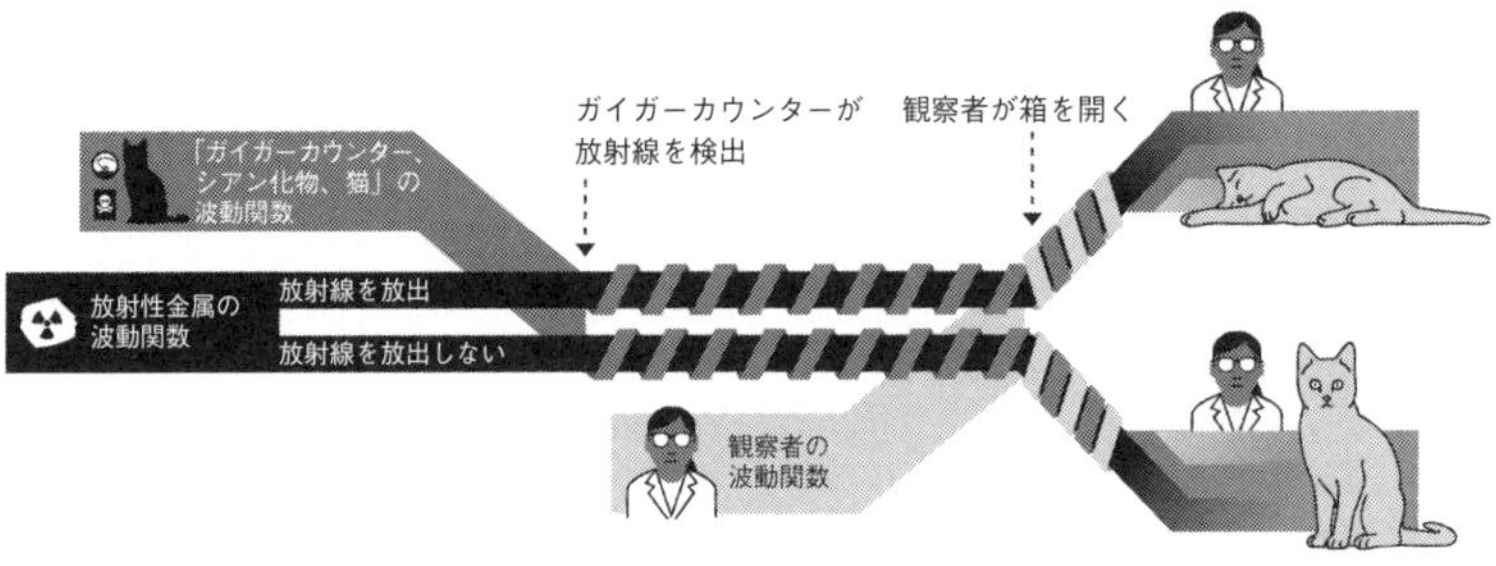

図6－2　多世界解釈における分岐

れらの物はあなたともつれあう。そして、また別の物がそれらの物と相互作用し……とどんどん続く。最終的には、宇宙全体に対する、ぐちゃぐちゃにもつれあった、複雑な単一の波動関数――普遍（ユニバーサル）波動関数――ができる。そして、さらに多くの事象が起こるにつれ、この普遍波動関数は、相互作用をしない多くの部分へとどんどん分岐していき、どの部分も、シュレーディンガー方程式の決定論的な音楽に合わせて進んでいく。これがエヴェレットの解釈による多世界だ。一見したところ、ばかげていると思えるかもしれない。なにしろ、私たちは一つの世界しか経験しない。だが、あなたがそう反論するなら、エヴェレットはこう答える。「そう考えるのはあなただけではない。普遍波動関数の各分岐にいるそれぞれの人間にとって、彼らの世界は唯一の世界のように思える。箱のなかには、あなたが見ている一匹の猫しかいなかったのと同様に。多数の世界がほんとうに存在しているにもかかわらず、ただ一つの世界しか存在しないように見えるという、この事実こそ多世界解釈の特徴なのだ」。

多世界 VS. コペンハーゲン解釈

一九五六年一月にエヴェレットが論文の草稿を書き上げたとき、最初にそれを見たのはホイーラーだった。ホイーラーはエヴェレットの才能を非常に高く評価していた。ホイーラーはNSF（全米科学財団）に手紙を書き、エヴェレットは「量子論の観測問題の解釈をめぐるパラドックスと思われるものを考え出しました。……このパラドックスを、ここ、プリンストン大学の大学院生や教員たち、そしてニールス・ボーアと議論するなかで、エヴェレットはこの問題の新しい特徴を明らかにしました。それらの特徴をさらに発展させれば、この問題自体が、素晴らしい論文のテーマにふさわしいものになるでしょう。……［エヴェレットは］ほんとうに独創的な人間です[24]」と綴った。

だがホイーラーは、競合するいくつかの関心事のあいだで板挟みになっていた。彼は優秀な学生の研究を支援したかったが、同時に、量子宇宙論を発展させる道も見つけたかった。エヴェレットの「普遍波動関数」の概念を支持すれば、この二つの関心事項を前進させられるだろうと思われた。しかしホイーラーは、恩師で友人でもあるボーアにも忠実であり続けたかった。実際、ホイーラーはボーアを偶像視しており、「クランペンボーの森に立ち並ぶブナノキの下をニールス・ボーアと歩きながら語り合ったときほど、孔子と仏陀の、イエスとペリクレス〔古代ギリシアの政治家〕の、あるいはエラスムスとリンカーンの叡智を兼ね備えた人間が、かつて人類の友であったことを私が強く感じたことはない[25]」と記していたほどだ。

ホイーラーは物理学のコミュニティーのなかで政治的にうまく立ち回ることに長けていた。彼は、他の人々と協力するにはどうすればいいか、また、彼自身の考え方を他人に気に入ってもらい続けるにはどうすればいいか、よく心得ていた。まさにアインシュタインにはどうしてもできなかったことだ。ホイーラーは、ボーアとの関係を損なってエヴェレットを支持するのは、出世には良くないこと

図6－3　アインシュタイン（左）と、ノーベル賞を受賞した湯川秀樹と談笑するホイーラー（右）。1954年。

だとわかっていた。「ジョン・ホイーラーは、誰とでもうまくやっていく人でした」とマイスナーは回想する。「しかし、ヒューの場合、ホイーラーはいつもの戦略を適用するのにたいへん苦労していました。というのも、ヒューに自分の考え方を発展させて、できる限り強烈に発表するようにと、単純に励ますことができなかったからです。なにしろ、それはボーアの考え方とは正反対でしたからね[26]」。しかしホイーラーは、エヴェレットの普遍波動関数の理論も放棄したくなかった――それが量子重力の理論を前進させる道だという可能性があったからだ。その絶好の機会を逃すわけにはいかない。だから、ホイーラーにはたったひとつの選択肢しかなかった。エヴェレットの研究をボーア自身に祝福してもらう、そのあとで晴れて自らエヴェレットを支持しようという作戦を開始したのである。

一九五六年の中頃、ホイーラーにチャンスがめぐってきた。オランダのライデン大学の客員教授として、数カ月の任期で招聘されたのだ。その地に落ち着いたところで、彼はボーアに、エヴェレットの論文の草稿を、「確率を含まない波動力学」という巧みな表題を付けて、紹介のための前書きとともに送った。エヴェレットがボーアに反していることが少しでも感じられないようにと先回りして、ホイーラーは「表題そのものが……本文中の多くの考え方と同様、さらなる分析と書き直しが必要です[27]」と言い訳した。ホイーラー本人がこのあとすぐにコペンハーゲンを訪問し、ボーアとペテルセン、そしてほかの研究者らとエヴェレットの論文について数日間にわたって議論した。

ホイーラーがコペンハーゲン訪問後にエヴェレットに書いた手紙は、始めのほうは希望に満ちており、ホイーラーもこの未完成の研究について明確な見通しを持っているような調子だった。「[ボーアとペテルセンと私は] それについて三度にわたり、長時間議論した。……結論を手短に述べると、君の素晴らしい波動関数定式化は、もちろん揺るぎないままだ。しかし、私たち全員が、真の問題は、この定式化に含まれるさまざまな量を、どのような言葉で呼ぶべきかだと感じている[28]」。ホイーラーは、彼が指導する学生エヴェレットに、自らコペンハーゲンに来て、これらの問題を解決するように求め、そうできるように、エヴェレットの蒸気船の船賃を半分支払うと申し出た。「[ボーアは] 君が徹底的に議論するために数週間訪問するのを大いに歓迎するだろう。……君がボーアと解釈の問題を一つずつ議論して決着をつけない限り、君が行ったものほど影響力のある研究から結論を導き出すのは、私は気が進まない。どうか行ってくれ（そして、できれば行きでも帰りでもいいから私にも会ってくれ！）。だから、君の論文はある意味すでに完成しているが、別の意味では、研究の最も大変なところはいま始まったばかりなんだ。……いつ来られるかね？[29]」手紙の最後の数行は、エヴェレットにとって愉快なものではなかったに違いない。というのも彼はすでに、ペンタゴンでのオペレーションズ・リサーチに就職することが決まっていたからだ。夏が終わるまでには、博士論文が受理されて学位が与えられる（ホイーラーが以前話してくれたとおりに）という仮定の下、仕事は三週間後に始まることになっていた。

しかし、ボーア、ペテルセン、そしてコペンハーゲンのほかの人々は、ホイーラーが期待していたほどにはエヴェレットの考え方に乗ってこなかった。「彼が提案している概念のなかには、意味のある中身が伴っていないように思えるものがあるようです。たとえば、普遍波動関数などのように」と、当時ボーアの下で研究していたアメリカの物理学者、アレキサンダー・スターンは記した。スターンは研究所のほかの人々の前でエヴェレットの研究についてのセミナーを行う仕事を引き受けたのだが、彼がその後ホイーラーに送った手紙は、エヴェレットの考え方に対するコペンハーゲン陣営の態度がいかなるものであったか、その大まかな感じを伝えている。「学究的である一方で、結論に至っていない曖昧な論文で彼が取ったアプローチの基本的な欠点は、彼が観測プロセスについて適切な理解を欠いていたことです。エヴェレットは、巨視的な観測の本質的に非可逆的な性質や、それが決定的で、取り消し不可能だということを理解しているとは思えません。……［それは］定義不可能な相互作用なのです」[30]。スターンはさらに、それ以上の説明なしに、シュレーディンガー方程式と波動関数の収縮のあいだに矛盾などまったくない――観測問題は問題などではまったくない――と主張し続け、また、そのような矛盾が存在するというエヴェレットの主張は、「支持できない」と言い張った。結局彼はエヴェレットの考え方を、「神学の問題」あるいは「形而上学」として退けた。エヴェレットが仮定した、この世界以外のたくさんの世界は、どんな方法を使っても、直接見ることも、他の方法で知覚することも不可能だから、というのがその理由だ。

コペンハーゲン陣営はエヴェレットの研究を懐疑的に見ていたが、それでもホイーラーは、普遍波動関数と、それが量子宇宙論を実現してくれそうだという希望を捨てたくはなかった。ならば、ボーアのお墨付きをもらうために、普遍波動関数に付随するいろいろな言葉を、コペンハーゲン解釈と辻褄が合うものに替えなければならなかった。ホイーラーは、コペンハーゲン用語を採用しながらも、エヴェレットの考え方のなかで自分が良いと思っているものを維持したいと考えていた。彼が次にエヴェレットに送った手紙には、そのことが如実に示されている――そしてまた、コペンハーゲンからの反応を踏まえて、この先必要な仕事についてのホイーラーの見積もりがすでに大きく変わっていることも。

［ボーアと問題を解決するには］かなりの時間、現実的で容赦のないボーアのような人間とのかなりの濃厚な議論、そして、書いては書き直しての繰り返しが必要になりそうだ。謙虚な心で修正を受け入れる一方、特定の根本原理については主張し続けるために必要な資質は、稀なものだが不可欠で、君はそれを備えている。しかし、君が行って最も偉大な戦士と闘わない限り、たいして意味はない。率直に言って、二カ月ほどほぼ中断なしに毎日議論することが、形式（すなわち、普遍波動関数という考え方）は変えずに言葉からバグをなくすためには必要だと私は思う。[31]

ホイーラーは、スターンの手紙にも返事を書き、普遍波動関数を精力的に弁護し――その一方で自分はボーアとコペンハーゲン解釈を支持しているのだと熱心にアピールした。それよりなお驚くべきことに、彼はエヴェレットもコペンハーゲン解釈を支持していると主張したのだ。

「普遍波動関数」の概念が、量子論の内容を明確に示す啓蒙的で満足のいく方法を提供すると感じていなければ、わが友人たちにエヴェレットの考え方を分析するという重荷を負わせたりはしなかっただろう。このように述べても私は、現在の量子力学の形式の自己一貫性と正しさを、いかなるかたちでさえ疑問視などしていない。その逆に、観測問題への現在の、そして不可避のアプローチを、私はこれまで精力的に支持してきたし、今後も支持するつもりだ。たしかに、エヴェレットがこの点について過去に何か疑問を感じたことはあるかもしれないが、私はない。さらに私は、この非常に素晴らしく、優れた能力があり、しかも独創性のある若者は、観測問題に対する現在のアプローチを正しく自己一貫性のあるものとして徐々に受け入れるようになってきたと言えるのではないかと思う、たとえこの論文のなかには、過去の曖昧な態度で書かれた草稿の痕跡が多少残っていても。そのようなわけで、生じ得るどんな誤解も避けるため、言わせてくれたまえ、エヴェレットの論文は、観測問題に対する現在のアプローチに疑問を投げかけるためにではなく、それを受け入れ、それを一般化するために書かれたのだ。[32]

数日後ホイーラーは、エヴェレットに再び手紙を書き、スターンの手紙と、それに対する自分の返事も同封して送った。このような手紙を送るということは、ホイーラーが、エヴェレットの考え方をボーアのそれと折り合いをつけるという難題に対して、一段と不安を強めたということにほかならないだろう。「君の論文は、言葉に関しては徹底的な修正を受けなければならない。数学に関してはほとんどその必要はないが。さもないと、この論文の受理を推薦する責任を、私はまっとうなこととして引き受けることができない。また、君と私が数週間同じ場所にいるか、あるいは、君と、ボーアとその同僚たちが同じ場所に数週間いるか、あるいはその両方かができなければ、すべての問題について合意に至ることは不可能だと私は思う」。さらにホイーラーはエヴェレットに対して、「［君の研究が］ボームの論文が受けたものに匹敵する広範囲な議論を引き起こすであろうことは、間違いないと思う」とも告げた。皮肉ではあるが、一種のお世辞だろう。同じ手紙の後半でホイーラーが、自分はエヴェレットを「推している」のだ、自分は君の評判と明るい未来に積極的関心を抱いているのだと請け合う必要を感じたのも無理はない。

ホイーラーがすぐにコペンハーゲンに来るように強く勧めたにもかかわらず、エヴェレットはそうしなかった。理由のひとつは、ペテルセンからの手紙で、ボーアは秋まで不在で、さらに、ボーアとその同僚たちは、エヴェレットにはもっとやるべき仕事をやってから来てほしいと思っていると知ったからだ。「君の批判の背景として、相補的な記述法［すなわち、コペンハーゲン解釈］の背後にある考え方を君がどう扱っているのかを詳細に説明し、このアプローチが不十分だと君が思う点をできる限り明瞭に述べてもらえると、私たちとしては非常に助かるのだが」[33]。エヴェレットはこれに対して、「私がそうしているあいだに、君も同じことを私の研究についてやってくれないか」とやり返した。「もっと注意深く（たとえば、二、三回繰り返して）読んでもらえれば、誤解の多くは消え失せると私は確信している」[34]。とはいえ、エヴェレットはやはりコペンハーゲンには行きたいと思っていた。しかし、ペテルセンが提示したスケジュールがまた問題だった。エヴェレットは一カ月以内にペンタゴンの兵器システム評価グループ（ＷＳＥＧ）で新しい仕事を始めることになっていた。軍のために作戦を計画し、核攻撃時のオペレーションズ・リサーチをするという仕事だ。新しい職場の日々の仕事に取組みながら、ホイーラーがエヴェレットの論文に対して行うよう求めた新たな仕事に加えて、ローゼンフェルトとボーアに詳細な返事を書くという離れ業を行うなど――あるいは、WSEGとはまったく無関係な用件のために秋に二カ月間コペンハーゲンに旅行する（ペテルセンが提案したように）[35]ことなど――どう考えても不可能だった。

ホイーラーはエヴェレットをコペンハーゲンに行かせることはできなかったが、博士論文の修正に真剣に取り組ませることには成功した。一九五六年の夏の終わり、ホイーラーがアメリカに戻った際のことである。「ヒューと私は、私のオフィスで、夜中に何時間も、草稿を書き直す仕事に取り組んだ」[36]とホイーラーはのちに回想している。ホイーラーは、友人で同僚のブライス・ドウィットに、「私はエヴェレットと膝を交えて、どんな具合に書けばいいか教えた」[37]と打ち明けた。ついに六カ月後、大幅に修正されて短くなった彼の論文は、表題も新しく「量子力学の『相対的状態』による定式化」となり、普遍波動関数の数学的形式性を強調し、多世界への分岐については軽く扱うだけのものになっていた。エヴェレットはこれを提出した。ホイーラーの承認があったので、エヴェレットはついに一九五七年四月、プリンストン大学から物理学博士号を取得した。[38]短くなった彼の論文は、「きわめて優良」と判定され、[39]『レビューズ・オブ・モダン・フィジックス』誌*に掲載された。掲載時にはホイーラーによる短い紹介記事が添えられ、そのなかでホイーラーは、エヴェレットの解釈は「［コペンハーゲン解釈に］取って代わろうとするものではなく、その［その解釈の］独立した基盤を新た

＊　米国物理学会が発行する査読付きの学術雑誌。

に提供しようとするものだ[40]」と主張していた。

それでもやはり、コペンハーゲンの物理学者たちはホイーラーに同意しなかった。ホイーラーはエヴェレットの短縮版の論文をボーアに送ったのだが、それを受けてボーアはホイーラーに手紙を書き、エヴェレットは「観測問題に関して少々混乱している[41]」と述べた。ボーアはいつものごとく、この件に関して自分の考えのすべてを書き下す時間がないので、追ってペテルセンからエヴェレットにもっと詳細な返事を必ず送らせると約束した。ペテルセンのコメントはたしかにはるかに詳細で、しかもはるかに手厳しかった。「ここ［コペンハーゲン］にいるわれわれの大半が、これらの問題を違う見方で捉えており、君の論文が解決しようと目指す量子力学の難題を感じていない」とペテルセンは記した。「観測という概念そのものが古典的な概念の枠組みに属する」。言い換えれば、ペテルセンを始めとするコペンハーゲンの研究者たちは、観測のプロセスは古典的でなければならない――つまり、原理的に、量子力学を使って観測を説明することは不可能だ――と考えていたのだ。彼らの考えでは、世界は、古典的な世界と量子の世界の二つに分かれていなければならず、観測や測定などの古典的な事象を説明するのに、量子力学を使うことは決して許されなかった。しかし、同じ手紙の数行後に、ペテルセンは矛盾したことを書いていた。測定装置にも量子効果があるが、装置が大きいので、それらは無視して問題ないのだと。驚くべきことに、ペテルセンはこれを、古典的なものと量子的なものの分離を正当化するために使っていた。この分離こそ、そもそも観測装置を量子的に説明することを不可能にするはずのものだったのに！「古典的な概念の使用と、［量子的］定式化のあいだには、恣意的な区別はない。というのも、［観測］装置の大きな質量を、個々の原子レベルの物体のそれと比べれば、そのように量子効果を無視することが許されるのだから[42]」とペテルセンは記した。エヴェレットは、この矛盾に即座に気づき、返事のなかでその点についてペテルセンを非難した。「巨視的な系の大きさが、さらなる量子効果を無視することを許すと君は言う。……しかし、このあっさりと持ち出されたドグマに対する正当化は一切与えていない」とエヴェレットは記した。「それが［シュレーディンガー方程式］から出てくるのではないことは間違いない、それはどんな観測プロセスに適用されたときも、巨視的な系に対してさえ、［シュレーディンガーの猫のような］まったく奇妙な重ね合わせの状態をもたらすのだから！」[43] エヴェレットはまたこう指摘した。ペテルセンが返信のなかで行ったように――そしてボーアが三〇年前にアインシュタインへの返書のなかで行ったように――ハイゼンベルクの不確定性原理を観測装置に適用するのは、コペンハーゲン解釈が量子力学を観測の記述に使うことを厳しく禁じていることに反している、と。しかしペテルセンとその他のコペンハーゲン陣営の人々は、この点に踏み込むことなく、エヴェレットが論文のなかで提示したコペンハーゲン解釈への批判を無視し続けた。

コペンハーゲンのボーアの取り巻きのほかには、エヴェレットの研究に注目した者はほとんどいなかった。ホイーラーはエヴェレットの論文をシュレーディンガー、オッペンハイマー、ウィグナーなど、ほかの数名の物理学者たちに送った。受け取った多くが、返書すら送ってこなかった。返事を寄こした者たちは、ボーア、ペテルセン、スターンらと同様、ただ反論するためだけにそうしたのだった。ホイーラーは、一九五七年にチャペルヒル（ノースカロライナ大学チャペルヒル校）で行われた量子重力会議で普遍波動関数を一時的に提唱したが、ここでもこの概念は同様の運命に直面した。会議に出席していた（そして、かつては自分もホイーラーに指導される学生だった）リチャード・ファインマンが、エヴェレットの考え方はまったく本末転倒で受け入れられないとしたのだ。彼は会議に集まった人々に述べた。「『普遍波動関数』の概念には深刻な難点があります」、なぜならそれは、「無限に多く存在する可能世界のどれもが等しい実在であることを受け入れるよう」強制するからだと。[44]この橋は、ファインマンのような反逆者にも遠すぎたのである。

全員が全員、エヴェレットの新しい解釈をそっけなく退けたわけではない。サイバネティクスの生みの親でゲーム理論の大家であるノーバート・ウィーナーも、ホイーラーの論文の送付先リストに載っていた。彼はホイーラーとエヴェレットに、「[あなた方の]観点に共感します」[45]と応じた。ホイーラーがエヴェレットの論文を送ったもう一人の高名な科学者が、イエール大学のヘンリー・マージナウだ。彼はコペンハーゲンの正統派に異議を唱えた者として有名で、もう何年も、観測問題について不満を表明し、波動関数の収縮を「数学的虚構」であり「グロテスクな主張」だと呼び、「観測は……聖油を与えられるべきでもなければ、贖罪を行うだろうと期待されるべきでもない」[46]と抗議した。至極当然に、彼はエヴェレットの考え方を支持した。ただし、論文を注意深く読む時間はなかったと認めた。[47]

ホイーラーの同僚で、量子宇宙論研究者仲間でもあり、またチャペルヒルでの量子重力会議の共同主催者でもあったブライス・ドウィットは、最初はエヴェレットの論文に懐疑的だった。「残念ながら、私自身を含む多くの者が、あなたの意味することが理解できないのは、エヴェレットの議論のまさに核心部そのものにおいてなのです……。私が受け入れる気にならないのは」エヴェレットの理論が要請する世界の分岐だと、ドウィットはホイーラーへの手紙にしたためた。「私は、個人的に自分を見つめることで、これを証明できます。私は分岐などいたしません」[48]。ホイーラーはドウィットの返信をエヴェレットにも見せた。端的に言って、エヴェレットは、ドウィットへの返事のなかで、彼の反論が、コペルニクスが構築した太陽を中心とする太陽系の模型に対する初期の反論と類似していることを、いつもの皮肉な調子で指摘した。

コペルニクスの説に対して浴びせられた基本的な批判のひとつは、「地球の運動が真の物理的事実だということは、常識的な自然観とは相容れない」ということでした。言い換えれば、どんなばかでもはっきりわかるように、地球は実際に運動しない、なぜなら、私たちは地球の動きを一切経験しないから、ということです。しかし、それが十分完全な理論で、地球の住人には運動はまったく感じられないとの結論を導き出せるなら（ニュートン物理学に可能だったように）、地球の運動を含む理論を受け入れることは難しくないでしょう。したがって、ある理論が私たちの経験と矛盾するかどうかを判定するためには、その理論自体が、私たちがどんな経験をすると予測するかを見なければなりません。

　さて、お手紙のなかであなたは、「……端的に言って、私は分岐などいたしません[49]」とおっしゃっています。私はお尋ねせずにはおれません。あなたは地球の運動を感じますか？

ドウィットは、驚嘆し、笑って「一本取られたな[50]」と言うほかなかった。彼は完全に納得した――そして、さしあたっては、エヴェレットの唯一の弟子となった。

学問の世界を遠く離れて

ついに博士号を取得したエヴェレットは、ＷＳＥＧやその他の冷戦時代の軍産複合体のあちこちで仕事を続け、学問の世界に戻ることはなかった。彼が学問の世界を去ったのは、ホイーラーとボーアの仲間たちにひどい扱いを受けたからだと結論づけたくなるが、エヴェレットは学者になりたいと思ったことは決してなかったというのがほんとうのところだ。彼は、その後の災難を招いたホイーラーのコペンハーゲン訪問のずっと以前から学問の世界を去る計画を立てていた。なにしろ、ホイーラーがボーアの研究所を訪れたあと彼に手紙を書くころまでには、エヴェレットはＷＳＥＧへの就職を確定していたのだから。ホイーラーは、ライデンから送った手紙で、エヴェレットに学者としての道を進むように懇願していた。しかし、コペンハーゲンに来てくれという要請を無視したのと同じく、学者としての道を進んでくれという願いにも、エヴェレットは耳を貸さなかった。エヴェレットは、基礎物理学に非常に興味を持っていたが、専門家として追究したいということであれ、それ以外の興味としてであれ、これが彼の唯一の関心では決してなかった。彼は、『マッドメン』*のライフスタイルを望んでいたのだ。美食、カクテル、タバコ、旅行――そして女性が、大好きだった。エヴェレットは、学者としての人生では、それは不可能だったが、冷戦時代の技術系官僚になればそれは可能だった。一九五八年までには、エヴェレットはその目標への道を着実に進んでおり、ワシントンＤＣ地区の裕福な地域、バージニア州郊外に住み、妻と一歳になる娘を家で待たせているあいだに気晴らしの情事にふけっていた。一方、仕事のおかげで彼は、生まれて間もない軍産複合体の最上層部とのつながりを維持することができた。彼の仕事には、多世界がなおも関わっていた――しかしいまは、それは冷戦時代のオペレーションズ・リサーチャーの多世界だった。つまり、数学的モデルを解析して、核による世界の終末のさまざまなシナリオを検討したわけだ。毎度のことながら、エヴェレットは自分の仕事に非常に長けていることを見せつけ、核爆発による放射性降下物（死の灰）の破壊的な影響に関する、初期の研究の共著者のひとりとなった。この研究は広範に影響を及ぼし、アイゼンハワー大統領も目を通した。普遍波動関数は、どう見ても、エヴェレットにとってはもはや遠い過去のことだった。

だがエヴェレットは、一九五九年三月、ついにコペンハーゲンを訪れた。ホイーラーがそうするように初めて彼に促してから三年経っていた。妻のナンシーと幼い娘リズを連れて、エヴェレットは休暇を取ってヨーロッパに旅行した――そして最初の滞在地をデンマークにしたのである。エヴェレットはコペンハーゲンで二週間過ごし、ボーア、ペテルセン、ローゼンフェルト、そしてほかの数名のボーアの仲間と、二、三日にわたり話をした。当時ボーアの研究所で研究していたマイスナーにも面会した（マイスナーは、ボーアの友人の娘で、デンマーク人の若い女性、スザンヌ・ケンプと婚約したばかりだった）。マイスナーの記憶によれば、ボーアとエヴェレットの対面には、大歓迎もなければ、深刻な対立もなかった。ボーアとの話しにくさは特筆に値した。極端な小声で話し、パイプの火を付けなおすために、自分自身やほかの人の話をしょっちゅう中断させた。「何かしゃべるチャンスをまだもらっていないのに、彼はそれから一七回もパイプに火を付けなおすんだ[51]」とマイスナーは回

＊　一九六〇年代のアメリカの広告業界を描いた、二〇〇〇年代に製作されたアメリカのテレビドラマ。

想する。「彼が何と言っているのか、聞き取るのは難しかったよね。身をかがめて近づかないといけなかった」[52]。そしてエヴェレットは、人前で話すのが苦手だったので、公に意見を交換する機会もなかった。たとえエヴェレットが講演を行ったとしても、大して何も変わらなかっただろう。マイスナーが指摘しているように、「量子力学に関するボーアの見解は基本的には完全に世界中で受け入れられており、毎日それを使っている数千人の物理学者が共有していた。だから、若造ひとりが一時間喋って、ボーアの見解を完全に変えると期待するなんて、非現実的だよ」[53]。エヴェレットも同意する。もっと楽し気な口調でだが。これは、エヴェレットの肉声として残存する唯一の録音で、一九七七年にマイスナーが非公式に行ったインタビューのテープである。マイスナーが彼に、コペンハーゲンを訪れたときのことを尋ねたところ、しばらく二人の大笑いが続き、エヴェレットの返事はとぎれとぎれに耳に入ってくるだけだ。「あれは地獄だったよ――最初から、失敗する運命にあったんだ」[54]と。

ボーアの取り巻きたちはエヴェレットを、勘違いした若者と簡単に片づけてしまった。「エヴェレットに関しては、私も、そしてニールス・ボーアさえも、まったく我慢ならなかった。彼がコペンハーゲンにやってきたときのことだよ。きわめて愚かにも、ホイーラーが構築しろとけしかけた、あの絶望的に間違った考え方を売り込みに来たのだが」と、ローゼンフェルトは何年ものちに記した。「彼は、言葉では表現できないほど愚かで、量子力学の最も単純なことすら理解できなかった」[55]。たしかに、ボーア自身、すでに自らの相補性原理を崇高なものに高めていたのだから、彼のいる高みからわざわざエヴェレットに会いに来ること自体、不思議だった。「ボーアが彼の最も深い考えを率直に明かしてくれた、忘れられない散歩の一つで」と、ローゼンフェルトは数年後に書いている。「彼は、いつか相補性が学校で教えられるようになり、大学の一般教養の一環となる日が来るに違いないと、確信に満ちた口調で言った。なぜなら相補性の考え方は、どんな宗教にも優り、人々が必要とする指針を与えるから、と言い添えた」[56]。そしてボーアは相変わらず、世界のすべてが量子的であるという考え方を受け入れようとはしなかった。「ボーアは古典的概念の限界を見事に示したが、そこには、それに取って代わる新しい概念は片鱗たりとも伴っていなかった」[57]と、ボーアの弟子のひとり、ウラジーミル・フォックは不平を述べた。つまるところ、エヴェレットとコペンハーゲン陣営の、目的と前提が乖離していたことが、両者の相互無理解とわだかまりをほぼ確実にしてしまったのだ。

ボーアとの成果のない議論の長い一日が終わり、エヴェレットは、デンマークの鈍色の夕暮れの空の下、コペンハーゲンのホテルまで歩いて戻った。そして二度と量子力学に戻ることはなかった。ホテルのバーで、タバコを吸いながら飲み続けるなか――「彼はだらしなくて、いつもタバコを吸っていました」[58]と、スザンヌ・マイスナーは回想する――エヴェレットは、またもアルコールの力を借りて、新たな素晴らしいアイデアを思い付いた。今回は、普遍波動関数とはまったく無関係だった。数パイントのビールをがぶ飲みしながら、ホテルの便せんにメモを走り書きし、エヴェレットは、戦力配置のための、新しい最適化アルゴリズムを案出したのだ。それは、当時のばかでかくて遅いコンピュータでも簡単に扱えて、速く走らせることができた。帰国したエヴェレットは、このアルゴリズムの特許を取得し、やがてそれは、彼と軍産複合体の仲間に富をもたらした。エヴェレットはついに、欲しかったものを手に入れた。アルコール、食べ物、そしてタバコが永遠に供給され続けること、というのがそれだ。人生は素晴らしかった。

一方、エヴェレットの量子力学の説のほうは、日の目を見ぬままだった。ホイーラーの予測は外れた。エヴェレットの理論は、ボームの理論よりもなお稀にしか議論されなかった。エヴェレットの理論が思い出されたわずかな機会のひとつは、一九六二年にザビエル大学で行われた、量子力学の基礎に関する会議で訪れた。会議を主催したのは、ボリス・ポドルスキー、EPRの「P」である。これは、三〇年前にアインシュタインとボーアの議論が行われて以来、初めて開催される、量子論の哲学的な基盤について議論しようという会議のひとつであった。しかし、アインシュタインとボーアが白熱した議論を戦わせた会議とはまったく違って、今回の会議は決定的に知名度が低かった――ポドルスキーが開会の辞で述べたように、「私たちは出席者の皆さんに、気兼ねなく自発的に意見を述べていただきたいのです……新聞に内容が漏れる心配もありません」[59]。なにしろ、量子力学の基礎の諸問題はもう解決済みで、それを検討するなんて、せいぜい時間の無駄、悪くすれば、自分は共産主義者だと暴露するようなものだった。それでも、驚くほど大勢の高名な物理学者たちが出席していた。量子力学の基盤は、一部の人々にとっては、依然として厄介な問題だったのだ。ポドルスキーのほかに、ローゼン（EPRの「R」）もおり、また、相対論的場の量子論の父、ポール・ディラックも出席していた。さらに、ウィグナーも。そして、ボームはまだ国外におり出席できなかったが、かつて彼の学生だったアハラノフは参加していた。出席者たちは、三日間にわたって、観測問題、コペンハーゲン解釈の矛盾、そしてボームのパイロット波理論のような代替理論について議論した。初日、波動関数の収縮の扱いにくさが中心テーマになった際に、誰かが、エヴェレットが収縮を一切含まない理論を提案していたはずだと指摘した。主催者たちが、遅まきながらエヴェレットを招待することにしたところ、エヴェレットはワシントンDCからザビエル大学まで飛行機でやってきた。集まった著名人たちはエヴェレットに詳細にわたる厳しい質問を浴びせかけた。「非可算無限個の宇宙が存在するということのようですが」とポドルスキーが問いかけた。「そうです」とエヴェレットは応えた。このとき、出席者のひとり、ウェンデル・ファーリーが、その世界の数の多さに対し、疑問を呈した。「たくさんの代替ファーリーがいろいろ違うことをやっているところは想像できますが、非可算「無限個」の代替ファーリーは想像できませんね」[60]。会議は続き、エヴェレットのさまざまな考えについて、真剣に関心を持った参加者たちの熱心な討論が会期いっぱいつづいた。しかし、この会議に出席したごく限られた人々のほかには、ここで何が起こったかは誰も知らなかった。議事録はその後四〇年にわたって非公開のままだった（四〇年後までには、アハラノフを除いて、当時の出席者全員が死去していた）。

エヴェレットの理論は、その後一〇年間、完全に忘れ去られてしまい、直接の反応を引き起こすことはほとんどなかった――ボームの論文が即座に呼んだ猛烈な反発のようなものなど、まったくなかった。普遍波動関数は何年ものあいだ、ただ無視されるばかりで、エヴェレット自身も、いまはすっかり冷戦で活躍する専門家となってしまった。ときおり、同じく物理学出身で戦争シミュレーション解析者になった同僚の一人との会話で、パイロット波の話題になったが、そんなときもエヴェレットは、乗り気でなかったし、もっと広い土俵に議論を持って行ったことは一度もなかった。彼は人間のダークサイドに笑いを見つける影の世界の道化師で、パラドックス、天邪鬼な議論、そして内輪にしか通じないジョークが大好きだった。学問の世界というはるかに大きな舞台には、彼はまったく魅力を感じなかった――そして、そもそも彼は人前で話すのが苦手だった。量子力学について、物理学のコミュニティーが間違った考え方をしているのを正す必要を、彼は特に感じなかった。その仕事には、違うタイプの人間が必要だった。単に学者であるのみならず、より強い道徳的責任感と誠実さを持ち、人々が聞きたがらない意見を大きな舞台ではっきりと主張することを厭わず、説得力のある話をしたり書いたりでき、目の前の問題にどう取り組めば、ほかの物理学者たちにも注目してもらえて、うまく解決できるかを正しく理解できる。そんな人間が必要なのだ。コペンハーゲンは腐敗していると常に知っていた人物、デイヴィッド・ボームは不可能を成し遂げたのだとはっきり認識していた人物が必要だった。つまり、それにはジョン・スチュアート・ベルのような人物が必要だったのだ。

第7章 科学の最も深遠な発見

ジョンとメアリーのベル夫妻がやってきたとき、国全体が喪に服していた。二人がカリフォルニアに着く前日、ケネディ大統領がダラスで射殺されたのだった。「最悪のときに来てしまいました」と、ジョンはのちに語っている。ジョンとメアリーは二人とも粒子加速器の物理学の専門家で、スタンフォード線形加速器センター（略称ＳＬＡＣ。現在のＳＬＡＣ国立加速器研究所）から、一年間客員研究員として過ごすよう招聘されたのだ。二人がいつも仕事をしていた本拠地からは、ちょうど地球の裏側に当たる場所である。悲しい出来事はあったが、二人は仕事に取り掛かった。「メアリーはすぐに加速器部門に溶け込みました」とジョンは回想する。「そして私は、［素粒子］理論グループに加わりました[1]」。

ジョンはこの転地を、一〇年以上心にひっかかっていたある科学上の疑問について探究してみる好機ととらえた。一九五二年にデイヴィッド・ボームの論文を読んで以来ベルは、ボームのパイロット波解釈のような理論はうまくいかないことを証明したとされるフォン・ノイマンの名高い証明には、何らかの問題があるということを知っていた。しかし、ほかの物理学者たちは、ボームの説を無視するのを正当化する根拠として、いつもフォン・ノイマンを引き合いに出していた。スイスを出発する直前、ベルはヨセフ・ヤウホと話した。ヤウホはジュネーブ大学の物理学者で、先ごろ、フォン・ノイマンの証明を一段と「強化」したものを出版したばかりだった。ヤウホは、自分自身の考えを弁護し、ベルには、別の証明——ボーム版量子論が除外されるようなもの——を案出するようにと勧めた。「私にとってそれは、雄牛に赤信号を見せるようなものでした」とベルは言う。「私はヤウホが誤っていると証明したかったのです。私たちは、かなりの激論にはまってしまいました」[2]

これまでとまったく違う荒涼としたカリフォルニアの景色に囲まれて、ベルはヤウホが間違っていると証明する仕事に取り掛かった。その過程で、彼は量子的世界に関する驚異的な真実を発見することになる——そして、ついには、物理学コミュニティー全体の心理を揺るぎなくがっちりとつかんでいたコペンハーゲン解釈の軛をゆるめるのである。

フォン・ノイマン証明は間違っている

ジョン・スチュアート・ベルは、一九二八年六月二八日、北アイルランドのベルファストに住むプロテスタントの労働者階級の家に生まれた。子どもは四人、上から二番目だった。本人によると「大工、鍛冶屋、労働者、農場労働者、馬商人の家系」[3]だった。ベルは、家族のなかで高校に通った最初の人間だった——父親は八歳のときに学校をやめ、また、兄弟たちはみな、一四歳になるまでに仕事を見つけた。ベルは一六歳にならないうちに、地域で一番学費の安い高校を卒業したが、一番近い大学だったクイーンズ大学ベルファストは、一七歳未満の入学を認めなかった。そこでベルは仕事を探し始めた。「小さな工場の雑用係とか、ＢＢＣでの初歩的仕事とか、そんなような職に応募したのですが、すべて不採用でした」と、ベルは何年ものちに回想している。結局、大学の物理学科の実験助手になった。「それは私にとって、とても大きなことでした。というのも、やがて自分が教えてもらうことになる教授たちに、ひと足早く会えたのですから。先生たちはとても親切でした。読むべき本を与えてくれたし、実際私は、大学の物理学の初年度を、実験室をきれいに掃除し、学生たちのために配線をつないだりしながらやったんです」[5]。

クイーンズでの正式な在学期間の終盤になって、ベルは量子力学の数学と、それに常に伴っているコペンハーゲン解釈とに初めて出会った。そこに見たものに、彼は納得がいかなかった。「元素周期表のことを学びますよね――量子論の実際的な側面を全部」とベルは回想する。「難問が始まるのはそのあとです」[6]。ベルが指導を受けた講師たちも、どの教科書も、波動関数そのものがどのようなものかとなると、曖昧になった。「それ［波動関数］は何か実在するものなのか、それとも一種の帳簿付けの作業なのか、まったくはっきりしませんでした」[7]。そして、もしも波動関数が帳簿付け装置――つまり、単なる情報――に過ぎないのなら、それは誰の情報なのだろう？　そして、ボーアが主張していたように、量子的世界など実際には存在しないのなら、それは何についての情報なのだろう？[8]　ベルは講師の一人と議論まで始めた。「私は非常に腹が立ってきて、彼を責めました、まあ、不誠実だ、というようなことでです。彼もいいかげん頭に来ていて、『君、それは言い過ぎだ』と言いました。でも私はもう意地になっていて、それをはっきりさせられないことに対して怒り狂っていたのです」[9]

不満を募らせながら、ベルは、自分が抱えている混乱をすっきり晴らしてくれないかと思い、量子力学の創始者たちの著作を読み始めた。そこに書かれていたこともあまり助けにはならなかった。ボーアは、量子と古典の世界の境界がどこにあるかについて、まったくはっきりしなかった。「〔ボーアは〕こんなに素晴らしい数学があるのに、これを世界のどの部分に適用すべきなのかわからないという事実に、驚くほど鈍感だったようです」とベルは言う。「ボーアは、自分はこの問題をもう解決してしまったと思っているようでした。私は、彼が書いたもののなかに解決を見出すことができません。しかし、自分はその問題を解決したのだと彼が確信していたことは間違いなく、そしてそれによって、原子物理学に貢献したのみならず、認識論、哲学、そして人文科学全体にまで貢献したのです」[10]。そして、ハイゼンベルクの著作は、ベルには「まったく不明瞭」[11]だった。観測問題が深刻な問題であるのは間違いなかったが、コペンハーゲン解釈はそれを些細なことのように扱っていた。ベルは厳密さと誠実さがほしかった。だが実際にはそれどころか、彼の深い疑問は、中身のない答えで片付けられてしまった。

続いてベルは、フォン・ノイマンの証明を見つけた。それは実際には、マックス・ボルンによるフォン・ノイマンの証明の解説だった。ベルにはドイツ語が読めなかったからだ。「量子力学を〔何か別のやり方で〕解釈することは不可能だと、誰か――フォン・ノイマン――が実際に証明したということには、感服しました」[12]とベルは言う。それで、これについてはもう終わりにした。「私にとっては、それは大きなリスクだったのです。私は、この手の疑問について知ると、それにずっとこだわり続けてしまうたちですから……。それで一種意図的に、その問題から遠ざかったのです」とベルは回想する。「当時、これらの疑問に、まだこんなに未熟なうちに関わると、穴にはまって二度と出られなくなりそうな感じがしたのです[13]」

クイーンズ大学を卒業したベルは、イギリスのハーウェル原子力研究所に職を見つけ、かつてマンハッタン計画にも参加したクラウス・フックスとともに原子炉の研究を行った。ところがベルがやってきた数カ月後、フックスがソ連に原子力関連の機密情報を流したことを自白したので、ベルは加速器物理学部門に配属しなおされた。そこにいたあいだに彼は、同じく物理学者で、やがて彼の妻となるメアリー・ロスに出会った。そして、ハーウェルでジョンとメアリーが仕事をしていた一九五二年、ジョンはボームのパイロット波についての二件の論文に出会う。どちらも初めて出版された直後のことだった。

ベルは、ボームの論文が冷たく迎えられたことにショックを受けた。「二五年にわたって人々は、それ［コペンハーゲン解釈の代替物］はあり得ないと言っていたんです。なのに、ボームがそれをなしとげると、同じ人々が今度は、そんなことは取るに足りないと言うんです。ものすごい方向転換ですよね[14]」。ボームの論文を読み終えたベルは、即座に、フォン・ノイマンの証明が間違っているに違いないと気付いたが、そのフォン・ノイマンの論文は未だに英語では読めなかった。そこで彼は、ドイツ語のできるハーウェルの同僚、フランツ・マンドルを見つけた。「フランツは……フォン・ノイマンが言っていることをいくらか私に話してくれました」とベルはのちに回想する。「フォン・ノイマンの不合理な定理がどのようなものだったか、わかったぞ、という感じを早くも私は抱いていました[15]」。

しかし、フォン・ノイマンの証明の英訳は、その後三年経つまで出版されず、いざ出版されたとき

図7－1　ハーウェルでのジョン・ベル。1952年ごろ。

には、ベルは博士学位論文のために、まったく別の研究をもう始めていた。それには、このような経緯があった。ベルが大学院に入ったとき、彼の博士課程の指導教官、ルドルフ・パイエルスは、最近取り組んでいた研究について話してくれと求めた。ベルは、加速器物理学か、量子力学の解釈かのいずれかなら話せますと答えた。パイエルスが、加速器の話をしてくれたほうがずっといいね、と言うと[16]、ベルはそれにしたがった。そして続く数年間、ベルは量子力学の意味に関する疑問について考えることはなかった。

数年後、ベルはボーア本人に、スイスのジュネーブにあるCERN（欧州原子核研究機構。現在では、大型ハドロン衝突型加速器LHCの設置場所として最も有名）で出会った。ベルはそこでの仕事を始めたばかりで、ボーアは、当時できたばかりの研究所の開所式に招待された大勢の著名科学者の一人だった。ベルは、エレベーターで偶然ボーアと鉢合わせたのだが、生きた伝説の賓客に何と言って話しかければいいのか見当もつかなかった。「『あなたのコペンハーゲン解釈は、ぜんぜんだめですよ』と言う度胸はありませんでした」と、のちに彼は回想している。「それに、エレベーターに乗っていた時間はそれほど長くありませんでした。もしも、階と階のあいだでエレベーターが止まってしまったなら、面白かったでしょうね！　どんな展開になったかは、わかりませんが[17]」。

三年後、ベル夫妻が特別研究期間を過ごしにカリフォルニアにやってきたとき、ベルはこの機会を利用して、普段ＣＥＲＮで取り組んでいる研究から離れて、ついにフォン・ノイマンがどこで間違えたかを明らかにし、ヤウホにぎゃふんと言わせてやることにした。ベルが気づいたのは、物理学コミュニティーで崇拝されており、異説が出るたびに、正統派の解釈を守るために持ち出されるフォン・ノイマンの証明は、ほとんど何の証明にもなっていなかったことだ。「フォン・ノイマンの証明は、ほんとうに真正面から取り組めば、手のなかで崩壊してしまいます！」とベルは述べた。「どうもこうもない。ただ欠陥があるというだけではなく、それはばかげて
いるんです！[18]」偉大なジョン・フォン・ノイマンは、完全に間違っていた――彼は、自分の証明のなかで、まったく根拠のない仮定をしてしまっていたのだ。「［フォン・ノイマンが立てた仮定を］物理的な性質として表現してみれば、どれも意味をなさない。……フォン・ノイマンの証明は、間違っているのみならず、愚かなのです！」

測定状況依存性

ベルは、ただフォン・ノイマンとヤウホが間違っていると示しただけではない――彼は、古い証明に代わる新しい証明を残した。フォン・ノイマンの証明と、その類似物（ヤウホの「強化版」証明や、

ヤウホがベルに話した、アンドリュー・グリーソンによる証明も含めて）は、いわゆる隠れた変数を使った量子力学の解釈をすべて排除すると称していた。[19] 隠れた変数による解釈では、量子的な物体は、観測される前に、明確な位置やその他の物理量を持っているとする。これらの物理量は、量子力学の数学のなかには決して表れないので、「隠れた」変数と呼ばれている。ボームのパイロット波解釈は、そのような理論の典型例だ。つまり、ボームの世界では、粒子は常に位置を持っている。ただその位置はほとんどの場合隠されていて見えず、シュレーディンガー方程式から計算で導き出せないというだけだ。フォン・ノイマン、ヤウホ、グリーソン、それぞれの証明はすべて、このような枠組みは不可能だと示唆していた――だがボームのパイロット波解釈は、間違いなくうまくいった。ベルがよく承知していたとおり。何かが間違っているに違いない。そしてベルには、それが何であるか、自分にはわかっていると思えた。彼は、隠れた変数理論を否定する証明を、細心の注意を払って分解していった。それらの証明を構成する要素を一つずつ丁寧に調べ、ついに彼は、簡単に真っ二つに割れてしまった要素を見つけた――証明の基盤に、筋の通らない仮定が一つあったのだ。[20] この仮定をひっくり返してベルが示したのは、「隠れた変数理論を否定する」と称する証明はすべて、何かまったく別のもの、これらの証明を元々考案した者が意図していなかったか、あるいは完全には理解していなかった何かを示唆している、ということだ。もう少し具体的に言うと、ベルは、隠れた変数理論は、もしもある一風変わった性質を持っていれば、これらの証明がしかけた罠を避けられることを発見したのである。その性質はのちに、コンテクスチュアリティ、すなわち測定状況依存性と呼ばれることになる。

測定状況依存性とは、ある量子系の測定を行った結果が、その系について同時に測定する他の事柄に依存するという特徴だ。言い換えれば、ある物のある性質を測定する場合、測定の結果は、同時にその物について測定する別の事柄に依存するということだ。測定状況依存性のある世界では、中性子のエネルギーを、その運動量と同時に測定したときの答えと、位置と同時に測定したときの答えは、まったく違うだろう。それは、エネルギーを測定した答えが、単に何と一緒に測定するかという状況が違うだけで変わってしまうということだ。

測定状況依存性をもっと実感的に理解するために、中性子のことは忘れて、もっと大きくて、実感のわくもの、ルーレット盤で考えよう。あなたの友だちのフローが、カジノでルーレットのゲームをやっており、あなたは彼女と電話で話している。あなたにはルーレット盤は見えないが、ボールがどのポケットに落ちたか、彼女に質問することはできる。偶数と奇数のどちらか、数字は大きいのか小さいのか、赤と黒のどちらなのか（ルーレットの盤面は、外周に並んだ数字が交互に赤と黒に塗り分けられているが、偶数か奇数か、数が大きいか小さいかで、赤と黒が決まっているわけではなく、大きい数のうち半分と、小さい数のうち半分が赤に塗られており、偶数と奇数についても同じ規則になっている。図7－2を参照）。だが妙なことに、フローは、カジノで起こっていることを、あまり詳しく話したがらない。ルーレットが回るたび、彼女はあなたの三つの質問のすべてではなく、二つだけにしか答えてくれないのだ。普通であれば、あなたもそんなことは気にしないだろう。フローがあなたに何と言おうと、ボールは毎回、どこか特定のポケットに落ちる。したがって、ボールの実際の位置はあなたにとっては隠れているとしても、ボールが止まったなら、あなたの三つの質問のすべてに対して、答えはすでに定まっている。ボールが34のポケットに落ちたなら、ボールは大きな、偶数の、赤い数に落ちたのだ。フローがこれらの三つの事柄の、二つだけしか教えてくれないとしても。

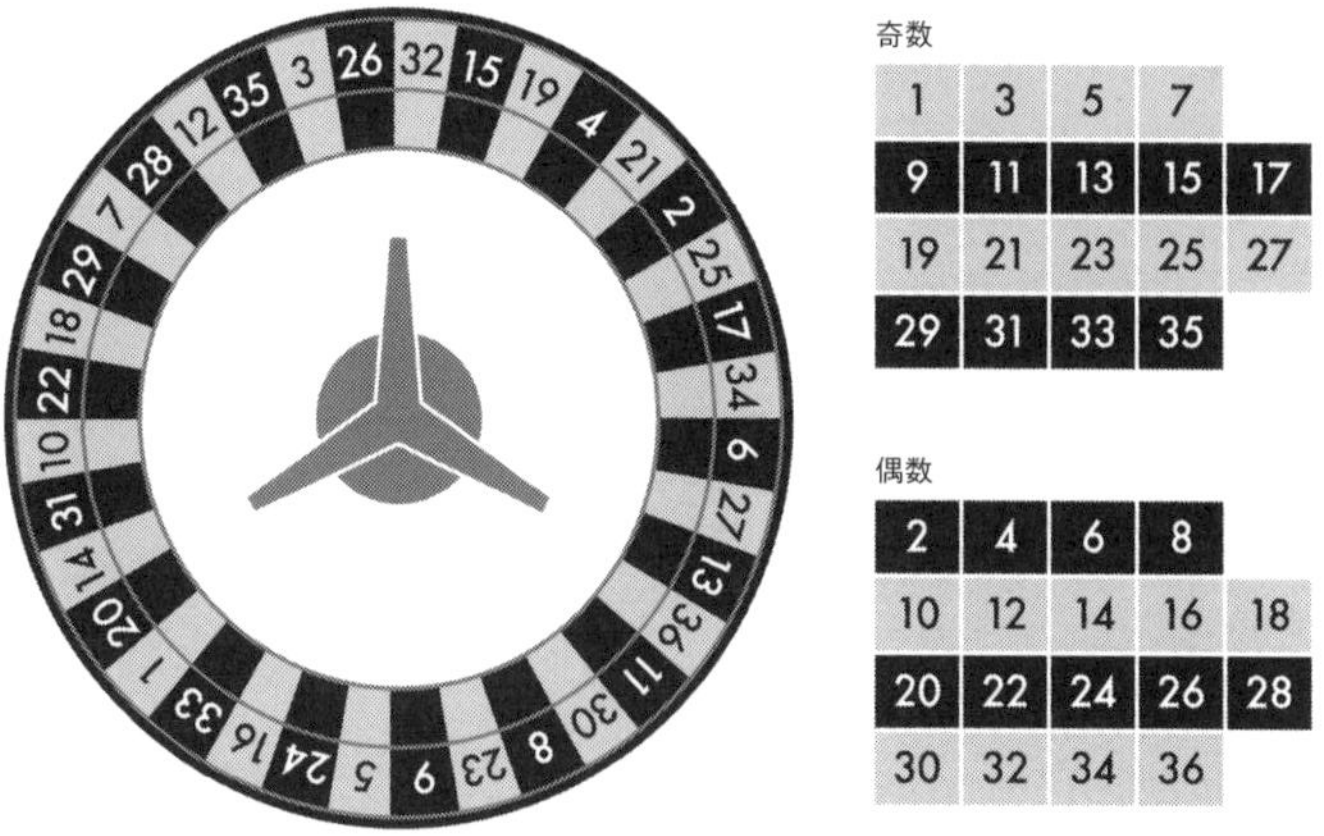

図7－2　正式なルーレット盤。数字は、大きい－小さい、黒－赤、偶数－奇数が等しい個数になるように分けられており、0または00というポケットは存在しない。

ところが、もしもルーレット盤が測定状況依存性を持っているとすると、話はまったく違ってくる。測定状況依存性を持つルーレットの場合、「ボールは赤い数の上に止まったの？」という質問への答えは、あなたが同時に、他に何を尋ねるかによって変わってしまう。たとえば、ある回転で、ボールが止まった数字が赤なのか、そして偶数なのかと質問するとしよう。訊いてみると、どちらの答えも「イエス」である。ところが、もしこの同じ回で、違う質問——数字は赤なのか、そして大きいのか——をしたとすると、どちらの答えも「ノー」になるのだ。どういうわけか、「数字は赤なのか？」という質問への答えは、あなたが同時に何を尋ねるかによって実際に影響を受けてしまう！これが測定状況依存性である。ある質問への答えが、同時に尋ねられる他の質問の状況に依存するのだ。隠れた変数を否定する証明を打破するなかで、ベルは、量子力学は、測定状況依存性を持つ世界を記述していることを示したのである。

一見したところ、量子力学が測定状況依存性を持つという事実は、コペンハーゲン解釈、もしくはそれに似たものを、支持しているかのように思える。質問への答えが、同時に尋ねられる別の質問に依存するなら、それは、実際に尋ねるまで、質問への答えは存在しないということを意味するのではないだろうか？　なにしろ、もしも量子的世界が測定状況依存性を持つのなら、それは実際、ルーレット盤のようなものではあり得ない――つまり、特定の数字のポケットに収まっていて、誰かが見るのをおとなしく待っているボールなど存在し得ないのだ。なぜなら、その世界では、私たちが数字について、その属性のうちのどれについて尋ねるかで、数字の属性そのものが変化してしまうのだから。ルーレットの数字の色は、その数字が奇数かどうかを尋ねるときに、変化したりはしない。34は赤だ。尋ねようと尋ねまいとそれは変わらない。そのような次第で、量子的世界においては、あなたが見ようとするまで、ルーレットのボールは存在し得ない。パスクアル・ヨルダンが述べたとおり、「私たち自身が測定結果を生み出す[21]」。

このコペンハーゲンもどきの議論はいかにも正しそうに聞こえるが、ベルは「柔道風の返し技[22]」を用い、ボーア自身の言葉を引いて、これを巧みに却下する。測定状況依存性を量子的世界の鍵となる性質として確立したのと同じ論文のなかで、ベルはさらに、測定状況依存性は、驚くようなことであるはずがない、なぜなら、ボーアが述べたように、「原子レベルの物体と、［それらの］測定装置との相互作用とのあいだに、明確な区分」をすることは不可能なのだから[23]。量子的世界を、変えてしまうことなしに見ることはできない――しかしそれは、見る前には量子的世界は存在していないという意味ではない。まったく逆だ。量子的世界が存在していなかったなら、それを見て、変えることなどできない！　測定状況依存的なルーレット盤は存在し得る――ただ単に、別のやりかたで見ようとすると、ボールの位置が変わってしまうだけのことだ。観測者がボールを見るときに、観測者とボールとの相互作用からボールのふるまいを分離することができないからだ。それは、ボールが存在しないとか、観測者が見る前にはボールは位置を持たないということではない。ボールは、言ってみれば、周囲の状況に敏感でビクビクしており、ほんのわずかな擾乱にも派手に動いてしまうのだ。ボームのパイロット波解釈の隠れた変数は、まさにこのようにふるまう。ボームによれば、粒子は常に位置を持っている――しかしこの位置は、小さな擾乱で大きく変わってしまうし、実験の設定によっても変わってしまう。ボームの世界では、電子に対して、ほんの少し違う組み合わせの質問をすると、ものすごく違う組み合わせの答えが返ってくる――だが、電子はその間も常に、明確な位置を持っている。[24]そしてボームの理論は測定状況依存性を持つので、それを否定すると称するすべての証明を回避する。「不可能性の証明によって証明されたのは、想像力の欠如である」[25]とベルは結論づけた。

ベル版EPR実験

ボーム理論は不可能ではないと決定的に示したにもかかわらず、ベルはなおも、パイロット波が持つ、きわめて奇妙な性質が気がかりだった。つまり、パイロット波は「すさまじく非局所的」だったのだ。「ボーム理論では、恐ろしいことが起こりました」とベルは言う。「たとえば、宇宙のどこかで誰かが磁石を一個動かしただけで、粒子［の経路］は瞬時に変化してしまうのです」[26]。ボーム理論の非局所性は量子力学の本質的な特徴なのだろうか？　ベルはこの疑問を、フォン・ノイマンの証明を打ち破った論文の結論部分で投げかけ、答えを示さぬままにし、今後の研究への可能性を示唆した。

非局所性についてのベルの疑問は、その後長いあいだ誰の目にも触れなかった。フォン・ノイマンの証明を打ち破った彼の論文は、事務的なミスがいくつか重なって、[27]二年のあいだある編集者の机のなかにしまい込まれていたのだ。しかしベルは、この疑問を放置しておくことはできなかった――彼はいますぐ答えを知りたかった。次の研究課題として、彼はその答えを探しにかかった。「もちろん、アインシュタイン－ポドルスキー－ローゼンの思考実験の設定が［非局所性に対して］批判的だったことは知っていました。遠く離れていても相関が瞬時に生じてしまう問題を明るみに出したのですから」と、ベルはのちに回想した。「そこで私は、アインシュタイン－ポドルスキー－ローゼン的状況をある程度単純化して、完全に量子力学的な描像でありながら、しかもすべてが局所的なままの模型を案出できないかと取り組み始めたのです[28]」。

このときの研究でベルは、ボームがパイロット波解釈を作り上げる直前に書いた教科書のなかで考案した、単純化されたＥＰＲ設定を使った。ボーム版のＥＰＲ実験は、すべてをはるかに容易にし、おかげでベルはそれらのものを頭のなかでいろいろといじくり回すことができた。二つの粒子が交錯して、その後もつれあった運動量を持ってお互いから遠ざかる、という設定ではなく、ボーム版では、二個の光子の偏光状態がもつれあう[29]。

偏光は光の性質だ――光は電磁波であり、偏光とは、その波が一定の方向にのみ振動している状態を指す。しかし、私たちの目的にとって重要なのは、偏光には方向があるという点だけである。つまり、偏光とは、個々の光子が持っている小さな矢のようなもので、その矢は光子ごとにさまざまな方向を向いている可能性がある。だが実際には、話はそれほど単純ではない。ひとつには、ある光子の偏光の矢がどちらの方向を向いているか、私たちが実際に判定することはできない。私たちにできるのは、一度に特定の一方向だけについて、その方向に沿って光子の偏光を、ごく間接的な方法で測定することだけだ。その方法とは、光子を偏光板（偏光サングラスのレンズのようなもの）に当てるのである。偏光板にぶつかると、光子は、偏光板を通過するか、遮られる。光子の偏光方向が偏光板のそれに近ければ近いほど、通過する可能性が高まる。

ボーム版のＥＰＲ実験では、もつれあった偏光を持つ二個の光子が、同じ光源から反対の向きに飛んでいく。同じ軸に沿った偏光を測定するように設定された二枚の偏光板が設置されている。二個の光子はもつれあった偏光を持っているので、偏光板に到着したとき、常に同じふるまいをする――それらの光子は、両方とも偏光板で遮られるか、両方とも通過するかのいずれかだ。偏光板の軸がどの方向に設定されていようと、同じだ。偏光板の軸が一致している限り、もつれあった一対の光子は、それぞれの偏光板でまったく同じふるまいをする。そして、重要なことは、偏光板どうしがいかに遠く離れていようが関係ないという点だ。二個の光子は、距離にかかわらず、共に偏光板を通過するか、共に遮られるかのいずれかである。

そしてこれは、量子力学が要請することそのものである。もつれあった二個の光子が一つの波動関数を共有していることにより、これらの光子は、同じ軸を持つ偏光板に出会ったときには常に同じふるまいをすることが保証されている。しかし、その波動関数は、二個の光子が「何をするか」までは規定しない――ただ両者が同じことをすると言っているだけである。

ここで重要なのは、アインシュタインがＥＰＲ思考実験で迫った二者択一――完成したＥＰＲ論文では曖昧になってしまったのではないかと彼が恐れていた選択――が、ボーム版ＥＰＲ実験では鮮明に浮き彫りにされているということだ。自然は局所的だと仮定すると、もつれあった光子たちが長距離隔てられても完全に同調した振り付けをすることへの唯一可能な説明は、両者が事前に同じ振り付けを与えられており、同じ光源から遠ざかっていく前に、それに同意していたということだけだ。しかし、これらのもつれあった光子が共有する波動関数は、いかなる事前の調整についても触れていない。二個の光子は、同じ設定の偏光板で常に同じことを行うこと、両者は完璧に相関していることを保証しているだけだ。それゆえ、もしも自然が局所的なら、波動関数がすべてを記述しているのではなく、隠れた変数があるに違いないということになる。したがって、量子力学は不完全であるか、自然は非局所的であるかのいずれかである。量子力学では、局所性と完全性の両方を持つことはできない。これがアインシュタインが迫った二者択一であり、ＥＰＲ論文の核心である。

ベルは、このＥＰＲ－ボーム思考実験を頭のなかでいじくりまわし、量子力学で予測されるすべての結果をそのまま維持しながら、純粋に局所的なままであるようなモデルを構築しようとした。「私が試したことはすべて、失敗に終わりました」とベルは述べた。「私は、これはどうやら不可能である可能性がきわめて高そうだと感じ始めました。そこで私は、不可能性の証明をひとつ打ち立てたのです[30]」。

アインシュタインは、量子力学は局所性か完全性のいずれか一方を選ばなければならないと証明したが、ベルの不可能性の証明は、実はそれは、局所性と正しさとの二者択一なのだと示した。ベルは、自然は局所的だという仮定から出発して、局所的な理論ならどれもが満たすべき数学的条件として、一つの不等式を導出した。そしてベルは、じつに巧みに、ボーム版ＥＰＲ思考実験を変形して、量子力学の予測がその不等式を破ってしまう状況を作り出したのである。

ベルの天才的発想は、完全性ではなく不完全性を考えたことだった。実際、ボーム版ＥＰＲ思考実験が想定している完全な相関は、容易に局所性と両立する――二個の光子は、共通の光源において、隠れた指示を共有することができる。しかし、一方の偏光板の軸を回転させると、量子力学は、偏光板に到着するもつれあった光子のペアは、もはや、毎回まったく同じようにふるまわなくなってしまうと予測する。そして、量子力学が予測する、このような不完全な相関は、あまりに強すぎて、自然を記述するどのような局所的な理論であってもそのような相関を説明することができないということを、ベルは示した。したがって、量子力学の予測が間違っていて自然は局所的であるか、量子力学は正しくて「薄気味悪い遠隔作用」が実在するかのいずれかである。ベルは世界についての、驚くほど深く、直観に反するような真実を見出したのだ。

ベルはまた、二つの選択肢のうちどちらなのかを検証する実験も提案した。その検証に必要なのは、ベルによる変形版のEPR思考実験、あるいは、それと等価の、もつれあった粒子のペアを含む実験を、実際に装置で組み上げ、実行するだけだ。その結果、ベルの不等式が破られたことが示されれば、量子力学は安泰だが、自然は非局所的だ。もしもベルの不等式が守られれば、量子力学は間違っているが、自然は局所的であり得る。ベルの不可能性の証明は、非局所性の問題を議論の領域の外に持ち出し、それを実験による挑戦に変えたのである。いまではベルの定理の名で知られるこの証明は、「科学の最も深遠な発見」[31]と、しかるべき名で呼ばれている。

ベルの結果は、思いもよらないものであると同時に、深刻な問題を含んでいた。局所性は物理学の基本的な仮定で、実際、あらゆる科学にとってそうである。局所性がなければ、制御された実験はまったくできない――実験の周囲の環境をどんなに注意深く制御しても、遠方からの影響が瞬時に実験に及んでしまう可能性が常に生じる。とりわけアインシュタインは、局所性は科学の中核をなす原理であるべきで、放棄することが絶対に必要でないかぎり放棄すべきではないと強調したが、それはまさにこの理由からだ。「このような、空間的に隔てられた物体が、相互に独立に存在する（「かくある」）という、日常的な思考に起源を持つ仮定がなければ、私たちになじみ深いものとしての物理的思考はありえないだろう」と彼は記した。「あるいは、このようなクリーンな仮定がなければ、物理法則がいかにして定式化でき、検証できるのか、わからない……。この基本原理が完全に停止するなら、（ほぼ）閉じた系が存在するという考え方は不可能になり、そしてそれゆえ、私たちになじみ深いものとしての経験的に検証可能な法則の確立も不可能になるだろう」[32]。

アインシュタインの哲学的懸念を脇に置いたとしても、アインシュタインの科学的業績のほうは、局所性が世界の重要な特徴であることをはっきりと示した。アインシュタインの特殊相対性理論によれば、物理的な物体は、光速に達することも、それを超えることも不可能である。無限大のエネルギーにまつわるあれこれのパラドックスを引き起こしてしまうからだ。すでに光よりも速く運動している何かを見つければよいのではないかと、あなたは考えるかもしれない。しかし、そのような物体は、これまでにまだ発見されていない。実際、相対論的粒子の物理学によれば、そのような物体は途方もなく不安定で、それ自身の特殊な無限エネルギー・パラドックスによって、存在すらできないとされている。そして、これらの問題をなんとか回避して、光より速く信号を送ったとしても、それでもなおパラドックスを生じる恐れがある。相対性理論によれば、光より速い信号を送るだけで、過去にメッセージを送る「タキオン反電話*」を作ることが可能なのだ。

しかし、ベルの定理は、私たちが昨日の自分に電話をするとか、デロリアンを一九五五年に送る**といったことが可能だと述べているのではない。のちにベルと同僚らは、量子もつれを使って、光速を超える速さで信号を送ることは不可能だと証明した。そして、もつれあった粒子のペアが示す非局所性は、きわめて壊れやすく、また捉えにくく、アインシュタインが恐れたような、科学そのものの存在を脅かすことはあり得ないような、特定の条件の下でしか現れない。とはいえ、特殊相対性理論が、私たちがそれに対して行ったテストをすべてパスした世界——すなわち、局所的だと思われる世界——においては、ベルの定理が示唆した非局所性の不安が、非常に深刻になる。もしもベルの実験についての量子力学の予測が正しく、ベルの不等式が破られているなら、何かが非局所的で、局所性は幻想に過ぎない。だとすれば、私たちの空間と時間についての理解を、アインシュタインの相対性理論をはるかに越えて、根本的に修正する必要が出てくる。ベルの不等式の破れを含むことが可能な世界の話は、まことに不思議なものだろう。

ベルはいったいどうやって、これほど意想外で、これほど広範に影響を及ぼすものを、証明することができたのだろう？　彼の証明を完全に理解するには、ルーレット盤以上のものが必要だ——ひとつのカジノ全体が必要になるだろう[33]（この証明の詳細を順を追って見ていくことに関心のない方は、次のセクションを完全に飛ばしていただいてかまわない——本書の続きは、まったく問題なく理解いただけるだろう。しかし、次のセクションの議論を順に最後までご覧になれば、ベルが自分の成し遂げたことをいかに証明したかをよりよく理解いただけるはずだ）。

ベルの定理

カリフォルニア州の北東の隅にある、住む人もまばらな町ベルビルに、新しいカジノが最近開店した。所有者は、マフィアとのつながりが取り沙汰されている、ロニー・ザ・ベアだ。[34]カリフォルニア州賭博管理局の調査官、ファティマとジリアンは、カジノを開店前に調べるべく、ベルビルへと向かった。ロニーはきっと何か良からぬことを企てているに違いないと、二人は確信していたからだ。

ロニーのカジノには、おそろしく複雑なルーレット装置が備えられている。おそらく調査官を威圧するためだろう。部屋の中央に巨大な機械があり、左右両側から一本ずつシュートが伸びて、左右の壁際に一台ずつあるルーレット・テーブルの上まで届いている。二台のテーブルのそれぞれの上には、ルーレット盤が三枚あり、三枚の中央には盤より小さな円形のスピン・ダイヤルがある。州法によれば、ルーレット盤のポケットは赤と黒の四角が交互に並んでいるだけでなければならず、ポケットに数字が記されていてはならない――カリフォルニア州では、数字が記されたルーレット盤は違法なのだ[35]（図7－3）。ファティマとジリアンが、それぞれのテーブルに座ると、ロニーが機械のボタンを押す。すると、ルーレットの玉が左右のシュートに一個ずつ現れ、テーブルに向かって転がっていく。二人の調査官は、玉が向かってくるあいだに中央のダイヤルを回す。選択された盤にやってきたルーレットの玉が入り、盤上の赤または黒の四角の上に静止するしくみだ（図7－4）。

ジリアンとファティマはこれを何度も繰り返して行う。ルーレット盤の性質を徹底的に調べ尽くすためだ。回すたびに、どのルーレット盤が使われたか、そして最終的に赤と黒、どちらの色になった

＊　アインシュタインは、超光速信号で過去に情報を送り因果律を破ることができると示す思考実験を提案した。のちに天体物理学者兼SF作家グレゴリー・ベンフォードが、超光速粒子タキオンを使ったバージョンをタキオン反電話と名付けた。だが、現在の素粒子物理学ではタキオンの存在は認められていない。

＊＊　映画「バック・トゥー・ザ・フューチャー」では、デロリアンという名称の自動車からタイムマシンが製作される。

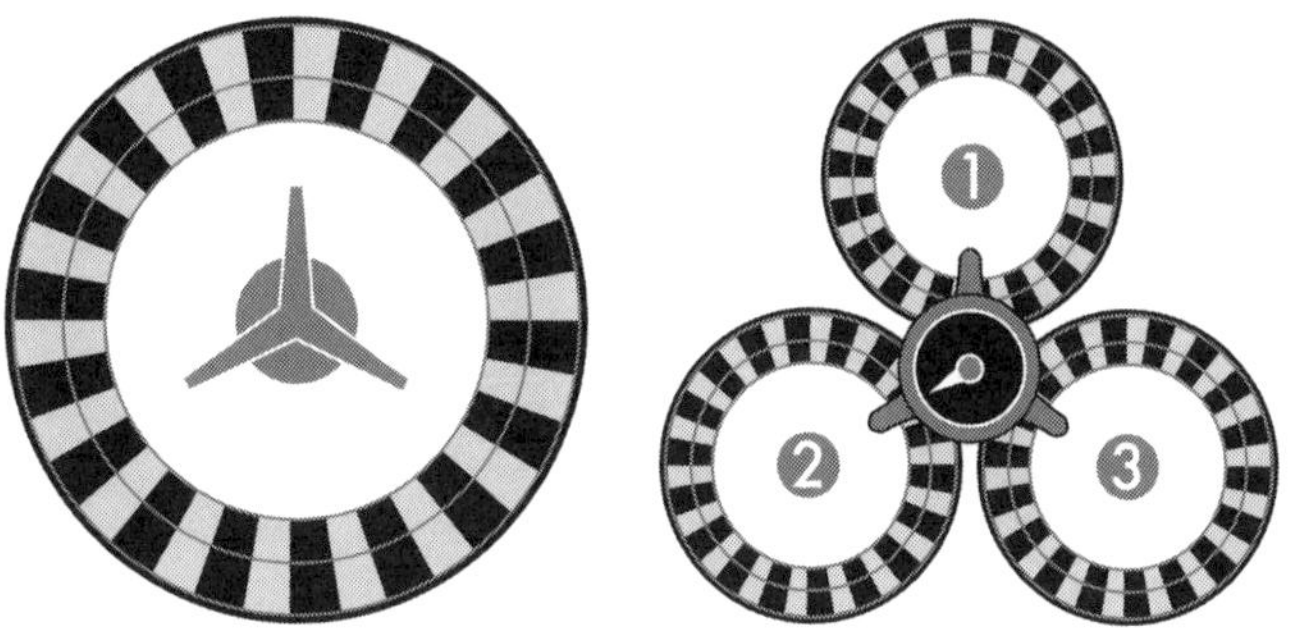

図7－3 (a) カリフォルニア・ルーレット盤 (b) ロニーのカジノの「トリプル盤」。中央に選択切替ダイヤルがある。

かという結果を詳細に記録する。結果は黒と赤がほぼ半々の比率で、数十回の試行のあと、調査官たちは局に戻り、情報を交換する。

調査官たちが見たところ、どちらのテーブルのルーレット盤も実際に完全にランダムのようだ——赤と黒が現れる回数は、それぞれほぼ半々。しかし、ファティマの記録とジリアンの記録には、奇妙な相関がある。二つのテーブルのスピン・ダイヤルが同じ番号のルーレット盤を指しているとき、二個のルーレット玉はどちらも同じ色に止まっていたのだ。たとえば、87回目の試行では、どちらのダイヤルも2番のルーレット盤を指していた——そして、どちらの玉も赤に止まった(図7－5)。二人の調査官は、二個の玉は巨大なルーレット配球マシンのなかで、同じ番号のルーレット盤に行くときは、同じ色に止まるよう、事前に調整されていたのだと結論づける。

しかし、やがてファティマは、結果にもう一つのパターンがあることに気づく。ファティマとジリアンが同じ番号のルーレット盤を使わなかったとき、同じ結果が出たのが、全スピンのうち二五パーセントの回だけだったのだ。ファ

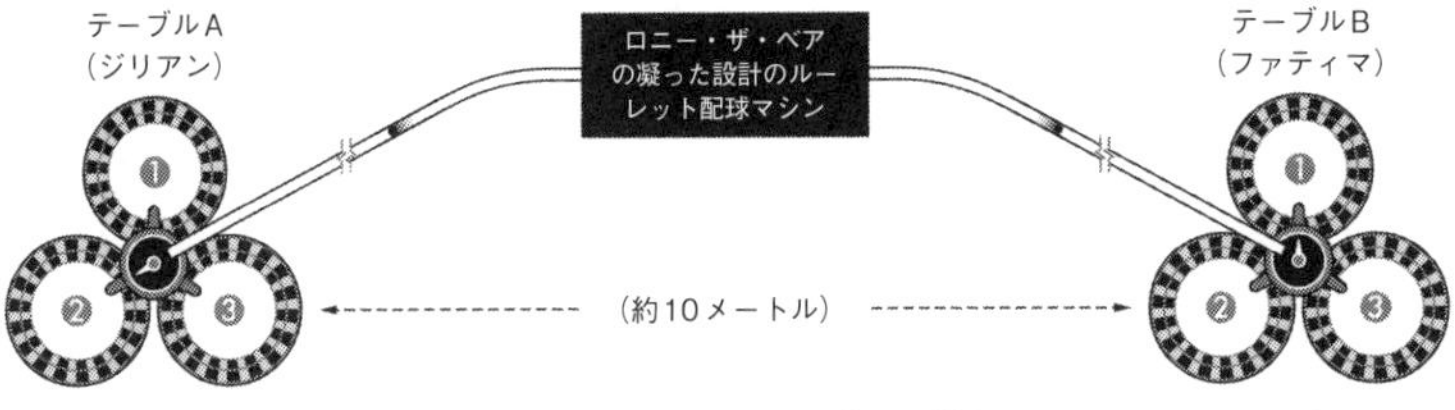

図7－4　ベルビルにあるロニー・ザ・ベアのカジノで使われているルーレット・テーブル

ティマには、こんなことがあるはずはないとしか思えない。仮にルーレットの玉が事前に、どの番号のルーレット盤のときにはどの色のポケットに止まれという指示を受けているとすると、あり得る八通りの組み合わせの指示を、ファティマは書き下す（図7－6）。

最初の「赤、赤、赤」の指示が与えられた玉は、どのルーレット盤に入ったとしても、常に赤のポケットに止まる。二番目の「赤、赤、黒」の指示を与えられた玉は、ルーレット盤1または2に入った場合には赤に止まるが、ルーレット盤3に入った場合は必ず黒に止まる、などである。ファティマは、自分側の玉と、ジリアン側の玉が、これらの八通りの指示のどれを共有していようとも、二人が同じ番号のルーレット盤を使っていない場合には、自分の結果とジリアンの結果は、二五パーセントよりも高い頻度で一致しなければならないと指摘する。具体的には、次のとおりだ。

・二個の玉が、「赤、赤、赤」または「黒、黒、黒」の指示を共に与えられているなら、それらの玉は、異なる番号のルーレット盤に入ったとしても、一〇〇パーセントの確率で同じ色のポケットに止まる。
・二個の玉が、上記の二種類以外の指示をともに与えられている場合、ファティマとジリアンが違う番号のルーレット盤を使っているなら、玉は同じ色のポケットに三分の一（三三パーセント）の確率で止まる。た

	ジリアン		ファティマ	
回	盤	色	盤	色
83	3	RED	3	RED
84	3	RED	1	BLACK
85	1	BLACK	1	BLACK
86	3	BLACK	2	RED
87	2	RED	2	RED
88	1	BLACK	2	RED
89	1	BLACK	3	BLACK

図7－5　ジリアンとファティマの記録の一部を比較してみたところ

ルーレット盤1	ルーレット盤2	ルーレット盤3
RED	RED	RED
RED	RED	BLACK
RED	BLACK	RED
RED	BLACK	BLACK
BLACK	RED	RED
BLACK	RED	BLACK
BLACK	BLACK	RED
BLACK	BLACK	BLACK

図7－6　ルーレットの玉に与え得る、8通りのみの指示の一覧

とえば、指示が「黒、赤、赤」だったとしよう。このときファティマとジリアンが使っているルーレット盤が、1と2、2と1、1と3、または3と1だった場合、二人が得る結果の色は異なる。しかし、二人が使っているルーレットが2と3または3と2だった場合、二人は同じ色の結果を得る。つまり、合計六通りの可能性のうち、二通りの場合だけ同じ色なので、三分の一である。これ以外の指示も（「黒、黒、黒」、「赤、赤、赤」以外）同様である。

したがって、ファティマ側とジリアン側のルーレット盤の番号が異なる場合、少なくとも三三パーセントのケースで同じ色の結果を得ていなければならない。なぜなら、色が一致する確率をこれ以上下げるような指示は存在しないのだから。それなのに、実際にロニーのカジノでルーレットをやってみたところ、結果の一致率はたった二五パーセントだった。調査官たちは、ルーレット玉は指示を共有していないと結論せざるをえない。しかし、ジリアンとファティマが同じ番号のルーレット盤を使った場合には、玉は同じ色のポケットに落ちている。したがって玉どうしは明らかに何らかの調整を行っている――そもそもだからこそ、調査官たちは、二個の玉は最初から指示を共有していたのではないかとの疑いを持ったのだった。以上の議論を踏まえて、これらの結果を説明するには、二個のルーレット玉は、どのルーレット盤に入ることになるかわかったあとで、信号を送りあっていると考える以外にない。

「局所性」と「世界は一つしかない」

この直前のセクションは、ベルの定理の証明を、カジノを使った翻案で示したものだ。一対のルーレット玉は、偏光がもつれあった一対の光子に相当する。ルーレット盤は、三つの軸に沿った偏光を測定する偏光板に対応し、光子が偏光板に向かって進むあいだに、ランダムに向きが設定される。そしてベルの定理は、この物語のなかで、ファティマが解明する証明として表現されている。ルーレット玉が本当にそのようにふるまうなら、何か奇妙なことが起こっているということで、しかもそれは、ルーレット玉が、別れた瞬間から何らかの隠れた指示——隠れた変数——を持っていたと仮定することでは説明できない。そして、もつれあった光子どうしは、実際にこのようにふるまう。だとすると、量子力学では、非常に奇妙なことが起こっているに違いない。だが、ベルが証明したことの本当の意味とは何だろうか？　これを理解するために、ロニーのカジノで何が起こったかをもっとよく見てみよう。

私たちは、ルーレット玉どうしが、長距離を超えて瞬時に、まるで魔法のように互いにコミュニケーションすることは不可能だとの仮定の下で、この思考実験を始めた（ただし、最後になるまで、このことをはっきりとは述べなかったのだが）。言い換えれば、私たちは局所性を仮定したうえで話を始めたのだ。そこから私たちは、ルーレット玉そのものに隠れた指示が仕込まれているに違いないと考えるに至った。なぜなら、ジリアンとファティマが同じ番号のルーレット盤を使った場合に結果が完全に一致すること[36]を説明するには、それ以外なかったからだ。しかし、ジリアンがファティマとは違う番号のルーレット盤を使った場合の結果に奇妙な相関があることから、隠れた変数の可能性は排除されてしまった。したがって、私たちの最初の仮定に問題があったに違いない。つまり、局所性は成り立っていないということになる。もちろんロニーのカジノの場合、ルーレット玉どうしが無線でコミュニケーションしている可能性は依然として存在する。しかし、実際の実験においては、「ルーレット玉」は偏光した光子であり、光速で移動しており、そして「ルーレット盤」は、二枚の偏光板で、きわめて長い距離で――実験によっては、数百キロメートル――隔てられている可能性がある。一個の光子が偏光板に到着してどの結果を出すかを決定する前にそれに届かせることはできない。要するに、もつれあった光子による実際の実験は、何か――何らかの影響――が光よりも速く伝わっているということを意味している。もつれあいは、量子力学の数学が生み出した単なるアーティファクト――人間が何らかの技法を使うことによって、本来実在しないのに、存在するように見えてしまうもの――ではない。それは、現実の現象で、遠く離れた物体どうしに生じる実際の瞬時のコミュニケーションである。

これは驚くべき結論だ。そんなことがいったいどうして正しいのだろう？　どんな物語なら、こんな世界を説明できるだろう？　まず思いつく答えは、「非局所的な物語」だ。ボームによる量子力学のパイロット波解釈は、ベルの定理と何ら齟齬を生じない。なぜなら、ボームの理論は明白に非局所的だからだ。おかげで、パイロット波理論の弱点と見えるもの――途方もない距離で隔てられた粒子どうしの瞬時の結びつき――は、強味に変わる。ベルの定理は、量子力学は非局所的であることを強く示唆する。パイロット波理論は、この奇妙な量子のふるまいを、無視できないほど明白にするだけである。

しかし、非局所性の代価は高い。相対性は、現代物理学の、最もよく検証された、最も堅固な基盤のひとつだが、非局所性はそれを危険にさらす。ベルの定理を回避する、何かほかの方法はないだろうか？　局所性はほんとうに唯一の仮定なのだろうか？　ジリアンとファティマは、カジノで起こったことについて彼らが記録したことだけで、そこで起こったことが完全に網羅されていると仮定した。とりわけ彼らは、ルーレット盤の一回転に対して、その結果は、彼らがノートに記録したものだけだと仮定していた。もしも、ルーレット盤が回転するたびに、あるいは、光子が偏光板に入射するたびに、いくつもの結果が生じるのだとすれば、ベルの証明は崩壊する。そして、エヴェレットの多世界解釈ではまさにこれが起こる。エヴェレットによれば、ルーレット盤が回転するたびに、赤と黒、両方の結果が生じ、普遍波動関数が分岐して複数の世界が生まれる。そのような次第で、局所性を放棄したくなければ、エヴェレットの枠組みの最も奇妙なピースが世界にとって不可欠になるだろうと、ベルの定理は示唆しているわけだ。

さて、私たちの前に二つの仮定がある。「局所性」と、「世界は一つしかない」の二つだ。ベルの不等式が破られたのだから、このどちらか一方が間違っているはずである。これがベルの定理によって突き付けられた選択なのだろうか？　それとも、何か奇妙な第三の仮定があるのだろうか？　ルーレット盤選択装置が真にランダムではなく、ルーレット玉は、自分がどのルーレット盤に入るか事前に知っているなどということはあり得る。このような、ルーレット盤とルーレット玉のあいだの共謀があるとすれば、ファティマとジリアンが得た一連の結果を説明することはできる。しかし、これを実際の物理学に置き換えてみると、どうも問題がありそうだ。光子と偏光板の共謀というのは、控えめに言っても、とっぴに聞こえる。人間の実験者が、毎回どの偏光板を使うか意図的に選択していたらどうだろう？　光子たちは、それをどうやって前もって知るのだろう？　私たちは、自分は自由に実験条件を選んでいるのだと思いたい――そして、仮にそれが幻想だとしても、光子が私たちの行為のすべてを事前に暗号コードとして持っているというのも想像し難い。しかし、理屈の上では、このような「超決定論」もベルの定理を回避する代替案として論理的に可能であり、ごく少数の物理学者たちが、このような理論を詳細に具体化していく研究を行っている（とはいえ、これほど大規模な自然の共謀があるなら、科学自体がそもそも不可能になるのではないかという懸念もある）。

ほかに何かないのだろうか？　ベルの定理という注目すべきものを回避する方法は、ほかにないのだろうか？　多くの本や論文が、ベルの証明にはもうひとつ、隠れた変数に関する仮定が含まれていると主張している。[37] ルーレット玉に隠れた指示があったなどと仮定しなければ、ベルの定理は無効だと、それらの議論は言う。しかし、これは間違いだ。私たちは、ルーレット玉に何か指示があったなどとは仮定しなかった。少なくとも証明の出発点ではそうだ。私たちはただ、局所性を仮定しただけである。ところがそこから、ジリアンとファティマが同じ番号のルーレット盤を使った場合に結果が完璧に一致することを説明するためには、ルーレット玉には指示が出されているはずだと結論せざるをえなくなったのだ。このような話をどこかで聞いたことがあると思われたなら、その理由は、これが要するにＥＰＲの議論だからだ。ルーレット玉のペアが常に同じ色のポケットに止まるなら、ペアは最初から一組の指示を共有しているか、あるいは、目的地に着いた瞬間に、何らかの方法で光よりも速いコミュニケーションを行っているかのどちらかだ。隠れた変数の仮定などなかった――局所性の仮定があっただけで、ルーレット玉のふるまいから、隠れた変数の存在を検討せざるを得なくなったのである。「この点を理解してもらうのが、非常に難しいのです。［隠れた変数は］分析の前提ではない、という点を」[38]と、ベルは彼の定理が初めて出版された一五年後に、このような不平を述べていた。「このテーマ［ベルの定理］についての私自身の最初の論文は、まずＥＰＲの議論を、局所性から、決定論的な隠れた変数に至るまでのものとして要約することから始まっています。しかし、解説者たちは、ほとんど全員が、それは決定論的な隠れた変数から始まると紹介したのです[39]」。

これと関連してはいるが、もう一つの主張が、ベルの定理が何らかの種類の実在論を仮定しているというものだ。これは、コペンハーゲン解釈の支持者のあいだで特に人気の高い主張である[40]。量子的世界が実在する性質を持つと仮定しなければ――あるいは、量子的世界が存在すると仮定しなければ――ベルの定理は成り立たないと、彼らは主張する。これもやはり間違っている。ここで問題なのは、「何らかの種類の実在論」という言葉だ。ここで、「実在論」とは、いったいどんな意味で使われているのだろう？　一部の物理学者たちは、ベルの定理は、量子的な物体は測定される前に明確な性質を持っていると仮定しており、これが「実在論」が意味するところのものだと、主張している[41]。しかしこれは、先にも述べたとおり、まったく間違っている。ベルの定理は、前もって存在する性質（すなわち、隠れた変数）など一切仮定していない。この考え方は、ＥＰＲの議論と同様、局所性の仮定から出てくる。他の者たちは、ベルの定理が仮定しているかたちの実在論は、あらゆるものが観測とは独立に存在するという、まさにその考え方であると主張する。これを否定することが、コペンハーゲン解釈の真の洞察であり、このことこそが、ベルの天才的な証明にもかかわらず、コペンハーゲン解釈が局所的でいられる理由だと、さらに彼らは主張する。この主張が物理学に持ち込んでしまう唯我論の問題――誰の観測によって物は実在になるのか？――を無視すると、また別の問題が持ち上がる。観測とは独立に、何らかのかたちの実在が存在すると仮定しないことには、局所性の概念そのものが無意味になる。物体も、その位置も、まったく存在しないときに、ある場所から別の場所へと光よりも速く伝わる効果について話すことに、いったい何の意味があるのか？　ベルの定理を論破するために実在論を否定することは、必ず局所性の概念も破壊してしまう――何を犠牲にしても物理学の局所性を維持する決意の反実在論者にとっては、ピュロスの勝利*にほかならない。ベル自身も次のように述べたとおりだ。「量子力学と両立するような局所性の概念を私はまったく知らない。それゆえ、私たちは非局所性から抜け出すことはできないと、私は考える」[42]。

ベルの証明は、量子力学そのものすら仮定していない。なにしろ、ファティマは、ロニーのルーレット玉のあり得なさを説明するのに、量子力学に訴える必要はなかったのだから。ベルの定理は、あくまでも世界についての主張であり、量子力学からは独立している。もしも世界が、ある特定のかたちで機能しているなら――ロニーのルーレット玉、あるいはもつれあった光子のペアが、カジノで記録されたような統計にしたがうとしたら――局所性が破れているか、あるいは、自然は多世界解釈のように働いているのである（あるいは、もしかすると、自然は超決定論的なもので、裏で画策しているのかもしれない）。議論のなかに量子力学が入ってくるのは、量子力学の数学にしたがって、もつれあった光子のペアがロニーのルーレット玉のペアと同じようにふるまうという点だけである。したがって、もしも量子力学が正しければ、あるいは、少なくとも、この特定の種類の状況に関して正しければ、私たちは局所性か、宇宙は一つだという考え方のいずれか（あるいは、もしかすると両方）

＊　割に合わない勝利の意。古代ギリシアの天才的戦略家ピュロスが、ローマ軍に勝利しながら多大な損害を被り、ほとんど利益を得なかった故事に因む。

を放棄しなければならない。

要するに、ベルの定理によって、世界の在り方について、三つの明確な可能性だけが残る。（1）自然は何らかのかたちで非局所的である、（2）見かけ上この世界が唯一の世界としか思えないにもかかわらず、われわれは分岐し続ける多世界に暮らしている、（3）量子力学は、特定の設定の実験に対して間違った予測を与える。この三つである。このどれが結論であっても、ベルの定理はコペンハーゲン解釈にとって脅威である。おそらく、正しい考え方として広く受け入れられているものとは矛盾するがゆえに、物理学はベルの定理の真の意味を理解するのにとりわけ苦労してきたのだろう。実際、誤解はそれが出版される前から始まっていたのである。

ベル論文の不運

ベルは、革命的な論文を書き上げたものの、どの研究誌に送ればいいのかわからなかった。最初に思いつくのは、『フィジカル・レビュー』誌だ。なにしろ、物理学専門誌のトップで、それまでの三〇年間にわたり、ＥＰＲ論文、ボーアの回答、そしてボームのパイロット波の論文が、すべて掲載された雑誌だ。世界中のほぼすべての物理学者が『フィジカル・レビュー』を読む。それは長く記録されるべきものが載る雑誌だった。しかし、『フィジカル・レビュー』は、論文の掲載にあたって料金を徴収し、著者が所属する研究機関が支払うならわしだった。ＳＬＡＣの客員研究員だったベルは、招待してくれた研究所にそのような料金の支払いを、それも、これほど変わった論文のために願い出るにしのびなかった。「私の論文のために料金を支払ってくださいとお願いするなど、とてもきまりが悪かったのです」[43]とベルは述べた。そこでベルは、この論文を『フィジックス』誌で発表することにした。こちらは、まだ創刊したばかりの、無名の雑誌である。『フィジックス』――正式名称は、『フィジックス・フィジーク・フィジカ：あらゆる分野の物理学者の特別な注目に値する選りすぐりの論文のための国際ジャーナル』――は、ユニークな雑誌だった。フィリップ・アンダーソン（その後一九七七年にノーベル賞を受賞する）とベルント・マティアスという二人の著名な固体物理学者が創刊した。アンダーソンとマティアスは、この雑誌を、「『ハーパーズ・マガジン』誌が幅広い文学と情報の雑誌であるように」、物理学においてそれと同様の役割を果たすものにしたいと考え、物理学のあらゆるジャンルの記事を掲載しようと目指していた[44]。正式名称の副題が示しているとおりだ。そして、『ハーパーズ・マガジン』のスタイルを踏襲し、掲載された論文の著者から掲載料を取るのではなく、彼らに対して、（ごくわずかだが）稿料を支払った。これはベルにとっては願ったり叶ったりだ。「『フィジックス』に投稿しよう、そうすれば、気まずくもない、と思いました」[45]。

ベルの論文を受け取ったアンダーソンは、非常に感心した――しかしその理由は、ベルが望んでいたであろうものとは違っていた。「これは『ボーム主義（ボーミズム）』（アンダーソン自身の言葉）に対する反論かもしれないと思い、嬉しくなりました」とアンダーソンは回想する。「そして、これは基本的には正しいと確信しました」[46]。編集者と査読者を兼務していたアンダーソンがベルの論文の掲載を承認したのは、彼がその内容をとことん誤解していたからだったのである。

『フィジックス・フィジーク・フィジカ』が長続きしなかったことも、ベルの論文をめぐる状況をいっそう悪化させた。二、三号刊行したところで早くも、アンダーソンとマティアスは同誌を伝統的な固体物理学の雑誌に変更することを余儀なくされ、一九六八年までには、購読者拡大が難航したのに加え、出版社になかなか宣伝してもらえないという問題に直面し、完全な廃刊に追い込まれた。[47] ほとんど流通することもなく打ち切りになった学術誌の忘れ去られた既刊号のなかで悶々としていただけのベルの論文は、数年間にわたり、ほぼ完全に忘れ去られていた。この論文が初めて出版されてから五年近くにわたり、ベルはそれについての反応を一切受け取らなかった。しかし、これを読んだごく少数の者たちは、これを引き受けて、独自に発展させた——そして、一九七〇年代中ごろまでには、ベルの研究に触発された、本格的な量子反逆の火の手があがる——ボーア－アインシュタイン論争以降初めて、物理学コミュニティーの内部から、コペンハーゲン解釈に対する、広く支持された真の挑戦が初めて仕掛けられたのである。

だが、そうなる前に——いや、それどころか、ベルが定理を思いつくよりも前に——もう一つの反逆が始まっていた。この学問の世界の闘いは、見る見るうちに革命へと発展し、それまでの秩序を転覆したのだが、量子力学の基盤に対しても、小さからぬ意味を持った。それにもかかわらず、この転換がジョン・ベルや、ほかの大半の物理学者に気づかれることはなかった。実際、この転換そのものに物理学はほとんど関わっていなかった。それでもやはり、論理実証主義の打倒と科学的実在論の興隆は、科学哲学を根本から変えた——そして最終的に、コペンハーゲン解釈そのものの根底に大打撃を与えたのである。

第８章　天と地のあいだには、人知を超えたことが溢れている

晩年のボーア

空気は、相変わらず饐えたホップのにおいに満ち、どんよりとした灰色の雲が街に低く垂れこめていた。その空の下の石畳で覆われた道は、丘の周りをめぐりながら少しずつのぼっていく。丘そのものの存在自体、注目に値した。というのも、街全体が平らな島の上に作られていたからである。だがその丘はたしかに存在していた。低い石造りの壁で囲われた小さな緑の丘。ほとんどあり得ないことだが、コペンハーゲンの郊外に存在していた。角を曲がって、一人の男が現れた。中年に差し掛かったばかり、というところか。スーツに身を包み、分厚い黒縁の眼鏡を掛けている。髪は黒く、生え際がかなり後退している。男は壁に沿って歩き、やがて道を渡り、カールスバーグ醸造所の門までやってきた。一九六二年一一月一七日の土曜日のことだ。トーマス・クーンが、カールスバーグ・ハウス・オブ・オナーに三〇年にわたって暮らしてきた男、ニールス・ボーアに会いにきたのである。

クーンは、カリフォルニア大学バークレー校にできたばかりの、量子物理学史資料館の館長を務め

ていた。大学で物理学を専攻したクーンは、ハーバード大学の博士課程で学んでいた際に、自分の研究分野の歴史に興味を持ち、その一五年後にあたるいま、バークレーで歴史学の教授になっていた。この数カ月、そしてその後二年間、クーンと彼の助手たちのチームは、世界中を旅し、量子力学の法則を初めて明らかにした英雄的な世代の生存者にインタビューをして回った。ハイゼンベルク、ド・ブロイ、ボルン、ディラック、そしてほかにも大勢の人々を。アインシュタインとシュレーディンガーは、このプロジェクトが始まるまでにすでに物故しており、パウリもそうだった。しかしクーンとそのチームは、彼らの論文を集め、さらに、それぞれの人物が行った研究の概要をまとめるために尽力した。そのすべてが、同時代と未来の歴史家たちに役立つようにとの思いからだった。もちろんボーアは、彼らにとって、ダントツで最も重要な存命の研究対象だった。ボーア自身の研究が、量子力学にとって非常に大きな影響力をもっていたこと、また同僚たちに強大な支配力を有していたことを別にしても、コペンハーゲンのボーアの研究所は、この四〇年間にそこを客員研究員として訪れた何百人もの科学者の多くの重要な論文が生まれた場所である。だとすれば、クーンとそのチームがヨーロッパを旅して、インタビューと文献を集めてまわるあいだ、コペンハーゲンに一時的な本部を置いたのも不思議はない。

この日クーンは、この偉大な人物本人に、再びインタビューすることになっていた。ボーアはすでに、三週間のあいだに四度、インタビューを録音させてくれていたが、クーンはさらに数回ボーアと話をするつもりでいた。カールスバーグ・ハウスに入ると、クーンはボーア、そして、彼の二人の助手、オーエ・ペテルセンとエリク・リューディンガーとともに席に着いた。二、三分四人で雑談をしたあと、クーンはテープレコーダーの電源を入れた。すぐに、量子力学をめぐるボーアとアインシュタインの議論の話題になった。

「アインシュタインに初めて会ったとき」と、ボーアは回想する。「私は彼に尋ねました。いま何に取り組んでおられるのですか？　何をしようとされているのですか？　と。また、もしもあなたが[量子的物体は]粒子だと証明できたとして、ドイツの警察に、回折格子の使用を禁じる法律を施行させられますか？　あるいはその逆に、波動という解釈を維持できたなら、光電管の使用を禁じますか？　とね」[1]。アインシュタインは、量子力学にとって、粒子と波動の両方が重要であることを否定したことは一度もなかった――実際、彼は両方の考え方を最初期から支持していた。彼が量子力学を批判したのは、局所性と完全性をめぐってであったが、その批判に対してボーアが適切に対応したことはついぞなかった。しかしボーアにとって、アインシュタインとの議論はとっくの昔に解決しており、結果はアインシュタインの負けだった。「アインシュタインとのことのすべてが、私には至極厄介ですね。というのも、アインシュタインはじつにたくさんの批判をしましたが、私の考えでは、あらゆる点において、彼は完全に間違っていたことが示されたのですから。しかし彼は、そのことに納得していませんでした」[2]。ボーアは、アインシュタインが次から次へと新しい思考実験を考案しては、量子力学との闘いに費やした歳月を惜しんだ。そのアインシュタインの独創的な対抗策は、ついにはEPR論文に至ったのだった。「[アインシュタインが]ポドルスキーなんかと仕事をしてあの落とし穴にはまったのは、残念でした」とボーアは言う。「ローゼンはもっとひどかった、私の見るところではね。ローゼンはいまなお[EPR思考実験を]信じていますよ。ポドルスキーはもうあきらめましたが。私の知る限りでは……。ほんとうに深いところまで取り組めば、その考え方全体が、まったく無意味だとわかります。あなたは、私は強く言い過ぎていると思われるかもしれませんが、それが真実なのです。そこには何の問題もありません」[3]。

ボーアは、相補性についても話し、それが人間のあらゆる研究分野において必要な一部となり、「共通の知識」となることを望むと語った。物理学における相補性は、量子力学には観測装置などの巨視的な物体を記述することはできないという、事実とされていることの単純な帰結だと見ていた。「これらの二、三の議論――観測装置は重い物体で、それゆえ［量子力学では］記述されない――をすれば即座に、相補的な描像になってしまうと、私はほんとうに思います。そして、私には――もしかすると、私が間違っているのかもしれませんし、私が不公平なのかもしれませんが――あの人たちがどうしてこれを気に入らないのかわかりません」[4]。とりわけ彼は、哲学者たちが彼の考えを理解していないようであることに不満で、「哲学者と呼ばれる者で、相補的な記述によって人が何を意味しているかを真に理解しているらしき者は一人もいない」[5]とぼやいた。（このインタビューの後半で、ペテルセンがボーアに、相補性をわかりやすく説明してもらえないかと求めたところ、ボーアはそれをはぐらかしてしまった。自分はアインシュタインに相補性をシンプルに説明してやったのだが、彼は「それを気に入らなかった」と言っただけだった。そしてボーアは別の話題に移り、この質問はもうおしまいだった。）

ボーアの不満とは裏腹に、当時の多くの著名な哲学者たちがコペンハーゲン解釈にはかなり好意的だった。だがその状況は変わりつつあった。その理由のひとつが、その年の初めに出版された『科学革命の構造』という新しい本だった。この本は、当時の哲学コミュニティー全体で通念となっていた考え方に抗議し、科学がいかに機能するかについて、まったく新しい見方を提唱していた。この本が主張していた立場は、哲学者たちにはあまり広くは受け入れられていなかったが、それが批判していた定番の考え方——論理実証主義——は、『科学革命の構造』が世に出たときにはすでに病んでおり、この本はその死期を早めたのだった。論理実証主義は、コペンハーゲン解釈と同様、観察不可能なものについて語ることは無意味だと考えていた。論理実証主義者も、実証主義に刺激された議論を、コペンハーゲン解釈を擁護するために頻繁に使っていた。科学者も哲学者も、実証主義に刺激された議論[6]を、コペンハーゲン解釈を照準に捕らえてはいなかったが——実際、この本は概してコペンハーゲン解釈には好意的だった——実証主義に対する痛烈な批判は、正統派の量子力学にとっては不吉な知らせとなる可能性を孕んでいた。

クーンのボーアへのインタビューは、『科学革命の構造』の実証主義批判をボーアがどのように考えていたかを明らかにする素晴らしい機会となったことだろう。というのも、『科学革命の構造』の著者はほかならぬクーンなのだから。残念ながら、その日クーンはボーアと実証主義については話をしなかった。彼がボーアにそれを——あるいは、ほかの何についてであれ——尋ねる次の機会は二度となかった。翌日、昼食のあと昼寝をしたボーアは、その昼寝から目覚めることはなかった。彼が生きて論理実証主義の転覆を——そして、それに続いて、科学哲学者たちのあいだで、コペンハーゲン解釈への支持が低下するのを——見ることはなかった。

ウィーン学団のマニフェスト

一九二九年一〇月、モーリッツ・シュリックがウィーンに帰ってくると、彼の仲間たちは大喜びした。リーダーのご帰還だ。ウィーン大学の自然哲学の教授だったシュリックは、直前の学期のあいだ、スタンフォード大学に招かれてそちらで過ごしていたのだ。[7] スタンフォード滞在中、彼はドイツのボン大学からきわめて好条件のポストを提示された。シュリックは数カ月迷い続けたが、結局ウィーンのいまのポストに留まることにした。ボンのポストがいかに魅力的であっても、シュリックがウィーンで占めているユニークな非公式の地位にかなうわけはなかった。彼は、論理実証主義という新しい哲学を推進する、科学者と哲学者からなるグループ、ウィーン学団のリーダーだったのである。穏やかな物腰、エレガントな魅力、そして恐るべき知性を持つシュリックは、威勢のいい学者たちのグループのリーダーにふさわしかった。リーダーが戻ってくると決めたことへの「感謝と喜びのしるし」[8]として、学団の最年長メンバーの数名[9]——オットー・ノイラート、ルドルフ・カルナップ、ハンス・ハーン——が、学団が共有する哲学的、科学的、そして政治的展望を明記したマニフェストを書き上げ、シュリックが戻ったらすぐに贈ることにした。優れたマニフェストがすべてそうであるように、『科学的世界把握——ウィーン学団』は、学団の目的のみならず、学団が断固として抗議するものは何かを明記し、自らとその反対勢力を、広範囲で出現しつつある世界的な運動の一部として描いていた。

多くの者が主張していることだが、形而上学的・神学的思考が、社会生活においてのみならず科学においても、今日再び活発化しつつある。……このような主張そのものは、大学講座のテーマや哲学の出版物の題目を見れば、容易に確認できる。しかし、これに対抗する啓蒙の精神と反形而上学的事実研究の精神も、今日ますます強まっている。……いくつかの領域においては、まさにこの新しい、興隆したばかりの対抗精神によって強化され、経験を基盤とした、思弁を否定する思考態度がかつてなく強まっている。経験科学のあらゆる分野の研究において、この科学的世界把握の精神が生きている。[10]

学団のメンバーたちがマニフェストで対峙している、台頭する「形而上学的・神学的思考」は、宗教的なものだけではなかった。当時中央ヨーロッパで最も影響力のあった哲学のひとつがドイツ観念論だった――そしてそれは、ウィーン学団の地に足がついた経験主義とはまったく相容れなかった。ドイツ観念論者たちは、観念は物質的世界よりも優位にあると確信していた。彼らは、一九世紀前半の有名なドイツの哲学者G・W・F・ヘーゲルの思想を受け継いでいた。ヘーゲルは、歴史の流れのなかから生じ、やがてそれを最終的な目的へと導く、世界精神というものを信じた。実在の本質について壮大な発言をしがちな実証主義者たちには、ヘーゲルは過度に曖昧で理解し難かった。たとえばヘーゲルは、最も有名な著作のひとつ、『歴史哲学講義』において、「理性は……実質であり、また、無限の力でもあり、それ自体の無限の物質がすべての自然生命と精神生命の根底に存在している。また、物質の動きを開始させる無限の形状でもある」[11]と宣言している。実証主義者たちには、これはナンセンスでしかなかった。

ウィーン学団の理想に対立する哲学を説いている者には、ヘーゲルとその追随者たちに加え、同時代のドイツ哲学者、マルティン・ハイデッガーがいた。ハイデッガーは多くの主題についてヘーゲルに異議を唱えていたが、二人とも、経験的データと物質よりも、抽象的観念と直観を強調していた。ウィーン学団の理想の対極だ。

そういった哲学は、退行的で鬱屈しており、しかも意図的に曖昧にされていると彼らには見えた。

ウィーン学団のマニフェストはそれらに対する闘いに立ち上がろうとの呼びかけであった。「整然として明瞭であることを目指して努力し、遠く暗いものや測り知れない深みは拒否すべきだ」[12]と宣言していた。ヘーゲル、ハイデッガー、そして彼らの同類たちの研究は、視覚と聴覚の日常世界とはかけ離れた形而上学として放棄された。「直観は、より優れた、より貫通力のある知力で、感覚の経験の内容を超えたところへと導くことができ、概念的思考の轍に制約されない――このような見解は拒否された[13]。……経験による以外に、真の知識に至る道はない。経験の上、または経験を超えたところに立つ、観念の領域など存在しない」[14]。観念論や神学に代わり、ウィーン学団は、「科学的世界把握」を推進する。これには二つの重要な特徴があった。「第一に［科学的世界把握は］経験論的であり実証主義的である。知識は、唯一経験からのみ可能である。……これは、まっとうな科学の内容に限度を設ける。第二に、科学的世界把握は、ある特定の方法、すなわち論理分析の使用を特徴とする」[15]。ゆえに、「論理実証主義」と呼ばれる。

論理実証主義者たちは、当然のことながら、哲学の空中楼閣や、その防御にしばしば使われる入り組んだ文章に反対した。しかし、彼らは単に形而上学に反対しただけではなかった――形而上学的な命題を実際に無意味だとして退けることができると確信していたのだ。彼らにとって意味は、実証の問題だった。ある命題が何を意味するかを知ることは、自分の感覚を使って、それをいかに実証すべきかがわかるということと等価だ。実証主義者たちによれば、あなたが「室内のここより、外のほうが暑い」と言うとき、あなたはじつは、「外に行けば、室内のここよりも暑く感じるだろう」ということを意味している。命題の意味は、それを経験的に検証する方法である――そして、ある命題を感覚によって検証する手段がないなら、その命題には意味はない。そのような次第で、実質と形状に関するヘーゲルの宣言のような難解な命題や、「神は存在する」などの形而上学的な命題は、観察可能な世界と一切接点を持たないので、無意味である。

しかし、感覚と何の接点もない言説は観念論的あるいは神学的な主張だけではない。たとえば「リビングルームに誰もいなくても、長椅子はそこにある」などの、もっと単純な主張でありながら、やはり直接確認するのは不可能なものもある。このような、物質的対象物の独立した知覚についての主張は、実在論的主張だ――傍に人間がいようがいまいが存在する実在の世界に関する命題である。これらの命題は科学にとって非常に重要だ。しかし一部の実証主義者たちは、細部にこだわり重要なものを捨ててしまう愚を弄し、実在論的主張まで、無意味だとして打ち捨ててしまった――経験によって実証できないから、という理由で。実証主義者の立場では、意味があるのは、純粋に論理的な数学の命題のほかは、知覚に関する命題のみであった。

しかしそのような考え方をすることで、実証主義者たちは窮地に陥ってしまった。彼らは、知覚から独立して存在する世界について話をするのは無意味だと考えたが、その一方で、科学は機能しているとも言いたかったのだ。この問題を回避するために彼らは、自分たちの「意味＝検証可能性」説とうまく辻褄が合う科学観を作り上げた。それによれば、科学とは知覚を組織的にまとめあげることに関するものである。科学理論は、過去の知覚を数学的なからくりによって処理することによって、未来の知覚を予測する方法に過ぎないというのだ。科学は、人間の知覚から独立して存在する、客観的な実在世界に関するものではない、なぜなら、知覚を越えて存在するものは――「実在する」世界と推定されるものでさえも――形而上学でしかないからだ。科学者が、彼らの科学理論に基づいて観察不可能だが「実在する」物について述べた命題はすべて、不要な仮説であり、真の科学の仕事には無関係な形而上学的なお荷物に過ぎないと退けられた。たとえば電子は、実在ではなかった——電子は見ることが不可能だからだ。霧箱のような粒子検出器のなかの、目に見える軌跡だけが実在と見なすことができる。直接知覚できるものは、それ以外にはないのだから。たしかに物理学者たちは、まるで電子が実在するかのように電子について話をしていたが、それは単に、彼らの知覚を省略してそのように言い表しているだけであって、文字通り受け止めるべきものではなかった。科学は知覚を予測するための手段であり、それ以上のものではない。このような科学観は、道具主義と呼ばれるようになった。

実証主義者たちはまた、科学者と哲学者は「統一科学」を目指して努力しなければならないとも主張した。科学と観察に基づく、単一の一貫した世界観の構築である。そこではさまざまな異なる科学分野がすべて、ひとつの連続的で一貫性を持った全体としてまとまっている。生物学は化学を基盤とし、その化学は物理学を基盤とし、等々というわけである。これは、それほど罪のない、異論の出ない主張だと、今日では思えるが、当時は、これに対する強力な反対運動が諸科学のなかに起こった。一九世紀の大半を通して、物理学と化学は対立していた——化学者たちの大半は、原子を信じていたが、物理学者たちは原子の存在を疑うことも多かった。ようやく二〇世紀の最初の一〇年になって、この二つの分野は化学的相互作用について、一貫性のあるひとつの描像を構築し始めたのだった。そして、生物学は、まだ完全には、この同じ土俵には乗っていなかった。当時の生物学者の一部は、生気論を信じていた。生気論とは、生物は無生物と同じような物理法則には支配されておらず、細胞分裂や遺伝には、熱力学にしたがわない、何らかの非物理的なものが関わっているという考え方だ。実証主義者たちは、この主張や、それに類似したほかの主張を、意味もなく曖昧な形而上学だとして拒否した。ウィーン学団のマニフェストによれば、哲学そのものも、統一科学に包含されるべきであった。「経験科学の、さまざまな分野と並ぶ、あるいは、その上に位置する、基本的もしくは普遍的科学としての哲学などというものは、存在しない」[16]。哲学は、自然科学と同様、観測と感覚に関する主張に基づくべきである、というわけである。

経験主義と論理を重視していたにもかかわらず、ウィーン学団は、関心を払うべき対象を科学と哲学に限定してはいなかった――統一科学は、すべての人間活動に及んでいた。「われわれは、科学的世界把握の精神が、さまざまなかたちの個人および公的生活に、すなわち、教育、しつけ、建築、そして経済的および社会的生活の形成に、合理的な原理にしたがって、ますます浸透していくのを目撃している」[17]と、マニフェストは大胆に宣言していた。学団のメンバーたちは、同様の精神を共有する、芸術運動や社会運動との連携を確立していった。そのような運動の一例が、建築とデザインの学校、バウハウスだ[18]。そして学団はまた、その革命的なレトリックにつり合う政治信条を持っていた。ドイツ観念論者のような、哲学における彼らの敵は、しばしば退行的な右派政策を支持した。たとえばハイデッガーは、忠実な国家主義者で、農業を重んじる伝統主義者であり、産業化を人間性を奪う力と見なしていた。彼は、伝統的な文化の価値観に戻ることを人々に促し、議会制民主主義などの近代的な傾向に対抗し、ついには一九三三年にナチ党に加わった。ウィーン学団は、彼らが闘っている非科学的で流行おくれの哲学には、極右政治の恐怖が結びついていると考えた。メンバーは自分たちを、ヒュームやロックなどの偉大な経験主義的な啓蒙思想家の伝統を継ぐ者と見ており、啓蒙主義の価値観を推進した。国家主義よりも国際協力を、信仰よりも理性を、ファシズムよりも人道主義を、そして、独裁政治よりも民主主義を。彼らにとって産業化は、抑圧的な力ではなく、近代化を進める力だった。ウィーン学団は、これらの政治理念は彼らの哲学研究と密接に結びついていると信じていた。たとえばノイラートは、一九一九年に誕生して短命に終わったバイエルン州の革命的社会主義政権で経済学者として活躍し、トラブルのせいで投獄されかけた。「経済と政治の関係を新たに体系的に構築するための努力、人類統一のための努力、学校と教育の改革のための努力、これらはすべて、科学的世界把握と内的に結びついていることがわかる[19]」と、彼はウィーン学団のマニフェストに記した。彼らは、「科学的世界把握の提唱者は、断固として、人間の経験という単純なものを基盤として立つ。彼らは、数千年分の、形而上学と神学の瓦礫を取り除く仕事に信念を持って取り組む[20]」。

彼らの人道主義的、国際主義的政治理念に忠実に、シュリックと彼の仲間たちは世界に手を差し伸べた。「ウィーン学団は閉鎖的集団の共同研究に閉じこもらない」と彼らのマニフェストは宣言していた。「また、現在進行中のさまざまな運動にも、それらが科学的世界把握に友好的で、形而上学や神学に背くかぎり、学団はそれらとの連携を試みる[21]」。これについては、彼らは一時的に成功した。ドイツのハンス・ライヘンバッハ（彼自身、ベルリン学派と呼ばれる哲学者のグループを作っていた）やイギリスのA・J・エイヤーなどの哲学者たちがウィーンを訪れ、その後帰国して、国境や言語の壁を越えて論理実証主義を推進した。ルドルフ・カルナップは、ウィーン学団の見解を解説し広める主唱者となった。一九二八年に出版された画期的な著書『世界の論理構造』で、彼は実証主義運動の突出した著名人となり、彼の学生からは重要な哲学者が輩出した。カルナップとライヘンバッハは、『哲学年報』という既存の哲学専門誌を買収、それを自分たちの目的に使うことに成功した。『エルケンティス』（「知識」または「認識」の意）と新たに命名されたその雑誌では、彼らのグループ内外からの実証主義に関連する記事を掲載した。この間、威勢が良く熱烈な性分のオットー・ノイラートは――エイヤーの回想によれば、「シュリックがエレガントで垢抜けていたのと同じくらい、無精で騒々しい大男で、手紙の結びのサインに、いつも象の線画を使っていた」[22]――統一科学の名の下に世界を変えるための、いくつもの野心的な計画に取り組んでいた。彼は、『統一科学国際百科全書』という大規模な百科全書のプロジェクトに着手し、実証主義と諸科学の考え方を一組の権威ある数巻からなる参考書によって説明しようと考えた。彼はまた、国際的な記号言語、ＩＳＯＴＹＰＥの開発にも取り組み、この言語によって、曖昧さが残らぬ正確さで知覚データを特定できるようにし、科学と哲学における国際協力に資することを目指した。そしてノイラートはさらに、一連の統一科学国際会議を主催し、世界中の実証主義者を集め、彼らの哲学的、社会的プログラムの進捗を議論する場にしようとした。一九二〇年代後半から一九三〇年代前半にかけてのほんの短い期間、ウィーン学団のマニフェストの希望は、赤々と燃えた。

迫りくる戦乱の足音

実証主義者らの考え方の多く――観察を重視し、「実在」と見えない実体とを形而上学だとして捨て去り、科学は知覚を体系化するための道具に過ぎないとする考え方――は、コペンハーゲン解釈に付随するいくつかの考え方と共通するようだ。論理実証主義と量子力学は、同じ時代と場所から生まれた。ウィーン学団とベルリン学派は、どちらも一九二〇年代に創設されたが、これはハイゼンベルクとシュレーディンガー（それぞれドイツ人とオーストリア人）が初めて本格的な量子力学を構築したのと同じ時代である。これは偶然の一致ではないが、また、何かの陰謀でもない。彼らが共有していた時代と場所の知的文化には、あるぼんやりとした想念が漂っており、それが初期の実証主義者と最初の量子物理学者、両方の考え方に影響を及ぼしたようである。しかし、この二つのグループの両方に、共通するインスピレーションを与えたものがいくつかあった——その最も重要なものがエルンスト・マッハの哲学だ。

ウィーン学団の一世代前にウィーン大学で勤務していたマッハは、すべての科学理論は観察可能な実在物だけを対象とせねばならないと主張した。（本書で最初に彼が登場したのは第2章だ。彼は、原子を見ることはできないことを根拠に原子の存在を否定し、ルートヴィッヒ・ボルツマンを大いに当惑させた。）マッハの、観察可能な物のみを対象とすべしという科学哲学は、論理実証主義の興隆を促した直接のインスピレーションの一つだった。ウィーン学団は、そのマニフェストのなかで、自分たちの直接の先駆者の一人であり、最も重要な影響を与えた人物の一人として彼の名を挙げた。しかし、マッハの影響を受けたのはシュリック、ノイラート、そしてほかのメンバーたちだけではなかった。マッハはまた、ヴォルフガング・パウリという名の、ウィーン生まれの数学の神童の名付け親でもあった。パウリの科学哲学には、マッハの見解が浸透していた。一九二一年、大学を卒業したばかりの若きパウリは「原理的に、実験によって観察できないような量について議論することは、無意味である」[23]と記した。そのような量は、「虚構であり、物理的意味を持たない」[24]と彼は主張した。それから三〇年以上経って、パウリは、観測と観測のあいだに何が起こるかを量子力学が記述できるかどうかについてのアインシュタインの懸念を退けた——「それについて一切知ることができないものが、それでもやはり存在するのかどうかという問題については、針の先端に何人の天使が座れるかという大昔の問題以上に、もはや頭を悩ませるべきではない」[25]と述べて。

ウィーン学団とコペンハーゲンの物理学者たちに共通するアイデアの源はマッハだけではなかった。二つのグループが同様に高く評価していたもう一人の人物がいた。[26] それがアインシュタインだ。アインシュタイン自身、特殊相対性理論を構築する際にマッハからかなりのインスピレーションを得たのだった。観察可能なもの——時計と物差し——だけに集中しつづけ、輝くエーテルを観測不可能な幽霊として退けることによって、アインシュタインは科学革命を起こした。特殊相対性理論の成功は、マッハ的な物理学の捉え方の勝利だと見なされた。ハイゼンベルクが相対性理論についてそのように考えていたことは間違いなく、一九二六年にベルリンでアインシュタインに会ったとき、彼にそのように告げた（第2章で見たとおり）。そして、そう考えたのは彼だけではなかった——パウリも相対性理論を、彼の名付け親の見解の証明だと見なしていた。実証主義者たちもアインシュタインの研究をこのように受け止めていた。モーリッツ・シュリックは、相対性理論とその哲学的含意を解説した著書『近代物理学における空間と時間』で初めて哲学者としての名声を得た。そして、ウィーン学団のほかのメンバーたちは、アインシュタインが彼らの考え方を支持してくれると強く確信したあまりに、マニフェストの最後に「科学的世界把握の主要な代表者」の一人としてアインシュタインの名前を勝手に挙げてしまった。

しかし、マッハの考え方を借用したのはたしかだが、アインシュタインはマッハの科学哲学に魅了されていたわけではなかった——少なくとも、相対性理論を発表した数年後以降は。[27]「マッハの小さな馬について、私がどう考えているかわかるかい」と、彼は一九一九年、ある友人への手紙に記した。「あれは、生きているものは何も生み出せない。できるのは、害虫を駆除することだけだね[28]」。ウィーン学団の創設メンバーの一人、フィリップ・フランクは、アインシュタインに、彼の科学哲学について尋ねたとき、アインシュタインが実証主義者ではないことを知って驚愕した。フランクは、あなたは相対性理論において、実証主義的なアプローチを物理学のなかに生み出したではありませんかと言って抗議した。アインシュタインは、「いいジョークは、あまりしょっちゅう繰り返して使わないほうがいいよ[29]」と応じた。数年前ハイゼンベルクに応じたときとほぼ同様に。

アインシュタインが、科学は知覚を体系化する以上のことを目的としていると考えていたのはたしかだ。「私たちが科学と呼ぶものの唯一の目的は、何が存在するかを特定することだ[30]」と彼は述べた。一九四九年にボーアや他の批判者たちに応えるために書いた小論のなかでアインシュタインは、自分が量子力学について満足がいかないと感じるのは、それが「すべての物理学の基本理念に当たる目的」の可能性を否定していることだと記した。その目的とはすなわち、「（どのような観測もしくは実証の行為にも関わることなく、存在すると考えられるものとしての）任意の（個別の）実在する状況の完全な記述[31]」である。アインシュタインは、これが当時の哲学的傾向にはまったく沿っていないことを知っていた――物理学の目的に関する自分の信念を述べた直後に、彼はいま述べたばかりのことに関して、冷笑的な余談を挿入した。相対性理論と量子力学の両方を、自分の哲学的立場の正しさを保証するものと考える、架空の実証主義者の視点に立って、次のように記したのだ。

実証主義的傾向のある現代の物理学者がこのような論述を聞いたときは必ず、彼は憐れむような微笑みを返す。彼は心のなかで、このように言う。「ほら、これが形而上学的偏見の赤裸々な論述だよ。中身は空疎な偏見であり、さらに言えば、その征服こそ、この四半世紀の物理学の最大の認識論的成果だったのだ。『実在する物理的状況』を実際に知覚した者などいるだろうか？

理性ある人間が今日なお、このような血の気のない幽霊を描いて、われわれの本質的な知識と理解に反論できると思い込むなんて、いったいどうして可能なのだろう？[32]」

続いて彼は、「忍耐を！」と懇願し、そして、EPR思考実験が突き付けた未だ答えられぬ挑戦を再び丁寧に説明し、自らの見解を巧みに弁護した。しかし、彼自身の見解とは裏腹に、アインシュタインの科学思想はハイゼンベルク、パウリ、フランク、ウィーン学団、そして一世代のドイツの物理学者全員にとって、実証主義的インスピレーションの源であり続けた[33]。

アインシュタインの科学思想は、実証主義的な傾向があるほかの哲学者たちにもインスピレーションを与え、ウィーンとコペンハーゲン以外の土地でもそのような哲学者のグループが自発的に誕生した。一九二七年、ハーバード大学の実験物理学者パーシー・ブリッジマンは、彼が操作主義と呼ぶところの科学哲学を発表した。著書『現代物理学の論理』のなかで、彼は議論の最初に、自分はアインシュタインの特殊および一般相対性理論からインスピレーションを受けたと明言した。「これらの理論を通して、物理学が永遠に変化することに疑いの余地はない[34]」とブリッジマンは記した。「［アインシュタイン］自身はこれを明言したり強調したりしてはいないが、物理学において有用な、そして、有用であるべき概念は何かについての私たちの見解を彼が本質的に変えてしまったのだということを、彼がこれまでに行った研究が将来示すであろうと、私は確信している[35]」。ブリッジマンはさらに続けて、すべての科学的概念は、何らかの種類の具体的な手順によって定義される、操作的定義を持たねばならないことをアインシュタインは示したのだと主張した。したがって、たとえば「温度」は、「水銀温度計が示すもの」と定義されなければならないというのだ。ブリッジマンにとって相対性が提示した深い洞察とは、操作的定義こそが科学的概念に可能な最も根本的な定義であると示したことであった。「一般に、どの概念によっても、私たちは一組の操作以上のものを意味していない。概念は、それに対応する一組の操作と同義である」[36]。ブリッジマンは、第一級のアメリカの物理学者で、その後一九四六年にノーベル賞を受賞する。当然のことながらウィーン学団は、これほど傑出した物理学者が彼ら自身の科学哲学にきわめて近いものを取り入れていることに感激し、一九三九年に、彼らが開催する統一科学国際会議にブリッジマンを招待した。

実証主義者たちと量子力学の創始者たちが共有していたのは、インスピレーションの源だけではなかった――彼らはお互いに直接結びついてもおり、科学や哲学における共通の関心事について議論していた。ノイラートはコペンハーゲンを数回訪問しており、一九三四年にはボーアに面会し、その後数年間ボーアと文通を続けた。ボーアに初めて会ったあとにカルナップに送った手紙のなかで、ノイラートは、ボーアの「基本姿勢は私のそれと一致する」[37]と述べた。ボーアは、のちにノイラートに手紙をしたため、二人の見解が、それほど離れていないことへの喜びを表明した[38]。一九三六年の夏、ノイラートとボーアは、デンマークの実証主義者ヨルゲン・ヨルゲンセンと協力し、第二回統一科学国際会議のお膳立てをした。この会議は、当然ながら、コペンハーゲンで開催された――やはり、ボーアの邸宅、カールスバーグ・ハウス・オブ・オナーで（図8－1）。この会議でフランクは、シュリックの代理として、『量子論と自然の可知性』[39]という論文を読み上げた。シュリックのこの論文は、「物理学において、原理的に不可知な因子について語ることは無意味である」と主張し、量子力学において、確定していない量について語ることは「正しくもなければ間違ってもおらず、ただ無意味である」[40]と断じた――コペンハーゲン解釈と恐ろしいほどよく似た主張だ。

図８－１　1936年6月にコペンハーゲンのボーア邸で開催された第2回統一科学国際会議。立っているのはヨルゲン・ヨルゲンセン、ニールス・ボーアは最前列の右端で、その隣がフィリップ・フランク。カール・ポパーはヨルゲンセンのすぐ左隣。オットー・ノイラートは4列目の左から3人目で、そのすぐ後ろにカール・ヘンペルが座っている。最前列の空席は、出席したかったができなかった、シュリック、カルナップ、ライヘンバッハのためのものだった可能性が高い。

だが以上の事柄のどれも、論理実証主義はコペンハーゲン解釈の哲学的定義だという意味ではない。とりわけボーアは、それほどの実証主義者ではなかっただろう。ボーアが実際にどんな立場だったかを言うのは困難だが——何かのテーマについてのボーアの見解を明らかにしようと試みる論文は小山をなすほど存在するが、互いに一致するような結論に至っているものはほとんどない——実証主義者が不快と感じるようなある種の考え方、たとえば生気論を、ボーアはたしかにもてあそんでいた。[41]（じつのところ、一九三六年に自宅で行われた国際会議で、ボーアは相補性を下じきに論を展開するなかで、生気論に好意的に言及していた一方、先に述べた同じ会議で発表されたシュリックの論文は、生気論に反論していた。）そしてノイラートは、ボーアの「出版された発言は、まったくの形而上学に満ちて」おり、彼は「自分の見解をはっきりとは表明しない」[42]と感じていた。しかしボーアは、実証主義者たちに共感もしていたようで、自分もその一人だと宣言したも同然の発言もしばしばあった。フランクが、EPR論文へのボーアの返答は実証主義的な論拠によるのかと尋ねたとき、ボーアは、「君は私の努力の意味をよく捉えているね」[43]と応じた。

ボーアの真の哲学的確信が何であったかに関わらず、コペンハーゲン解釈が論理実証主義から派生した議論やスローガンに擁護されたのは間違いない。意味とは検証可能性であるという説——とりわけ、検証不可能な主張は無意味だという考え方——は、世界がいかに機能しているかに関するまったく新しい洞察として、物理学の学生に教えられた。二〇世紀中ごろ非常に人気のあったある教科書によれば、量子革命以前の古い物理学は、光子のような粒子は常に、あらゆる瞬間において、特定の位置を持つとしていたが、「量子力学は、……そうではなく、光子の位置は、実験が位置の決定を含む場合にのみ意味を持つと明言する」[44]のだった。ハイゼンベルクも、量子的世界について語るとき、しばしば操作主義的な言葉を使った。「原子核の周囲の電子の軌道を観測する方法はまったく存在しない」そして、「それゆえ、通常の意味での軌道はまったく存在しない」[45]と彼は断じた。彼によれば、観測と観測のあいだに、電子が軌道もしくは、任意の種類の経路を持つと仮定することは、「言語の濫用であり、……それはまったく正当化できない」[46]ことだった。

しかし、実のところ、物理学コミュニティーは実証主義をほんとうには受け入れていなかった——物理学者にとって都合のいい類似品を受け入れていただけだ。意味は検証可能性であるという説は、実際にはコペンハーゲン解釈に含まれるほとんどの定式化を正当化することができなかった。[47]そして、ウィーン学団は電子は存在しないと信じていたものの、物理学者で心からそう信じる者などほとんどいなかった。物理学者たちは、実証主義的態度の戯画を採用していただけだった。見えないなら、気にする必要などないではないか？　見えないものは、いずれにせよ無意味なのだから。そして、まだ納得していない者がいたとしても、この種の論法がなぜ正しいかを説明する実証主義の議論を借用した廉価版が山ほどあり、それでたいていの者の悩みは十分解消できた——なにしろ、量子力学の数学的構造を利用して取り組むことができる、さまざまな興味深い研究が目の前にあるのだから。

この、実証主義の漫画的パロディーは、欠陥もあるにせよ、第二次世界大戦の戦中戦後に奨励された実用的物理学に対しては、非常にうまく働いた。そして、シュリックやフランクなどの、ウィーン学団の一部のメンバーたちが、コペンハーゲン解釈は論理実証主義の、広く認められた教義に根差していると主張したことは間違いない。しかし、戦争は、コペンハーゲン解釈の展望を明るくした一方で、ウィーン学団の命運に影を落とした。

ウィーン学団は、一九三〇年代中ごろ、ファシズムがヨーロッパに広がるにつれ、深刻なトラブルにぶつかり始めた。政治状況が悪化していくなか、学団のリーダーや盟友のなかにも、もはやヨーロッパから完全に立ち去るべきときだと考える者も出始めた。ライヘンバッハは、一九三三年にヒトラーが首相になり権力を掌握すると、職を奪われ、イスタンブール大学に逃れてそこで数年間過ごした。ファシストはオーストリアでもほぼ同じころに政権を掌握し、一九三四年までにはチェコスロバキアが、東ヨーロッパに唯一残存する民主主義国家として危うい立場に追い込まれていた。数年前にプラハ大学に移籍していたカルナップは、災いの前兆を見た。アメリカの実証主義哲学者チャールズ・モリスの助けを借り、カルナップは一九三五年にアメリカに渡り、しばらくしてシカゴ大学に職を得た。シュリックはウィーンに留まったが、ますます困難な政治的問題に直面した。ファシスト政権もオーストリア・ナチス党も、彼を対立するイデオロギーをもった政治的な敵だと見なし（その見方は正しい）、ナチスは彼がユダヤ人だという嘘を主張した。一九三六年、オーストリア政府はシュリックがボーア邸での会議に出席するための旅券の発行を拒否した。第二回統一科学国際会議が終日行われる最初の日の朝、ボーアとフランクが論文を発表していたころ、ウィーン大学の教室へ向かう階段で、シュリックに彼の元生徒、ヨハン・ネルベックが近づいた。ネルベックは至近距離から四度シュリックを撃った。彼はその場で絶命した。ネルベックは逮捕され、自白し、正常な精神状態であると判断された。しかし、オーストリア・ナチスは彼の動機を受け入れ、ウィーンの各新聞には、この事件の事実を歪曲して報道させた。ネルベックは殺人の罪に対して、懲役たった一〇年という異様に軽い判決を受けた。一九三八年のアンシュルスでオーストリアがナチス・ドイツに併合されると、ネルベックは恩赦を申請した。申請書のなかで彼は（自分のことを「彼」と呼び）、次のように述べた。「彼の行為と、その結果起こった、国家にとって異質で有害な教義を広めた一人のユダヤ人教師の排除により、彼は国家社会主義に奉仕し、また、自らの行為の結果、国家社会主義のために苦しみを受けた」[48]。与えられた刑期のうち二年を務めただけで、彼はナチスに赦免された。

一九三九年に戦争が勃発するまでには、ウィーン学団の中核メンバーで、まだヨーロッパ大陸に残っていたのはオットー・ノイラートだけになっていた。ファシストたちがオーストリアを併合すると、彼はオランダに逃れ、ハーグを拠点に、国際的な視野からの研究を続けたいと考えていた。しかし、一九四〇年、彼と助手は、ロッテルダムが炎上するのを尻目に、かろうじて小船でイギリスに逃げおおせた。ナチスがハーグに到着するほんの数時間前のことだった。戦後、ウィーン学団の再建が何度か試みられたが、一九四五年一二月にノイラートが急死すると、そのような努力はほぼすべて頓挫してしまった。実証主義は、「論理経験主義」という新しい名のもとに哲学として存続したが、組織化されたひとつの、政治的かつ哲学的かつ科学的な運動の実現というウィーン学団の壮大な夢は潰えた。

実証主義を中心とした統一運動を復活させる希望の残りはすべて、戦後のアメリカの政治環境によって打ち砕かれた。第二次世界大戦後、反共ヒステリーが急激に高まり、新たに起こった冷戦は、哲学を含む、知的な会話で考えを交換するすべての活動を萎縮させた。一部の人々には、統一科学運動は、その左翼的な政治思想、反宗教的哲学、そして国際主義的な大志から、共産党の前線と訝しいほどよく似ていると感じられた。デイヴィッド・ボームに事実上の亡命を強いた「赤狩り」の時代、J・エドガー・フーバーのFBIは、カルナップ、フランク、そしてその他の実証主義の指導者たちの調査書類をまとめた。あらゆる政治活動を停止させる非常に大きな圧力のもと、実証主義者たちは論理と科学哲学にのみ集中することを余儀なくされた――つまり、いまでは遠い過去のものとなってしまった彼らのマニフェストが「論理の凍った斜面[49]」と呼んだものに、追い込まれたのである。しかし、実証主義に対するとどめの一撃を与えたのは、それを傷だらけにして捨て置いた、地政学や偶然などの外力ではなかった。実証主義の中心教義のいくつかに対する新たな反対論が、新世代の哲学者たちによって提起されたのだ。これらの反対論は、意味の検証可能性説や、科学に対する操作主義的説明などが不適切であることを暴露した――そして、科学哲学者たちを、コペンハーゲン解釈から離反させたのである。

科学的実在論の反撃

ウィーン学団をその最盛期に訪問した若手哲学者の一人が、ウィラード・ヴァン・オーマン・クワインという、ありそうにない名前をした、聡明なアメリカの学生だった。クワインは、一九三二年にハーバード大学で、数理論理学の博士論文を書いた。その後一年間、フェローシップ（特別研究員への奨学金）を利用してヨーロッパを旅し、シュリック、フランク、エイヤーやそのほかの主要な実証主義者たちに会った。彼はプラハで、六週間にわたりカルナップと共に研究を行った――「死んだ本ではなく、生きた教師によって知的に熱狂させられるという、私の初めてのほんとうに重要な経験[50]」だったと、クワインはのちに語った。「カルナップの熱烈な弟子[51]」としてヨーロッパから帰国したクワインは、ハーバードに戻り、授業で実証主義哲学を教えた。彼はまた、数理論理学においても重要な研究を行った。しかしクワインは、研究と教職を続けるうちに――中断されたのは、唯一、第二次世界大戦で、ナチスの潜水艦が発する通信の暗号解読に従事したあいだだけだった――実証主義の教義に対する疑念が徐々に染み込み、蓄積していった。ついに一九五一年、ダムが決壊した。クワインは、一件の論文を執筆し、実証主義を屈服させることになった。

クワインの論文「経験主義の二つのドグマ*」は、実証主義の綱領の中核である、意味とは検証可能性であるという説に照準を当てていた。[52] クワインは、単独の命題を検証する方法は存在しないと指摘した——ひとつの命題を検証しようとするすべての企ては、他の命題が真であるとの仮定を含んでいるが、これらの命題にしても、同じ問題を抱えている。たとえば、あなたのテレビのリモコンが働かず、テレビをつけることができないとしよう。あなたは、リモコンの電池が切れているのかもしれないと考える。この考えは、電池を交換して、もう一度リモコンでテレビをつけてみることで、検証が可能だ。やってみると、テレビはついた。さて、このことから、あなたは正しかったと言えるだろうか？　いや、言えない。リモコンの電池は切れてなどいなかったということも、十分あり得るのだ。リモコンがショートしていて、どの電池を使おうが、たまにしか働かないのかもしれない。あるいは、元の電池が逆向きに入っていたのに、気づかなかっただけかもしれない。元の電池をただぱっと外し、新しい電池を正しい向きに入れた、というわけだ。それとも、もしかすると、もっと奇妙なことが起こっていたのかもしれない。リモコンは常に働いていたのだが、さっき使ったときは、テレビが摩訶不思議な方法で画像を赤外領域に、音声を超音波にシフトしたので、テレビを見ることができなかったのかもしれない。電池を交換してからは、テレビはたまたま正常に戻ったのであり、電池を交換したからではない。この最後の説は、明らかに不合理だ——いったいどうしてそんなことが起こり得る

＊『論理的観点から——論理と哲学をめぐる九章』に収載。

んだ？——が、リモコンに新しい電池をセットして試すという行為においてあなたは、世界に関するじつにさまざまな基本的事実を仮定しているが、これらの仮定はすべて、これまでの経験に基づいており、原理的には、そのうちのどれについても、間違っている可能性があることは、一貫して変わらない。これは、リモコンの電池に関する仮定に対して正しいのみならず、任意の命題の検証についても言える。窓の外を見ながら、「外は雨が降っている」と言うことは、窓ガラスを通して見れば、外界の正確な姿が得られるという仮定に基づいており、また、あなたの目が適切に機能しており、さらに、光が暗くなっていて水滴が上から落ちているのは実際に雨雲のせいであり、異星人の宇宙船が太陽を覆い隠していて、何か奇妙な物質を家の前の芝生に降らせているのではないという仮定に基づいている。そのような次第で、単独の命題を検証することは決してできない。あなたは常に、世界に関するあなたのすべての知識、あるいは、少なくとも、その非常に大きな一部を検証する作業に拘束され続けることになるのである。クワインが、「外界に関する命題は、個別にではなく、一つの集団としてのみ、感覚経験の裁判を受ける」[53]と述べたとおりだ。

意味の検証可能性説を瀕死の状態にしたクワインは、観察不可能なものについて語るのは無意味だという考え方を退けた。検証不可能な命題にも意味があるはずだ、というのも、個別の命題はどれも検証不可能なのだから。こうして、実証主義者たちが非常に忌み嫌った「形而上学」が、復権を果たしつつあった。クワインは、ただ感覚についてのみ語るのではなく、語り手から独立した存在である物理的物体について語ることは、完全に理解可能であると主張した。

クワインの論文は、論理実証主義に疑いを抱いていた他の思想家たちを勢いづかせた。[54]その一人が、彼のハーバードでの年下の同僚、トーマス・クーンだった。クーンは、「経験主義の二つのドグマ」

を執筆中だったクワインとじっくり話をし、クワインの議論に感服していた。クワインの論文は「私にかなりの影響を与えました。というのも、私はすでに意味の問題と格闘していたからです」[55]とクーンはのちに述べている。クーンが科学史と科学哲学に初めて興味を抱いたのは、大学院生として固体物理学を学んでいたときのことだった。彼は、意に反して、新設された科学史の講座の教育助手になり、結局アリストテレスの『自然学』を教えることになった。クーンはそこで、重いものが落下するのは、宇宙の中心――すなわち地球――にある、彼らの「本来の場所」に戻ろうとしているからだとされるような、奇妙な世界と出会う。「アリストテレスが言っていたらしいことに、初めのうちは困惑しましたが、あるとき――その瞬間のことはいまも鮮明に覚えています――、突然悟ったような状態が来て、それを理解する方法を見つけたのです。アリストテレスの哲学が意味をなすようにする方法がわかったのです」[56]。クーンは、自分がいま見ているのは、第一級の頭脳が、近現代の科学者とまったく同じように、周囲の物理的世界を理解しようと苦闘して生み出したものだと理解したのだ。だが重要な違いがあって、それは、アリストテレスはまったく違う世界観から出発したということだった。その世界観のなかでは、アリストテレスの考え方はきわめて筋が通っていた。クーンは、科学の進歩について、それまで自分が持っていた描像のすべて――哲学者になるための修行中に講義を通して拾い集めたものから作った漫画的な描像――は、完全に間違っていたことに気づいた。科学は、勝利を収めた理論の上に、また次の、勝利を収めた理論が積み重なって行くという具合には進歩しない。進歩は、それよりはるかに複雑で、微妙で捉え難いことなのだった。

一九四九年に博士号を取得すると、クーンは研究分野を完全に変更し、科学史家兼科学哲学者となった。物理学史、特にコペルニクス革命前後の時代を研究して数年間過ごした後、自分が到達した新しい科学観を公表して詳しく説明する活動に取り掛かったのだが、この新しい科学観は、実証主義者による科学的進歩の考え方には反するものだった。皮肉なことに、自説を公に詳しく説明する最初の機会を彼に提供したのは、その実証主義者たちだった。アメリカの実証主義者で、カルナップの渡米を助けたチャールズ・モリスがクーンに近づき、当時、ノイラートが二〇年以上前に始めてから、未だほとんど進展していなかった『統一科学国際百科全書』に、科学史についての論文を寄稿してもらえないかと依頼したのだ。[57] モリスはこの論文を書いてくれそうな人を数年間探し続けていたが、見つからなかった。彼が暫定的に付けたタイトルは、『科学革命の構造』だった。[58]

ノイラートの百科全書に掲載されたにもかかわらず、クーンの論文は、科学に関する実証主義者たちの考え方と真っ向から対立する見解を詳しく説明していた。クーンは、科学的世界観――「パラダイム」と彼が呼んだもの――に含まれる観察可能なものと観察不可能なものの両方が、実際の科学の活動において重要な役割を演じているのだと主張した。これらの科学的パラダイムは、どのような実験が行われるのか、それらがどのように行われるのか、そして、その結果がどのように解釈されるのかに影響を及ぼす。先ほど使ったリモコンの故障の例に戻ると、電池を交換してみることが理に適っているのは、リモコン、テレビ、そして電池に関するあなたの知識が、電池切れこそ、リモコンが止まってしまった原因として最も可能性が高いと示唆しているからだ。この同じ一組の知識――あなたの「家庭娯楽システムのパラダイム」――はさらに、あなたのテレビが突然すべての画像を赤外領域で、すべての音声を超音波で出すことなどあり得ないと教えてくれる。パラダイムは、これと同様に科学の活動を導くのだとクーンは論じる。たとえば、一九世紀の化学者たちは、原子論を信じていた――その原子論は、元素は有限個の種類しか存在せず、それぞれの元素はまったく同一の原子からなり、これらの原子は結合して化合物を形成するが、その際、結合する元素どうしの比は常に一定であるとしていた。これらの考え方は、当時の化学研究の活動の中核をなし、また、クーンによれば、「原子量の問題を解決し、化学分析の結果として容認できるものの範囲を限定し、原子、分子、化合物、混合物が、それぞれどのようなものかについて、化学者に情報を与えていた」[59]。あらゆる段階において――仮説の構築、実験の計画と実施、そして、これらの実験の結果をただ観察することさえも――原子論のパラダイムが一九世紀の化学者の行動に情報を与えていたのだ。そして、彼らは大きな成功を収めていた――物理学者たちが、電子を発見したり、原子構造について何か学んだりする数十年も前に元素の周期表を発見していた。しかし、当時の最善の科学によれば、原子は観察不可能だった。これらのことからクーンは、重要なのは理論の観察可能な部分だけではない――科学的パラダイムの内容のすべてが、科学がいかに行われるかに影響を及ぼしているのだと結論づけた。量子力学のような物理学理論の解釈は、日々の科学の活動そのものにとって重要なのである[60]。これは、論理実証主義には説明することができない。

クーンが実証主義に代わるものとして何を提唱したのか、正確なところはよくわかっていない。そして、彼の主張のなかでも特に大胆である、対立する科学理論を合理的に比較することの不可能性に関する主張は、誤りであるとして退けられ、プロの科学哲学者には受け入れられなかった[61]。しかし、クーンの実証主義批判と、科学の活動に関する観察は、正確であると広く認められた――そして、これらのことを指摘していたのは彼だけではなかった。J・J・C・スマート、ヒラリー・パトナム、カール・ポパー、グローバー・マクスウェル、ノーウッド・ラッセル・ハンソン、そしてポール・ファイヤアーベントら、ほかの哲学者たちも、一九五〇年代後半から六〇年代にかけて、実証主義の科学哲学に次々と批判を浴びせ、互いの批判的研究を引き継ぎあって、実証主義者による科学研究および科学の進歩に関する説明に修復不可能な欠陥があることを指摘した。ハンソンは、『科学革命の構造』に数年先立って、自著の『科学的発見のパターン』のなかで、クーンと同じ点を多数指摘していた。（ハンソンとクーンは面識があり、それぞれの本のなかで相手を称賛している。）ハンソンは、科学研究のなかで観察不可能な実体に関わる領域を「『理論負荷性』を帯びた科学研究」と名付けたが、「理論負荷性」という言葉は、その後定着した。この新しい顔ぶれの哲学者たちは、科学研究活動には理論負荷性があり、実際の科学史と科学研究活動は科学哲学の発展における重要な導き手であるという点で意見がほぼ一致していた。そして、彼らが合意しない点も多々あったものの、論理実証主義に反対する立場で、新しい総意が、科学哲学の専門家の間で形成されつつあった。彼らはそれを科学的実在論と呼んだ。[62]

科学的実在論は、読んで字のごとくの説で、私たちの観測という行為とは無関係に、外界には実在する世界があり、科学は、その世界の近似的な記述を私たちに与えてくれるという考え方だ。ある新しい科学理論が、古い理論に代わるものとして受け入れられるとき、それは一般に、その新説のほうが何らかの重要な点で、世界の本質のより良い近似を与えるからだ。だからといって、世界は私たちが世界を探る行為から一切影響を受けないという意味ではない――量子論的な状況依存性は、私たちが行う観測が、世界に対して何らかの重要な影響を与えることを保証している――が、概して世界は、私たちがそれに干渉するしないにかかわらず進んでいく。そして、その世界の内容は、観測可能な部分も観測不可能な部分も、私たちの最善の科学理論の内容によって近似的に記述されている。

実在論者たちはまた、観測可能なものと観測可能でないものとの区別は、科学にとっては無意味か、もしくは無関係だと主張した。これは当然のことながら、実証主義者たちには受け入れられなかった。一部の実証主義者たちは、顕微鏡で観察される物体は、真の意味で実在ではない、なぜなら、それらは「直接」知覚されたのではないのだから、とまで言った。科学的実在論者たちは、これは不合理だと考えた。「もしもこの分析を厳密に守っていくなら、私たちは物理的な物体をオペラグラスを通して観察することもできなくなるし、それどころか、普通の眼鏡を通してさえそうであり、だとすると、私たちが普通の窓ガラスを通して見るものについてはどうなのかすら疑問に思えてくる[63]」と、科学的実在論者のなかでも最も声高な一人、グローバー・マクスウェルは記した。マクスウェルはまた、「原理的に観測不可能」なものという概念そのものが、新理論や新技術が出現するたびに見直されなければならないと、重要かつ当然の事柄を衝いた。光学と顕微鏡が進歩するまでは、「小さすぎて見えないもの」は、原理的に観測不可能だったはずだと彼は指摘した。「何が観測可能で、何がそうでないかを私たちに告げるのは、理論であり、したがって、科学そのものである」と、ハイゼンベルクへのアインシュタインの言葉を踏襲してマクスウェルは記した。「観測可能なものを観測不可能なものから分離する、先験的もしくは哲学的な基準は存在しない[64]」。

科学の歴史と、理論負荷性を帯びた科学研究活動とを、よりよく理解し、より深く認識していた科学的実在論者たちは、道具主義や操作主義などの、科学の機能に関する実証主義的な捉え方についても手早く片付けてしまった。もしも操作主義的な定義が科学的概念の究極の定義なら、測定プロセスを改良したり、そもそも設計したりする方法は存在しないことになる、なぜなら、それには操作主義的定義を超えることが要求されるから、と実在論者たちは批判した。たとえば、もしも長さが「既存の物差しによって測定されるもの」と定義されるなら、より良い物差しを設計する方法は存在しなくなる、なぜなら、定義によって、私たちは完璧な物差しを持っていることになるのだから。しかし、科学者たちは常に、改良された新しい測定装置を開発している。長さ、時間、質量などの概念は、単に実験の操作によって定義されるのではない。それらは、新しい測定装置を設計し検査するために使われる理論に内在しているのである。

実在論者たちが操作主義を退けてしまったことは、何も目新しい事態ではない――じつは、カルナップをはじめ、多くの実証主義者が何年も前に、操作主義は科学の成功とその実務を説明するにはあまりに安直だとして、それを退けていた。しかし、多くの実証主義者たちが、科学は知覚を組織化し予測するための道具に過ぎず、理論の形而上学的な内容は不要だという道具主義に依然としてしがみついていた。実在論者たちは、道具主義にしてもやはり支持できないと断じた。もしも、最善の科学理論の観測不可能な「形而上学的」な内容――たとえば電子など――が、世界のなかにある実際のものとは何の関係もないのなら、科学理論が実際にまっとうに機能するのはなぜだ? 理論そのものが、私たちが見る現象に対して、観測不能なものに基づいた説明を示唆する。だが、もしもその観測不能なものが、理論の「実在する」内容(すなわち、観測可能な世界に関する予測)にたまたま付随してきた便利な描像に過ぎず、しかもその描像が実際に世界のなかに存在するものとは辻褄が合わないなら、いまあるさまざまな理論がこれほどうまく機能しているなんて、私たちは何と幸運なのだろう!

一例を挙げよう。マグネシウム着火器を点火して、鉄錆とアルミニウムの粉末状混合物に差し込むと、暴走的な化学反応が起こり、すぐに約二五〇〇℃――太陽表面温度の半分に近い温度――に到達し、まばゆい光を放ちながら、鉄とアルミニウムの融点に近づく。これはテルミット反応と呼ばれるものだ。実に奇妙で、危険な反応(冗談抜きで、絶対にこれを試さないように!)だが、もっと奇妙なことがある。テルミット反応は驚異的に激しいのみならず、錆とアルミニウムが消費し尽くされるまで、何をしようと、決して止まることなく続くのである。水に沈めても、砂で覆っても、真空空間に入れても、燃え続ける。（実際、テルミット反応の主要な工業的な用途のひとつが、水中溶接である。）その理由は、この反応には、錆とアルミニウムと、反応を開始させるための多少の熱（着火器はこれを供給する）しか必要ないからである。

テルミット反応が起こるのは、アルミニウムが何としても酸素と反応したがっているからだ。鉄錆は鉄と酸素が結合したものにほかならないため、アルミニウムは、この錆から酸素を奪い取り、反応後には、酸化アルミニウム、鉄、そして莫大な量の熱が残る。あるいは少なくとも、量子化学がこの反応について与える説明はこうである。しかし、もしもあなたが道具主義者でありたいなら、この説明は正しい答えではない。「正しい」答えなど存在しない。気にかけるべきなのは、マグネシウム着火器を錆とアルミの山に差し込んだら、激しい反応が起こるということだけだ。量子化学が与える、より深い説明――アルミニウムが酸素と是が非でも結合したいからだが、それは電子の軌道に関係することである――は、関心の対象でもなければ、実在にも関係がない。

しかし、もしも量子化学によるテルミット反応の説明が実在に無関係なら、道具主義者たちは深刻な問題に直面する。量子化学は、テルミット反応が起こることだけを予測するのではない――それがいかに起こり、具体的にどのようなことが起こるのかを、きわめて詳細に予測する。反応を開始させるには、マグネシウム着火器がどの程度高温でなければならないかを教えてくれる。この反応は正確に何度程度の高温に達するかを教えてくれる。さらに、アルミニウムとともに使ってこの反応を起こすことができる他の種類の錆（異なる金属酸化物）にはどのようなものがあるか、そしてこれらの錆は反応をどのように変えるのかも教えてくれる。そして、これらすべての、量子化学が小数第五位までという驚異的な精度で与える答えは、あなたが反応を始めるときにあった粉末の構成要素である元素の電子軌道の性質によって説明される。さて、あなたは道具主義者であっても構わないのだが――電子軌道はこの反応に関与する実在物だということを、否定することもできるのだが――それなら、理論の予測と実験結果の見事な一致を、あなたはどう説明できるのだろう？　もしも電子軌道が実在しないなら、量子化学が、テルミット反応をこれほどうまく説明できるのはなぜだろう？　「もしも［道具主義者たちが］正しいなら、私たちは宇宙規模での偶然の一致を信じるしかないだろう」と、J・J・C・スマートは述べた。「世界の諸現象が純粋に道具主義的な理論を正しくするようなものでなければならないのは、おかしくはないだろうか？　逆に、もしも私たちがある理論を実在論者のように解釈したとすると、私たちはそのような宇宙規模での偶然の一致を必要としない……多くの驚くような事実が、もはや驚異的には見えなくなる」[65]。スマートは、道具主義者たちには辟易させられているという気持ちを明らかに滲ませながら、次のように述べている。

一人の刑事が、多数の足跡、血痕、その他を発見したとしよう。もしも「犯人」の存在が、これまでに発見された足跡と血痕を結び付けるための、理論に基づく虚構だとすれば、それが実際に、さらなる足跡と血痕と、そして五ポンド紙幣の消失があるだろうという真の予測をもたらすというのは、話がうますぎるだろう。しかし、ほんとうに犯人がいるなら、これらの予測はもはや少しも不思議ではなくなる[66]。

ヒラリー・パトナムは、これをもっと簡潔に言い表した。「実在論は、科学の成功を奇跡ではなくする唯一の哲学である[67]」。

なぜ古典物理学なのか

スマートは、実証主義を、単に哲学的に問題があるだけではないと考えていた――ファイヤアーベントに刺激を受けた彼は、実証主義は実際的な問題でもあると認識していた。「実証主義的な態度は、これまでにもしばしば、進歩に対して敵対的だった」とスマートは、一九六三年に記した。「実証主義は、一度など、コペルニクス的宇宙観に反対して、ほとんどプトレマイオス的宇宙観［地球中心説］を支持しようとまでした。当時は［予測を立てることにおいては］地球中心説のほうが優れていたから、という理由で。実証主義はまた、現象論的熱力学も支持し、気体の［原子］説に抵抗した。そして今日実証主義は、現在支配的な量子力学のコペンハーゲン解釈の、代替となる理論を構築しようというあらゆる努力に初めから反対している[68]」。スマートにとって、そしてパトナム、ファイヤアーベント、そして当時のその他の優れた哲学者たちにとって、これは深刻な問題だった――なぜなら、実証主義の崩壊により、コペンハーゲン解釈を擁護することはもはやできなくなってしまったからだ。存在する物からなる私たちの日常世界が、いったいどうして、実在するものをまったく含まない量子的世界でできているというのか？　「素粒子を理論的虚構と見なすことは拒否する」とスマートは記す。「なぜなら、もし量子力学によってわかることが、根底に存在する何らかの実在に対してあてはまらないのなら、微視的な諸法則がいまそのようなかたちで存在しているという事実は……あまりに大きな偶然ということになり、とうてい信じることができなくなってしまうからだ。これが最大の理由である[69]」。

そして、もう一つ別の問題があった。「観測」を理論の基盤として組み込む最もすっきりした方法は、操作主義の立場に立つことだった――だが操作主義は、明らかに間違っていた。「観測は、物理的相互作用の部分集合である――それ以上でも以下でもない」とパトナムは一九六五年に記した。「観測は、十分満足のいく物理理論のなかでは、未定義の言葉ではあり得ない。また、観測は、すべての物理的相互作用が『究極のところでは』したがうような法則以外のどんな『究極的な』法則にもしたがうことは決してない[70]」。この問題を、ボーアがかつて主張したように、量子の微視的世界と日常の古典物理学の巨視的世界のあいだの亀裂から解決しようとしても、やはりうまくいかない。「それは、問題を、古典物理学におけるまったく同一の問題へと押し戻すだけで、……そのような提案はまったく受け入れられない」とパトナムは言う。「ある理論（古典物理学）が別の理論（量子力学）の基盤に含まれているとすることは、前者が間違っているはずだと考えられて、それに取って代わるものとして後者が構築されたのだから、ほとんど不可能である……。量子力学は、もし正しければ、任意の大きさの系に適用できなければならない。……とりわけ、それは巨視的な系に適用できなければならない[71]」。仮に、もしもそうだとしたら、「長期間孤立していた巨視的な観測可能物体、たとえば、宇宙船とその中身からなる系が、星間空間に長期間漂っていたとしたら、この系はどうなのだろう？宇宙船は、再び地球から、あるいは、何か別の外部の系から観測可能になってはじめて存在を取り戻すなどと、真面目に仮定することはできない[72]」とパトナムは続ける。コペンハーゲン解釈にとって、観測は深刻な問題だった。スマートもこれに同意し、観測は古典的に記述されねばならないという考え方を辛辣に批判する。

微視的物理学のコペンハーゲン解釈を提唱する者たちは、古典物理学に執着してきた。彼らは、これは、それを使って私たちが観測結果を解釈するところの、巨視的な装置の物理学なので、微視的物理学がいかに進歩しようが、不変のままでなければならないと主張する。そうではないということは、（ファイヤアーベントが示したように）一つの単純な問いかけによって示すことができる。「なぜ古典物理学なのか？」という問いかけだ。たとえば、アリストテレスの物理学、あるいは、かつては「科学に関する常識」だった魔術ではどうしていけないのだろう？　これと同様に、［道具的］もしくは巨視的尺度にきわめて神聖な法則が存在し、それを微視的理論が説明するという考え方も拒否しなければならない。私たちは……微視的理論は、たとえば二重スリット実験などの観測結果を直接説明できると主張しなければならない。[73]

スマートとパトナムはコペンハーゲン解釈に取って代わろうとするすべての説が直面するであろう困難についてははっきりと認識していた。「理論的な実体についての実在論的哲学はどれも、素朴過ぎてはならない。そのような哲学は、物理学を非－［道具主義的］に解釈するというきわめて現実的な困難を考慮に入れなければならない」とスマートは記した。「この窮地から抜け出す一つの方法は、D・ボームやJ・P・ヴィジエなどの著者が過去に提示した方向に沿った、微視的物理学の決定論的理論を構築することかもしれない」[74]。パトナムも、「［量子］理論は、どこか間違っている」[75]と同意する。しかし彼は、フォン・ノイマンの証明がボームのパイロット波解釈を排除したと考えていた――

そのころ、このフォン・ノイマンの証明に対するベルの反証は、依然として編集者の机のなかに放置されたままだった[76]——そしてまた、エヴェレットの多世界解釈のことも、彼はまったく知らなかった（スマートも知らなかったし、ほかのほとんどの人も知らなかった）。パトナムは、「現在、満足のいく量子力学の解釈はまったく存在しない」[77]と結論づけた。しかし彼は、この問題は解決されるだろうという希望を持っていた。「これらの［量子論の解釈にまつわる］問題の答えが得られるまで、人間の好奇心は休むことがないだろう。……これらの問題に答えるための最初の一歩は、ここで試みられた。それは、その困難の性質と大きさを明確に把握するための、ささやかだがきわめて重要な一歩である」[78]。

しかし、まさにこれこそ、物理学者たちが総じて明言を避けていた点だ。哲学者たちは、実証主義の打倒に成功し、量子力学の数学的な複雑さについても十分理解していた——しかし物理学者たちは、依然として視野が狭く、哲学やその進展からは遮断されていた。彼らは、このようなことが起こっているとは露とも知らなかった。アインシュタインとボーアの世代は、広く哲学の教育を受けていたが、第二次世界大戦後に専門化が強力に推進されたおかげで、新しい世代の物理学者たちの教養教育は貧弱なものとなっていた。大学の諸学部は、戦後景気で急成長するなかで分裂し、物理学者たちは、高額な助成金と集中を要する計算とに忙殺され、総じて哲学を軽んじた。おかげで物理学は、隣の学部で大革命が起こったことなど知らずに、重い足取りで歩んでいた。そして哲学者たちは、このことを知っても、概して驚かなかった。「量子力学の真の困難に取り組まない限り、コペンハーゲン解釈に対する哲学的な反論——は、実証主義的な先入観を暴露することにしかかかわっておらず、物理学者たちには不満足なものでしかないだろう[79]」とスマートは記した。物理学者が彼らの分野の中核にある問題に注目するなら、問われるのは哲学だけに留まらないだろう。受け入れられている物理学を転覆する機会、根本的に新しい、輝かしくわくわくするようなものの発見、何らかの実験室における実験を含むようなもの――ついにジョン・ベルの考えを検証するようなもの――が実現する機会が訪れるはずだ。

第Ⅲ部　大いなる企て

目的は変わらない——世界を理解することだ。量子力学を、もっぱら取るに足りない実験室での作業にしか使えないと制限するのは、大いなる企てへの裏切りだ。まっとうな理論体系は、実験室の外の広大な世界を排除しないだろう。

——ジョン・ベル、一九八九年

第9章　表面下の実在

ベルの定理の検証実験

サマー・オブ・ラブ[*]真っただ中のニューヨーク・シティで、ジョン・クラウザーは、一一二番街にあるゴダード宇宙科学研究所の一室に閉じこもって宇宙最古の光の秘密を探っていた。コロンビア大学で物理学を専攻する大学院生だったクラウザーは、先ごろ発見された宇宙マイクロ波背景放射（ＣＭＢ）を測定しようとしていたのだ。ＣＭＢは、ビッグバンそのものの「こだま」である。それは、科学の最先端の、困難でつらい仕事だった――ＣＭＢは、全天のあらゆる方向から届く微弱な電波雑音で、ほんの三年前に、ベル研究所で働く二人の物理学者によって発見されたばかりだった。その後ＣＭＢの検出に成功したグループは、彼ら以外に一つしかなかった。クラウザーと彼の博士研究指導教官パトリック・タデウスは、宇宙が始まったときの音を聴いた第三の科学者に絶対になりたい、しかも、先行グループよりも高精度で測定したいと意気込んでいた。ところが、一九六七年のある日、クラウザーはこれとはまったく異なる発見をした。ゴダード研究所の図書室で最新の研究論文を探していたクラウザーは、たまたま、『フィジックス・フィジーク・フィジカ』という見慣れぬ名前の雑誌を見つけた。興味をそそられて、その雑誌を開いた彼は、ある論文に目が留まった。Ｊ・Ｓ・ベルという研究者による「アインシュタイン－ポドルスキー－ローゼン・パラドックスについて」だ。

クラウザーは若く、生意気で、口達者だった――そして彼は、もう何年も前からコペンハーゲン解釈に疑いを持っていた。クラウザーの父、フランシスは、カルテックで航空学の博士号を取得しており、ジョンを懐疑的になるように育てた。「データを見なさい」とフランシスはジョンに言った。「人々は立派な理論をあれこれ持っているが、お前は常に元のデータに戻って、自分が彼らと同じ結論に達するかどうか確かめなさい[1]……多くの人が共有している認識は、実際に観察されたものをお粗末に解釈したものに過ぎないことが多い[2]」。フランシスは流体物理学が専門で、数学的にはシンプルだが可視化するのは困難な量子論に懐疑的だった。「流体の流れと量子力学の数学には非常に強い類似性があるけれど、［私の父は］量子力学を理解しなかったね」と、ジョン・クラウザーは回想した。「そして父は、自分が解けない問題の解決を助けてくれるかもしれない人間になるように、いわば私を、前もってプログラムしたんだな[3]」。今度は自分がカルテックに行く番になったジョンは、かのリチャード・ファインマンの下で量子力学を学んだ。しかし彼は、量子論にはどこかおかしなところがあるようだという疑いを決して払拭することはできなかった。彼の疑いは、コロンビア大学で博士課程を始めてからもつきまとった――彼はそこで、量子力学が始まって以来、それにつきまとい続けている議論について、さらに詳しく学んだ。「私は……量子力学を理解しようと四苦八苦した。ＥＰＲ

＊　一九六七年の夏、米国で、若者を中心に起こった、社会体制や価値観の転換を迫る政治的・文化的活動。

論文を読み、ボームとド・ブロイの研究も読んだよ。コペンハーゲン解釈を理解するのには手こずったけれど、それに対する批判者たちの議論のほうが、当時の私には、はるかにまともな感じがしたな」とクラウザーは回想した。「それに、EPRの議論のほうが、ボーアの議論よりもずっとうなずける。……そんなわけで、隠れた変数理論は、（当時の自分には）この問題に対する完璧に合理的な解だと思えた。そんな意見だったので……もちろん、多くの人から異端者という烙印を押されたし、いんちき物理学者呼ばわりされたりね[4]」

こうした背景もあって、クラウザーはベルの論文タイトルに即座に引き付けられた――そして、その短い論文のなかに記されていたエレガントな証明に、きわめて大きなショックを受けた。「『ありえない！』って思わず叫んだよ。すぐ反例が見つかるさ、と思ったんだけど、探して、探して、探して……でも、見つからない。で、うーん、ベルは、証明のどこかで間違ってるに違いないって思い直した。でも、彼の証明に間違ったところはまったくなかった。この二つ［の考え］のあいだを何度も行ったり来たりするうちに、ついにわかった。いやはや、これは、とんでもなく重要な結果だよ、とね[5]」。骨の髄まで実験物理学者のクラウザーは、すぐに思った。ベルの考えを実験で検証できないだろうか、と。

ベルの定理がすでに、そうと意図したわけではなしに、何かの実験で偶然に検証されてしまった可能性もあるということを、クラウザーは承知していた。そして、そうではなかったとしても、そのような実験を行う最善の方法を特定するために、関連する実験の文献を調べる必要があった。クラウザーは、コロンビア大学の、核物理学研究で名高い教授、呉健雄（英語名はウー・チェンシュン）が一五年前に、EPR思考実験とよく似た実験を行ったことは、すでに知っていた。クラウザーはウーに、彼女の実験の未発表データのなかに、ベルの定理の検証に使えそうなものがないかと問い合わせた。[6]そのようなデータはなく、また、彼女の実験をそのような検証に適用するのは難しいとの返事だった。次にクラウザーは、ニューヨークの街を数ブロック北に進んで、イェシーバー大学に出向き、そこに在籍していた友人から、その大学で研究を行っていたある若手教授に紹介してもらった。ボームの学生だったヤキール・アハラノフだ。クラウザーがアハラノフに、ベルの定理を実験で検証しようとしていることを打ち明けると、「それは非常に興味深いし、やってみる価値があるでしょう、と言ってくれた」とクラウザーは回想する。しかしアハラノフは理論物理学者で、いずれにせよ、別の問題に取り組んでいたので、クラウザーの助けになるようなことは大してできなかった。そしてついに、クラウザーの大学時代の旧友が、ベルの定理の検証に適用できそうな研究を行っているＭＩＴの物理学者グループがあると教えてくれた。クラウザーは、ＭＩＴがあるケンブリッジに赴き、ベルが行った研究について講演を行った。終了後、彼はカール・コーチャーという、新米のポスドクに紹介された。「カール・コーチャーは……バークレーでユージン・カミンズの下で博士課程を終えたばかりでね。彼らは、光子を使った偏光相関実験を行っていたというんだ」とクラウザーは回想する。「だから彼らはカールの実験についてざっと話してくれて、『これは、選択肢になりますかね？』と尋ねるから、私は、『もちろん！　まさにこういうものを探していたんです』と応じた」[7]。コーチャーとカミンズが彼らの実験について書いた論文を読んだクラウザーは、彼らの実験がすでにベルの定理をテストしてしまった可能性があることに気づいた――だが、そうではなかった。「コーチャー‐カミンズ実験の結果をじっくりと見たけれど、彼らはベルの定理が何を意味するかには気づいていなかった」[8]。彼らの実験装置に少しだけ手を加えることで、クラウザーはいよいよベルの定理がテストできる運びとなった。

　ベルの定理の検証実験は可能だと得心し、意を強くしたクラウザーは指導教官のパトリック・タデウスのところに行き、助言を仰いだ。タデウスは、クラウザーが奇妙な課外活動に勤しんでいるという噂をすでに耳にしていた。「先生はひどく怒っていたね」とクラウザーは回想した。「開口一番、『あのねえ、こんなことはまったくナンセンスだ。いいか、言うとおりにしなさい。ベルとド・ブロイとこの研究者らに手紙を書くんだ。そうすれば、どうすればいいか、はっきりわかるように彼らが教えてくれる。こんなことは時間の無駄だ』[9]」。そのような次第で、一九六九年のバレンタインデーに、クラウザーは一種ラブレターじみた手紙をベルに書き、彼の不等式の検証実験を行う価値はあるか、この件ですでに行われた実験はあるかを尋ね、さらに、そのような検証実験になり得るものとしてコーチャー＝カミンズ実験の拡張版を提案した。ベルにしてみればこれは、四年前に論文を発表して以来、何らかの応答として初めて受け取ったものだった[10]。数週間後、いつものように宇宙科学研究所に行ったクラウザーを、一通の手紙が待ち受けていた。ＣＥＲＮのレターヘッドが印刷されたそれは、ベルその人からのものだった。

「あなたが提案された実験は、非常に興味深いと思います。これに関連して、これまでに行われたほかの実験は知りません」とベルは書いていた。「量子力学が広く成功してきたことを考えれば、このような実験の結果を疑うことは、私には困難です。しかし、重要な概念をきわめて直接的に検証するこれらの実験が実施され、その結果が記録されることは、望ましいことだと思います」。量子力学がいかに働くかをよく知っているベルは、量子論が間違っていると証明される可能性はきわめて低いとわかっていた。しかし、彼はまた、唐突に手紙を寄こしたこの若者が、明らかに抱いている希望を打ち砕くのは酷だともわかっていた。「それに、予期せぬ結果になる可能性は常にあるわけですし、そうなれば、世界を揺るがすことになるでしょうね！」[11]と、彼は手紙を結んでいた。「この革命的思想の時代を生きる若い学生だった私は、当然『世界を揺るがしたい！』と思っていた」[12]。「私の世代の政治思想の中心にはベトナム戦争があった」と、クラウザーはのちに記している。ジョン・クラウザーは決心した。この実験をやろう――そして、量子力学は間違っていると証明しよう、と彼は意気込んだ。

デコヒーレンス――もう一つの火の手

大西洋の対岸では、ハインツ－ディーター・ツェーという名の若いドイツの物理学者が、コペンハーゲン解釈について、同様の疑問を抱いていた。「それはゆっくりとしたプロセスで、決して突然のことではありませんでした」と、のちに彼は述べた。「私は常にこのような疑いを抱いていましたが、もちろん、だからこの人たちはみな変人だなどというつもりはありませんでした」[13]。思慮深く、謙虚で、常に礼儀正しいツェーは、大声でやかましくしゃべるクラウザーとは、コペンハーゲン解釈への疑いを共有する以外、ほとんど共通点はない。観測天文物理学者としてのクラウザーの日常業務は、高感度の実験装置を組み立ててテストする作業の連続だ。それとは対照的に、ツェーは理論核物理学者だった。彼の研究では、詳細な量子力学の計算が日常的に使われる。量子力学の背後にある抽象的な数学に、彼はきわめてよくなじんでいた。そして、この二人の研究者のあいだにあるこれらの違いは、彼らの最終的な目的にも反映されていた。クラウザーは量子力学に違和感があって、それが間違っていることを実験室で証明したかった。一方ツェーは、量子論に精通していた――そして、その内部に、真に驚異的なことが潜んでいるのを見出したのである。

ツェーは長いあいだ、原子核物理学のある問題に悩んでいた。それは、原子核が、シュレーディンガーの猫的重ね合わせ状態になり、どこに存在するかわからなくなるという状況だ。一方、その原子核の内部の陽子や中性子は、互いに強くもつれあっているので、そのうちどれか一個の位置がわかれば、残りのすべての核子の位置が決定される。「これには考えさせられました」とツェーは回想する。「それで、よし、宇宙全体が、原子核のような、一つの閉じた系だと考えよう、と。これは私にとって、きわめて重要な一歩でした[14]」。ツェーは、何も宇宙が文字通り一つの原子核だと考えたわけではない。しかし、重ね合わせ状態にある一つの系があり、その構成要素が強くもつれあっているというこの大まかな考え方を使えば、量子力学における観測では何が起こっているのかを、波動関数の収縮や、巨視的世界と微視的世界で物理法則が分かれているとするなどの、コペンハーゲン解釈が使ったトリックをまったく使わずに説明することができることに彼は気づいた。観測装置を一つの量子系として扱い、観測の行為を通常の物理的相互作用と考えると、量子力学によれば、観測装置は、それが観測している物体と強くもつれあった状態になる――そして、「観測装置‐および‐観測される物体」という全体的な系は、「シュレーディンガーの猫状態」になる。だが、それで話は終わりではないとツェーは気づいた。観測装置は観測者とも、実験室内にあるすべての物とも、そして最終的には宇宙全体とも、相互作用するのである――だから、一つの小さな量子系が巨大な物体と強く相互作用するとき、最終的には宇宙全体がシュレーディンガーの猫状態になり、死んだ猫と生きている猫に「分岐」する。そして、分岐したそれぞれの宇宙にいる者たちは、一つの結果しか見ない。つまり、どの分岐にいるかによって、死んだ猫か、生きている猫かのいずれかだけを見る。だが波動関数は決して収縮せず、分岐した宇宙どうしが相互作用する可能性はきわめて低い。「観測を行うと、系と装置と観測者のあいだでもつれあいが生じます」とツェーは述べる。「観測者は、［シュレーディンガーの猫状態の］一つの成分だけを見、ほかのすべての成分の重ね合わせを見ることはありません。ですから、これで観測問題は解決できるわけです」[15]。ツェーは、そうと意図したわけではないのに、エヴェレットの多世界解釈を一から再発明してしまったのだ――そして、その過程で、原子のような微小な量子系と、岩や木や観測装置などの、その周囲にある比較的大きな量子的物体との相互作用を説明する数学的に洗練された方法を打ち立てたのである。この数学的説明は、普遍波動関数の異なる分岐どうしがなぜ相互作用しないかも説明できた。しかも、エヴェレットが行ったよりもはるかに詳細に。ツェーのこれらの相互作用に対するアプローチは、のちに「デコヒーレンス」と名付けられた。

ツェーは勢い込んで、デコヒーレンスと普遍波動関数についての説明を書き上げたが、誰に送ればフィードバックがもらえるか、見当がつかなかった。「もちろん、同僚にはこんな説は話せませんでした」とツェーは語った。「彼らは、『おいおい、君は完全にどうかしてるよ』と言って、それについて考えてみることすら受け入れないでしょう」[16]。そこでツェーはかつての指導者、数年前ハイデルベルク大学で彼の博士論文研究を指導してくれた、ノーベル賞受賞物理学者ヨハネス・ハンス・イェンゼンに、書き上げた論文を見せた。だが、イェンゼンは観測の量子論の専門家ではなかったので、このテーマについてもっと詳しい友人にこの論文を送った。それがレオン・ローゼンフェルト、かつてのボーアの右腕で、コペンハーゲン解釈の熱心な擁護者だった。ボームに対しては侮辱的、エヴェレットに対しては素っ気なかったローゼンフェルトは、ツェーにも手厳しかった。「私には、他人のつま先を踏まない*という、人生の決まりがあるのだが」と、彼はイェンゼンに手紙をしたためた。「しかし、たったいま受け取った、君の大学にいる『つま先』**とかいう名前の者が書いた論文のゲラ刷りのせいで、その決まりを破らざるを得なくなった。このような、最悪のナンセンスを詰め込んだものが、君の祝福の下に世界中に広められることはあり得ないと考える理由を、私は山ほど持っている。そして、私がこの災難に君の注意を向けさせるのは、君のためを思ってのことだ[17]」。ツェーはイェンゼンがローゼンフェルトに手紙を送ったことは知っていたが、ローゼンフェルトからの返事に何と書いてあったかは知らなかった。「返事があったことは知っていましたが、イェンゼンは私にはそれを見せてはくれませんでした」とツェーは言う。「けれど、ほかの同僚の幾人かには「ローゼンフェルトの手紙を」見せていたので、彼らがそのことでくすくす笑っているのが私にもうかがえました。それはすごく妙な感じでしたよ。何か非常に否定的なコメントがあったに違いないとは思いましたが、実際にどんなものだったかすら、私にはわからなかったのですから[18]」。それからしばらくして、イェンゼンはツェーに、これ以上このテーマの研究を続ければ、彼の研究者生命を絶つことになると話した[19]。その後、「私たちの関係は損なわれてしまいました[20]」。

ツェーは礼儀正しかったが、頑固でもあった。ローゼンフェルトのあのひどい手紙がイェンゼンに届いた後、ツェーは自分の論文を、とにかくいくつかの研究誌に投稿することにした。しかし、うまくいかなかった。ある雑誌は、「この論文は完全にナンセンスです。この問題や、この分野での先行研究について、著者が十分理解していないことは明白です[21]」という短いコメントとともに、断ってきた。また別の雑誌は、「量子論は巨視的な物体には適用されません[22]」と言ってきた。そしてほかのいくつかの雑誌は、理由は挙げずに、ただ礼儀正しく、掲載を断った。やけくそになったツェーは、量子観測問題に関心を抱いていた、ごくわずかな物理学者の一人、ユージン・ウィグナーに彼の論文を送った。

ウィグナーは、まだプリンストン大学にいた。この大学の診療所で過ごしていた三〇年前、彼は核分裂のことを初めて聞いたのだった。その後の歳月で、ウィグナーの名声は非常に高まった。彼はいまや、存命の数理物理学の専門家としては第一人者のひとりであり、一九六三年には、量子力学の数学的基礎に関する貢献でノーベル賞を受賞していた。しかし、彼はそのあいだ一貫して、友人で同じハンガリー出身のフォン・ノイマン（一九五七年死去）に彼が帰す量子力学の捉え方を提唱してきた。彼は波動関数の収縮は現実の現象であると見ており、量子論にこの現象が組み込まれていないのは、端的に量子論の不完全さを示していると考えていた。実際、ウィグナーは「観測問題」という言葉を最初に使った一人だった。[23] それは一九六三年の、まさにこの点について論じた論文においてであった。

ウィグナーは、観測問題の答えは、人間の意識がもつ特別な性質のどこかにあると確信していた——この見解もまた、元はフォン・ノイマンが提案したものだとウィグナーは述べていた。さらにウィグナーは、これに物議を醸すようなところはまったくないと考えていた——彼はこれを「正統な」見解と呼んでいたのである。すべて完璧に正統だと主張することにより——そして、彼の名前そのものが信頼を集めていたので——ウィグナーの研究は、物理学コミュニティー全体から即座に捨て去られずに済んだ。とはいえ彼にしても、波動関数の収縮と意識に何らかの関係があるのだと、ほかの

*　他人を怒らせるという意味の英語の慣用表現。
**　ツェーは、ドイツ語でつま先の意。

人々を納得させることには、あまり成功しなかったのではあるが。だがウィグナーは独善的ではなかった。彼は、量子力学はどのように働くのか、それをいかに解釈するかの違いを楽しめたらいいのに、と願っていた。そして彼は、自分自身が気に入った解を広めるよりも、観測問題を取り巻く現実の問題を指摘することに多くの時間を充てた。一九五〇年代末から六〇年の前半までのあいだに、ウィグナーは、量子論的観測問題の性質を詳しく論じた論文を数件発表し、コペンハーゲン解釈を変えることなく、あるいは、量子論の数学的形式に何も加えることなく、この問題を解決したと主張する、それまでに提案された多数の「解決法」が持つ欠陥を指摘した。このことでコペンハーゲンに彼の支持者が登場することはまったくなかったし、数十年前に彼が相補性に対して批判的なコメントをしたことにしても、やはりそうだった。ツェーの指導者イェンゼンは、一九六三年のノーベル賞をウィグナーと同時に受賞し、授賞式のあとのストックホルムでの晩餐会でウィグナーの隣に座っていた。ボーアの研究所が話題となったとき、ウィグナーが「私はコペンハーゲンに招待されたことが一度もないのです」[24]と言うのを聞いて、イェンゼンは驚いた。

ローゼンフェルトは、当然のことながら、ウィグナーの異端思想をはびこらせるわけにはいかなかった。一九六〇年代中ごろ、ローゼンフェルトとウィグナーは、一連の論文のなかで辛辣な論争を繰り広げ、ローゼンフェルトは、観測問題というようなものは存在せず、三人のイタリア人物理学者による最近のある研究が、それを詳細に説明したと主張した。もともとボーアが推進していた考えであるとローゼンフェルトが主張したその説は、「『観測』は量子系が巨視的な古典的物体と接触したときに起こる」というものだ。ローゼンフェルトとイタリアの物理学者たちが与えた証明は、非量子論的統計物理学に大いに依存していた。ウィグナーやほかの者たち（ベルのかつての悪友で論敵だったヤウホも含めて）は、その証明はまったく間違っていると指摘した——数学的に間違っていたのだ。ウィグナーにとって、ローゼンフェルトの主張を退けるのは、単に物理学上の間違いを指摘するだけでなく、自分自身の世評を守るためでもあった。また、自分が指導する学生たちの評価も気がかりだった。学生の幾人かは、観測問題についての研究を発表していたが、それをローゼンフェルトやイタリアの学者たちが直接攻撃していたのである。「一連の論文に対して、それらがあるテーマに対して何ら実質的な貢献をしていないなどと述べるのは、良識ある行動とは言えない」と、彼はイタリアの研究者らに対する不満をヤウホへの手紙に綴った。「言うまでもないが、私自身についてよりも、私よりはるかに若く、その将来がこのような主張によって損なわれる恐れがある人々について、私は心配しているのだ」[25]。当時、いくつかの物理学専門誌でこのような応酬があったにもかかわらず、物理学の世界全体では、コペンハーゲン解釈には何ら問題がないと認識されていた。ウィグナーが自分の見解を「正統的」と位置づけていたおかげで、一般の物理学者たちは、「正統派」の内部で、何か論争がある、コペンハーゲン解釈には二つの異なる流派、「コペンハーゲン流」と「プリンストン流」があって、観測に関するいくつかの詳細について合意していないが、ただそれだけだと考えていた[26]。たしかに一九五〇年代には、プリンストン大学から、量子力学の基礎に関する非正統的な研究が多数生まれていた——その代表がボームやエヴェレットによるものだ。しかしウィグナーは、そのような非正統的研究と関連付けられることは普通はない。実際、ウィグナーは共和党を支持する保守的な政治思想を持っており、この点ではエヴェレットとは正反対だった——ウィグナーはニクソン大統領本人から、ベトナム戦争への支持に感謝する手紙を受け取っている。そして、ウィグナーとエヴェレットは、プリンストンでもほとんど接触がなかった。ウィグナーがエヴェレットと量子力学について議論しあったことはあったが、二人が提案する解決策は、あまり共通点がなく、いずれにせよ、エヴェレットの提案について聞いたことのある者はほとんどいなかった。世間から見れば、ウィグナーは正統的な量子物理学者だった。たとえ彼が、コペンハーゲン解釈に疑問を呈する学生や同僚の研究を支持していたとしても。

「［私の論文に］肯定的な反応をしてくれた唯一の人物が、ユージン・ウィグナーでした。私は彼にコピーを一部送りました」とツェーは言う。「彼がコペンハーゲン［解釈］に反対していることは、私はすでに知っていました。……それで彼は、これをぜひ出版するようにと励ましてくれました」[27]。ウィグナーはツェーに、この論文を、新しくできる物理学専門誌に投稿するよう勧めた。ウィグナーはその編集委員会のメンバーだったのだ。ツェーは論文を英訳し、参考文献のリストにエヴェレットの論文（一般相対性理論について調べていたあいだに、ツェーが見出したもの）を加えた。ツェーの論文は、一九七〇年、『ファウンデーションズ・オブ・フィジックス』誌の創刊号に掲載された。これで自分の論文にも、ローゼンフェルトやイェンゼンによるものよりも、もう少し良い反応が出てくるだろうと、ツェーは希望を抱いた。それほど長く待たないうちに、それはやってきた。

ベルの不等式、破れる

ウィグナーが、守ってやらねばと気遣っていた「はるかに若い」者の一人がアブナー・シモニーだった。シモニーはプリンストン大学でウィグナーの指導の下、物理学の博士号を取得していた——しかし彼は、それ以前に、哲学の博士号を取っていた。シカゴ大学でかのルドルフ・カルナップの指導を受け、その後イェール大学で哲学の博士論文を書いたのである。その研究の過程で、マックス・ボルンの『原因と偶然の自然哲学』を読んだことをきっかけに、長年抱いてきた物理学への興味を再びかき立てられた。「私は［哲学の］論文をタイプライターで清書していたのですが（私が専門的な部分をタイプし、妻のアンヌマリーが事実関係の記述部分をタイプして、分業していたのです）、ボルンの本を読んだあと、妻に、『この論文を書き上げて博士号を取ったら、また学校に戻って、物理学の博士号を取ろうかなと思うんだ』と言ったのです」とシモニーは回想する。「普通だったら、『あなた、そろそろ働かなきゃ』って言われるところでしょうが、彼女はそうは言いませんでした。『あなたがそうしたいんだったら、そうすべきよ』と言ったんです。素晴らしい、と、私は思いました。それで彼女に、『それは君の最高の時だったね』[28]と、チャーチルの言葉を借りて言ったのです。*……あり得ないほどの理解と寛容の行為ですよね！」[29]

一九五五年にプリンストン大学の物理学科にやってきたシモニーは、すぐに、量子力学に対する自分の見方は、そこの大半の物理学者とは少し違うことに気づいた。「私は、ワイトマンと博士論文研究をしたかったのですが」[30]とシモニーは言う。「先生がくれた最初の課題が、演習問題だったのです。アインシュタイン－ポドルスキー－ローゼン論文を読み、議論のなかに欠陥を見つけよ、[31]という。……それが私がＥＰＲ論文を読んだ最初でした。私は、その議論には間違ったところなどまったくないと思いました。非常にいい議論だと思えたのです。間違いなんて少しも見つかりませんでした」[32]。

シモニーは、ワイトマンが取り組んでいる数学の密度の高さに自分が圧倒されていることにすぐに

＊　第二次世界大戦中にイギリスのチャーチル首相が下院で行った演説の言葉をもじった。

気づき、別の領域の物理学に切り替えようと決心した。「私は……統計力学の問題をひとつ課題として与えてもらおうと、ウィグナーのところに行ったのです」とシモニーは回想する。「ウィグナーの下で研究したことの素晴らしい副次的効果の一つが、量子力学の基盤、特に観測問題について彼がどう考えているかを少し学べたことです。……彼は、当時の正統派とは逆の立場にありました。つまり、コペンハーゲン解釈は観測問題を解決していないと考えていたのです」[33]。シモニーの論文は量子力学の解釈とは無関係だったが、シモニーは、ウィグナーが観測問題に関する論文を執筆する際に、非公式な哲学アドバイザーとなった。二人はこのテーマについて、ある程度共通する信念を持っていた。「私はすでに、コペンハーゲンの解を疑う気持ちが強まっていました」とシモニーはある手紙に記した。「なぜなら、それは、マッハ、ラッセル、カルナップ、エイヤーなどの実証主義者たちの認識論の議論の一部に類似していたからです。……私は以前それらを研究し、拒否してきました。一種の実在論を久しく信奉してきたのです」[34]。

しかし、観測問題の解決法をめぐっては、シモニーはウィグナーとは完全に見解が違った。一九六二年に物理学の博士課程を修了した直後、シモニーは観測問題に関する論文を書き、それが現実の問題であることを明言し、――そして、意識が解決策を提供するという考え方を拒否した。「精神が、重ね合わせを減じるような力を与えられているという、経験的証拠は存在しない」とシモニーは記した。「さらに言えば、物理系を別々に観測する異なる観測者たちのあいだの一致を説明する明白な方法は存在しない」[35]。（シモニーは、自分の先生に反論したり、人気のない意見を表明したりするのを尻込みしたことは一度もなかった。一九四〇年代にメンフィスの高校生だった当時、彼は教室で進化論を熱心に弁護して問題を起こした[36]。）しかしウィグナーは、いつもの彼らしく、シモニーが自分と違う意見であることなど気にしなかった――実際、彼はシモニーにその論文を書くよう励ましたのだ。そのような研究に対して、当時の物理学者のほとんどが、まったく無関心であるという状況を前に、シモニーにはそのような励ましが必要だった。「量子力学の基礎に関する研究の重要性をウィグナーが認めてくれたことは、意欲を高め、維持するために非常に重要でした」[37]。

シモニーは、まだウィグナーの下で物理学の博士論文研究を行っているうちに、MITの哲学科にポストを獲得し、レベルの高い学部学生を対象に、量子力学の基礎についての授業を受け持つことになった。彼はまた、ボストン地区にあるほかの数カ所の大学の物理学科と哲学科に友だちができた。そのような状況だったので、一九六四年から一九六五年にかけての学年のあいだに、ブランダイス大学から、ある論文のゲラ刷りが入った封筒が届いてもシモニーはそれほど驚かなかった。それは、CERNから客員研究員として来ているジョン・ベルという名前の物理学者が書いた論文だった。「『おや、また変な論文がどこからともなく突然現れたよ』と、私は思いました」とシモニーは回想する。「『その論文は、ひどいタイプで打たれていました。紙にしても、古い印刷機の用紙で、青インクの文字は滲んでいました。論文には、何カ所か計算間違いもありました。『一体どうなってるんだ？』と、私は言いました。しかし、読み直してみました。そして、何度も読み返すうちに、その論文は次第に素晴らしく見えてきたのです。やがて私は気づきました。『これは変な論文なんかじゃない。これは、すごいぞ』と[38]」

シモニー自身の回想によれば、彼は「ほとんど即座に」、実験室でベルの定理をどうやって検証すればいいかを考え始めた。「彼が何を成し遂げたかを理解するや否や、私は、『これは実に興味深い。……量子力学の予測が、このような状況において、注意深く調べられたことがいままでにあっただろうか?』と思いました。やがて、これに関連する別の論文が一件あったのを思い出したのです」[39]。シモニーは、友人のアハラノフに、ウーが昔やった実験を変更して、ベルの定理が検証できるようにすることはできないだろうかと尋ねた。アハラノフは、ウーのその実験はすでにそのような検証になっていると、シモニーに（間違った）返答をした。「アハラノフは頭の回転が非常に速く、話すときもひどい早口で、私は彼の才能に圧倒されていました」とシモニーは回想する。「『彼の言うとおりだ。たぶん、彼は正しい。でも、もしかしたら間違っているかもしれない』と思いました。考えれば考えるほど、ますます納得できなくなったのです」[40]。

シモニーは、数年のあいだ、この問題を理解しようと断続的に取り組んでいたが、しばらく何の成果もなかった。しかし、一九六八年、転機が訪れた。その年彼はボストン大学に移籍し、念願の職に就くことができた。それは、物理学科と哲学科を兼任するポストだった。その直後、彼はマイケル・ホーンという物理学の大学院生を指導することになり、ベルの定理をいかに検証すべきかを検討せよという課題を与えた。「読めば読むほど、ウーの実験がベルの不等式の検証に使えるだろうという楽観的な気持ちがどんどん失せてしまったらしいんです」[41]とシモニーは回想した。シモニーとホーンは図書館に行き、すぐにコーチャー－カミンズ実験を見出した。シモニーは即座に、この実験こそ自分たちに必要なものだと気付いた。「一九六九年の三月までには、ホーンと私の研究の主要なラインはできあがっていました」とシモニーは述べる。「私はマイク・ホーンにこう言ったんです……こんな型破りなことは、他に誰も研究などしていないから、われわれは手が空いているときにいい論文を書けばそれでいいよ、と。私は間違っていました」[42]。その年の四月に開催される、米国物理学会の会議が迫っていたが、そのプログラムに目を通していたシモニーは、『局所的な隠れた変数理論を検証するための実験の提案』という表題で、彼とホーンが実施しようとしていたまさにその実験を記述した抜粋[43]を目にした。著者は、シモニーが聞いたこともないジョン・クラウザーという物理学者だった。「あの抜粋が世に出てすぐ、アブナー・シモニーが電話してきたんだ[44]」とクラウザーは言う。シモニーは、クラウザーの抜粋を見てすぐ、自分は出し抜かれたのかと不安になって、ウィグナーのところへ行ったのだった。ウィグナーは、そんなふうに考えないで、クラウザーと協力してはどうだと示唆した。そこでシモニーは、自分と、ホーンと、そしてリチャード・ホルトという、シモニーがこの目的のために連れてきたハーバードの大学院生というチームに会ってもらうために、クラウザーを招待した。クラウザーは承知し、こうして四人は、一件の論文をまとめるべく協力して研究に取り組み始めた。「クラウザーが承知してくれて、たいへん嬉しく思います」と、四人で会ったあと、シモニーはウィグナーに手紙をしたためた。「これはたしかに、同時発見の問題*に対処する、礼儀正しい方法ですね[45]」。コロンビア大学で博士論文を仕上げたクラウザーは、数週間ボストンで過ごし、シモニーらとともに研究に取り組み、彼らの論文の草稿を練り上げていった。だがクラウザーは、バークレーでポスドクとしての職がすでに決まっていたため、論文の草稿を推敲して完成させるに十分長く滞在することはできなかった。帆船で海を行くのが大好きなクラウザーは、自分の帆船（コロンビア大学在学中は、この帆船をイースト・リバーに停泊させて、そのなかで暮らしていた）をカリフォルニアの新しい職場まで帆走させようという計画を立てた。「当初は、この船をはるばるガルベストンまで

＊　別々に研究している科学者たちが、同時に同じ発見をすること。ニュートンとライプニッツが同時に微積分法を発見したことなど。

帆走させて、そこでトラックに積み、ロサンゼルスまでトラックで行って、それから海岸線を昇ってバークレーまで行こうと考えていたんだ。ところが、ハリケーン・カミーユにぶつかって、フォートローダーデルで足止めを食らった」とクラウザーは言う。「アブナー［・シモニー］はこちらのスケジュールを知っていたから……次に入港する予定の町のあちこちのマリーナ全部に書き直した草稿を送って、そのどれかを読めるように手配してくれた。彼が送った草稿の何部かは、もしかするとまだそこにあるかもしれないね。帆走しているあいだに、私はせっせと書いて、あちこち編集する。そして電話をかけて、初校、再校などさまざまなバージョンについて話し合い、互いに修正した草稿を交換したというわけだ[46]」。クラウザーがバークレーに到着するまでには、論文は完成し、シモニーは出版してもらうべく完成版を送った。

クラウザー－ホーン－シモニー－ホルト（ＣＨＳＨ）論文は、ベルが使った数学を、より実験室での検証にふさわしく書き直し、ベルの不等式が破られているかどうかを決定する実験[47]について、詳細な提案を打ち出していた。提案された実験は、第7章のロニー・ザ・ベアのカジノの装置と、考え方は同じである。ＣＨＳＨ実験では、ルーレット玉のペアではなく、偏光方向がもつれあった光子のペアを使う。それぞれの光子を、二つの方向のどちらか一方を指している偏光板を通して送り（図9－1および9－2参照）、そしてこれを、多数のペア光子（もつれあっている）に対して、繰り返し行うことを提案していた。カジノのルーレット玉がそれぞれ赤または黒の上に止まったのと同様に、光子はそれぞれ偏光板を通過するか、偏光板に阻止されるかのどちらかだろう。これらの多数のペア光子のふるまいを比較することで、ベルの定理が検証できるはずだ。もつれあった光子のそれぞれのペアが、二つの偏光板のそれぞれでいかにふるまうかについて、前もって決められた計画を持っている

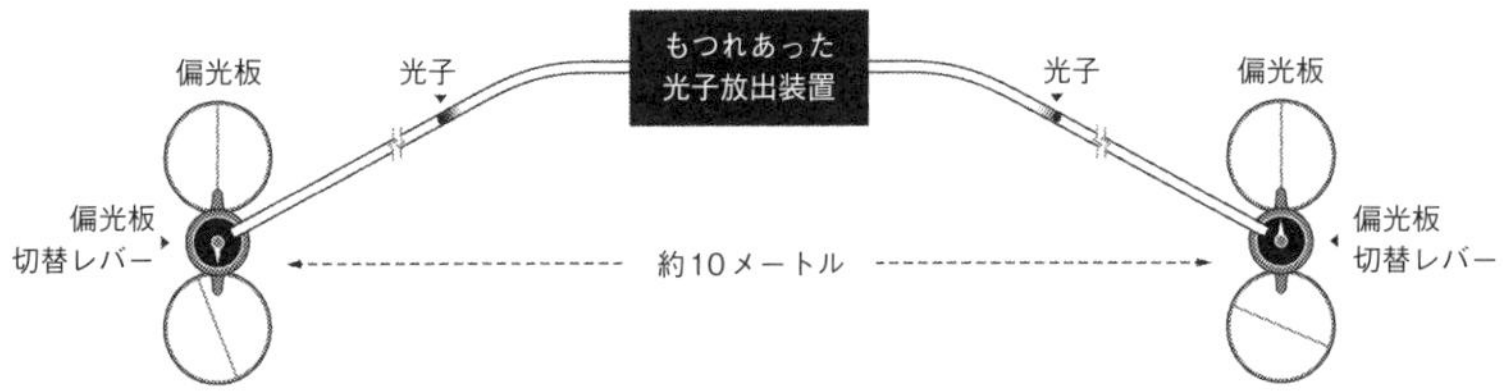

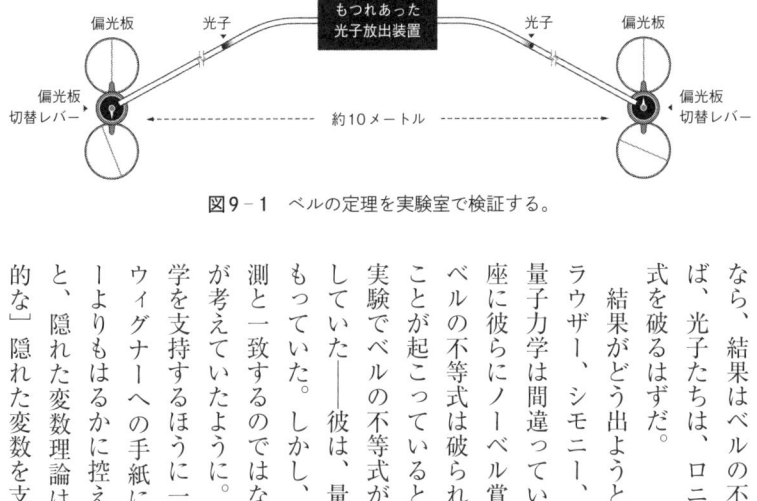

図9−1　ベルの定理を実験室で検証する。

なら、結果はベルの不等式を満たすだろう。しかし、量子力学の予測によれば、光子たちは、ロニーのカジノのルーレット玉と同じように、ベルの不等式を破るはずだ。

結果がどう出ようとも、この実験がきわめて重要な意味をもつことは、クラウザー、シモニー、そして他のメンバーたちはよくわかっていた。それは、量子力学は間違っていると示し、近代物理学の基盤を破壊して、ほとんど即座に彼らにノーベル賞をもたらすか、あるいは、量子力学の予測が正しくて、ベルの不等式は破られ、自然は非局所的だと（あるいは、それ以上に奇妙なことが起こっていると）明らかになるかのいずれかだ。クラウザーは、この実験でベルの不等式が破られていないことが示されるはずだと、なおも楽観していた――彼は、量子力学が間違っている可能性を五〇パーセントと見積もっていた。しかし、シモニーのほうは、ベルと同じく結果が量子力学の予測と一致するのではないかと考えていた――ほかのほとんどすべての者たちが考えていたように。「アハラノフは［クラウザーを相手に］、結果が量子力学を支持するほうに一〇〇ドル対一ドルの比率で賭けました」とシモニーはウィグナーへの手紙に記した。「私は結果の見積もりについては、クラウザーよりもはるかに控えめです。しかし、量子力学における観測問題の難しさと、隠れた変数理論はたしかに解決策を提案していることからして、［局所的な］隠れた変数を支持する結果が出る可能性も完全には捨てきれません[48]」。

実際に実験を行うのは、クラウザーの仕事となった。彼はバークレーで、チャールズ・タウンズの下で電波天文学に取り組むポスドクとして採用されていた。タウンズは、レーザーを発明したことが評価されて、数年前にノーベル賞を受賞していた。クラウザーはバークレーに到着してすぐに、ベルの定理の検証をするためにコーチャー－カミンズ実験を応用したいとタウンズに語った。「『先生、聞いてください、私はこのすごい実験をやりたいんですよ』と言ったんだよ。そうしたら［タウンズ先生は］『じゃあ、私のグループを前に君がセミナーをやって、その実験の全体がどんなふうに展開するのか、教えてくれないか。その時一緒にユージン・カミンズを呼ぼうじゃないか』って」。そのような次第で、クラウザーはベルの不等式について、そして、コーチャー－カミンズ実験をどのように変更すればベルの不等式を検証できるかについて、セミナー形式で説明した。タウンズが興味を抱き、実験装置を貸してくれとカミンズを説得してくれることを期待しながら。だがカミンズは、クラウザーの話にまったく心を動かされなかった。彼は元々、コーチャーと共同で行った実験は、単なる授業内の実演としか見ておらず、EPRの真の検証だなどとは思っていなかった。結局、その実験は彼が予想したよりもはるかに困難で時間がかかることがわかり、自分が無意味だと考えるプロジェクトにこれ以上時間と資金をつぎ込んだりは、絶対にしたくなかった。「カミンズは、まったくばかげていると思っていたんだ[49]」とクラウザーは言う。ありがたいことに、タウンズはそれに同意しなかった。「タウンズは、『おい、これは面白い実験だよ』と言ってくれた。もしもそう言ってもらえてなかったら、私はもうだめだったろうな[50]。……［セミナーが］終わったとき、タウンズはカミンズの肩に腕を回すようにして、こう言った。『どうだね、これについて君はどう思うかね、ジーン？　私には、とても面白い実験のように思えるんだがね[51]』」。タウンズは、気乗り薄なカミンズをなんとか説得し、ク

図９－２　ジョン・クラウザーと、彼が行ったベルの定理検証実験のひとつ。1972年バークレーにて。

ラウザーに実験装置を貸し、実験の費用を折半し――しかも、カミンズの下にいる大学院生、スチュアート・フリードマンを実験の支援要員として出してもらえることになった。クラウザーとフリードマンは、その後二年間、実験に必要な残りの装置をかき集めて回った――「ゴミ箱漁りが上達したのなんのって」[52]と、のちにクラウザーは自慢げに言った。そんなゴミの一つ、古い電話のリレーは、偏光板の動きの制御に転用された[53]。装置が組み上げられ、テストも終わると、クラウザーとフリードマンは、二〇〇時間分のデータを根気よく収集した。一九七二年、ついにクラウザーとフリードマンは結果を発表した。量子力学はこの実験を生き延びた。ベルの不等式は破られていた――そして、何か恐ろしく奇妙なことが自然のなかで起こっていたのである[54]。

デコヒーレンスについての論文が一九七〇年に発表される少し前、ディーター・ツェーはイタリア物理学会から、量子力学の基礎をテーマにしたサマースクールで講演してもらえないかと招待された。[55] ちょっと妙なのだが、このサマースクールの発端は、一九六八年に世界に広まった、政治的・文化的な騒乱にあった。イタリアの左翼系の物理学者たち——大半が若者——が、物理学とそれ以外の広い世界との関係、物理学者の社会的責任、そして物理学そのものの哲学的基盤についての再検討を求めて運動していた。イタリアでももっと年長で保守的な物理学者たちは、現状を転覆させることには関心がなかった。物理学会が真っ二つに分裂する危機に瀕し、理事会は、量子力学の基礎に関するサマースクールをヴァレンナで開催するという提案を受け入れた。彼らは、かつてのド・ブロイの学生で、ベルのCERNでの同僚であるフランスの物理学者、ベルナール・デスパーニャに、サマースクールのお膳立てをしてくれるよう依頼した。そこでウィグナーはデスパーニャに、ツェーを招くよう提案したのだ。

一九七〇年のヴァレンナのサマースクールは、のちに「量子反体制派のウッドストック[*56]」と呼ばれるようになったが、それはもっともなことだった。講演者はツェーのほかに、主なところでは、デイヴィッド・ボーム、ルイ・ド・ブロイ、ユージン・ウィグナー、アブナー・シモニー、ヨセフ・ヤウホ、ブライス・ドウィット、そしてジョン・ベルその人がいた。「私がヴァレンナに着いたとき、出席者たち（ジョン・ベルも含めて）は、ベルの不等式に関する初めての実験の結果について、白熱した討論を繰り広げている最中でした」とツェーはのちに回想している。「私はそんな実験のことなど聞いたこともありませんでした[57]」。それでもやはり、ベルやほかの研究者たちが、自分の研究を評価してくれていることがわかって、ツェーは安心した。一部の人々が、彼の結論に同意していなかったとはいえ。ウィグナーは、このサマースクールの基調講演で、観測問題の解決法となる可能性があるものを六つ挙げた。そのなかに、ツェーが提案したデコヒーレンスと多世界解釈の組み合わせも含まれていた。

ところが、ツェーがハイデルベルクに戻ると、彼の研究に対する同僚らの態度は、以前にも増して軽蔑的になっており、学者人生が完全に行き詰るほど酷くなっていた。「私自身が、あまりに純朴だったせいもあるのです」とツェーは回想した。「いいアイデアを思い付いたら、それを発表する。そして、誰もがそれを読んで受け入れるべきだ、と私は考えていたのです。もちろんそれは完全に間違っていました[58]」。ツェーは、明るい面を見ようとがんばりつづけた。「私がこれらの問題に集中したのは、自分の学者人生はもうつぶれてしまったと判断したからです」とツェーは語った。「すでにこうなってしまったからには、私が正教授になることは決してないだろう、ならば、『もう自分のやりたいことだけやれるじゃないか』と決めたのです[59]」。ツェーの職は、彼がハイデルベルク大学に留まり続ける限り確保されていた。昇進は否定されたが、彼には終身在職権があった。「私は苦痛を感じる必要はありませんでした[60]」と彼は回想する。「［しかし］私の学生たちには、チャンスはまったくなか

＊　一九六九年にアメリカで開催されたロックの祭典で、ヒッピーなどのカウンターカルチャーが最高潮に達した、「ウッドストック・フェスティバル」の名称を借用。

った。期待もできなかったのです」。ツェーの学生たちが学者としての職を探し始めると、彼らは次々と断られた。彼らが「本物の」物理学をやってこなかったからという理由だった。「このことについては、私は決して許す気にはならないでしょう」[61]とツェーは言った。ツェーはこの時期を「デコヒーレンスの暗黒時代[62]」と名付けた。それは一〇年以上続いた。

無言の圧力

画期的な実験を行ったにもかかわらず、クラウザーの学者人生も行き詰っていた——そしてツェーとは違い、彼には終身在職権つきの職はなかった。バークレーでのポスドクの任期が終了すると、クラウザーは次の職がなかなか見つからなかった。「まあ、若くて純朴で、こういうこと全部にまったく気づいていなかったんだ」とクラウザーは回想する。「私は、それは面白い物理学だと思った。しかし、そこにどれだけの偏見があるか、まったく認識していなかった。そういうものは無視してしまうことにして、ただ楽しんでいた[63]」。クラウザーの博士論文研究の指導教官、パット・タデウスは、クラウザーの新しい職探しのための「推薦状」を書いたのだが、そのなかで彼は、クラウザーを雇ってくれる可能性のある人に対して、クラウザーが行ったベルの定理の検証実験は「二級の科学[64]」だと警告していた。幸い、クラウザーは推薦状に目を通した際にこの問題に気づき、自分の求職活動にはそれを使わなかった。代わりに、シモニーとデスパーニャを始めとする数人がクラウザーを支持して称賛する推薦状を書いてくれた。しかし、クラウザーの研究が真の意味での科学ではないと考えていたのはタデウスだけではなかった。「先週デスパーニャに会ったとき、彼はサンノゼの物理学科長からの手紙を持っていたのだが、その手紙は、君がずっとやってきたことは、本物の物理学なのかどうかを問い合わせるものだった」とシモニーはクラウザーに手紙を書き送った。「いうまでもなく、彼(デスパーニャ)はその質問に対して、君に有利な内容の強力な返事を送るよ」[65]。しかし、彼らの努力はまったく実を結ばなかった。クラウザーは終身在職権のある学者としてのポストを得ることはできなかった。

だがクラウザーは、ツェーがハイデルベルクで味わったような孤立に悩まされることはなかった。バークレーにやってきたクラウザーは、彼と同じように量子力学の基礎に関心を持っている、一風変わった物理の学生や若手教員たちのグループと付き合うようになった。バークレーは、ヒッピーの活動の中心地だったヘイト・アシュベリーとはサンフランシスコ湾を挟んで真向かいに位置する。その時代と土地を席巻していたカウンターカルチャーの刺激を受けて、これらの物理学者たちは、彼らの探究が、東洋哲学、超感覚的知覚、そして幻覚剤の精神拡張作用の指し示す方向に沿った、物理学への新しい取り組み方をもたらすことを望んでいた。彼らは自分たちを「ファンダメンタル・フィジックス・グループ」と呼んでおり、彼らの議論は、コペンハーゲン解釈に歯向かっては、理解を示し、だが結局は決別するという展開をたどっていた[66]。

このグループは、たしかにクラウザーの心の支えになりはしたが、彼に職をもたらすことはできなかった。実際、そのグループのメンバーの大半は、自分自身の職を確保することにさえ苦労していたのだ。量子力学の基礎に関する研究に対する偏見だけがその理由ではなかった。むしろ、仕事がないことが、彼らをこのテーマの研究に駆り立てた原因の一つだった。「黙って計算しろ！」式の教育を蔓延させた戦後の物理学研究資金の急増は、突然、急激な低下の末に終焉を迎えつつあった。冷戦が緊張緩和へと収束すると、一九六〇年代末には国防費が大きく削減され、米国政府から物理学者への財政的支援は極度に縮小した。さらに、大学構内で機密研究を行うことに対する抗議が全米で高まったことで、大学と軍産複合体との結びつきも弱まった。その結果、物理学者の就職難は深刻になった。第二次世界大戦の直後、物理学は、ほかのどんな学問分野よりも急速に拡大した――だがいま、それは他の分野よりも急速に縮小していた。終戦の直後から一九六〇年代半ばまでは、毎年新たに与えられる物理学博士号の数が、物理学者に提供されるすべての職を十分満たすことは決してなかった。しかし一九七一年までには、米国物理学協会の職業紹介窓口に、総計五三件の求人に対して、[67] 一〇五三名が応募していた。だとすれば、ほかの分野での良い仕事という現実的な魅力が、ファンダメンタル・フィジックス・グループを惹きつけて、量子力学の基盤についての疑問から遠ざけておく、というような状況はもはやあり得なかった――さらに、「立派な」物理学者たちが失業しているときに、ジョン・クラウザーが職探しに苦労したのも無理はなかった。

クラウザーの悩みは、職探しだけではなかった。彼の実験結果も疑問視されていたのだ。ハーバード大学のホルトとフランシス・ピプキンが行った、ベルの不等式の二度目の検証実験は、クラウザーの結果とは完全に矛盾していた――彼らは、ベルの不等式が成り立っていることを見出したのだ。それは自然は局所的で量子力学は間違っていることを示唆していた。クラウザーはバークレーで、量子力学が間違っているという結果が再び出るたな実験が必要だった。この引き分け状態を破るには、新たな実験が必要だった。クラウザーはバークレーで、量子力学が間違っているという結果が再び出ることを願いながら、ホルトとピプキンの実験の変形版が実施できるように装置を組み上げた。同じころ、テキサスA&M大学のエド・フライとランドール・トンプソンが同様の実験装置を組み立てたが、彼らは最新型の「波長可変」レーザーを使い、データを収集するのに要する時間を劇的に短縮した。

一九七六年、クラウザーとテキサスのチームの両方が、結果を発表した。量子力学は正しいことが証明され、クラウザーとフリードマンの最初の結果が支持された。量子力学的非局所性は実在したのだ。[68]しかし、クラウザーが量子力学の基盤について研究を続けていることは、彼が終身在職権付きのポストを見つけることを相変わらず阻み続けていた。彼の研究を評価する物理学者はほとんどいなかった。例外の一人は、当然のことながら、ジョン・ベルだった。一九七五年の春、ベルとデスパーニャは、量子力学の基盤を検証する実験をテーマとした会議のお膳立てを始めた。翌年の春、シチリア島の沿岸にある小さな町エリスで開催する予定で、クラウザーを主賓の一人として迎える計画だ。ベルは彼を招待する手紙を送ったが、まだ職探しの最中だったクラウザーは、すぐには返事を書かなかった。来年自分がどこにいるか、まだはっきりしなかったからだ。[69]一カ月待ってもクラウザーから反応がないのを心配したベルは、彼に緊急のテレックス*を送った。「君なしでは会議は王子のいないハムレットになってしまう」とベルはタイプした。「ポスターに君の名を載せていいだろうか？」[70]クラウザーは喜んで承知し、一九七六年四月、エリスを訪れ、それまで与えられなかった、プロの物理学者としての認知という栄光に浴した。

量子力学の基盤について探究することで、学者人生に影響を受けたのは、ツェー、クラウザー、そしてファンダメンタル・フィジックス・グループだけではなかった。当時のほとんどすべての物理学

＊　有線・無線通信を使って、電動式タイプライターで印字したメッセージを送信するシステムで一九五〇年代には広く使われていた。

者が、そのような疑問を自分の学習内容に含めるのを避けることを自然に学んだ。それが明示された指示や命令によることはめったになかった——若手物理学者を量子力学の基盤に関する研究から遠ざけようという、意図的で組織的な努力があったわけではないのだ。このような研究を主流のプロの物理学の外に留める副作用をもつ、ほかのさまざまな要因が働いていた。これらは、私たちが本書を通して見てきた、歴史的要因と同じものだ。戦後の科学への財政支援モデルは、物理学の特定の領域における明白で具体的な結果をもたらす研究に報酬を与えるもので、基盤を問う根本的な疑問への関心を欠いていた。アメリカの物理学が台頭したが、それは常に、ヨーロッパの物理学よりも、実用重視の傾向が強かった。哲学も影響を与えた。実証主義は、コペンハーゲン解釈に関する懸念を退ける実にさまざまな方法を提供した。そして、隠れた変数理論を共産主義に結びつける見方（特にボームの登場以降）、物理学への軍からの圧倒的な財政支援、そしてなおも鮮明なマッカーシー時代の記憶が、有害な混合物を生み出した。隠れた変数理論に手を出す者はみな、政治信条についての疑いの目に自ら進んでさらされることになった。そんな疑いは、アメリカ合衆国のほとんどすべての物理学科の明かりを灯し続けてきた資金源を脅かす恐れがあった。[71]

若手物理学者たちも、量子力学の基盤を研究するのはやめるようにと指導されたが、それは量子力学が大成功を収めていたからだ。ほかにたくさん、実り多い研究の道があるのだから、わざわざ量子力学の基盤のような、困難で抽象的なものに取り組むことなどないではないか。なにしろ、あのアインシュタインが、それを理解できなかったのだ。「典型的な学部学生向け、そして大学院生向けのコースで教えられる『常識』の一環として、学生たちは、ただボーアが正しくアインシュタインが間違っていたと教えられるだけだった」とクラウザーは回想した。「量子論の基盤を疑問視した学生や、それに関連する問題の研究をまっとうな物理学の探究だと考えた学生は、そんなことをすれば、学者人生が台無しになるぞ、ときつく忠告されたものだよ」[72]。そして、実験室における量子力学の驚異的な成功と、実に多様な現象を説明する理論的手段としての目覚ましい威力が、その基盤を問うことをいっそう不快な仕事にしていた。J・J・C・スマートが述べたように（第8章の最後の部分参照）、コペンハーゲン解釈に対する純粋に哲学的な議論が、大多数の物理学者を動かして、これほど成功している理論の哲学的基盤を再評価させられると期待するのは無理な話だった。代替となる解釈を支持する議論も必要だろう。しかし、たいていの物理学者は、コペンハーゲン解釈の代替となる解釈など不可能だと、なおも確信していた――ベルによるフォン・ノイマン証明の詳細な批判はまだあまり知られていなかった。しかも、量子力学の基盤の探究は「まっとうな」物理学なのかと疑問視もされていた。それには実験による研究とは何の接点もないから、というのがその理由だった。ベルはこの点も間違っていると示したのだが、この事実もやはりなかなか認識されなかった。そして、その認識がより広がるまでは、多くの研究者のキャリアが影響を受けた――とりわけ、若手物理学者たちは。ツェーとクラウザーは、絶えずやる気をそがれるような目に遭ったにもかかわらず、量子力学の基盤研究を続けた。だが彼らは、しっかり博士号を取得してからその研究に着手していた。そのような問題に関心を持った物理学者たちは、もっと早い段階で、それはやめておけと忠告された――そして、それに耳を傾けない者は代償を払った。

デイヴィッド・アルバートは、一九七〇年代後半、ニューヨークのロックフェラー大学で物理学の博士課程に在籍していた。アルバートはこれまでもずっと哲学に興味を持っていたが、大学院生になって間もないある夜、朝方の四時まで哲学者デイヴィッド・ヒュームの著書を読んでいたとき、突然、量子力学の観測問題の真の重要性が心に強く突き刺さった。ヒュームについて考えることで、「観測のあいだに波動関数に起こることは、シュレーディンガー方程式の直接の機械的な結果であるはずで、それ以外の別の仮定を必要とするものではないはずだということがはっきりわかった」と、彼は回想する。「これはうまくいくわけないということが、非常にはっきりしました。これが私が観測問題を理解した瞬間でした……。その夜は私の人生を変えました。よし、これを研究しよう、観測問題をやろう、と決めました[73]」。

ロックフェラー大学の物理学者で、量子力学の基盤について研究している者はまったくいなかったので、アルバートはどうやって進めればいいか途方に暮れた。「ロックフェラーでは、話をする相手もいませんでした。〔ある友人が〕アハラノフに手紙を送ればいいじゃないかと言いました。アハラノフは、当時の物理学の世界でこの件について考えて思い浮かぶ唯一の人物でしたし、哲学者でこれらの問題に興味のある人物など、私にはまったく思いつきませんでした[74]」。アルバートは一度も会ったことはなかったが、当時イスラエルにいたアハラノフに手紙を送った。するとアハラノフから返事が届く。「彼は私に対してとても寛大でした」とアルバートは言う。二人は、遠距離共同研究を開始し、局所性と観測問題に取り組んだ。「私たちは実際、二、三件の論文を共著で『フィジカル・レビュー』誌に投稿しました。当時は投稿も普通の郵便で送りましたけどね。まだ二人が顔を合わす前にですよ[75]」。

だが、アハラノフとの共同研究は、博士論文のベースとして十分使えるのではないかとアルバートが申し出たところ、ロックフェラー大学の物理学科は難色を示した。「私はこの観測問題についてアハラノフとともにしばらく研究してきたので、私の論文テーマをこれにしたいと説明したのです」とアルバートは回想する。「それから二、三日経って、ロックフェラーの学生部長室に来るようにと言われました。大学院生の学生部長です。彼は、ロックフェラー大学の物理学科では、これまでいかなる状況においても、そんなことをテーマに博士論文を書こうとした者はいないと言いました。そして、もしも私がそれでもやりたいと主張するなら、博士課程から追い出すと言うのです」。アルバートには、博士論文用に別のテーマが与えられた。「それはϕ^4場の理論のボレル総和についての、計算が大変な問題でした。……私の性格にぴったりだという理由で与えられたに違いありません」とアルバートは言う。「そこには、罰としての要素が明らかに見て取れました。そして彼らは言いました。『さあ選びなさい。この問題をやるか、それとも、博士課程を辞めるか[76]』」。

この件についてアハラノフと話し合い、アルバートはロックフェラー大学で最後まで我慢することにした。「『アハラノフはこう言ったんです。」ここはおとなしくして、与えられたこの問題をやればいいじゃないか。君が博士号を取ったらすぐに、テルアビブ大学のポスドクのポストを私が提供するから。そうすれば君は自分の道を進めるよ』」。アルバートは回想する。「それで、そのとおりにしました。ですが、このことで、何が慣習的なルールなのかがわかりましたし、ロックフェラー大学の物理学科では観測問題についてこれ以上話をしてはならないのだとわかりました[77]」。

結局、アルバートはアハラノフの下でのポスドク期間を、「物理学の哲学」へ専門分野を切り替える出発点として使った。しかし、量子論の基盤に関心を抱いたほかの物理の学生たちは、彼ほど幸運ではなかった[78]。そして、量子力学の基盤への問いかけを抑え付ける方法は、昇進の停滞や学位の保留だけではなかった。ツェーがデコヒーレンスについての最初の論文を発表しようとしていたときに気づいたように、物理学専門誌は総じて、量子力学の基盤に関する論文の投稿に対して、よくて気乗り薄、悪くて敵対的だった。『フィジカル・レビュー』誌は、実際に、量子力学の基盤に関する論文は、既存の実験データに関連付けられるか、もしくは、今後実験室で検証できるような新しい予測を提供しているか、いずれかでなければ受理しないという明確な編集方針を持っていた。「物理学が実験科学であるという事実を見落としてはならない」と、一九七三年、『フィジカル・レビュー』誌の編集長、サミュエル・ゴーズミットは記した。ゴーズミットは、第二次世界大戦でアルソス作戦を率いたオランダの物理学者である。「どのような物理理論も、実験データに関連付けられない限り意味がない」[79]。（クラウザーは、そのような制限があるのなら、四〇年前、EPR論文へのボーアの反論を『フィジカル・レビュー』誌は掲載できなかったはずではないかと指摘する。）量子論の基盤に関する論文を受理する物理学専門誌は数誌しかなく、そのひとつが『ファウンデーションズ・オブ・フィジックス』誌だった。ツェーの論文は、ついにこの雑誌に掲載されることになった。

この問題を解決するため、量子力学の反体制派たちは、新たに『エピステモロジカル・レターズ』という名前の代替「学術雑誌」を創刊した。「隠れた変数および量子論的不確定性」に関する文書による永続的シンポジウムと自ら銘打った、この地下出版物は、手打ちのタイプライターで書かれ、謄写版で印刷されたもので、シモニーを始めとする、非公式の編集者集団が監修していた。[80]「『エピステモロジカル・レターズ』は通常の意味での科学専門誌ではない」と、毎号の裏表紙で高らかに謳っていた（しかも、自らを三人称複数形で指していた）。「彼らは、適切な雑誌への投稿前にさまざまなアイデアを対決させ、熟成させられるように、形式にとらわれない開かれた議論の基盤を作りたいと考えている」[81]。ページを開けば、禁じられた事柄が議論されていた。観測問題、ベルの定理の真の意味、そしてほかのテーマも。一一年間の刊行の歴史のなかで、ベル、シモニー、クラウザー、ツェー、デスパーニャ、そしてカール・ポパーの論文が掲載された。「投稿の多様性、そして議論の激しさが、［この雑誌の］目的の正しさを物語っていたわけです」とシモニーはのちに述べた。「誌上シンポジウムの評判は急速に広まり、世界中の大勢の人々が購読者リストに名を連ねました」[82]。

一九三五年以来初めて、量子力学の基盤について研究する物理学者たちの結束したコミュニティーができあがった。彼らは、理論、実験両方をカバーする一つの研究計画を共有し、独自の専門誌を持ち（ある程度のものではあったが）、そのうえ、実際の会議も時折開催した。だが、このグループの一員であることを公表するのは、まだ安全ではなかった。特に若手研究者にとっては――少なくともまだこの頃は。

変わり始めた風向き

一九七四年、アラン・アスペという若きフランス人物理学者が、パリ郊外の光学研究所に到着した。彼は三年間カメルーンで教師を務めて帰国したばかりで、光学研究所で講師をしながら、博士号を取得するための研究課題を探していた。ある教授が、自分が聴講したばかりの、シモニーというアメリカの物理学者が行った興味深いセミナーの話をしてくれた。アスペはそこから、ベルの論文に辿り着いた。「ベルの論文を読んで、すっかり引き付けられました」とアスペは回想する。「まるで一目ぼれです。……それでそのとき、よし、博士論文はこれをやろうと、決めたのです」。アスペはクラウザーとフリードマンの論文を読み、それと対立する結果が出たホルトとピプキンの実験についても目を通して、彼らと競争するのはやめることにした。「私が始めても、それより先に、誰かがこの対立に決着をつけるはずだとわかりましたから」とアスペは言う。「ゲームに参加したければ、何か違うことをしなければ。そこで私は、ベルの論文を注意深く見ていき、その結論の部分で、ベルがはっきりと、実施すべき重要な実験は何かを述べているのに気がついたのです。それは、光子がまだ飛んでいるあいだに偏光板の方向を変えるという実験でした[83]」

ベルのアイデアは、理屈としては単純だったが、実際に行おうとすると恐ろしく困難だった。クラウザーらが独自に行ったベルの不等式の検証実験では、偏光板の角度をランダムに選んだ――しかし、そのランダムな選択は、もつれあった光子のペアが光子源から放出されるよりも前に行われた。理論上は、光子が、何らかの未知の物理学によって、光子源を離れる前に、このランダムな選択による設定を知ってしまう可能性があった。もしもそんなことが起こっていたなら、クラウザーの実験の結果を説明するのに、非局所性を持ち出す必要はなかった――何らかの純粋に局所的な物理学で、それを説明することが可能だということになる。この可能性を排除する唯一の方法は、もつれあった光子のペアがすでにお互いから遠ざかりはじめたあとで、偏光板をランダムに設定することだ。そうすれば、光速で伝わるどんな信号も、偏光板が設定されたあとに、両方の光子に追いつくことはできなくなる。「思うに、ジョン・ベルは、『偏光板を』高速回転させたら、量子力学の予測とは一致しない結果が出るはずだと信じていたんだろうね[84]」とクラウザーはのちに語った。問題は、これには偏光板を猛烈な速さで切り換える必要があるということだ――光が光子源から偏光板まで行くのにかかる時間よりも速く。光子源と偏光板の距離は、約一〇メートルというのが相場だったので、偏光板は四〇ナノ秒以内に切り換えねばならない。技術的に大きな難題である。「どうやればいいか、注意深く考え始めました」とアスペは回想する。「ついに私は、それは可能かもしれないという結論に達しました」。アスぺは、彼にこの方向を指し示してくれた教授、クリスティアン・アンベールのところに戻り、教授の実験室で、この実験を試させてもらえないかと尋ねた。アンベールは、「いいかね、私は君が言っていることが理解できないんだが、面白そうだ。だからジュネーブに行って、ベルに話をしてきなさい。もしもジョン・ベルが君に、それは面白いと言ったなら、君に実験室を使わせてあげよう、と言ったのです」[85]と、アスペは言う。

そのような次第で、一九七五年の春、ベルに会うためにアスペはジュネーブを訪れた。ベルはちょうど、エリスでの会議のお膳立てをしているところだった。「私は彼に自分のアイデアを話したのですが、彼は何も言わず、黙り込んでいました」とアスペは回想する。「しばらくして彼がした最初の質問は『あなたは終身のポストに就いていますか？』でした」。アスペはわけがわからなかった。「なぜそんなことを訊かれるのです？　と私は言いました。彼は、『まずお答えなさい』と」。そこでアスペは、彼のポストは実際に終身だと説明した――彼はまだ博士号取得のための研究の最中だったにもかかわらず、光学研究所での講師の地位は、フランス版の終身在職権が保証されていた。これに満足したベルは、なぜそんなことをアスペに尋ねたかを説明した。「この種の物理学は、まったく人気がありません」とベルは言った。「ですから、あなたは今後困難に直面するでしょう。それで、終身在職権を持たない人には、このテーマに取り組むことを勧めないのです」。量子力学の基盤についての研究が学者としてのキャリアを損ないかねない危険を、はっきり認識していたベルは、若手物理学者には、地位を確立しないうちはこのテーマを追究するのはよせと必ず言うことにしていたのだった。だがアスペは、ありがたいことに、すでに安全だった。「そうとわかると、彼は私を強く励ましてくれました」とアスペは回想した。「それこそ、ほんとうに行うべき最重要実験だと。光子が移動しているあいだに偏光板の向きを変えられる実験ができるなら……そう、それが真に実施すべき実験ですとね[86]」。

アスペはパリに戻り、アンベールの実験室で実験装置を組み立てはじめた。「基本的にすべてをどこからか借りてきました。一つだけ例外があって、それは、どこかの時点でレーザーを買わないといけないということでした」とアスペは述べた。「そのようなわけで、私はレーザーを一台買うお金を獲得しました。私が得た助成金はそれだけです。それ以外はすべて、あちこちで借りた装置です。そうでないものは、研究所の作業室で作りました。競争もなかったので、プレッシャーもありません。誰も関心を持っていなかったのです」。その後六年間、アスペは繊細な実験装置を組み立ててはテストし、やがて、学部学生のフィリップ・グランジエール、インターンのジャン・ダリバール、そして研究技師のジェラール・ロジェを引き込んで、手伝ってもらうことになった。それと並行して、アスペは知らなかったのだが、アンベールは、研究所のほかの人々からの批判や懸念に対して、アスペを保護していた。「アンベールは、傘になってくれたのです」とアスペは述べた。「この若者に時間を浪費させるのは間違いだ、そんなことよりも、何らかの本物の物理に取り組ませるべきだと、アンベールに文句を言ってくるすべての人々に対して、私を守ってくれたのです。ですが私は、当時そのことはあまり認識していませんでした[87]」。とうとう一九八二年、アスペとその共同研究者たちは、彼らの結果を発表した。ベルの不等式はやはり破られていた。光子が移動しているあいだに偏光板を切り換える実験においても。

アスペは自らの傑作と呼ぶべき実験に続いて、なおいっそう驚異的で困難なことをやり遂げた。「『普通の』物理学者に、隠れた変数や、隠れた変数理論を量子力学に対して検証することについて話しても、基本的に、彼らは関心を持ちません」とアスペは述べた。「しかし、彼らに、相関を調べるいい実験があって、その相関というのが特別なものなのだと言うと、聞いてくれる可能性が高いのです。なぜなら、物理学者はいい実験が好きで、［ベルの定理の検証は］いい実験ですから、間違いありません」。根っからの教師であるアスペは——「私自身が引き付けられたのです。自分が引き付けられたなら、そのわくわくする気持ちを伝えられるはずでしょう？」——ほかの人々とともにベルの定理の話をする方法を見つけたのだ。「私は説明するのが好きなんです。だから私は、なぜ［この実験が］面白いかを、三〇分以内で説明する正しい方法を見つけたんでしょうね」とアスペは言う。「これがなぜ面白いかを普通の物理学者に説明する方法を見つけたということです。ですから、しばらくすると、セミナーをやってもらえないかと招待されます。そのセミナーが好評だと、そのとき会場にいたほかの人々が、あちこちで次のセミナーをやってほしいといって招待してくれます。［最終的には］私は途方もない数のセミナーをやってベルの不等式と、これらの実験の面白さを、私が理解しているまさにそのとおりに説明したのです」[88]。アスペの一連の講演は、コペンハーゲン解釈が打ち立てた沈黙の殿堂に生じた致命的な亀裂のひとつだった。一九八〇年代には、半世紀ぶりに、大勢の物理学者がコペンハーゲン解釈を堂々と批判しはじめた。コペンハーゲン解釈は依然として強力な多数に支持されていたし、批判者にしても全員がそれを間違っていると考えていたわけではなかった。しかし、長年にわたって抑え付けられていた反対意見がついに雪崩となって、猛烈な勢いで山を下り始めた。量子力学基礎論という新しい研究分野が生まれたのだ。

第10章　量子の春

ベルトルマンの靴下

ラインホルト・ベルトルマンの一日は、小さな反逆の行為で始まる。一見したところでは、彼はとても反逆者とは思えない――一分の隙もなく刈り込まれた見事な顎髭も、いかにも大学教授らしい趣味の良い服装も、彼が暮らす形式と礼節を重んじる風格の街、ウィーンにふさわしい。この街は、帝国時代の威厳をいまなお保っている。しかしベルトルマンの服装がこの規範を遵守しているのは、靴の少し上までである。彼の靴下は、常に左右が不ぞろいなのだ。「私は、学生時代の初めごろから、ずっと左右別々の色の靴下を履いています。いわゆる『一九六八年の抗議運動』世代の学生なのです」とベルトルマンは言う。「つまり、これは私の小さな抗議なのですよ。私の隠れた抗議です。左右で違う色の靴下を履くのは、それを見た人は、ショックを受けて、『なんてばかなことを。なぜそんなことやってるんだい？』と言うか、あるいは、笑い飛ばして、変な人と思うかのどちらかだ、とわかったからなのです」[1]

四〇年前、ベルトルマンの反逆はいまよりもっと目を引いた。肩まで伸ばした髪と伸び放題の顎髭で、一九七八年に初めてCERNにやってきたベルトルマンは目立った。「アメリカ人には、ヒッピーか何かだよ、と言われたものです」と彼は回想する。それにもかかわらず、ベルトルマンの気さくで打ち解けた笑顔に引き付けられて、CERNには彼の友だちが大勢できた。そんな友だちの大半は、やがて彼の靴下に気づいた。だがジョン・ベルがそのことで何か言ったことは一度もなかった。ベルトルマンとベルは、二年にわたり、素粒子物理学の、ある厄介な計算について共同研究した。ベルの定理とはまったく関係なかった。「彼は［私の靴下については］一言も言いませんでした。一言たりともね」とベルトルマンは回想する。そしてベルトルマンのほうも、CERNの食堂で小耳にはさんだ噂についてベルに尋ねたりはしなかった。ベルはかつて量子力学の基盤について何かしら重要な研究を行ったらしいという噂である。「『え、君はベルと一緒に研究してるの？　彼は量子力学の世界じゃ、ちょっと有名なんだよ』と言われました。それで私はいつも、『あの人は何をやったんです？』と尋ねました。『ああ、彼は何かをやったんだ。気にしなくていいよ。いずれにしろ、量子力学はうまく使えているんだから』」。CERNの誰も、ベルの不等式とは何か、説明できなかったのです」。ところが一九八〇年のある秋の日、数週間ウィーンを訪れていたベルトルマンは、予期せぬ個人的なかたちで、突然ベルの定理に直面した。ベルトルマンのある同僚が、彼のオフィスから、ベルの新しい論文をかざしながら駆けてきたのだ。「彼はこれ［その論文］を振りながらやってきて」とベルトルマンは回想する。「『ラインホルト、これを見ろ！　君はいまや有名人だ！』と言ったのです[2]」。

ベルトルマンはびっくり仰天して、その論文のタイトルを何度も繰り返し読んだ[3]。「ベルトルマンの靴下と実在の本質[4]」。そこには、ベル本人が描いた小さな漫画も添えられていた（図10－1）。

「量子力学の講座を受講して悩んだことのない、ごく普通の哲学者は、アインシュタイン－ローゼン－ポドルスキー相関にさして興味を抱かない」とベルは論文を始める。「彼はそれとよく似た相関の例をたくさん、日常生活のなかに指摘することができる。ベルトルマンの靴下はこの例として頻繁に言及される。ベルトルマン博士は、左右で色の違う靴下を履くのが好きだ。ある特定の日に、左足または右足に何色の靴下を履いているかを予測するのは難しい。しかし、あなたが見た最初の靴下がピンクだったなら、それだけで、二つ目の靴下はピンクではないと確信できる……服装の好みを説明することはできないが、それを別にすれば、ここに謎は存在しない。EPR思考実験も、これとまったく同じではないだろうか？[5]」ベルは、コペンハーゲン解釈とその歴史を手短に説明し、「実証主義的、そして道具主義的哲学の影響を受け、多くの者が、［量子的世界の］一貫性ある描像を発見するのは困難であるのみならず、そのようなものを探すのは間違っている――実際にモラルに反するわけではないとしても、専門家にふさわしくない――と考えるようになった。さらにその方向に走って、原子やそれ以下の微小な粒子は、観測に先立っては、明確な性質を一切持たないと断言した者たちもいた[6]」。続いてベルは、ベルトルマンの靴下に話を戻す。

アインシュタイン－ポドルスキー－ローゼン相関の議論は、このような考え方を踏まえた上で考察しなければならない。そうすれば、EPR論文がこれほどの混乱を引き起こし、その混乱がいまなお収まっていないこともそれほど不可解ではなくなる。誰も見ていないからといって、ベルトルマンの靴下が実在しなかったり、あるいは色が違わないなどということがあるだろうか？　二つなのにわれわれは、「どうして誰かが見て、い、る、ときには、左右の靴下は必ず違う色なの？

図10－1　ジョン・ベルが描いたベルトルマンの靴下の漫画。1980年。

目の靴下は、最初の靴下が何色なのか、どうやって知るの？」と、子どものように問いかけている。[7]

ベル自身は、もつれあった二個の粒子がベルトルマンの靴下のようではあり得ないのはなぜかという問いに、答えている。彼の定理が、そして、クラウザーとアスペの実験が、何かそれ以上に奇妙なことが起こっていることを示した。「量子力学によれば実現可能なある種の相関は、局所的には説明不可能である。すなわち、遠隔作用なしには、それらは説明不可能である」とベルは記した。「あなたは肩をすくめて、『偶然の一致はしょっちゅう起こるさ』、あるいは、『それが人生だ』と言うかもしれない。ふだんは真面目なのに量子哲学の話になるとそのような態度をとる人は実際に珍しくない。しかし、その特異な文脈以外では、そのような態度は非科学的だと退けられるだろう。科学的態度とは、相関があれば必ず説明を求めるものだ」[8]。

アスペの魅力攻勢は量子力学の基盤に関する研究に対する人々の見方を変える素晴らしい効果を発揮したが、このテーマへの無関心は依然として物理学者のあいだに蔓延していた。そして、クラウザーが身をもって知っていたように、量子力学の基盤に関する研究で、常勤の職を見つけるという希望はほとんどなかった。ベル自身も、研究時間のほとんどすべてを相対論的場の量子論を使った素粒子物理学の研究にあてていた――CERNでベルトルマンとともに研究していたとき、そうだったように。相対論的場の量子論が、彼が言うとおり「すべての実際的な目的に対して」[9]非常にうまく機能していることをベルはよく知っていた。しかし、自分の研究分野の基盤に関する切迫した懸念が、彼の頭から消えることはなかった。「私は量子工学者です」[10]と、ある講演の冒頭で彼が宣言したことがあった。「しかし日曜日には、原理から考えます」。普段は物柔らかなベルだったが、ゲスト講演者が量子力学の基盤について何かばかなことを言ったものなら、態度を豹変させた。「会議では……彼は普通は何も言いませんでした」と、これも彼の後輩の一人である、ニコラ・ギシンは回想した。「ですが、誰かが間違ったことを言うと、とりわけ、それが［量子力学の］解釈に関することだと……、彼は感情を爆発させ、アイルランド訛りを隠そうともせず、非常に鋭い、実に的確な批判を浴びせました。それが始まると、もう相手はたじたじになるばかりでした」[11]。

だが、このような激情は、怒りから来るものではなかった。それは、科学の一貫性に対する、道徳的とも言える深い信頼から来るものだった。ベルを数十年前に菜食主義者へと導いた道徳的信条に近いものだったのかもしれない。コペンハーゲン解釈は観測問題に取り組むことには乗り気でなかったが、ベルはそれに取り組まないではいられなかった。彼はコペンハーゲン解釈の曖昧さと、問題を先

図10－2　CERNの自分のオフィスでベルの定理の検証実験について論じるジョン・ベル。1982年。

送りにしようという態度に我慢がならなかった。若手物理学者に自分の学者人生を量子力学の基盤に関する研究に捧げるようにと勧めることには慎重だった一方で、このテーマについて彼と話をしたいという者には、誰であれ、非常に寛大で親切だった。「私が基盤についての疑問を口にするときは、彼はきわめて親切で、じっくり時間をかけて説明してくれました」とギシンは回想した。「私の実験室に話をしにきたとき……彼はあの赤毛に、あの帽子をかぶり、しかも帽子の上には小さなポンポンがついていたんですよ。『偉大なジョン・ベル』という感じはまったくしませんでした」[12]

ベルは「いつもニコニコしていたね……同調しない人が好きでね」とベルトルマンは言う。「私たちは、物理学についてだけではなく、政治や芸術、その他もろもろなんでも議論しました」。しかし、ベルトルマンがベルの論文を見るまでは、量子力学の基盤に関するベルの研究について、二人が議論したことはなかった。「［その論文を］見たとき、私はびっくり仰天しました」と彼は言う。「おわかりでしょう、あまりにびっくりして、瞬時に靴下が脱げそうなほどでした。私はものすごい興奮状態で、心臓がどきどきして、そして、たしか、電話を掛けに行き、彼と電話で話しました。私は興奮していましたが、彼は非常に冷静でした」。この衝撃から立ち直ったベルトルマンは、量子力学の基盤について、もっと学ぼうと決意した。「ショックでしたからね、ならばこの分野を深く掘り下げないわけにいかないな、と」[13]

量子コンピュータ構想

量子力学の基盤に引き付けられたのは、ギシンやベルトルマンなどの若手物理学者だけではなかった。年長の、名声が確立した物理学者たちも、この分野に注目し始めた——以前この分野を重要でない、実際的でないと退けた人々も含めて。一九七〇年代初頭に、ジョン・クラウザーがベルの不等式の最初の検証実験に取り組んでいたころ、ある年のクリスマスに、彼はパサデナの実家へ帰った。クラウザーの父、フランシスは、当時カルテックの教授だった。「家に着いたら、［父が］言ったんです、『おい、ファインマンにお前と会ってもらう約束を取り付けたぞ！』と」。クラウザーは回想する。「私は『えっ、何だって……』ですよ」。リチャード・ファインマンは伝説的人物で、存命中の最も有名で優れた物理学者の一人だった。彼は量子電磁力学——光と物質の相互作用に関する理論——の創設者の一人で、その成果が評価され一九六五年にノーベル賞を受賞した。ファインマンはジョン・ホイーラーの学生として科学者人生を歩みはじめ、師と同じく、コペンハーゲン解釈にはほとんど問題を感じていなかった。クラウザーは、それほど知られていないベルの定理について研究していた事実だけで即座に追い返されてしまうのではないかと不安だった。「ファインマンのオフィスに入ると、彼はもういきなり敵意むき出しで」とクラウザーは言う。「『君は何をやっているのかね？　君は量子力学を信頼しないのかね？　量子力学の何が間違っているのか、まず示しなさい。そうしたら、またここへ来て、それについて一緒に話し合おう。出て行きなさい。興味などないね』[14]こうだよ」。

ところが、一九八四年にアラン・アスペがカルテックに講演に来るまでには、ファインマンも態度を変えていた。「きわめて友好的でしたよ」とアスペは回想した。「興味深いコメントもしてくれました」[15]。講演のあと、ファインマンはアスペを自分のオフィスに呼び、二人でさらに議論をした。帰宅したアスペに、ファインマンからの手紙が届いたが、それは重ねて称賛を伝えるものだった。「もう一度言わせてください。あなたの講演は秀逸でした[16]」

ファインマンがクラウザーの不幸な訪問から多くを学んだ可能性は低いが、アスペがカルテックを訪ねる頃までには、ベルの定理について十分認識していたことは間違いない。ベルの定理の最初の検証実験のあと、このテーマに関する論文や記事が相次いで発表された。それらは、ベルの定理を物理学者や一般市民に説明するものだった。デスパーニャは、一九七九年に『サイエンティフィック・アメリカン』誌にベルの研究についての一般向けの解説を書き、これがベルの定理に関して最も人気を博した記事となった。その直後、バークレーのファンダメンタル・フィジックス・グループとつながりのある物理学者や著作者たちによる、量子力学についての一般向けの本、たとえば『タオ自然学』[17]や『量子のリアリティー』などのなかでも、この問題は言及された。そして、コーネル大学の高名な物理学者N・デイヴィッド・マーミンによるベルの定理についての名高い一連の論説は、きわめて単純な思考実験をいくつも使ってこのテーマを詳しく解説した。マーミン流のシンプルな思考実験は、瞬く間にベルの定理の教材として定番化した。[18] 物理学への洞察のみならず、教え上手としても尊敬を集めていたファインマンは、マーミンの一連の著作が瞬時に大好きになった。「私が知っているなかで最も美しい物理の論文のひとつは、あなたのものです」と、ファインマンは一九八四年、マーミンに手紙を書き送った。「大人になってからというもの、私は常に、量子力学の奇妙さを、不要なものは取り除きエッセンスだけにするため、できる限り単純な状況へ煮詰めようとしてきました。……最近私は、あなたの記述の一歩手前まで近づいたのですが、そこにあなたの理想的なまでに簡潔なプレゼンテーションが登場したのです」。[19]

ファインマン自身、一九八一年にカルテックで開催された会議の基調講演のなかで、ベルの定理を説明していた（ただし、奇妙なことに、その講演のなかではベル本人に言及することはなかった）。その会議のテーマは、それとは一見何の関係もないコンピュータの物理学だったが、ファインマンは、計算機科学の分野の重大な問題にもベルの定理が答えを持っているのだと示した。「物理学は万能コンピュータによってシミュレートできるでしょうか？」とファインマンは会議に集まった面々に問いかけた。「物理的世界は、量子力学的です。したがって、ほんとうに尋ねるべき問いは、量子力学がシミュレートできるかどうかです——私がいまほんとうにお話ししたいと思っているものが、これなのです」と彼は続けた。通常の条件の下で働いている通常のコンピュータでは、この問いかけへの答えは「ノー」だ。単純な1と0を普通のやり方で使うだけで、コンピュータ内部に生じる距離を隔てた奇妙な結びつきや、何らかの別の種類のトリックを使うことがないのなら、コンピュータは局所的な物理学のシミュレーションに制限されてしまい、量子的効果を十分シミュレートすることは不可能だ。しかしファインマンは、これを成し遂げる別の方法があるかもしれないと示唆した。「新しい種類のコンピュータならできないでしょうか？——そう、量子コンピュータで」。ファインマンは問いかけた。「私にはわかりません……。ですからこの問いにはまだ答えを出さずにおきましょう」[20]。

数年後、デイヴィッド・ドイッチュという若手物理学者が、ファインマンが中断したところを引き継いだ。一九八五年、ドイッチュは、量子コンピュータ——量子力学と古典物理学の違いを最大限に活用したコンピュータ——は、通常の古典的コンピュータよりも効率的にタスクを行うことができると証明した。ドイッチュの証明は、ベルの考えを実用的な応用技術に適用する可能性を開いた。実現したなら、ベルも予測しなかったような快挙だ。だがドイッチュは、量子コンピュータがいかにして古典コンピュータを上回る性能を示すのかという実例をひとつも示さなかった——彼はただ、理論上可能であることを証明しただけだった。既存のすべてのコンピュータを上回る性能を示すために、まだできてもいないコンピュータのアルゴリズムを見出すのは、難題だった。

それから一〇年近く経って、ピーター・ショアという才能ある数学者が、その難題を見事なやり方で解決した。一九九四年、彼はきわめて大きな整数の高速素因数分解が可能な量子アルゴリズムを考案した——これは、非常に重要な結果だった。ドイッチュが証明したことが実際に可能であることを真の意味で実演したにとどまらず、ショアのアルゴリズムは、実用面でも大きな価値をもたらした。普通のコンピュータには、大きな数の素因数分解は難しい——そして、ショアがよく知っていたとおり、この難しさこそ、実用されているほとんどすべての方式の暗号——とりわけ、新たに急成長を始めたインターネット上での安全な通信に利用される暗号——が依って立つ基礎だった。ショアは、量子コンピュータが働いている世界では、コンピュータネットワーク上の、あらゆる安全な金融取引――本の購入から株取引まで――が、伝統的な方法では実施できなくなるだろうということを示したのである。

だがそのころまでには、量子情報理論も、この問題の解決策を突きとめていた。量子暗号である。じつのところ、二つの形態の絶対に安全な通信方法が、量子力学基礎論の分野で最初に行われた研究を下敷きにしてすでに考案されていたのである。その一つ、チャールズ・ベネットとジル・ブラッサールが一九八四年に発表した方法は、「量子複製不可能定理」と呼ばれるものに基づき開発されたのだが、この定理はファンダメンタル・フィジックス・グループが行った研究に応答するものとして証明されたのだった。アーサー・エッカートが一九九一年に発表したもう一つの方法は、ベルの定理に直接基づいていた。どちらの方法も、物理学の基本法則そのものによって、隠れた盗聴が禁制となっている可能性があり、完全に安全な通信として有望である。

突如として、量子もつれやベルの定理は、見捨てられた科学の片隅で難解なテーマに取り組む一握りの物理学者と哲学者だけの関心事ではなくなった。コンピュータ技術や暗号に関する実際的なさまざまな問題がかかるとなれば、当然のことながら、各国政府や軍はこのテーマに並々ならぬ関心を抱き始めた。量子もつれ、デコヒーレンス、そして、最初に量子力学基礎論の研究者らが特定したその他の現象の制御法を習得することが、ビッグ・ビジネスをもたらす可能性が出てきたのだ――そして、量子コンピュータ開発レースが始まった。助成金が堰を切ったように流れ込みはじめた。ショアのブレークスルーから一〇年のうちに、国防省は二〇〇〇万ドルの資金を量子情報分野のイニシアチブに援助した。[21] 二〇一六年までには、軍事部門も民生部門も含めた複数の米国政府機関が、量子情報技術に助成金を提供していた。[22] ＥＵはこの分野の研究と開発に一〇億ユーロを助成した。[23] そして中国は、量子通信衛星のテストを開始した。[24] グーグルやマイクロソフトのような民間企業も、この分野に参入する。つまり、量子情報処理はもはや量子力学基礎論の一部ではなくなったのだ——分離して、それ自体が一〇億ドル規模の産業になったのである。

だが、この資金のほとんどが、量子力学基礎論の分野には流れ込まなかった。洪水のような新しい助成金は、ほぼすべて、量子コンピュータなどの実用物の開発が目的であって、観測問題への新しいアプローチの探究が目的ではなかった。量子力学基礎論は、この新しい実を結んだことで、役立たずではないと証明した。しかし、量子情報処理の進展は、量子論の心臓部にある謎には何ら直接の意味をもたなかった。そして、多くの物理学者は、ベルの研究から派生して生まれた新しい分野で研究している者でさえ、物理学に対するコペンハーゲン解釈のアプローチを採用していた。マーミンの「黙って計算しろ！」に象徴される態度で。

パイロット波、ふたたび

量子力学の基盤はコンピュータに影響を及ぼしていた——しかし、コンピュータのほうも量子力学の基盤に影響を及ぼしていた。一九七八年、ロンドン大学バークベック・カレッジのデイヴィッド・ボームの三人の同僚たち——クリス・デューードニー、クリス・フィリピディス、バジル・ハイリー——は、ボームが一九五〇年代に書いた、古いパイロット波の論文をしっかり見直す作業に取り掛かっていた。ハイリーはもう一〇年以上にわたってバークベックでボームと密に協力しあって研究していた。彼はボームのパイロット波の研究のことは知っていたが、ボームは二人が出会うはるか以前にそれを放棄していたので、この理論はうまくいかないのだという印象を持っていた。二人のクリスは、ハイリーよりかなり若く、無邪気だったので、とにかくボームの古い論文を読んでみた。「［デュードニーとフィリピディスは］ある日、ボームの一九五二年の論文を手にやってきました」とハイリーは回想する。「そしてこう言いました。『どうしてあなたもデイヴィッド・ボームも、こいつのことを話してくれなかったんですか？』と。それで私は、『ああ、それは全部間違っているからだよ』と言いかけたのですが、彼らがつぎつぎ質問を始めたものですから、いや、じつは私はそれをちゃんと読んだことがないのだと認めないわけにいかなくなったのです。実際、私はその論文を、導入部以外、まったく読んでいなかったのです！……そのようなわけで、私は帰宅して、週末はその論文を読んで過ごしました。読んでいくうちに、『これのどこが間違ってるんだ？』と思いました。『まったく問題ないじゃないか』」。月曜になり、ハイリーは、「大学に戻って二人のクリスに会い、こう言いました。『よし、じゃあいまから、それぞれの軌跡がどうなっているか、はっきりさせようじゃないか』」。デュードニーはコンピュータを使って、二重スリット実験をはじめ、さまざまな状況の下で、パイロット波に導かれた粒子が描く軌跡を生成させた（147頁、図5－4参照）。「もちろん、［これらの］画像を見てしまえば、火を見るより明らかです」とハイリーは述べた。ハイリーと二人のクリスが、それらの画像をボームのところへ持って行ったところ、ボームは驚愕した。「彼の両目が、急にぱっと大きく見開きました」とハイリーは言う。「そして彼と私は、これについて真剣に話し始めたのです」[25]。二〇年間棚上げにしたあとで、ボームはパイロット波解釈を再び取り上げ、埃を払い落し、新たな前進の道を求めて、ハイリーとともに研究を始めた。

ボームは昔の自分の説に改めて関心を抱いたのだが、その直後に、一握りのほかの物理学者たちも、パイロット波理論についての研究を発表した。しかし、ボームとハイリーが、パイロット波理論と、ボームが一九六〇年代から一九七〇年代にかけて発展させた「内在秩序」のアイデアとを結び付けようとしたのに対し、新しいボーム論者たちは、ボームが一九五二年に発表した最初の理論を修正し、言い回しや数学を変更することで、長年ボームの解釈に浴びせかけられてきたさまざまな批判に対する強力な防御策を作り上げた。なかには、より基本的な仮定からパイロット波理論を導出する方法を見出し、この理論はエレガントではなく場当たり的だという批判が間違っていたことを証明した研究者もいた。また、一九五〇年代にボームが躓いた箇所を引き継いで、この理論を相対論的場の量子論の領域まで拡張しようとする者もいた。相対論的場の量子論は、そのころに至るまで、粒子加速器で観測されたさまざまな現象の予測に驚異的に見事に成功し続けていた。

だが残念なことにボームは、この研究の多くを目にすることがなかった。一九九二年、ロンドンのタクシーの後部座席で、心臓発作を起こして亡くなったのだ。七四歳だった。ブラックリストに載せられても屈せず、四〇年にわたる亡命生活を尊厳と品位を保ってしのいだ――そして、コペンハーゲン解釈の代替となるものは可能だと、はっきりと証明した。彼の研究は、フォン・ノイマンの証明の誤りを明らかにし、ベルの素晴らしい定理を生む直接の要因となった。もしもジョン・ベルが量子力学復活の父だとしたら、デイヴィッド・ボームは間違いなくその祖父であった。

デコヒーレンス説の新たな展開

ベルの定理の検証実験を受けて量子力学基礎論が勢いを得るなかで、復活を果たした古い説は、ボームのパイロット波解釈だけではなかった。ディーター・ツェーも、デコヒーレンスの研究で新たに認知されたが、それをもたらしたのは意外な人物だった。ジョン・ホイーラーである。自分が指導していた学生だったエヴェレットの研究を、自分の師であるボーアの考え方と調和させることができなかったホイーラーはその後、量子論の基盤に関する自分の興味を棚上げにしたままにしていた。しかし、ベルの実験と、プリンストンでの同僚ユージン・ウィグナーと何度か長時間にわたり話をしたことで、かつてこの分野に抱いていた関心を取り戻した。[26] 一九七六年にテキサス大学に転任した直後、ホイーラーは量子観測についての授業を始め、プリンストン大学当時と同様、優秀な学生を大勢引き付けた――なかには、ホイーラーの授業に深い影響を受けた者たちもいた。「テキサスのオースティンでジョン・ホイーラーに会うまでは、深い疑問というものはすべてもう理解されているのだと――あるいは少なくとも、学生が取り組むべき問題ではないと――思い込んでいました」と、ホイーラーの学生の一人、ヴォイチェフ・ズレクは言う。「ホイーラーがそれを変えてくれました。……［彼の授業では］私たちはボーアとアインシュタインを読みましたが、量子論と情報の結びつきについても議論し、いろいろな考え方をあれこれ試しました。……私は徐々に、量子力学に関するさまざまな疑問、観測者の役割、そして物理学における情報の性質は重要で、概して未解決なのだと確信するようになりました」[27]。

ホイーラーの授業で学んだことと、テキサス大学で受講したデイヴィッド・ドイッチュの講演から、ズレクは量子力学におけるもつれと観測との関係、特に、一つの量子系とそれを取り囲む広い環境とのあいだのもつれの影響について――すなわち、デコヒーレンスについて――考えるようになった。自分のさまざまなアイデアについてホイーラーと徹底的に話し合い――「ホイーラーの存在は、問題を定義する上で、というよりむしろ、一連のすべての問題を明確に定義する上で、不可欠でした」[28]――ズレクは、一九八一年前半に一件の論文の草稿を書き上げた。ズレクはこのテーマに関してツェーが先行する研究を行っていたことを直接は知らなかったが、ホイーラーは間違いなく知っていた。ウィグナーからツェーの考え方について聞いたホイーラーは、前年の五月、ハイデルベルクのツェーに会いに行っていたのだった。ズレクは、論文を書き上げた直後、ホイーラーとウィグナーから、ツェーの研究について聞いた。その年のうちにズレクのデコヒーレンスに関する論文が出版され、そこでは、当時まだあまり知られていなかったツェーの論文を、自らの研究に先行するものとして挙げた。[29]

彼らの研究内容には非常に共通点が多かったものの、ズレクのアプローチは、ツェーのそれとはかなり違っていた。ツェーは、このテーマに関する最初の論文で、多世界解釈はデコヒーレンスの不可避的な結果であるという考え方を提唱した。しかしズレクは、量子力学の解釈については、きわめて不可知論的な立場であった。ズレクによれば、「［私の］論文の（より広くは、私のデコヒーレンスへのアプローチ全般の）核心は、基盤についての疑問に関することと、量子論から直接導き出されることしか私は言っていないことにあります。解釈にまつわる古くからの厄介ごととは無関係だということです」[30]。そしてズレクの研究は、ツェーの研究とはまったく異なる受け止められ方をした――彼らのアプローチの違いと、これまでの一〇年間で物理学で起こった大きな変化とを考えれば、驚くこともトラブルも大したトラブルではない。ツェーは自分の考えを発表するのに非常に苦労したが、ズレクの論文は大したトラブルもなく有名な物理学専門誌に掲載された。そしてズレクにはホイーラーという強力な推薦者もいた――この点についても、自らのデコヒーレンスに関する研究で、指導者であるイェンゼンとの関係を損なってしまったツェーとはまったく異なっていた。相談相手となり、ズレクの研究を奨励していたことに加え、ホイーラーは、量子力学基礎論に関するあちこちでの会議に、ズレクも必ず招待されるように画策した。その手の会議にズレクのような若い研究者が列席することは、普通はあり得なかった。[31]ズレクの話と考え方は、これらの会議で好意的に受け止められ、おかげで彼は、自分の学者としての努力の大半を量子力学の基盤の研究に注ごうという信念をいっそう強めた。「量子力学の基盤研究は、物理学者の経歴にとって、死神の口づけのようなものだと思っていました」とズレクは回想する。「学生時代、基本的にすべての人からそういうメッセージを受け取りましたが、注目すべき例外がホイーラーでした。ですから、基盤研究に基づいて私が会議に招待されるということは、時代が変わりつつあった確固たる証拠でしょう」[32]。ズレクは続く五年間でデコヒーレンスに関する数件の論文をさらに発表し、それと並行して、量子力学基礎論に関する別の論文も発表した――そのどれもが、彼の経歴を目に見えて妨害することはなく、彼はテキサス大学からカルテックへと移籍し、最終的にはロスアラモスに落ち着いた。

ズレクの論文が成功したことで、ツェーは、デコヒーレンスについての研究を再開すべきときが来たと確信した。彼は将来有望な若い学生、エーリッヒ・ヨースを受け入れ、デコヒーレンスについての共著論文を数件執筆した。だがツェーは、自分がコペンハーゲン解釈を奉じないことがヨースに影響を及ぼすのは避けたかった。「君のような若者がエヴェレットについて話をして、瞬時に自分のキャリアを台無しにしてしまうべきではない」と、共同研究の始めにヨースに告げた。「だから、われわれは、エヴェレットに言及しないでこの論文を書こう[33]」。ツェーはズレクの論文が登場してから数年のあいだ、エヴェレットについて話すことを意図的に避けて、ヨースのキャリアを守ろうと無駄な努力をしたのだった。[34] ツェー、ヨース、ズレクをはじめ多くの人々がデコヒーレンスについて優れた研究をしていたにもかかわらず、ハイデルベルクのツェーの同僚たちはなおも、それが本物の物理学だとは信じなかった——デコヒーレンスについて少しでも知っていた場合には。「[一九九〇年に] 私はヨースに資格取得（ドイツで、大学教員となるために必要な「第二の博士号」）を提案しようかと考えたのです」とツェーは回想する。「この決定に影響力を持つ可能性のある幾人かに打診したのです。ですが、それに対する返事は、『彼はこれまでに何をやったのかね？』でした。『デコヒーレンスです』と応じると、[彼らの反応は]『デコヒーレンス？　それは何かね？』一九九〇年にですよ！」[35]

デコヒーレンスは、ついに一九九一年、より幅広い物理学者たちに耳を傾けてもらえるようになった。ズレクがこれをテーマに、米国物理学協会が発行する『フィジックス・トゥデイ』誌に論文を書いたのだ。だがそこには、デコヒーレンスについていくつか論争を招きかねない主張があった——とりわけ、デコヒーレンスは観測問題を単独で解決できると取られてもおかしくない記述を含んでいた。「困難は深刻な性質のものであるが、近年では、観測問題への対処法は向上しているという共通認識がますます広まっている」とズレクは論じた。「巨視的な系がその環境から孤立していることは決してない……その結果である『デコヒーレンス』は、量子力学的波束[の収縮]の問題に対処する際、無視することはできない」。そして論文の終わり近くで、彼は大胆にもこう主張した。「デコヒーレンスは重ね合わせを破壊する[36]」。

『フィジックス・トゥデイ』に次から次へとズレクへの反論の手紙が押し寄せ、デコヒーレンスは、それに伴う解釈がなければ、観測問題を解決することはできないと指摘した。シュレーディンガーの猫のような重ね合わせの状態にある小さな物体が環境と接触している場合、デコヒーレンスは重ね合わせを破壊しない――逆にそれを悪化させる。重ね合わせ状態の物体があるという単純な状況ではなく、物体と環境というより大きな系が、それ自体重ね合わせ状態にあるわけだ。そして、この重ね合わせは何を意味するのかを説明する解釈がなければ、観測問題は解決せずそのまま残る。なぜ私たちは現実の世界において、死んでいると同時に生きている猫を観察しないのか？　シュレーディンガー方程式は小さな物体に対しては非常にうまく働くのに、日常生活の物体に対しては、なぜこれほど無残に失敗するのか？

ツェーは当然ながら、「環境誘因デコヒーレンスそのものは、観測問題を解決しない」[37]ことに同意した。彼は、図式を完全なものにするには、エヴェレットの多世界解釈が必要だと主張した。そしてズレクも、『フィジックス・トゥデイ』の論文で述べたこととはうらはらに、デコヒーレンスは完全な解決策ではないと認めた。この点については、デコヒーレンスに関する彼の最初の論文のほうがはるかに明瞭で、そこでは彼ははっきりと、デコヒーレンスは「何が系－測定装置－環境が連結した波動関数の収縮をもたらすのか？」という問題に対処することはできないと述べていた。[38]しかし多世界についてのズレクの見方は、ツェーのそれとは異なっていた。ズレクの見方はむしろ、彼の師、ホイーラーのものに似ていた――ズレクはエヴェレットの多世界をボーアのコペンハーゲン解釈と調和させる上手い方法を見つけようと努力していたが、それは一九五六年の不運に終わったコペンハーゲン訪問でホイーラーが行った努力と似ていた。[39]

残念なことに、ズレクがコペンハーゲン解釈にそつなくアプローチしているのを、多くの物理学者は、コペンハーゲン解釈がその正しさを証明されたしるしと受け止めた。彼らにとってデコヒーレンスは、コペンハーゲン解釈そのものと同様、観測問題の亡霊と、量子論を後光のように取り巻いているほかの奇妙さを退散させられる魔法の言葉だった。一九九〇年代後半に、デコヒーレンスを探るいくつかの実験が行われたが、火に油を注いだだけだった。デコヒーレンスによる定量的な予測が確かめられたのを受けて、一部の物理学者たちは観測問題はついに解決したと結論づけた。そのような大勢の物理学者の一人が、フィリップ・アンダーソンだった。ボームのパイロット波理論を排除したとの誤解に基づいてベルの定理を受理して出版したらしきあの人物だが、今回はデコヒーレンスで誤ったのだった。二〇〇一年、彼は、「『デコヒーレンス』は……『波動関数の収縮』とかつて呼ばれていたプロセスを記述する。この概念はいまや、プロセス全体を定量化する、美しい原子ビームの諸技法によって、実験的に検証された」[40]と述べた。デコヒーレンスの性質に関するアンダーソンの誤解は、ベルの結論に対する誤解と同じく、彼が物理学者として重大な欠陥を抱えているせいで生じたものではは決してない——アンダーソンは一九七七年に固体物理学への大きな貢献でノーベル賞を受賞しており、現代の素粒子物理学の標準模型構築に貢献した一人でもある。彼の誤解は、単に時代の表れに過ぎない。量子力学基礎論は、ごく短期間に急激に複雑化したため、最高の物理学者であっても、その専門家でなければ、それについて賢明に話すことができないほどだったのだ——そして、コペンハーゲン学派が推進した量子力学に関する先入観が依然として染み付いたままだったので、物理学者たちが、これもそうなのだと気づくのは困難だった。かつてのボームの教え子で量子力学の哲学を研究する哲学者のジェフリー・バブは、一九九七年にこの状況を嘆いている。「いまや『新しい正統主義』

によって、元々のコペンハーゲン解釈は、環境的デコヒーレンスに関する最近の理論的研究の成果によって汚名をすすがれたという考え方が強調されているようだ」とバブは記した。「コペンハーゲン解釈に対するアインシュタインの懸念にどう応じるかという点では、一歩も進んでいない、それはいまなお『熱狂的な信者たちの安楽な枕』であり、おそらく、いまでは、素敵なダウンの心地よさの魅力まで加わっているのであろう」[41]と論じた。

ツェーはといえば、彼は最初から、このような結果になることを憂慮していた。「私は、やがてはコペンハーゲン解釈が、科学史上最大の詭弁と呼ばれるようになることを望んでいます」と、彼は一九八〇年にホイーラーへの手紙に記した。「しかし、いつの日か解決法が見つかったときに、ボーアは十分曖昧だったというだけの理由から、『もちろん、ボーアはいつもこのことを意味していたのだ』と主張する人々が出てくるとしたら、それは恐ろしい不正義だと、私は考えるでしょう」[42]。

量子情報理論

テキサス大学在職中、ホイーラーは、量子力学基礎論に関する新しいいくつかの考え方を、背後から活気づけるパワーの源の一つだった。「量子力学の解釈」は、一九八〇年代から九〇年代にかけて広まったテーマで、復活した古い考え方と並んで、示唆に富んだ新しい考え方が提案された――なかでも最も多くの実を結んだ一群の新解釈は、情報理論に基づいていた。量子コンピュータと量子暗号の分野で行われていた研究からインスピレーションを得て、これらの解釈は、コンピュータ科学の理論的基礎を使って、量子力学の基盤の中心にある難問を解決してはどうかと提案していた。ホイーラーは、このアプローチを最初期に提唱した一人だ。彼はこの考え方を、「イット・フロム・ビット」と簡潔に言い表した。量子力学によって記述されている実在そのものを、情報の概念のなかに基礎づける方法を見出そう、という意味である。

情報理論的解釈の背後にある動機は、それほど複雑ではない。もしも波動関数が一種の情報であって、物理的な対象物ではないのなら、量子力学の中心にある謎の多くは解消するように思えるのだ。とりわけ、波動関数が情報だとしたら、観測問題ははるかに説明しやすくなると思われる――あなたが観測を行うと、あなたの情報は変化するので、観測に伴って波動関数が劇的に変貌しても驚くことではない。そして、EPR思考実験とベルの定理も、それほど不思議ではなくなるだろう。偏光がもつれあった二個の光子が互いに反対の向きに遠ざかっていくとき、私たちが一方の偏光を測定すれば、もう一方の偏光も瞬時にわかる――だが、ここに謎めいたことや非局所的なことは何もない。北京にある時計を見ることによって、ブエノスアイレスの時間を瞬時に推察できるのに何ら不思議はないように。そして、これに何ら非局所的なことはないのだから、量子もつれが超光速通信に使えない理由についても、もはや何ら謎はない。

ただし、情報理論的解釈のすべての提唱者が指摘するだろうが、これは完全には正しくない。ベルの定理は、光子の偏光は時計のようなものでもなければ、ベルトルマンの靴下のようなものでも絶対にないと、はっきりと述べる。波動関数それ自体が物体ではなく情報なら、それは特殊な種類の情報ということになる。「誰の情報なのか？」とベルは問いただした。「何についての情報なのか？」とも。観測問題を解決するためには、情報理論的解釈は、これらの問いかけに答えなければならない。最も手っ取り早く、最もコペンハーゲン解釈に沿った答えは「私の情報」と「私の観測についての情報」

だろう——しかしベルには、そのような答えはまったく不適切だった。観測を物理学の中心に据えることには、実証主義じみたところがある。実証主義は、ベルが大学時代に一度受け入れたがやがて拒否し、ついには不可避的に唯我論へとつながるものと結論づけた哲学だ。[43] 唯我論——あなたが唯一の人間で、ほかのすべての人と物は、あなたの頭のなかにある一種の幻覚にすぎないという考え方——は、実証主義に始めからまとわりついていた問題だった。量子力学の情報に基づく解釈も唯我論に堕ちてしまうリスクを負っていた。波動関数が表す情報があなたの情報なら、あなたはなぜそれほど特別なのだろう？　そして、異なる観察者たちが、その同じ情報について、どうして同じ見解が持てるのだろう？　あなたの情報が、世界のなかの客観的事実、たとえば、誰もが目にすることができる干渉パターンを形成することができる何かであるように見えるのはなぜだろう？

一部の物理学者たちは、情報理論的解釈にまつわるこれらの疑問に、波動関数は量子力学の根底に存在する見えない世界に関する情報だと主張することで対処しようとした。その世界は、まだ発見されていない、既知のものとは異なる法則にしたがっているというのだ。しかし、そのような世界も、ベルの定理を満たすためには非局所的でなければならない——その場合、情報理論的解釈の主張のほとんどが失われてしまう。（ホイーラー自身、ベルの実験は、局所性ではなく、決定論を排除しているのだと誤解していた。[44]）ほかの者たちは、確率の法則を変更したり、ベルの証明に使われていたほかの数項目の仮定のいずれかを破ったりして、ベルの定理を回避しようとした——しかし、これらの解決法のどの一つを取っても、それ自体の奇妙で困難な問題を新たに背負っていた。

これらの問題はどれも、情報理論的解釈ではうまくいかないという意味ではない。これらの問題は挑戦として受けて立つか、あるいは、説得力あるかたちで退けるかすべきもので、情報理論的解釈に関心を持っていた物理学者と哲学者は、まさにそのいずれかに取り組んで研究を続けた。しかし、一部の物理学者にとって、波動関数は「情報」であるという単純な考え方は、デコヒーレンスと同様の魅力があった。つまり、観測問題に関する些細な疑問を素早く退ける簡単な方法と見えたのである。ホイーラーは、彼が「イット・フロム・ビット」のインスピレーションを得たのは、ボーアの量子力学へのアプローチからだと述べた。[45] このホイーラーの発言を聞いた者たちのなかには、波動関数は情報だという考え方はボーア自身がずっと抱いてきたもので、コペンハーゲン解釈は常に、波動関数は情報だと（それが何の情報なのかを答えることは、きっぱりと拒否してきた）言ってきただけであり、これが量子力学を「理解」する「唯一の真なる道」だという意味だと、受け止める者もいた。

自発的収縮理論

もちろんベルは、量子力学、あるいは、自分の定理のなかに、必然的にコペンハーゲン解釈をもたらすようなものは何もないことを知っていた。彼が数十年にわたりパイロット波理論を推進してきたのも、まさにこの点をはっきり示すためだった。「どうしてパイロット波の描像は教科書で無視されているのだろう？」とベルは一九八二年に問いかけた。「それは教えられるべきではないだろうか？唯一の方法としてではなく、蔓延している自己満足への対抗手段として。曖昧さ、主観性、そして非決定性は、実験で明らかになった事実によって強制されたのではなく、ある理論を意図的に選んだがゆえに負わされたものだと示すためにも[46]」ところが、ボームがパイロット波理論に戻ってまもなく、ベルは、当時発展しつつあった、よりいっそう新しい考え方の一つを支持することにした。それが波動関数の自発的収縮理論である。

自発的収縮理論は、観測問題を解決するために、ボームやエヴェレットのように既存の量子力学の数学を解釈するのではなく、量子力学の方程式を修正する。修正はごく小さなものだ――量子力学は実験結果を非常に正しく予測しつづけていることからすれば、これは当然だろう。しかし、自発的収縮理論は、標準的な量子力学の予測の大半をそのままに保つ一方で、観測問題を解決するには十分なほど量子力学を修正する。

自発的収縮理論では、量子論的波動関数は実在だが、シュレーディンガー方程式に完全にはしたがわない。波動関数がときおり収縮するのだ。だが、この収縮は観察や測定とは一切関係がない――収縮は完全にランダムに、何の理由もなく、誰が見ていようがいまいが起こる。波動関数が収縮のスロットマシンで遊んでいると想像してみよう（図10－3a）。波動関数は、大当たりを出すたびに収縮する。波動関数は、毎秒数百万回ハンドルを引く。しかし、収縮の大当たりは一〇の百万倍の一〇億倍の一〇億倍――一の後ろに〇が二五個――10^{25}回に一度しか起こらないので、波動関数が収縮するには数千億年かかる。だとすると、原子以下の粒子は、本書の「はじめに」で登場したナノメートルのハムレットのように、ほとんど常に一度に二つの経路を進むことができることになる――しかし、ごく稀に、一つの経路に押し込まれるわけである。（どのくらい「ごく稀」かは、実験によって突きとめられるべき問題だが、少なくとも数万年のはずだ。というのも、さもなければこの理論は、すでに行われた実験に矛盾してしまうからだ。[47]）

それでも、私たちが「はじめに」で出くわした問題は、まだ解決せぬままだ。もしも原子以下の粒子がこれほど奇妙にふるまうことができ、日常生活のなかの私たち自身やさまざまな物体がこのよう

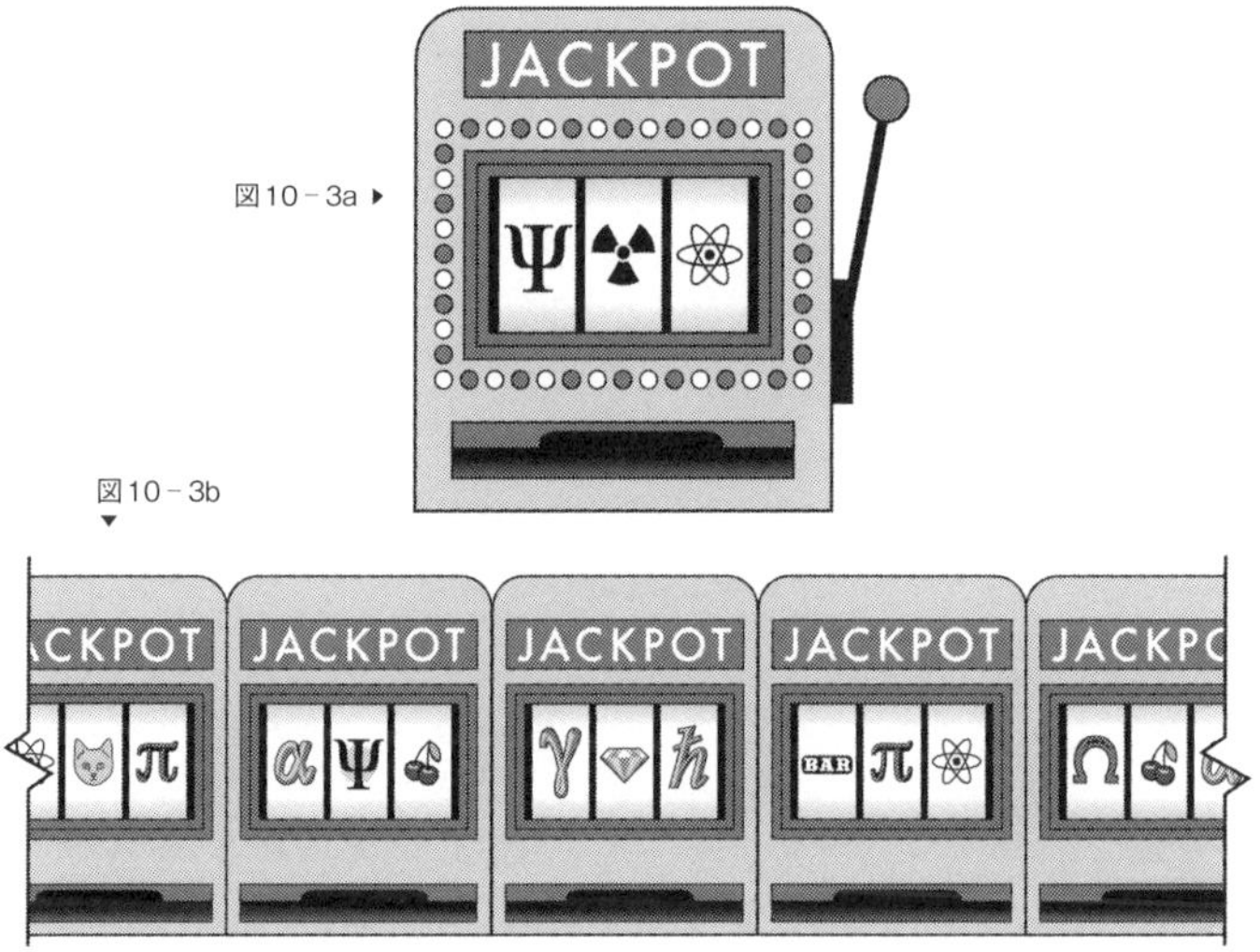

図10－3　自発的収縮理論。(a) 単一粒子の波動関数にはスロットマシンが一台しかなく、数百万年、あるいは数十億年、大当たりして収縮することはないだろう。(b) 多数のもつれあった粒子が共有する一つの波動関数には多数のスロットマシンがあり、はるかに早く大当たりして収縮する可能性がある。

な粒子でできているなら、私たちはどうして、しょっちゅうそのような奇妙なふるまいを目撃していないのだろう？　自発的収縮理論によれば、答えは、二つの重要な因子のあいだに存在する。量子もつれと、私たちの日常的な経験のなかにある物体を構成している膨大な数の粒子、というのがその二つだ。一個の粒子に対する波動関数は、平均で一〇億年後まで収縮しないとしても、たとえばこの本のような、私たちが日常生活で接するしっかりした実体感のある物体は概して、少なくとも一〇の百万倍の一〇億倍の一〇億倍個の粒子からできている。もしも、これらの粒子の一つひとつの波動関数が、それ自体のスロットマシンのハンドルを強迫的に繰り返し引いているとすると（図10－3b）、平均で、少なくともその一個は、収縮の大当たりを百万分の一秒に一度出していることになる。だが、本書に出てくる粒子はすべて、絶えず互いに相互作用をしているので、すべてもつれあっている――すなわち、それらの粒子はみな、一つの波動関数を共有しているのだ。[48] したがって、そのうち一個が大当たりを出したとすると、本全体の波動関数が収縮し、この本はマイクロ秒――瞬きの一〇万倍の速さ――よりあまり長くは一度に二つの場所に存在することはできないことになる。ベルの言葉を借りれば、自発的収縮理論では、シュレーディンガーの猫は、「ほんの一瞬以上に長く、死んでおりかつ生きている状態にあることはない」[49]。これは、観測問題をすっきりと解決する。すべての物体は、大きさに関わらず、同じ法則にしたがい、観測が特別な役割を果たすことはない。波動関数の収縮は、すべてのものに、常に、ランダムに起こり、観測者からの介入はまったく必要ない。

自発的収縮理論は、実際には一つの理論ではない。関連するいくつかの理論が集まったもので、コペンハーゲン解釈に不満なごく少数の人々によって長年のあいだに提唱されてきた。いまここまで紹介してきたものは、ベルの目にとまり、ベルを通してほかの多くの物理学者も注目するようになったもので、一九八五年にイタリアで研究していた三人の物理学者、ジャンカルロ・ジラルディ、アルベルト・リミニ、トゥリオ・ウェーバーによって構築された。彼らのイニシャルを取って、「GRW模型」と呼ばれている。[50]「私はGRW模型を、量子力学が合理的になるためには、たった一つの、きわめて小さな変更をすればいいだけだということを非常にうまく表しているものだと受け止める」[51]と、GRWの論文が初めて出版された直後にベルは記した。GRWに関するベルの論文によって、ほかの多くの物理学者がこの理論に注目した。その一人がフィリップ・パールという、一九七〇年代前半から類似した考え方について研究を続けていた人物だった。パールはベルに、GRWについてさらなる情報を求めて手紙を送った。そこでベルは、パールが特別研究休暇の間にジラルディと共同研究できるようお膳立てをしてやった。パールとジラルディは、GRWを相対論的場の量子論に適合させようと試みた。しかし、この数十年間、ボームやエヴェレット、そしてその他の人々を迎えたのと同じ非難がGRWとパールに一段と厳しく浴びせられた。「量子論は驚異的にうまく機能している。壊れてなどいないことが明白なものを、なぜ修正するのか？　異なる解釈など必要ないではないか？　異なる理論など、なおさら不要ではないか？」と。

ベルはこれに対して、倫理的な観点から答えた。「市民に向かって、現代の原子物理学には、中心的な役割を果たすものとして意識が組み込まれていると語るのは間違っている。あるいは、『情報』が物理学的理論の真の要素だと語ることも。現代の理論の特徴が古代宗教の聖人たちの内省によって予測されていたと示唆するのは、私には無責任だと思える」[52]。ベルは、量子力学の中心にある問題を、緊急に解決する必要を感じていた――しかし彼は、解決策と呼ばれながら、実際には信仰宣言とほとんど変わらないものに対しては我慢ならなかった。彼は、より明確なもの、プロとして気まずくないもの、観測のあいだ何が起こっているかについての疑問を避けたりしない真の理論が欲しかったのだ。彼の容赦ないまでに明瞭な文章は、コペンハーゲン解釈の心地よい陳腐な言葉に慰めを見出そうとする者に手加減することはなかった。「すでに六二年が経っており、私たちは、〔せめて〕量子力学のどこか一部に対しては、厳密な定式化を行わねばならないのではないだろうか？」とベルは一九八九年に述べた。「まるでそれらが原子でできておらず、量子力学に支配されていないかのように、〔観測装置を〕世界から分離してブラックボックスに入れるべきではない」[53]。一九九〇年一月、ジュネーブで行った講演でベルは、目の前の課題は困難であり、彼自身の定理が、何らかの根本的な変更、物理学が甘受せねばならないような何かが必要であると証明したことを認めて、「皆さんは非局所性の問題で行き詰っていると思います」と、その日彼の話を聞くために集まった少人数の聴衆に向かって語り掛けた。「私は、量子力学とうまく折りあえる局所性の概念をまったく知りません」[54]。

その八カ月後、ベルは重症の脳卒中で突然他界した。六二歳だった。同僚や友人たちから、懐かしい思い出や称賛の言葉が次々と寄せられた。「彼はこれまでに存在した、最も徹底的に誠実な人間だった。彼ほどの誠実さに出会ったことがない。彼は素晴らしかった」とアブナー・シモニーは回想した。「ベルの定理を証明したのはベルであり、ほかの誰でもなかった。それは、彼の人となりのなせるわざだ……。もちろん、彼はものすごい知性を有していた。しかし、彼が最上級と言えるほどまでに備えていたのは誠実さであり、自分の問いを押し通す頑強さだ」[55]。「ジョン・ベルは、物理学の偉大な理論から、自然界についての理解を力ずくで手に入れることに、燃えるような献身をした」と、マーミンとカート・ゴットフリート（コペンハーゲン解釈をめぐり、ベルと数回にわたって論戦を交わした物理学者）は記した。「単にデータを見事に説明できたにすぎず、それが何を記述しているかについて十分な理解を提供しないものは、厳しく批判的に調べる必要があり、もしもそのような理解を得ることができないと判断されたなら、その理論は表面的には成功していたとしてもすぐにダメになるだろうと彼は考えていた。……ジョンは物理学の世界で、魅力ある個人として、そして知識人として、真に比類ない存在であった――同時に科学者であり、哲学者であり、人道主義者だった。深奥に及ぶアイデアを、そうと認識して大切にした。まだあれほど活力に溢れていた彼を我々から奪うとは、運命は無慈悲極まりない」[56]。

ベルは、コペンハーゲン解釈の圧倒的な支配と闘って四半世紀を費やした。「まじめな話、強い人間でなければ、［ベルが］やったことは成し遂げられません」とギシンは語った。「でなければ、彼はつぶされていましたよ」[57]。それどころか、ベルは目標へと前進した――彼は、アインシュタイン以来、ほかの誰にも増して、コペンハーゲン解釈を弱体化したのみならず、その過程で、自然についての深い真実を新たに発見した。「非局所性は、［ベルの］偉大な発見だったと、私は思います」とベルトルマンは言う。「自然に非局所性があるというのは、二〇世紀最大の発見の一つだと思います」。ところがベルは、謙虚な人物で、存命中は、自分の研究に対してふさわしい評価と称賛を受けなかった。亡くなる数年前、ベルはベルトルマンとともにCERNの戸外のカフェテリアで、午後の陽ざしのなか、アルプスとジュラの山脈の眺望を楽しみながらお茶を飲んでいた。そのときベルトルマンはベルに、あなたは軽んじられていると思うと話した。「私は何だか唐突に、彼に向かって、ジョン、あなたはノーベル賞に値すると思いますよ！　と言ったのです」と、ベルトルマンは回想した。「彼はびっくりして、『どうして？』と訊きました。［私はこう言いました。］『ベルの定理を発見したからですよ！』」ベルは、彼の定理を検証した実験では、量子力学からの逸脱はまったく見られなかったのだから、ノーベル賞には値しないと指摘した。そしてさらに、「ノーベルの元々のルールにしたがうなら、私の不等式が人類の利益のためにどう貢献し得るのかまったく見当がつかないのだから、私は賞には値しないと思うよ」と、ベルは言い添えた。（アルフレッド・ノーベルは、ノーベル賞創設時に、ノーベル賞は、前年に、自らの分野における研究を通して人類の利益に最も貢献した人物に贈られると規定した。）ベルトルマンは反論した。「『いいえ、そんなことはありませんよ』と応えました。『［賞に値するのは］非局所性だと思います』と。……すると、彼は喜びましたが、その一方で、やや落胆して悲しそうに言いました。『この非局所性のことだけど、誰が気にかけるかね？』と。……そう、彼は、物理学コミュニティーはこのことを十分認識していない、あるいは、十分理解していないと感じていたのです。CERNでは、明らかにそうだったのです。彼はCERNでは素粒子物理学者として高く評価されていましたが、量子力学に関する研究は評価されていませんでした」[58]。ベルは知らなかったのだが、彼は死去する前年、ノーベル賞の最終選考に残っており[59]、もう少し長く生きられたなら、受賞していた可能性があった——だがノーベル賞は死後に贈られることはない（これもアルフレッド・ノーベルが決めた規定の一つだ）。

だが、ベル自身は生きてそれを見ることはなかったとしても、彼のレガシーは確実なものとなった。「九〇年代になると、量子情報の一大ブームが起こりました」とベルトルマンは言う。「八〇年代にはなかった新しいコミュニティーができていました。……ですから彼は、自分の研究の果実を実際に見ることができなかったのです」[60]。ベルは、物理学に対する深い洞察と、明晰で心に迫る文章を通して、物理学全体としての考え方を変革し、それと同時に、思いがけず、何もなかったところから、量子情報処理というまったく新しい分野を出現させた。そして、彼の「量子工学」への貢献——彼がCERNで行った、素粒子物理学の研究と、加速器の設計——は、まさに第一級のものだった。

ベルはまた、量子力学基礎論についてのある研究プログラムも残して世を去った。亡くなる前年、シチリア島西端の山村、エリスで行われた会議でのことだ。「〔ベルの講演は〕私がこれまでに聞いたなかで最も魅力的でしたね[61]」と、のちにマーミンは回想した。「ある物理的な系に『観測者』の役割を担う資格を与えるものは、いったい何でしょうか？」と、ベルは皮肉たっぷりに尋ねた。「世界の波動関数は、単細胞生物がひとつ出現するまで、数十億年ものあいだジャンプするのを待っていたのでしょうか？　それとも、もっと適任な系……博士号を持った系が出現するまで、もう少し長く待っていなければならなかったのでしょうか？」[62]これに続いてベルは、量子力学がいかに間違って教えられているかを、具体的に指摘していった（実際の教科書を数冊取り上げ、それぞれが含む説明の欠陥を厳しく批判した）。そして最後に、彼が最も有望だと考える、量子力学へのアプローチを二つ提示した。パイロット波解釈と自発的収縮理論だ。講演は一つの挑戦をもって締めくくられた。「私の考えでは、問題は、この二つの厳密な描像のどちらを――もしもいずれかが可能ならばですが――［特殊相対性理論と矛盾しないように］構築しなおすことが可能なのか、ということです」[63]。

だがベルは、エリス湖での講演では触れなかったが、パイロット波や自発的収縮理論を超えた第三の選択肢も、心のなかに抱いていた。「『多世界解釈』は、私には、途方もない、何よりも途方もない仮説のように思える」とベルは一九八六年に述べた。「私はそれを、ばかげているといって、ほとんど退けそうになる。しかし、それでも……それは、『アインシュタイン－ポドルスキー－ローゼンの謎』との関連で何か際立って重要なことを示唆している可能性があり、ほんとうにそうなのかを確かめるために、その厳密なバージョンを構築することには価値があるのではないかと私は思う。そして、可能な世界がすべて存在するなら、私たちは――ある意味、きわめてあり得ない世界と思える――私たち自身の世界の存在をより心地よく感じるようになるかもしれない」[64]。ベルの死後、パイロット波と自発的収縮理論に関心を抱く物理学者は増加したが、多世界解釈は、二〇世紀の終盤の数十年間に、はるかに高い人気と悪名を得た。そして、その理由はほとんど、ベルの研究とは、あるいは、量子力学におけるどの研究とも、関係なかった。多世界解釈は、まったく別の物理分野、途方もなく小さな物ではなく、考えられないほど大きな物、つまり、宇宙全体についての研究のなかで、力強く復活したのだった。

第11章

コペンハーゲン VS. 宇宙

多世界解釈

「もしも物理学者の世論調査を行ったなら、大多数の者が、自分は「コペンハーゲン」陣営に属していると回答したであろう。それは、大半のアメリカ人が、読んだことがあろうとなかろうと、自分は権利章典を信じると主張するのと同じだ」[1]と、一九七〇年、ブライス・ドウィットは記した。ドウィットは、米国物理学協会の会員向け月刊誌、『フィジックス・トゥデイ』の編集者を説得し、量子力学基礎論に関する記事を一本掲載させることに成功したのだ。時代の趨勢もあって、編集者のホバート・エリス・ジュニアを説得するのはそれほど難しくなかった。「物理学者たちが、量子力学とその解釈のなかにあるさまざまな明白な矛盾とともに生きようとしているらしいことに、私自身、長いあいだ不満に思っていたのです」と、エリスはドウィットへの手紙で述べた。「量子力学のさまざまな解釈を、特定のものを強調したりせずに、総合的に論評するのは面白そうです」[2]。

ドウィットの記事、「量子力学と実在」は実際、数種類の解釈を論評するものだった。だがドウィットは、自分の意見をきわめてはっきりと述べた。「コペンハーゲン解釈は、［波動関数の］収縮が、そして［波動関数］そのものさえもが、完全に心のなかにあるという印象を促す」と彼は書く。「もしもこの印象が正しいなら、実在性はどうなるだろう？　私たちの周囲一帯に、明らかに存在している客観的世界を、いったいどうしてそれほど横柄に扱うことができるのだろう？[3]」シュレーディンガーの猫のような、量子論的重ね合わせの状態にある系を扱うときには、たいていの物理学者が、「［観測装置が］一種の分裂症的状態に入って、その系に対する値を決定することができなくなると考える」とドウィットは述べる。つまり、猫が生きているのか死んでいるのか、測定装置が決定できない状況である。この問題は、コペンハーゲン解釈によっては解決されなかった、とドウィットは結論づけた。そして、ボームの解釈などの、ほかの解釈は、量子力学に隠れた変数を付け加えたが、ドウィットはこれも不要な措置だったと断じた。「もしも［シュレーディンガー方程式］がすべてで、ほかには何も必要ないと断言したなら、どうなるだろう？　果たしてうまくいくだろうか？　答えは、『うまくいく』だ[4]」。『フィジックス・トゥデイ』の記事でドウィットはそう主張した。

記事の後半では、ヒュー・エヴェレットによる量子力学の「相対‐状態」解釈を推奨した。ドウィットは、一九五七年にエヴェレットと手紙でやり取りして以来、この説に賛同していた。エヴェレットは、多世界についてあからさまに話したことは一度もなかったが、ドウィットはエヴェレットがあえて進もうとしなかった方向に進んで、この説を「多世界」解釈という名称に変更した。「宇宙は常に膨大な数の分岐へと分裂しつづけているが、この分岐はすべて、無数の構成要素どうしが行う、観測などの相互作用の結果生じる」とドウィットは記した。「さらに言えば、すべての恒星の上、すべての銀河のなか、宇宙の遠方のあらゆる片隅で起こっているすべての量子的遷移も、地球に存在する私たちの局所的な世界を、無数のコピーへと分裂させている」[5]。ドウィットは、この考え方が、頭がくらくらするほど奇妙であることを知っていた。

この多世界という概念に初めて出会ったときの衝撃はいまも鮮明に覚えている。自分自身の、少しだけ不完全な10^{100+}個のコピーがすべて、常時さらなるコピーへと分裂しており、やがては元の自分とは似ても似つかないものになるという考え方は、常識とは容易には折り合わない。猛烈な分裂症だ[6]。

とはいえ、多世界は「大半のほかの説に比べ、ハイゼンベルクが一九二五年に始めた解釈明瞭化計画の、必然的な最終成果と呼ばれるにはるかにふさわしい[7]」とドウィットは論じた。多世界解釈のために波動関数が収縮する必要はまったくない、と指摘し、この解釈はそれ以外にも何も要求しないと主張した。

『フィジックス・トゥデイ』の読者の多くは、ドウィットの議論に納得しなかった。「無限に増えていく、互いに関わり合うことのない世界という考え方は、プトレマイオスの［天動説の］周転円ほどにも、真剣に受け止めるべきではないだろう」と、ある物理学者が読後のコメントを送った。「少なくともプトレマイオスの理論は、無限に多数存在する観察不可能な世界を持ち出すことなく、この一つの観察可能な世界を、ある意味『説明』できた」。多世界解釈は、「もうすぐ墜落する飛行機の乗客にも、憂慮する必要などないことを感じてもらえるはずだとほのめかす。というのも、もう一つの世界では、この同じ飛行機が……まったく無事に故郷に着陸するだろうから」という意見もあった。

「量子論の論理的な難点を解決するために、物理学的な感性をそこまで極端に酷使する（これは私自身の感想だとお断りしておくが）必要がほんとうにあるのだろうか」[8]。

しかしドウィットの確信が揺らぐことはなく、彼の読者のなかにも賛同者が現れた。エヴェレットの解釈は一〇年以上ものあいだ埋もれたままだった。いまやそれは、ドウィットが呼ぶところの「今世紀、最もよく守られた秘密のひとつ」[9]として、ついに脚光を浴び始めた。

宇宙論の興隆

ドウィットが多世界解釈を熱烈に支持したのは、量子力学の謎を解きたいという思いに駆られたからだけではなかった。『フィジックス・トゥデイ』で批判者たちに応えて、ドウィットは、多世界は「現在受け入れられている［方程式や数学の］枠組みのなかで、量子論が宇宙論の基盤そのものにおいて役割を演じることを可能にする唯一の考え方である」[10]と記した。ドウィットがそう書いていた時点で、宇宙論は量子力学基礎論よりもはるかに確立された学問分野だった――と言っても、じつは多少ましというだけだった。一つの全体として見た宇宙が科学的探究の対象としてふさわしいものだという考え方は、一部の科学者たちには受け入れがたかった。宇宙論を支えるのは重力と湾曲した時空の理論、つまりアインシュタインの一般相対性理論であったが、当時はまだあまり重視されていなかった。理論としては受け入れられていたものの、役に立たないと見なされていたのだ。アインシュタインの理論が明確にニュートンの重力との違いを見せるのは、きわめて重い物体、少なくとも恒星ほど大きなものを扱う場合だけだった。だが、一般相対性理論が扱うこれらの巨大な物体は、物理学の対象と認めるには日常の経験からあまりにかけ離れていると考えられており、この理論が宇宙論に対して持つ意味をまともに受け止めるべきか否かをめぐり、意見は二分していた。一九六二年、キップ・ソーンという若手物理学者が、カルテックで学士課程を終え、プリンストンにいるジョン・ホイーラーの下で一般相対性理論の研究を始めようとしていた。カルテックの教授の一人は、彼を思いとどまらせようとした。「一般相対性理論は、現実の世界にはほとんど関わりがない」。教授からそう言われたことをソーンは覚えている。「興味深い物理学の課題は、どこかほかのところで探すべきだよ」[11]。

一般相対性理論は、難解な状況を扱っていただけではなかった――それを扱う数学も難解だった。数学的な複雑さという点では量子力学の比ではなかった。よく知られていることだが、アインシュタインは、自分自身の理論を定式化し理解するために、友人の数学者マルセル・グロスマンの助けを借りて必要な微分幾何学を学ばなければならなかった。扱う対象のなじみの薄さと、使われている数学のわかりにくさが相まって、この理論が何を述べているのかをはっきり理解するのは難しく、多くの物理学者がその結論に疑いを抱いた。アインシュタイン自身、この理論を一九一五年に作り上げ、発表したあとも、その帰結を受け入れるのに苦労した。彼は、一般相対性理論が、宇宙全体が収縮もしくは膨張しているとの結論に至ることに気づいたが、この結論は当時知られていたすべてのデータと矛盾し、彼自身これを厄介だと感じていた。そこで彼は、宇宙の大きさを一定に保つために、「宇宙定数」という調整項を付け加えた。ところが一九二九年、天文学者エドウィン・ハッブルが、遠方の銀河が、その距離に比例する速さで、どんどん遠ざかっているように見えることを発見した――これはまさに、膨張する宇宙のなかで観察される事実だ。アインシュタインは即座に、その場しのぎで付け加えた宇宙定数を放棄し――そもそも彼はそれが気に入ったことは決してなく、「理論の美しさを、著しく損なうもの」[12]と呼んでいた――一般相対性理論が示す宇宙の描像を正しいものとして受け入れた。しかし、これに納得しない者も多かった――エドウィン・ハッブル自身そうだった。ハッブルらは、遠方の銀河は遠ざかって見えるだけで、宇宙は実際には定常的だと考えた。ほかの研究者らは、宇宙が膨張しているという点には同意したが、膨張しているにもかかわらず、過去も未来も、常に基本的には同じに見えることを保証するために、物理法則を修正することを提案した。この立場は、「定常宇宙論」と呼ばれるようになる。その後数十年間にわたり、定常宇宙論は、合理的な科学理論だと考えられ、多くの物理学者が、一般相対性理論の膨張する宇宙よりもかなり理に適っていると感じていた。なにしろ、膨張する宇宙が正しければ、宇宙はかつては恐ろしく高温で高密度で、小さな状態であったはずで、そこから急激に膨張したことになる――この原初状態を、定常宇宙論者のフレッド・ホイルは、「ビッグバン」と名付けた。ホイルらは、そのような奇妙な条件の下では、あるいは、宇宙全体に当てはめたときには、一般相対性理論は必ずしも信頼性がないと主張した。

一方、宇宙全体よりもはるかに小さな物体、たとえば恒星などに対してさえも、一般相対性理論が意味することをめぐる混乱が続いた。一九三八年、ロバート・オッペンハイマーと、彼のバークレーでの学生ジョージ・ヴォルコフ、そしてカルテックのリチャード・トルマンは、コンピュータの最初期型に当たる計算機を使って、私たちの太陽よりもはるかに大きな質量をもつ恒星は、その生涯の最後に崩壊して、きわめて高密度な物体となり、そこからは光を含めて何ものも逃れることができなくなるはずであるということを示した。このような「崩壊した恒星」――当時はそのように呼ばれていた――の概念は、激しい議論を引き起こした。一般相対性理論の威嚇するような困難な数学体系と、膨大な量の計算、そしてオッペンハイマー、ヴォルコフ、トルマンの計算に必要な（当時は）なじみの薄いツール――その結果の奇妙さは言うに及ばず――のおかげで、ほかの物理学者たちが崩壊した恒星という概念を真剣に受け止めるのは難しかった。

これほど数学が複雑なために、アインシュタインさえもが、自らの理論が内包する意味を理解するのに苦しんだ。「一人の若い共同研究者とともに、重力波は存在しないという興味深い結論に達したよ」[13]と、一九三六年、アインシュタインは旧友マックス・ボルンに書き送った。重力波――超高密度恒星どうしの衝突や、同様の激しい出来事によって生じ、光速で時空内を広がっていくさざ波――は、ニュートンの重力理論では見られない、一般相対性理論に固有の予測である。しかし、この新しい理論の奇妙な数学のせいで、アインシュタインと共同研究者ローゼンは方向を見失ってしまった。彼らは、重力波は物理的な実体ではなく、理論の数学的虚構にすぎないことを証明したと主張する論文を発表した。その後アインシュタインは、アメリカの物理学者ハワード・パーシー・ロバートソンに、その論文が誤りだったことを説得されたが、ローゼンは重力波の実在性を頑として受け入れず、彼とアインシュタインの共著による論文は決して撤回されなかったため、一般相対性理論の重要な予測の一つの真実性をめぐる深刻な混乱をもたらした。この混乱は数十年にわたって続いた。[14]

理論の数学的な難しさ、その予測をめぐる議論の混乱、そして、その予測が実験の領域から遠く離れていたことで、一般相対性理論は、第二次世界大戦後の物理学の興隆にも置き去りにされた。科学助成金の新しい源である軍産複合体からの資金も、一般相対性理論をよけて流れた。ところが、一九五〇年代になると、この分野が徐々に活気づいてきた。このテーマに関する会議がいくつも開かれ、相対論を重視する宇宙物理学者と宇宙論研究者の専門家コミュニティーが形成されはじめた。これらの会議のうち最も重要なものの一つが、一九五七年のチャペルヒル会議で、これは、ブライス・ドウィットと、フランスでド・ブロイの下で研究を行った才能ある物理学者（そしてブライス・ドウィットと結婚していた）セシル・ドウィット゠モレットによって主催されたものだ。

会議のために、じつにさまざまな著名な物理学者がチャペルヒルに降臨した。ドウィットのほかに、ジョン・ホイーラーがいたし、彼の学生でエヴェレットの友人チャールズ・マイスナーがいた。ファインマンも出席していたが、彼は、この分野の嘆かわしい研究状況に抗議するために「ミスター・スミス」という偽名を使った。会議では、ファインマンと物理学者ヘルマン・ボンディが、相互に密接に関連した鉄壁の議論を発表し、一般相対性理論が正しければ重力波は実在しなければならないということを、ついに物理学コミュニティーに納得させ、この誕生したばかりの分野の進展を阻む大きな障害となっていた問題をすっきり解決した。（これによって、重力波を探査する六年計画も開始され、それはやがて、二〇一五年のLIGOによる初の重力波検出の成功へとつながった。LIGOは、長さ四キロメートルの直交する二本のトンネルを利用した超大型干渉計で、重力波の影響を検出する装置である。この成果により、ソーンと彼の二人の同僚は二〇一七年のノーベル賞を受賞した。）そしてホイーラーは、これと並行して、「急進的保守主義」という行動指標を推進した。これは、確立した理論の予測は、たとえ非常に奇妙で、検証されておらず、かけ離れた領域に関するものであっても、真剣に受け止めようという考え方である。たとえば、ビッグバン（これ自体当時はまだ異論があった）の直後に起こった、きわめて小さく、高温で、高密度な時期がそうだ。この時期の宇宙のふるまいを理解するには、一般相対性理論と量子力学の両方が必要になると考えられる。

一九六〇年代になると、この新分野は大いに弾みをつけた。新しい数学の手法により、「崩壊した恒星」――あるいは、一九六八年にジョン・ホイーラーが付けた名称では「ブラックホール」[15]――は、実在するに違いないと認識されるようになった。そして一九六四年、ベル研究所の二人の物理学者、アーノ・ペンジアスとロバート・ウィルソンが、空のあらゆる方向からやってくる電波信号のノイズをたまたま検出し、それが宇宙最古の光であり、ビッグバンの残響、CMB放射〔宇宙マイクロ波背景放射〕であることを見抜いた。それから一五年のうちに、定常宇宙論はすべての信頼を失墜し、ビッグバンモデルが基本的に正しいと認められ、ペンジアスとウィルソンはノーベル賞をともに受賞した。宇宙が膨張している速度など、いくつか基本的な疑問に関しては意見が大きく分かれたままだが、一つの全体として宇宙がいかにふるまうかに関する共通認識が確立され、相対論的宇宙論は、ついに本格的に動き出した。

しかし、宇宙論の興隆により、コペンハーゲン解釈の欠陥が一段と目立つようになった。問題になっている系が宇宙全体である場合、ボーアが要求した観測者と観測される系との境界線はどのように引けばいいのか？　「量子重力は、宇宙の最初の瞬間にとって、間違いなく重要になります。そうすると、次は宇宙全体についての一つの波動関数という概念に、そして、〔宇宙の〕外に観察者がまったくいないときにそのようなものをいかに解釈すべきかという疑問に必然的に至ります」とドウィットは言う。「その解釈が可能なのは、唯一エヴェレット的な考え方だけです」[16]。一九六〇年代後半、クラウザーらが初めてベルの定理を見出し、それを検証する方法を考案していたころ、ドウィットはエヴェレットの教えを宇宙論研究者や宇宙物理学者のあいだに広める活動を開始した。「エヴェレットは不当な仕打ちを受けてきたのだと感じました」[17]とドウィットは語った。彼は一九六七年にシアトルで行われた、ホイーラーとドウィット＝モレットの主催による相対論的宇宙物理学および宇宙論の会議でエヴェレット理論について講演を行った。彼はこのテーマについての記事を掲載してくれるよう

『フィジックス・トゥデイ』を説得したが、のちにこの記事について、「あえてセンセーショナルな書き方をした」[18]と語った。彼はエヴェレットの元々の長い博士論文を見出したのだが、それはホイーラーの主張によって短縮されたものよりもはるかに理解しやすかった。彼はこのオリジナルの論文と、エヴェレットのほかの論文、ほかの研究者らによる類似のテーマの論文、そしてほかの物理学者たちからの反応を、彼の学生ニール・グラハムとともに編集し、一冊の本として一九七三年に出版した。由緒あるSF雑誌『アナログ・サイエンス・ファクト&フィクション』までもが、主にドウィットの『フィジックス・トゥデイ』の記事をもとにして、多世界解釈についての記事を一九七六年一二月に掲載した。[19]そして一九七七年、ドウィットとホイーラーはエヴェレット本人にセミナーを依頼した。エヴェレットはこれを受け入れ、喧々諤々の学者の世界からは程遠いヴァージニアの郊外から車で、妻と二人の十代の子どもたちとともにオースティンまでやってきた。じつに一五年ぶりに量子力学について話をするために。

エヴェレット再登場

一九七一年一月二日、ホワイトハウスの急使と二人の米国航空保安官がワシントンDC発ロサンゼルス行の夜行便に搭乗した。彼らは、国家安全保障担当補佐官ヘンリー・キッシンジャー宛の機密情報を運んでいた。定常業務ではあったが、機密である。いうまでもなく、急使と保安官は、ヤギひげを生やした太った中年の男が、彼らの座席の横を通り過ぎながら、小型カメラで彼らの写真を撮ったときにはぎょっとした。その男をすぐに問いただしたところ、彼らの警戒はさらに強まった。彼はその写真を、「自分のファイルのために」撮ったとしか答えなかったのだ。男はジンとタバコのケントの臭いがした。飛行機が着陸すると、謎の男の姿は人込みに紛れてしまい、保安官は完全に見失ってしまった。しかし、航空会社に問い合わせて、男がヒュー・エヴェレット三世であることが突き止められた。保安官たちはエヴェレットとの出来事をFBIに報告し、FBIは数時間後、エヴェレットが滞在するホテルの部屋に一人の職員を送った。そのころまでには、エヴェレットはすっかり酔いも覚めて、おどおどしながらFBI職員に、自分はただ急使と保安官に悪ふざけをしただけだと認めた。ダラス空港のバーで彼らの話を盗み聞きし、その正体を推察したのだった。FBI職員は、エヴェレットには何ら問題はなく、奇妙なユーモアのセンスを持った男に過ぎないと納得し、警告しただけで彼を解放し、ホテルの部屋に一人残して去った。じつはエヴェレットのほうが保安官や急使よりも高度な機密情報アクセス権限を持っていた[20]のだが、そんなこととは露知らず、だったわけだ。

エヴェレットは、プリンストンのジョン・ホイーラーの指導下を離れてから一五年間、そこそこの成功を収めていた。八年間直属でペンタゴンの仕事をしたあと独立し、統計コンサルティング会社を設立して、以前の雇用主と契約を結んだ。彼の最適化アルゴリズムのおかげで、ペンタゴンでの評判は上々で、贅沢な暮らしを楽しむに十分な収入があった。日中は、核兵器による世界の終末のさまざまなシナリオの展開を予測し、夜は好きなだけ食べ、たばこを吸い、いろいろな女性と過ごした。エヴェレット夫妻は、一九六〇年代の中ごろ、オープンマリッジにすることに合意したが、じつはエヴェレットはもう何年も前から束の間の浮気を繰り返していた。ドウィットとホイーラーが一九七七年にオースティンの会議に彼を招待したころまでには、エヴェレットは夜の楽しみに、初期のVCR（ビデオカセットレコーダー）をテレビにつないで、飲み物を片手に、その真正面に座り、お気に入りの『博士の異常な愛情』を無限に繰り返し再生するようになっていた。[21]

エヴェレットは、ドウィットが自分の説に新たな関心を呼び起こしてくれたことを喜んでいた。そして、自分自身の理論が、少年時代から読んでいたSF雑誌のなかで議論されているのは、くすぐったいような、嬉しい思いだった。「私は、ブライス・ドウィットが私の理論を紹介してくれたやり方に賛同します」と記した。「なぜなら、彼の努力なしには、それは決して紹介されることはなかったでしょうから」[22]。だが、エヴェレット自身が自分の解釈が意味する多世界を、ドウィットのようにほんとうに実在するものとして信じていたかどうかははっきりしない。プリンストンを去ってまもなくエヴェレットは、実証主義者たちがつくるウィーン学団の創設メンバーの一人、フィリップ・フランクと手紙のやりとりをした。彼らの手紙からは、二人の哲学的傾向は非常によく似ていたことがうかがえる。「物理理論の本質について、あなたが表明した見方は、私がここ数年のうちに独自に展開してきたものと、ほんとうにほぼ同じだと感じました」[23]と、エヴェレットは一九五七年にフランクに宛てて書いた。エヴェレットがコペンハーゲン解釈に不満だったのは、実証主義に傾倒していたからというよりも、それがシュレーディンガー方程式を一貫性のない不合理なやり方で使っていたからだった。だが、実証主義的な観点からしても、観測問題は深刻な状況だとエヴェレットには映った。収縮はいつ起こるのか？　どうしてシュレーディンガー方程式は、あるときには当てはまり、それ以外のときには当てはまらないのか？　フランクもこれには明らかに苛立っており、エヴェレットへの返事にこう記していた。「量子論における『観測』の伝統的な扱いを、私は常に嫌ってきました。量子論によれば、観測は、ほかのすべての物理的な事実とは本質的に異なる種類の事実であるかのようです[24]」。ボームとシモニー、そしてほかの人々が望んだように、実在論を擁護するためではなく、エヴエレットはただ、物理学に開いているこの穴を埋めて、その作業をするあいだ楽しみたかっただけなのだ。「彼は、素早く終わる短い博士論文研究を望んでおり、観測問題をこてんぱんにするのが楽しかったのです」[25]とエヴェレットの伝記を書いたピーター・バーンは述べている。

エヴェレットは長年、物理学基礎論における展開には注目し続けていたが、博士論文を仕上げてからは、それに関して何かを発表したことはまったくなかった。公にその話をしたことがないのは間違いない。そもそも彼は人前で話すのが嫌いだった。そして、友人や同僚とも、そのような話をすることはめったになかった。量子力学基礎論の博士号を持つ物理学者、ドナルド・リースラーが、エヴェレットの会社に就職を希望してきたとき、エヴェレットは、照れくさそうに、相対状態解釈のことを知っているかとリースラーに尋ねた。リースラーは、「おやおや、あなたはあのエヴェレットなのですね、クレージーな」と即座に応じ、その理論のことは聞いたことがあると言った。二人は親友となったが、その後再び量子力学について話すことはなかった。[26]そして、エヴェレットの説への関心は広まったものの、依然として揶揄や容赦ない軽蔑で迎えられることが多かった。物理学者から哲学者に転向したイヴリン・フォックス・ケラーは、「現代物理学における認知抑圧」について こう書いている。多世界解釈は観測問題をはじめとする量子パラドックスに対して「注目すべき独創性を示す」解決策であると。しかし、「その代償が支払われなければならなかった――すなわち、真面目さという代償が」[27]。エヴェレットへの批判はその後もまだ続くが、それはなじみの薄い分野からではなく、かつての仲間からのものだった。

エヴェレットがオースティンでセミナーを行ってほどなく、ホイーラーの元に、多世界解釈を批判する論文の草稿が送られてきた。その論文は、多世界解釈を「エヴェレット＝ホイーラー解釈」と呼んでいた。ホイーラーはあわてて返事をしたため、「エヴェレットの博士論文は、まったく彼一人が考え出したテーマに関するものであり、エヴェレット＝ホイーラー解釈ではなく、エヴェレット解釈と呼ばれるべきです」[28]と指摘した。科学者コミュニティーを常にそつなく渡り歩いてきたホイーラーは、もはや故人となった師ボーアの考え方への忠誠を保ちながら、かつて自分が指導した学生だったエヴェレットの考え方を露骨に非難しないようにと努めてきた。エヴェレットの研究が埋もれたまま、「相対状態形式」という名称に包み隠されていたあいだは、この立場を守ることはホイーラーには難しくなかった。ところが、いまやドウィットがエヴェレットの説を「多世界解釈」と呼び、ホイーラーもその構築に一役買ったと触れ回っていた――そして、多世界解釈がSF雑誌にまで登場するようになったことも、あまりありがたくなかった。そのような次第で、ホイーラーは公の場面ではエヴェレットの研究と、そこから派生したドウィットの研究から距離を置いた。「[エヴェレットの]無限に多数の観察不可能な世界は、形而上学的お荷物として重荷となっている」[29]とホイーラーは一九七九年に記した。ホイーラーはエヴェレットの物理学者としてのキャリアを常に強力に支援してきた――そして、彼が二〇年間産業界で過ごしてきたいまも、彼が学問の世界に戻ることを期待していた――が、エヴェレットの説を支持したことは一度もないと主張した。「ホイーラーは私に、自分は常にその理論には執拗に反対したと言いました――自分が支持したのは、エヴェレットだとね」[30]。エヴェレットがセミナーのためにオースティンを訪れた際に、そこの若手研究者だったデイヴィッド・ドイッチュは、そう回想した。それから間もなく、ホイーラーは情報に基づく量子力学解釈という説を提唱しはじめた。彼はその説はコペンハーゲン解釈と両立すると考えていた。

しかし、ドイッチュをはじめ、オースティンのエヴェレットのセミナーに出席していた若手物理学者たちは、多世界解釈に夢中だった。ドイッチュは、セミナー後のビアガーデンでのランチのあいだエヴェレットの隣に座っていた。エヴェレットは「精神的活力に満ち溢れていました。緊張感があり、頭の回転がすこぶる早く、量子力学の解釈の問題を非常によく理解していました」とドイッチュは回想した。「彼は多宇宙にものすごく情熱的で、それをきわめて頑強に、しかも細部に至るまで擁護し、『相対状態』などの婉曲表現はまったく使いませんでした」[31]。数年後ドイッチュは、量子計算に関する、影響力の大きな論文を発表するが、そのなかで、量子コンピュータによって計算速度が驚異的に向上する理由が説明できるのは、多世界解釈だけだと主張した。「エヴェレットの解釈は、［量子］コンピュータのふるまいが、サブタスクを他の世界にある自らのコピーに任せる結果生じるものであることを見事に説明する」とドイッチュは書いている。「［量子］コンピュータが、プロセッサーなら二日分の計算に〔瞬時に〕成功するとき、正しい答えが得られることを、従来の解釈がどうして説明できるだろう？　それはどこで計算されたのだろう？[32]」その後、ほかの量子力学の解釈でも、量子コンピュータの威力は説明できることが明らかになる。それでもやはり、ドイッチュの熱意には他人を巻き込むパワーがあり、まもなく多世界は、量子情報処理という新分野において人気を博するようになる。

多世界は、宇宙論を真剣に受け止める人々のあいだでも、人気が上昇し続けた――そして、新しい解釈ももたらした。「観測と観測者は、そのどちらも存在しなかった初期宇宙を議論しようとする理論のなかでは、根本的な概念ではあり得ない[33]」と、マレー・ゲルマンとジェームズ・ハートルは一九九〇年に記した。ゲルマンは、クォークの存在を予測したことで、一九六九年にノーベル賞を受賞した。ハートルはもともとは彼の学生だったが、スティーヴン・ホーキングとともに量子宇宙論の研究をしていた。ゲルマンもハートルも、コペンハーゲン解釈は間違っているに違いないと、とうの昔から確信していた。「[量子力学の]適切な説明がこれほど遅れているという現実は、ニールス・ボーアが一世代の物理学者全員を洗脳したという事実から生じていることは疑いの余地もない[34]」とゲルマンは一九七六年に記した。ゲルマンとハートルは、エヴェレットの解釈を、ツェー、ヨース、そしてズレクが行ったデコヒーレンスの研究に結び付け、さらにロランド・オムネスとロバート・グリフィスの考え方を加味し、量子力学の「無矛盾歴史」解釈と彼らが呼ぶところのものを構築した。彼らの解釈では世界は一つなのだが、ゲルマンとハートルは、エヴェレットの研究に負うところが大きいと認め、自分たちが考案したことは彼の研究の延長だと見なしていた。

しかしエヴェレットはゲルマンの研究も、ドイッチュの研究も知ることなく世を去った。一九八二年七月一九日、エヴェレットは心臓発作を起こし五一歳で亡くなった。彼の望みにしたがい、家族は彼を火葬にし、遺灰をごみと一緒に回収に出した[35]。

インフレーションと弦理論

エヴェレットの死から一〇年のうちに、宇宙論は黄金時代に突入した。二〇世紀のほとんどを、宇宙論は主に理論の進歩——たとえば、初頭に登場した一般相対性理論など——に先導されて発展した。ところが一九九〇年代に入ると、ハッブル宇宙望遠鏡、宇宙背景放射（ＣＭＢ）探査機、そしてその他の、宇宙に浮かぶ人工衛星に観測所の機能を持たせたものが、宇宙論研究者らに大量のデータを送信するようになった。同じころ、高速コンピュータが出現し、これらのデータを処理するのみならず、宇宙全体をシミュレートし、宇宙の構成やふるまいに関するさまざまな理論を検証できるようになった。宇宙論は、宇宙の最も基本的な性質のいくつかを推測する学問から、驚異的な精度でそれらの事柄を突きとめることのできるものへと、急激に変貌した。一九九六年、宇宙の年齢の推定値は一〇〇億年から二〇〇億年とされていたが、これはペンジアスとウィルソンがCMBを発見して以降の三〇年間でほとんど変わらなかった。二〇〇六年までには、宇宙の年齢はプラスマイナス一パーセントの誤差で一三八億年と特定された。

これほどの精度は、新しい宇宙観をもたらした。二〇〇一年に打ち上げられた宇宙望遠鏡、ウィルキンソン・マイクロ波異方性探査機（WMAP）は、CMBの強度のわずかな差異——CMBは、非等方性が約一〇万分の一という高度な等方性をもっている——を全天にわたって測定し、詳細なマップを作製した。このマップは、ビッグバン当時の極初期の宇宙に関する、「インフレーション」という説を支持するものである。インフレーションは、一九八一年に物理学者アラン・グースによって初めて提唱され、その後まもなく、アンドレアス・アルブレヒトとアンドレイ・リンデが理論を精緻化した。これによれば、極初期宇宙はごく短い瞬間のうちに驚異的に急激に膨張し——一秒の一〇億分の一の一兆分の一の一兆分の一の瞬間に、約一〇〇の一兆倍の一兆倍膨張した——その後は、もっとゆっくりと膨張し続けたという。この急激な膨張は、「インフラトン」という仮想的な高エネルギー粒子によって引き起こされたと考えられており、インフラトンは、インフレーション終了時に通常の物質へと崩壊したという。重要なのは、この理論では、インフラトンの微小な密度揺らぎがインフレーションの過程で均一化され、やがてインフレーション終了直後の、高温で微小な宇宙に存在する通常の物質の密度の揺らぎとなったとしていることだ。これらの揺らぎが、ひいてはCMBの揺らぎとなり、最終的には現在の宇宙のすべての構造──私たちの銀河や地球など──の元となった。要するに、インフレーション理論は、私たちはみな、極初期宇宙で起こった量子揺らぎの産物だと示唆しているわけである。そして、ＷＭＡＰのデータは、インフレーション説の正しさを示していた。「ＷＭＡＰのデータは、これらの銀河はすべて、空にわたって大きく描かれた量子力学にほかならないという考え方を支持している」[36]とブライアン・グリーンは二〇〇六年に記した。「これは、現代という科学的時代の驚異のひとつだ」。

しかしコペンハーゲン解釈は、初期宇宙がいかに展開したかを説明することができなかった──そして、量子力学の数学も、そのような状況を扱うことができなかった。初期宇宙は信じがたいほど小さく、量子力学が必要なはずだったが、同時に信じがたいほど高密度で、一般相対性理論の難解な数学も必要だった。残念ながら、一般相対性理論を量子力学と統一する理論は、アインシュタインを含む大勢の物理学者によって何十年にもわたって探究されたにもかかわらず、まだ発見されていなかった。一九六〇年代になると、一部の人々が、そのような統一は必要ないと示唆しはじめた。レオン・ローゼンフェルトは、量子重力の効果はこれまでにまだ観測されていないのだから、そのような観測されていない現象を説明するために理論を構築する必要はないと主張した[37]（古きよき実証主義者のように）。だが、一般相対性理論の評判が良くなるにつれ、それを場の量子論に融合する必要がいっそう高まった。一九九〇年代までには、ローゼンフェルトのような考え方は、宇宙論は真剣に扱うべきものではないなどという古い主張と同じく、物理学研究の主流からは大きく外れたものとなった。量子重力の理論──今日、「万物の理論」というニックネームで呼ばれている──は、すべての物理学のなかで、ダントツで最も重要な未解決問題だと広く考えられるようになった。その最有力候補は弦理論だった。弦理論の難解な数学は、量子力学と一般相対性理論のエレガントな結びつきの片りんを見せてくれた。二〇〇〇年代初頭までには、弦理論とインフレーションを結び付けることは、初期宇宙の理論実現の最大の希望と考えられるようになった。

驚くべきことに、弦理論とインフレーションは、まったく別々に構築されたにもかかわらず、同じ結論を指しているように思われた。どちらも、多宇宙、膨大な数の独立した宇宙の存在を示唆しているようなのだ。インフレーション理論によれば、宇宙は「永久インフレーション」を免れることができない。つまり、宇宙の一つの部分でインフレーションが終わっても、ほかの部分ではインフレーションが続くため、インフレーションをしている領域の内部に、膨張していない「泡宇宙」が、多数出現し続けるのだ。私たちはこのような泡の一つに暮らしており、ほかの泡はそれぞれ独自の宇宙をなしていて、泡宇宙どうしは完全に切り離されており、おそらく各泡宇宙で固有の物理法則と素粒子が存在しているのだろう。そしてインフレーションは永久に続くので、このような泡宇宙も無数に存在するだろう――これがインフレーション理論による多宇宙である。一方、弦理論は、単一の宇宙を記述するのではなく、可能な膨大な数――10^{500}以上――の宇宙を「ランドスケープ」として記述する。

多世界解釈と多宇宙との類似は、量子宇宙論研究者らも認めた。エヴェレットの解釈とは無関係に多宇宙が出現したことで、その世界の異様なまでの多さは、完全な魅力へと変貌した。一部の物理学者は、これら三つの多宇宙のすべて――エヴェレットの多世界、永久インフレーション、そして弦理論のランドスケープ――は、じつは同じ一つの多宇宙で、三つの理論は単に、同じ実在を異なる方法で記述しているに過ぎないと提唱し始めた。いずれにせよ、多世界解釈は、（たいていの場合は）もはや、笑って部屋から追い出され、真剣に考慮してもらえないようなことはなくなった。実際、二一世紀が始まるまでには、物理学者のあいだで、多世界はコペンハーゲン解釈のライバルとして一番人気となり、とりわけ宇宙論研究者には人気が高くなっていた。しかし、より広く検討されるようになると、新たに問題が浮上してきた。それは、無数の多宇宙を含むどんな理論も直面する問題だ。すなわち、確率の問題である。

二五パーセント死んでいる？

観測問題とは、要するに、波動関数はいつシュレーディンガー方程式の決定論的な調和にしたがい、いつ収縮のランダムなプロセスを進むのかを問うものである。多世界解釈は、波動関数の収縮はまったく起こらないとすることによって、観測問題を回避する。多世界解釈の多宇宙のなかでは、宇宙の波動関数が常にシュレーディンガー方程式にしたがっており、これが無限の分岐へと分裂していき、そして、これらの分岐が多世界をなしているのである。しかし、この描像には問題が一つある。それは、量子力学の実験に、ランダムさと確率がどのように入ってくるのか、という問題だ。つまり、宇宙の波動関数がほんとうに常にシュレーディンガー方程式にしたがうのなら、この方程式は完全に決定論的で、偶然の要素はまったくないのだ。つまるところ、間違いなくすべての人が合意することが一つある。どんな解釈（あるいは、一貫性のない疑似解釈）を採用しているかにかかわらず、誰もが、量子力学の実験結果にはランダムさという要素があると認めているのだ。概して、量子力学の数学的構造は、特定の実験結果の確率を予測させてくれるだけで、ある特定のことが起こると断定させてはくれない。だが、宇宙全体が一つの方程式に決定論的にしたがっているのなら、いったいどうして物理学のなかに確率が入ってこられるのだろう？

通常、私たちは確率を、サイコロを振るようなものと考える。サイコロの場合、結果は六通りあり、そのうち一つだけが起こるので、特定の結果が起こる確率は、六分の一だ（サイコロに重みづけがされていない限り）。サイコロの奇数の目が出る確率は、六分の三だ。あり得る結果六通りのうち、奇数が出るのは三通りだからだ（図11－1a）。ところが、多世界解釈における確率は、このようには行かない。シュレーディンガーの猫の場合、可能な結果は二通りだ——猫は生きているか死んでいるかのいずれかだ。このため、どちらの結果になる確率も二分の一、つまり五〇パーセントだと思いたくなる。しかし、私たちが実験の設定を少し変更していたとしたら——たとえば、遅まきながらかわいそうだと思いはじめて、猫をあまり長時間放置しなかったとすると、放射性崩壊が起こる確率は（したがって猫が死んでいる確率は）五〇パーセントではなく、たったの二五パーセントとなる。さて、ここで問題が生じる。依然として結果には二通りの可能性があるが、量子力学によれば、両者の確率は異なる。猫が生きている確率は七五パーセント、猫が死んでいる確率は二五パーセントである——だがそれでもなお、分岐はたった二本で、それぞれの分岐に、ほとんど同一のあなたが住んでいる。死んだ猫の分岐にいるあなたのコピーは、生きた猫の分岐にいるあなたのコピーよりも、「実在性が低い」のだろうか？　このことをどう理解すればいいのだろう？

事態はなおも悪くなる。これは一つの実験に過ぎないし、宇宙は大きい——実際、エヴェレットの解釈を合理的に理解するなら、宇宙の波動関数には無限の分岐があるのだ。私たち自身のコピーが無数に存在するときに、確率をどう把握すればいいのだろう？　私たちがサイコロを振るときの確率を計算できる唯一の理由は、私たちが可能な結果の数を数えられることにある。無限の多宇宙ではこの

図11－1a

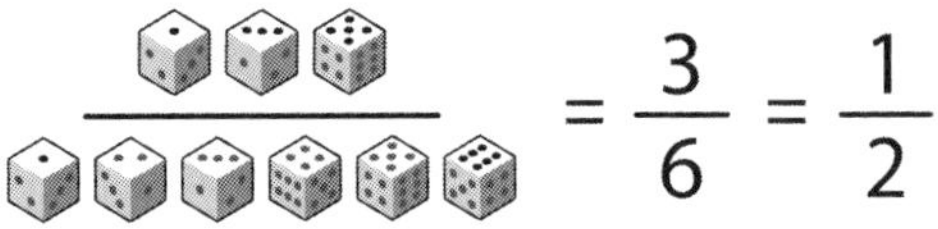

図11－1b

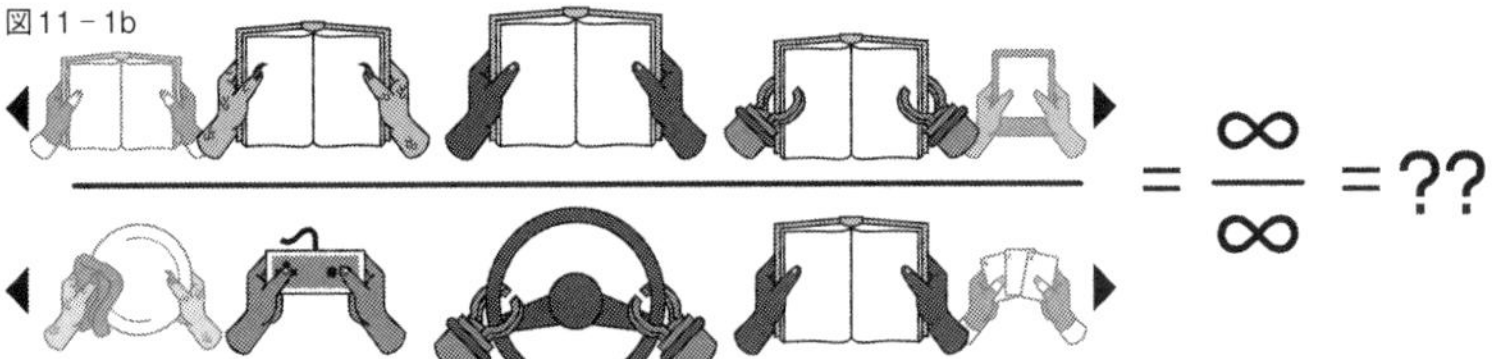

図11－1　(a) サイコロなど、結果が有限の状況では、確率は比較的計算しやすい。通常の六面のサイコロで奇数が出る可能性は、6分の3、または、2分の1だ。
(b) 確率を計算することは、無限の多宇宙でははるかに難しくなる。多世界解釈では、ランダムに選んだあなたのコピーが本書をいまの瞬間読んでいる確率はどうなるのだろうか。

方法は使えない。なぜなら、常に無限大の数を扱わねばならないからだ。そのなかである特定の事象が起こる分岐の数——たとえば、あなたが本書をいまこの瞬間に読んでいる、宇宙の波動関数の分岐の数——をいますぐ知りたいとすると、答えは常に無限大であろう。そして、あなたが本書を読んでいない分岐もやはり無限大である。だとすると、多世界のなかで、ランダムに選んだあなたのコピーが、本書のいずれかのコピーを読んでいる確率はいくらになるのだろう？　無限大の断片を無限大で割った答えは何なのだろう（図11－1b）？　数学には、無限大を扱うことをテーマとする分野がたくさん存在しており、それらの分野の研究によれば、そのような分数は、ほとんど何にでも等しくなり得る——ゼロ、何らかの有限の数、あるいは、別の無限大に等しい場合だってある。では、私たちはこれにどう対処すればいいのか？　多世界解釈の完全に決定論的な宇宙のなかで、素晴らしく正確な、量子力学の確率による予測を回復するにはどうすればいいのか？　無限大の結果のなかで、あなたが本書を読んでいる、無限大の断片を、どうやって定量的に把握できるのか？　そして、文字通り物理的に可能なことは何でも実際にどこかで起こる世界のなかで、確率について語ること自体、何を意味するのだろう？

答え、あるいは、少なくとも一つの答えは、「確率は多世界解釈のなかにも登場する、なぜなら、私たちは完全に迷子になっているから」である。宇宙の波動関数はシュレーディンガー方程式にしたがい、決定論的に分岐するが、私たちは、その巨大で複雑な波動関数のどこに自分たちがいるのかわからない。宇宙の波動関数のたった一つの分岐のなかにいることはわかっている――だが、どの一つなのだろう？　つまるところ、膨大な数の量子的世界に、私たち一人ひとりの多数のコピーが散らばっており、コピーどうしはほんのわずかしか違わないのだから、自分たちがどの世界にいるか、すぐにはわからない。とりわけ、量子力学の実験を一つ実施したあとは、実験が終わったあと宇宙が分岐してできた、数個の世界のどれか一つだけに自分たちがいることを、私たちは知っている。だが私たちは、その実験の結果を見ることなしには、これらの世界のどれのなかに自分がいるかを知ることはできない――自分の周囲を見回すだけでは、わからない。なぜなら、これらの宇宙はすべて、それ以外の点ではまったく同じだからだ。私たちにできることは、量子力学の数学を使い、波動関数の特定の分岐に私たちがいまいる可能性、つまりその確率はどれぐらいかを見積もることだけだ。つまり、これによって私たちは、自分が見たときに、特定の実験結果が観察されることに確率を与えているのだ。したがって、確率は多世界解釈においても、量子力学の本質的な一部であり続けている。ただ、その確率は、厳密に言えば、実験の結果の確率ではなく、あなたがいまの瞬間、自分自身を宇宙のどこに見出すかの確率なのである。

しかし、この説明が実際にうまくいくのかどうかは、はっきりしない——この説明は、精神は身体から分離した非物理的な実体だという二元論に陥っている恐れがある。また、この説明が何らかの明確な量子力学の確率的予測をもたらすかどうかもわからない。とはいえ、これは、この問題を説明しようとする数種類の試みのなかでも、見込みのある説だ。無限の多宇宙のなかで確率をいかに計算すべきかを突き止めることは、現代のインフレーション宇宙論においても、また、多世界解釈を支持する者たちのあいだでも、最も差し迫った問題の一つだ。これを解決するためのさまざまな提案がなされているが、そのなかで広く支持されているものはない。（数種類の提案が、エヴェレットが数学の面からのめり込んだもう一つのテーマであるゲーム理論を利用している。）科学の未解決問題の多くがそうであるように、まだ容易な答えは存在しない。だが、この問題はまだすっきり解決されていないというのが、ほぼ一致した意見だ——それでも、おそらくいずれ解決されるだろうし、既存の有望な解決策の一つが正しかったと判明するにせよ、新たな解決策が見出されるにせよ、早く解決されることが望まれる。

反証可能性というまやかし

確率が多世界解釈やその他の多宇宙論に難問を突き付けているのはたしかだが、多世界という概念（量子力学、宇宙論、弦理論のどの分野のものにしても）に対して最も頻繁に指摘される問題点は、まさにその世界の多さである。「オッカムの剃刀、すなわち、科学者は実体の数を最小限に限るべきであるとする倹約の法則に、これ以上過激に違反するものを想像するのは困難だ[38]」と、著述家で娯楽数学者のマーティン・ガードナーは不満を述べた。しかし、倹約は見る人次第だ——エヴェレットの見解を提唱する人々は、この量子力学解釈は、ほかのどんな解釈よりも、必要とする仮定が少ないと指摘する。そして、単純さを基準に科学の正しさを測ること自体、科学を誤った方向に進ませ得る。議論の余地なく正しくて複雑な科学理論は多数存在する。「ここに、基本的には誰もが同意する『多宇宙』があります」と、哲学者で多世界解釈を提唱するデイヴィッド・ウォレスは言う。「遠方の銀河に存在する恒星の惑星について考えてみてください。ほとんど誰もが、遠方の銀河のなかの恒星の周囲を惑星が公転しており、それらの惑星の表面には岩があると考えます……。それは無限の多宇宙ではありませんが、［一〇億の一〇億倍の一万倍の］太陽系というのは、折り合いをつけていくには相当多いですよ。そして、あなたがそれを真剣に受け止める理由は、それを観察できるからではありません……。むしろ、私たちが盤石だと考える理論の、完全に不可避な帰結だからです」[39]。

多世界（あるいはインフレーション、もしくは弦理論）を攻撃する物理学者は、多宇宙に対して、もっと強力な異議を持っている。つまり、彼らはそれを、「反証不可能性」の最たるものだと非難するのだ。この扱いにくい言葉は、過去の哲学の幽霊だが、カール・ポパーの研究に由来する。ポパーは二〇世紀中ごろにもてはやされた科学哲学者で、哲学者人生のほとんどをロンドン・スクール・オブ・エコノミクスで過ごした。ポパーはかつて、故郷ウィーンの論理実証主義とかかわりがあったが、結局偶像破壊的な態度に出た。ウィーン学団のように、意味の検証可能性説を支持することなく、ポパーは反証可能性にもとづく科学的世界観を提唱した。つまり、反証され得る理論が潜在的な科学理論であり、反証され得ない理論はまったく科学的ではないと主張したのである。

ポパーの考え方は、現役の科学者たちのあいだでことのほかもてはやされるようになり、二〇世紀の終盤までには多くの物理学者が、反証可能性は、理論たりうるものが合格せねばならない、きわめて重要かつ厳しいテストだと考えるようになった。この視点から見れば、すべての多宇宙論は、まったく疑わしく思われた。もしも、ほかの多数の宇宙にはアクセスできず、それらが私たち自身の宇宙に直接影響することは決してないのなら、どんな実験データであれば、私たちが多宇宙に住んでいるという理論を反証できるだろう？　もしも、どんなデータもその理論が間違っていると示すことが決してできないのなら、それを科学理論として受け入れることがどうしてできようか？「科学哲学者カール・ポパーが、理論が科学的であるためには、それは反証可能でなければならないと論じたとおりだ」と、著名な宇宙論研究者ジョージ・エリスとジョー・シルクは、二〇一四年に『ネイチャー』誌の論説に記した。「これらの証明不可能な仮説［多世界、弦理論、そしてインフレーションの多元宇宙論］は、実在世界に直接関係し、観測によって検証可能な仮説――素粒子物理学の標準模型や、ダークマターとダークエネルギーの存在など――とはまったく異なる。私たちの見るところ、理論物理学は数学、物理学、哲学の中間地帯になってしまい、このどの分野の要求も満たさなくなりかねない」。ポパーの格言から逸脱することは、深刻な結果をもたらしかねない「危険な一歩」だと、彼らは警告した。「この、物理学の核心をめぐる闘いは、気候変動から進化論まで、さまざまなトピックにおいて、科学の出した結果が一部の政治家や宗教的原理主義者らから疑問視されているさなかに起こっている。市民の科学への信頼と、基礎物理学が損なわれることは、科学者と哲学者の、よりいっそう深い対話によって阻止しなければならない[40]」。

　だが、もしもエリスとシルクがこの論説を書く前にそのような対話を行っていたなら、ポパーの研究はもう何十年も、科学哲学者たちには真剣に扱われていないこと、そしてそれには十分な理由があることに、彼らは気づいたはずだ。反証可能性が科学の境界線となるという考え方は、第8章で見た、意味の検証可能性説を擁護できないものにしたのと同じ批判に耐えないだろう。クワインが「経験主義の二つのドグマ」で指摘したように、個々の信念が検証できないのと同じく、個々の理論も、ほぼ同様の理由で反証できないのだ。カール・ポパーがリモコンでテレビをつけられなくなったと想像してみよう。彼は、リモコンの電池が切れているのだという理論を立てる。そこで彼は角の店までひとっ走りして、新しい電池を買い、リモコンにポンポンとセットする。ところが、それでもリモコンでテレビはつかない。「あ、そうか！」とポパーは叫ぶ。「私の理論は反証されたのだ！」だが、必ずしもそうではない。電池を交換してもリモコンは依然として働かないとしても、古い電池が切れていた可能性はなおも存在している。たとえば、新しい電池も切れているのかもしれない。ポパーが角の店にいたあいだにネズミがテレビの電源ケーブルを噛み切ったのかもしれない。あるいは、物理法則は実際、あなたがどこにいるかで変わってしまうのかもしれず、ポパーが店にいたあいだに、太陽系が銀河の中心を周回して、リモコンの電池のふるまいを支配する電磁気学の法則が異なる宇宙領域に入ってしまったのかもしれない。問題は、ポパーのリモコンの「電池切れ説」が、それ自体では実際何の予測もしないということだ。それはただ、ポパーが世界の成り立ちに関して立てた多数の基本的な仮定と結びついた予測を立てるだけだ。したがって、ポパーは間違っている。彼の理論は反証されなかった。リモコンがなおも機能しなかった際に、彼は電池切れ説を撤回することもできたのだが、一方、彼はまた、世界に関して彼が立てたほかの仮定のいずれかを退けることも同様に可能だったのである。クワインが述べたように、世界についての私たちの信念は、世界に対して、信念の集合としてしか検証できず、個々の信念の検証は不可能である。そしてこのことは、検証についてとまったく同様に、反証可能性に対しても言える。どんな理論も、単独では反証できないのだ。

科学の歴史は、次のように証明している。すなわち、実験結果または観測結果が理論による予測と一致しないとき、予測を導き出すのに使われた「メインの」理論そのものではなく、補助的に使われた仮定のいずれかが放棄されることが多い、と。一七八一年、ウィリアム・ハーシェルが天王星を発見すると、当時の天文学者たちは即座に、アイザック・ニュートンの万有引力の法則と運動の法則という最先端科学を使って、天王星の運動を予測する取り組みを開始した。続く数十年間にわたり、ますます多くの観測結果が提供され、計算が精緻化するにつれ、天王星は実際、ニュートンの万有引力の法則がかくあるべしと述べているとおりには運動していないことに、数名の天文学者が気づいた。だが、彼らはニュートンの万有引力が観測によって反証されたとはせずに、天王星よりもさらに遠方に、未発見の惑星が存在しており、それが天王星の運動を変則的にしているのだという説を立てた。これらの天文学者のひとり、ユルバン・ルヴェリエは、この惑星はどこに発見されるはずかを正確に計算した。そして一八四六年、ドイツの天文学者グループが、ルヴェリエが予測したとおりのところにそれ〔海王星〕を発見した。そのような次第で、ニュートンの万有引力は反証されることなく生き延びて、のちに検証を受けることになったのである。そして数年後、ルヴェリエやほかの天文学者たちが、太陽に最も近い惑星である水星が、予測どおりに運動していないことを見出すと、彼らはこのときもニュートンの重力を放棄することなく、あまりに太陽に近く、その輝きに隠れて決して見つかることのない、もう一つの惑星が存在するのだと仮定した。彼らはこの仮説上の、太陽に焼かれた惑星を、ローマの火の神にちなんで「ヴァルカン」と名付け、即座にその惑星を探し始めた。彼らは、太陽が月に覆い隠される日食の際にヴァルカンを探した。ルヴェリエ自身が率いるグループをはじめ、いくつかのグループが、幻のヴァルカンを発見したと主張したが、この惑星が決定的に特定されることは決してなかった。ついに一九一五年、アルベルト・アインシュタインが、ヴァルカンがほんとうに幻だったことを証明した。彼が新たに発表した一般相対性理論が、新たな惑星を持ち出すことなく、水星の運動を完璧に説明したのだ。ニュートンの重力は、最初からずっと間違っていたのだ――しかし、それを引き下ろすには、ポパーの言う「反証可能性」ではなく、新たな理論が必要だったのである。[41]

ポパー自身、反証可能性が科学理論であるための厳しいテストではあり得ないことを理解していた。彼は、どんな理論も単独では反証できないと認めたが、良い科学者なら、補助的な仮定ではなく、メインの、自らの理論を放棄するだろうと示唆した。しかし、海王星とヴァルカンのエピソードが示すように、矛盾する証拠を前に、予測を立てるために使った補助的な仮定のどれかを捨てるのではなく、理論そのものを放棄しなければならないのがいつなのかは、まったくはっきりしない。だとすると、多元宇宙論は反証不可能だから非科学的だと主張することは、これまでどんな科学理論も満たしたことのない恣意的な基準を、それらの理論が満たしていないからというだけの理由で、それらを拒否していることに当たる。どのようなデータも多元宇宙論を拒否するよう強制できないと主張するのは、多元宇宙論はほかのどの理論とも同じだと言っているのに過ぎない。そして、多元宇宙論を支持するような観察可能な証拠は決して存在し得ないと主張することは、「私たちが何を観測できるかを決めるのは理論である」というアインシュタインの警告を忘れることだ。第8章でグローバー・マクスウェルが述べたとおり、観察可能と考えられるものは、時とともに、科学理論が変化するにつれ変化し得るし、実際に変化している。原子論は、かつて反証不可能だと考えられており、原子は、原理的に観察不可能だと考えられていた。多宇宙論の証拠も同じ運命を辿るかもしれない。つまるところ、反証可能性に基づくと称して展開される多元宇宙論への反論は、実際には、無知と好みに基づく議論である。一部の物理学者たちは、自らの分野の歴史や哲学についてまったく知らず、多宇宙論を受け入れがたいと感じる。だがそれは、多元宇宙論が非科学的だということを意味するのではない。

奇妙な状況

科学理論が反証可能である必要がないなら、それらが満たすべき要請とは何だろう？　科学理論は、説明を与え、それまでまったく異なると考えられていた概念どうしを結び付け、そして、私たちを取り巻く世界と何らかの関係がなければならない。そんな要請は曖昧だ、というのはたしかだが、しかし科学は、それを行う人間や、それが記述する世界と同様に、複雑なものだ。ポパーの「反証可能性！」という号令のように、複雑な疑問に対し判で押したように返ってくる答えは、常に疑わしいはずだ。H・L・メンケンがかつてこう述べたように。「人間の問題は、どれを取っても、それに対する良く知られた解決法が存在する――簡潔で、まことしやかで、間違った解決法が」[42]。

ならば、コペンハーゲン解釈をめぐる人間の問題の正しい解決法とは何だろう？　というのも、これだけのことがあったのに――パイロット波と多世界があり、ベルとボームとエヴェレットがいて、量子コンピュータの興隆と論理実証主義の没落があったのに――コペンハーゲン解釈は依然として物理学の内部で優勢なのだ。量子力学の初歩の一般的な教科書では、コペンハーゲン解釈を必ず教えている。コペンハーゲン解釈をひいきにするばかりか、それ以外の解釈はすべて非科学的だと考える物理学者がまだ大勢いる。なかには、ベルの定理はコペンハーゲン解釈が唯一可能な一貫性ある立場であることを証明していると主張する者もいる。量子力学基礎論は、昔に比べればずいぶん立派な分野になったが、いまなお小さく、それを軽視する物理学者も多い。量子力学基礎論で職を見つけるのは困難だ。五〇年前のジョン・クラウザーに比べれば、はるかに楽だとはいえ。そして、多世界解釈は大半の物理学者に広く知られている一方で、パイロット波理論などのほかの考え方は、ほとんど知られていない。

いったいどうしてこのようなことになったのだろう？　いや、むしろ、どうしてまだこんな状況なのかと訊くべきか？　いずれにせよ、いい質問だ。デイヴィッド・アルバート――第9章で、大胆にもコペンハーゲン解釈を疑問視したため、ロックフェラー大学から追い出されそうになった大学院生――は、いまではコロンビア大学の哲学の教授になっており、これまでの四〇年間、量子力学基礎論の研究を続けてきた。「これはほんとうに奇妙な話です」と、彼の研究分野の歴史をまとめて言い表した。「なにしろ、次に挙げる二つの、まったく矛盾する事柄が同時に起こっているのですから。二〇世紀は、ほかのどの世紀よりも優っているんです……物理学に興味を持ち、積極的に物理学について研究している聡明な人間たちの数ではね。なのに、この学問全体の中心にある深刻な論理的問題を、最も長期にわたって、精神錯乱的に否定してきたのもこの二〇世紀なのです！」[43]

「精神錯乱的」というのは言い過ぎだろう。しかし、きわめて奇妙であることは間違いない。さて、ここまでで、みなさんは事の経緯をご覧になったので――いったいどうしてこのようなことになったのかは、おわかりになったはずなので――いまの状況がいかに奇妙かを見てみよう。

第12章　途方もない幸運

意味がわかりません

ウィーン郊外、オーストリア・アルプスのふもとの木々に覆われた丘陵地帯にブドウ園がある。そこに建つ小屋の窓には小さな鏡が一枚取り付けられている。ブドウ園は何世紀も前からそこにある。一九二〇年、ここにほど近い丘で、ウィーン学団の創設メンバーの一人、オットー・ノイラートがアインシュタインをはじめとする数名の科学者に会って、『統一科学国際百科全書』の構想を議論した[1]ころには、このブドウ園はすでに時代を帯びていた。鏡のほうは、それに比べれば最近新しく付け加えられたものだ。二〇一一年、ウィーン大学の量子光学および量子情報研究所の大学院生によって、長距離量子暗号ネットワークの一環として設置されたのである。アントン・ツァイリンガー教授が指導する学生たちは、小屋から五キロメートル離れたウィーンの中心部に建つ彼らの研究所の最上階にある実験室から、光子を一度に一個ずつ、この鏡に向かって放出した。研究所の屋根には、特別な仕様の望遠鏡――ウィーン出身の映画スターで暗号研究の先駆者であるヘディー・ラマーの名を冠された——が一台、ブドウ園の鏡に向けて固定されており、鏡で反射されて、ウィーン上空の乱れた気流のなかを通過してきた光の波束を注意深く収集した。

これでも十分に離れ業で、量子論の創始者たちには思考実験としてすら思いもよらなかっただろうが、これはテストに過ぎなかった。現在ツァイリンガーとその学生たちは、同じ装置を使って、低地球軌道を周回する特殊設計の人工衛星とのあいだで光子を交換し、ウィーンと、中国科学院雲南天文台とのあいだで量子暗号を使ったコミュニケーションを行おうとしている。雲南天文台では、かつてツァイリンガーの学生だった物理学者、潘建偉(パン・ジャンウェイ)が同様の実験装置をすでに設置している。そして、過去が少しでも指標になるなら、彼らが成功する可能性は高い。ツァイリンガーは光子操作実験の達人なのだから。ツァイリンガーのグループはすでに、この方式で、実験室からブドウ畑まで行って戻ってくる一〇キロメートルの道のりよりもはるかに長い距離にわたる単一光子の送受信が可能であることを、実演によって証明している。二〇一二年、彼らは、カナリア諸島のラ・パルマ島とテネリフェ島との間の一四三キロメートルにわたって、量子もつれの状態にある光子の送信に成功したのだ。[2] ツァイリンガーは、これとは別に、数十年を費やして、アスペのベル実験の改良版を繰り返し実施し、量子論的非局所性の存在を非常に高い実験精度で実証してきたのである。

ところが、量子的世界の最も奇妙な側面になれ親しんでいるにもかかわらず、ツァイリンガーはコペンハーゲン解釈には何の違和感も持っていない。「ハイゼンベルクが言ったように、量子状態は、私たちの知識の一つの数学的表現なのです」とツァイリンガーは言う。「それは私たちに、一組の未来の実験結果を、それぞれの確率とともに教えてくれるのです」。ツァイリンガーにとって、観測は量子力学において中心的な役割を担う。「観測問題など存在しません」と彼は主張する。「観測結果は古典的世界にあり、そして量子状態のほうは、いわゆる量子的世界で、こちらのほうは、ハイゼンベルクによれば、数学的表現に過ぎません……。古典的な用語を使って話すことができるものは、客観的に存在している宇宙の物体で、これらは古典的な物体です。それだけのことです。話すことができるのはそれだけです。それ以外は数学です」[3]。別の言い方をすれば、二つの世界があるということだ。実際に存在している、量子力学以前の古典的な物理学にしたがう日常生活の物体の世界と、これと同じ意味では実在しない、量子的「世界」との二つだ。これはハイゼンベルクが述べたとおりである。だがツァイリンガーは、この二つのあいだに、真の境界、すなわち、それを越えると量子力学が適用できなくなるような線は存在しないと考える。「根本的な境界は存在しません。古典から量子への移行はありますが、それは境界ではありません」。ツァイリンガーがそう言うのも不思議はない。そのような根本的な境界が存在するといまなお信じている物理学者はほとんどおらず、そして、そのような考え方を否定する最も説得力のある研究のいくつかは、ツァイリンガー自身によるものだ。一九九九年、ツァイリンガーとその共同研究者らは、バッキーボール――六〇個の炭素原子が集まり一つのサッカーボールのかたちになった分子――に、まるで二重スリット実験の一個の光子のように、自らと相互作用させることに成功した[4]。一個の単独の素粒子よりは相当大きな物体（それでも、私たちの日常生活の物体に比べれば約一〇億倍小さいのだが）のなかに量子効果が見出せることにショックを受ける者も、量子力学の創始者のなかにはいるかもしれない。しかしツァイリンガーは、彼の実験による研究を通して、量子力学の有効性に限界はないことを示す覚悟で取り組んでいる。

だが、これでは一つ問題が残ってしまう。「もしも古典的な物体だけが客観的に存在するが、量子力学はすべてのものに当てはまるとしたら、何が古典的なのだ？」という問題だ。もっと広く捉えれば、「自分の周囲に見える世界をどうやって説明すればいいのだ？」という問題である。ツァイリンガーによれば、私たちの日常世界は古典的だ――しかし、量子力学も、私たちが日常生活で見るものを正確に記述できるはずだ、なぜなら、量子力学の妥当性に境界はないからだ。このかたちのコペンハーゲン解釈から、一貫性のある実在の描像を形成するには、いったいどうすればいいのだろう？この問いに対するツァイリンガーの答えは、予期せぬほどシンプルだった。「おっしゃっていることの意味がわかりません」と、彼は言った。「それを正確に定義することすらできないと思いますよ」[5]これは一体どういうことなのだろう？

哲学は死んだのか？

すべての物理学者がツァイリンガーに同意するわけではない。「コペンハーゲン解釈は、量子力学が支配する微視的世界と、古典物理学にしたがう、［観測］装置や観測者の巨視的世界のあいだに、謎の分断があると仮定する」と、一九七九年のノーベル物理学賞受賞者スティーヴン・ワインバーグは言う。「これが不十分であることは明らかだ。量子力学がすべてに適用されるなら、それは物理学者の観測装置にも、そして物理学者自身にも適用されなければならない。一方、量子力学がすべてのものには適用されないのなら、それが妥当である領域の境界線をどこに引くべきかを、私たちは知らなければならない。それは、あまり大きすぎない系にのみ適用されるのだろうか？　観測が何かの自動装置によって行われ、人間は誰もその結果を読まない場合、適用されるのだろうか？」[6]一九九九年にノーベル物理学賞を受賞したヘーラルト・トホーフトは、もう少し融和的な論調だった。「私は

［コペンハーゲンが］言うすべてのことにしたがいますが、一つだけ例外があります。それは、質問が一切許されていないことです」と彼は言う。「もう少し正確に言うと、してはならない質問がいくつかあるのです。でも私はノーと言いますね。いやいや、何と言われようが、私はその質問をしますよ、質問されたくないんですか？　それは失礼、とね。言うべきことはもっとたくさんある、そして、質問することは役に立つのだと強く言いたい」[7]。そして二〇〇三年のノーベル物理学賞受賞者、サー・アンソニー・レゲットは、自分は「恐ろしい告白」をしなければならないと述べた。「日中の私を見れば、私は同僚たちとまったく同様に、机に座ってシュレーディンガー方程式を解いているでしょうね。でもたまに、夜、満月が明るいときは、物理学コミュニティーではオオカミ人間に変身するに等しいふるまいにおよびます。つまり、量子力学が完全で、物理的宇宙に関する究極の真実なのかどうかを疑うんです。とりわけ、重ね合わせの原理は、本当に巨視的レベルにまで、しかも量子観測パラドックスを生んでしまうようなところまで、外挿できるのだろうか？　と。さらに、私は、原子と人間の脳のあいだのどこかのポイントにおいて、それは破綻するかもしれない、いや、破綻しなければならないと思っているんです」[8]。

だが、ワインバーグもトホーフトもレゲットも、物理学者のなかでは例外だ。ツァイリンガーのような見解のほうがはるかに優勢だ。この二〇年間に、物理学者らを対象にして、量子力学の解釈としてどれが望ましいかについての非公式の世論調査が多数行われてきた[9]。ほとんどの調査で、コペンハーゲン解釈が圧倒的多数の票を獲得している。しかも、これらの調査ではコペンハーゲン解釈に対する支持が相当控えめに出ていると考える十分な理由がある。というのも、このような調査は普通、量子力学基礎論の会議で行われるため、対象となる物理学者の意見にかなり偏りがあって、それが調査結果に反映されているからだ[10]。いまなお、そのような会議は時間の無駄だと考える物理学者がかなり大勢いる。なぜなら、彼らはコペンハーゲン解釈がとうの昔にこれらの問題をすべて解決してしまったと考えているからである。

だが妙なことに、コペンハーゲン解釈がはっきり理解できるように説明している参考書を紹介してほしいと求めると、ツァイリンガーはそのようなものを思いつくことができなかった。「きっと、私か誰かほかの人が、量子力学について明瞭に説明する論説を書かなければならないのでしょう[11]」と彼は言った。問題のひとつは、そのようなものを書いているはずの人として最初に思い浮かぶボーアが、とてつもなく（そして、よく知られているように）曖昧なことにある。しかし、この難しさの根底には、より深い理由が潜んでいる。「コペンハーゲンはもはや、優勢な解釈ではない」と、科学史家から物理学者に転向したサム・シュウェーバー（第5章でデイヴィッド・ボームを救った人物）は言った。そもそも最初に構築された元々のコペンハーゲン解釈では、観測装置のような巨視的物体は、原理上ですら、量子力学によって記述することはできなかった。しかし今日では、ほぼすべての物理学者が、量子力学にそのような限界はないと主張するツァイリンガーの言い分に同意すると、シュウェーバーは指摘する。ならば、どうしてこれほど多くの物理学者が、依然としてコペンハーゲン解釈を採用しているのだろうか？　どうしてこれほど多くの者たちが、どれだけの高さを落下するはめになるかなどまったくお構いなしに、量子の崖の縁を気楽に走りすぎることができるのだろう？　まるでワイリー・コヨーテ*のように。「それはまた別の話ですね[12]」とシュウェーバーは言った。

問題の一つは、「コペンハーゲン解釈」はひとつではなく、しかも、これまでずっと、単一のコペンハーゲン解釈なるものがほんとうに存在したことはなかったという点だ。「『コペンハーゲン解釈』

という名称は、大変つかみにくくなってしまいました」と、マウント・ホリヨーク大学の物理哲学者、ニーナ・エメリーは語った。「語義が混乱しているおかげで、物理学者たちはこれらの欠陥に直接取り組むのを避けやすくなりました。たとえば、観測が収縮をもたらすという考え方について彼らを問い詰めると、……彼らは話題をすこしずらして、何らかのボーア主義的見解について、あるいは、［理論の数学］に関して話し始めます。そして、そのような見解の問題点（たとえば、ボーア主義的見解とは何かなど誰が知っているのか？　そして、理論の数学は完全な解釈ですらないなど）を指摘すると、彼らは［観測が収縮をもたらす］ことに戻って話し始めるのです」[13]。これらの矛盾する立場が共存していることで、典型的なコペンハーゲン解釈への攻撃はどんなものであれ、かわしやすくなっている。物理学者たちは、一つの立場から別の立場へと、ただ飛び移ればいいだけだ――自分がそうしたのだと気付きもしないことも多い。

だが、もしもあなたが道具主義者だとしたら――つまり、科学は単に実験結果を予測するための道具であり、それ以上のものではないと考えるなら――この種の飛び回りは何ら問題にならない。というのも、解釈に関する疑問は無意味で、非科学的なものになってしまうからだ。あなたが量子論の意味について、一貫性のある一つの立場を取り続けようが、そうでなかろうが、どうでもいい。問題なのは、あなたが直接観察するものだけだ。この種の実証主義に近い考え方は、物理学者のあいだでいまなお非常に人気があり、特に、量子力学が問題に上ってくればなおさらそうだ。ツァイリンガーは、

＊　ワーナー・ブラザースのアニメキャラクター。いつも腹ペコで、猛スピードで走るロードランナー［ミチバシリという鳥］をつかまえて食べようとするが必ず失敗するコヨーテ。

「量子のメッセージ」は非常に実証主義的で、「実在と、実在に関する私たちの知識とを、実在と情報とを、区別するのは不可能だ[14]」という。そして、高名な物理学者フリーマン・ダイソンは、彼に先立つローゼンフェルトと同じく、量子重力理論のどのような帰結をも、観測することはおそらく不可能だろうと示唆し、そのことから、「量子重力の理論は検証不可能で科学的には意味がないということだろう[15]」と、まさに実証主義的な物言いをした。

だが、哲学者たちは、半世紀以上前から、このような実証主義的な宣言で量子論を下支えしようとすることは、根本的に間違っていることに気づいていた。そして今日、物理学の哲学の研究者らは、ほぼ全員がコペンハーゲン解釈を拒否する。(一種の論理経験主義が一九八〇年以降復活したが、物理学を研究する哲学者たちのあいだでは、いまなお科学的実在論が標準的な立場だ――そして、現在では、経験主義の最も断固たる擁護者でさえ、コペンハーゲン解釈の標準的な擁護のために使われた素朴な実証主義は、その役目を果たし得ないという点には同意している[16]。)これだけ長い年月のあいだ、どうして物理学者たちは哲学者たちから情報を入手し損なってきたのだろう? 問題の一端は、概して物理学者は哲学をあまり知らないことにある。この二つの分野のあいだには、極端な非対称性がある。哲学者は普通、物理学をとても重視している[17]――物理学を研究する哲学者たちは、数学的側面まで精通しており、両方の分野で学士以上の学位を持っている人も多い――一方、物理学者が少しでも哲学分野の教育を受けていることは稀だ。哲学については知らないくせに(あるいは、知らないがゆえに、という可能性のほうが高い)、一部の物理学者らは、哲学を大っぴらに見下す。「哲学は死んだ」とスティーヴン・ホーキングは二〇一一年に宣言した。「哲学者たちは、科学の、特に物理学の近年の発展に遅れをとっている[18]」。そして、天体物理学者のニール・ドグラース・タイソンによれば、哲学を学ぶことは「物理学者を台無しにする恐れがある」という。「量子力学以降、……哲学は基本的に物理科学の最前線からは離れてしまった」とタイソンは主張する。「私が失望したのは、そこにはものすごく大きな頭脳集団があって、哲学をやっていなければそれは大いに貢献できただろうに、今日そうはなっていないことだ[19]」。物理学者ローレンス・クラウスは、物理学と哲学のこの敵対関係は、哲学者の羨望から来ていると見る。「なぜなら、科学は進歩するが、哲学は進歩しないからだ」と言い、「哲学という分野は、残念ながら、ウッディ・アレンが昔言ったジョークを思い出させる。『できない人が教える人になる、教えることもできない人は体育教師になる』という。その哲学のなかでも最悪なのが科学哲学だ。……どうしてあれが成立しているのかまったく理解しがたい[20]」。

これらは、はなはだしく見識のない主張だ。しかし、ホーキングもタイソンもクラウスも、皆間違いなく愚かではない――彼らはなぜ、哲学についてこれほど不見識なのだろう？　彼らの態度は、歴史的な観点から見るといっそう不可解だ。ほんの二、三世代前、量子力学が誕生したころは、すべての物理学者たちが、哲学について何がしかの教育を受けていた。アインシュタインはマッハを読み、ボーアはカントを読んだ。しかし、第二次世界大戦後、物理学への研究資金の流入と、物理学を学ぶ学生の急増により、大学のカリキュラムも大幅に変更された。アインシュタインとボーアの世代にとって哲学は、中央ヨーロッパの教育カリキュラムの中核にあった。ところが、戦後アメリカにおいては、優秀な学生が幼稚園から一流大学の博士号取得まで、哲学の教室に一度も足を踏み入れることなく進むようなことが、どちらかと言えば起こりやすかった（そしていまもそうだ）。

これは何も、古き良き時代を呼び戻そうということではない。この問題は、特に新しいわけではない。アインシュタインでさえ、このことについて、そして、このせいでコペンハーゲン解釈が揺るぎないものになっていることに対し、不満を述べた。「この状況は、この先何年も続くだろう」と彼は一九五一年に書いている。「その主な理由は、物理学者たちが論理的な議論、そして哲学的な議論をまったく理解していないことにある」[21]。そして多くの点で、教育と、教育の機会とは、現在は以前よりもはるかに良くなっている。しかし、前世紀において、知識と情報が大幅に増加したことにより、教育は不可避的に専門化した。それ自体に何も悪いことはないのだが、専門化は知識に境界をもたらし、そして、優れた専門家は、そのことを理解している。実際、ホーキングやタイソン、クラウスが、自分が背景知識を持たない多くの領域――たとえば、寄生生物の生態系や、産業用金属薄板生産のベストプラクティスについてなど――で強い意見表明をする可能性はほとんどないだろう。ならば、彼らはなぜ、哲学についてはあれほど強い発言をして平気なのだろう？　なぜ哲学は、多くの物理学者たちから（そして、ほかのあらゆる分野の科学者たちから）これほど見下されているのだろう？

哲学はイメージの点で問題を抱えている。哲学者は、神秘主義者、宗教的人物、うそばかり言っている人――ともかく現実からかけ離れた存在――と思われている。哲学という学問分野全体が、何千年にもわたって、大きな問題――人生の意味とは何か？　なぜ苦しみが存在するのか？――を追究し続けながら、良い答えをまったく見つけられずに戻ってくる人々と見なされている。物理学を対象とする哲学者や、ほかのたいていの哲学者は、このような姿とはかけ離れている。彼らは十分に定義された問題に、論理的厳密さと、最新の科学の進捗や、感覚が直接に経験したことを踏まえて取り組む。哲学の実際の取り組みと、そのイメージとがこれほど大きく乖離してしまった理由については、まったく別に丸一冊本を書く必要のあるテーマだが、答えの一部は、おそらく、近代西洋哲学が二つの流派に大きく分かれていることにありそうだ。分析哲学と大陸哲学である。（これらの名称は主に歴史的偶然によるもので、彼らの研究内容とは無関係だ。）これらの二つがいかにして分かれたかには、長くて複雑な物語がある（第8章で触れた、実証主義者とドイツ観念論者との対立に関係がある）が、物理学の哲学者の大半は分析哲学系なのに対し、あなたが聞いたことのある、ここ七〇年間の有名な哲学者の大半は、おそらく大陸哲学系だ。サルトル、カミュ、フーコー、デリダ、ジジェクらの大陸哲学者は有名になったが、分析哲学者で有名になった者はほとんどいない。そして大陸哲学者は、知識と真理についての科学的主張に対し、分析哲学者よりもはるかに懐疑的だ。だが、この哲学の二派は、遠くから見ると、あまり区別がはっきりしない――たいていの科学者は、分析哲学と大陸哲学の区別など聞いたこともない。そのため、今日世間で非常に目立っている哲学者の大半が大陸哲学者で、大陸哲学者の一部（全員ではない）が科学に対して持っている態度が懐疑的なものだということからすると、科学者がしばしばすべての哲学者に対して軽蔑の念を抱き、ときには、自分のほうが哲学者たちよりも、哲学をうまくやれると思うのも不思議はない。

だが、これはそんな単純なことではない。コペンハーゲン解釈を支持する物理学者の全員が、哲学を知らないという単純な話ではない。ツァイリンガーは、物理学を研究対象とする哲学者らとともに量子力学基礎論の会議に何度も出席し、かなりの時間を過ごしてきたし、オーストリア生まれでウィーン大学の教授である彼は、もちろんウィーンの実証主義の歴史も知っている。そして、非常に広い範囲の物理学者たちが実証主義に深く肩入れしていることがコペンハーゲン解釈の支持を牽引しているわけでもない――むしろ、逆である。私たち物理学者はみな、何らかのかたちのコペンハーゲン解釈を学校で習う。そして、一旦コペンハーゲン的考え方が身に付くと、おそらく実証主義やそれに関連した見方に対して、どちらかといえば好意的になるだろう。そのような次第で、物理学者たちは、実在について話す責任から解放してくれるような立場を採りたがっているわけではなく、おそらく、ただ単に、コペンハーゲン的な視点を採用したからそのような立場が魅力的になったというだけなのだろう。すると、私たちは出発点、すなわち、「コペンハーゲン解釈の何がそんなに魅力的なのか？」という問いに戻ってきたことになる。

私は決して黙らない

「もしも、コペンハーゲン解釈が言っていることを一文にまとめろと言われたら」と、物理学者のデイヴィッド・マーミンは、一九八九年に記した。「こうなるだろう。『黙って計算しろ！』[22]」。マーミンはこの直後、即座にそれを否定している――「だが私は決して黙らない」。それにもかかわらず、「黙って計算しろ」という言葉は、マーミンが論文に載せて以降、一人歩きを始め、物理学者のあいだで、コペンハーゲン解釈のキャッチフレーズとなった。リチャード・ファインマンの発言であると、誤って伝えられるようになり、マーミン自身、その出どころを忘れていたが、数年たってようやく、この言葉の出どころは自分だったと思いだした。[23]

「黙って計算しろ！」は、あなたが数学好きでなければ、たしかに魅力的には聞こえない。しかし、たとえ物理学者であったとしても、黙って計算することに何の利点があるというのだろう？　マーミン自身、一九八九年の論説でその答えを披露している。「それは、一般市民向けであれ、市民と専門家の両方を対象にしたものであれ、すべての解説において、強調されるべき事実を伝えることだ。すなわち、量子論は私たちに、測定可能な量を前例のない正確さで計算させてくれるという事実である」[24]。量子力学はうまく働いている。量子論が可能にした計算が適用できる範囲は驚くほど広く、計算結果の正確さも驚異的だ。量子力学は、目玉焼を作るためにフライパンを熱するにはどれくらい時間がかかるか、一生を終えようとしている白色矮星は崩壊することなしにどこまで大きくなり得るかを教えてくれる。生物の細胞の核にある二重らせんの正確な形状を明らかにし、ラスコーの洞窟壁画の牛や馬が描かれた年代を私たちに教え、オッペンハイマーとトリニティ実験のはるか以前にアフリカの岩盤の奥で原子が分裂していたこと〔オクロの天然原子炉〕について語る。究極の暗さの夜がどれほど暗いのかを、不気味なまでの正確さで予測する。一握りの塵のなかに宇宙の歴史を示してくれる。もしも黙ることがこれらの計算をする代償なら、さるぐつわを拒否し、グラフ用紙をぶち破ろう。

それにしても、なぜそんな代償が必要なのだ？　なぜコペンハーゲン解釈は、計算するために黙るようにとあなたに求めるのだ？　さらに言うなら、そもそもコペンハーゲン解釈は、どうして計算を可能にするのだろう？　観測問題は量子力学の中核に非常に強く結びつけられているため、この問題に何らかの答えが与えられないかぎり、量子論を使うことは不可能だ。何らかの解釈が、いかに数学を使うかについてあなたを導かねばならない――しかしコペンハーゲン解釈は、私たちが繰り返し何度も見てきたように、そのような答えをまったく提供せず、真の解釈とは言えない。だとすると、黙ることでなぜあなたは計算することができるようになるのだろう？

物理学の教科書によく載っているかたちのコペンハーゲン解釈は、観測は自然のなかで見られるほかのどんなプロセスとも根本的に違うもので、「巨視的な物体が微視的な物体と出会うときにいつも起こるもの」と定義されている。量子力学は、より基本的な理論として古典力学を下支えしていると学生たちに教えているにもかかわらず、巨視的な物体は古典物理学にしたがうと、ただ単純に仮定されている。要するに、学生たちは、量子力学の基本構造の一部として、古典的と量子的という二つの世界があるということを受け入れるよう暗に求められるのだ。ボーアの教えたのとまったく同じである。だが同時に彼らは、量子力学は根本的な理論であり、古典力学はそこから出現するのだと教えられる。そのようなわけで、量子力学を学ぶ学生は、矛盾を受け入れるよう求められる。古典的物体の概念は、量子力学の概念に論理的に先行している、なぜなら、観測がいつ起こったかを判断するには古典的物体の概念が必要だから、と教えられる一方で、他方では、量子力学は古典力学に論理的に先行している、なぜなら、後者は前者から出現しているのだから、とも教えられている。この二つの考え方が、同時に両方とも正しいことはあり得ない。実情としては、教科書や「世間」で最も頻繁に見受けられるかたちのコペンハーゲン解釈では、「古典的物体が量子力学に先行する」という考え方のほうがより重んじられている。ある物体は、とにかく古典的で、そのような物体との相互作用は、量子力学のために「観測」と定義され、それで観測問題は計算を行うには十分「解決」されてしまう。たいていの物理学者（私も含めて）も、量子力学は古典力学を下支えしていると考えているが、実際に量子力学の計算を行うときには、この事実は都合よく忘れ去られて、一部の物体は、シュレーディンガー方程式が適用されない例外として扱う。そのような次第で、計算しているあいだは黙っていることがどうしても必要なのだ。

量子力学は根本的だという考え方を、計算のなかに持ち込もうとした物理学者が何人もいる。そのために彼らは、コペンハーゲン解釈の解決法を放棄し、観測問題を別の方法で解決するために、概念を構築しなおさなければならなかった。言い換えれば、デイヴィッド・ボームやヒュー・エヴェレットを代表とするこれらの人々は、量子力学の新しい解釈を作り上げなければならなかったのである。

なぜなら、コペンハーゲン解釈は量子力学を真剣に取り扱っていなかったからだ。コペンハーゲン解釈は、量子力学は宇宙のすべてのものを扱うために使用できるという考え方を捨てて、それを限られた領域だけに使うよう強制する。今日、大半の物理学者が、量子力学の有効性に限界はないというツァイリンガーの考え方に同意する――しかし、量子力学が一般的に教えられ、使われている方法は、その考え方に反している。

だが、コペンハーゲン解釈の魅力は、次のような観点から見れば、ある程度理解できる。量子力学は、この九〇年間にわたり、原子力、現代のコンピュータ、インターネットなど、技術的、科学的進歩の多くを駆動した。量子力学を応用した医用画像は、医療の様相を一変させた。より小さな尺度における量子イメージング技術は、生物学を革命的に変え、まったく新しい分子遺伝学という分野をもたらした。数え上げればきりがない。なんとか個人的にコペンハーゲン解釈と折り合いをつけて、科学で起こっているこの素晴らしい革命に貢献しよう……あるいは、量子力学を真剣に受け止め、アインシュタインでも解決できなかった問題に正面から取り組もう。黙ることがこれほどカッコよかったことはかつてなかったのは確かだ。

科学の底に横たわる偏見

ここには、物理学をやりたいという単純で実際的な望みや、物理学と哲学の衝突以上のことが絡んでいる。デイヴィッド・アルバートは言う。「観測問題の一件は、［物理学］コミュニティーにとって、たいへんつらいことでした。多くのキャリアがつぶされました。このこと全体が、物理学にとって、ほんとうにトラウマでした、トラウマという言葉の心理学的な意味において」[25]。量子力学基礎論の歴史は、個性的な登場人物に彩られている。もしもデイヴィッド・ボームの政治信条がもっと柔和なものだったなら、もしもヒュー・エヴェレットが人前で話すのが苦手でなかったなら、もしもアインシュタインにボーアのようなカリスマ性があったなら、本書で語られる物語も、きっと劇的に違っていたことだろう。つまり、重要な出来事の多くが、科学的配慮によってではなく、政治的、社会的、もしくは個人どうしの関わり合いによって引き起こされたのだ。このことは、コペンハーゲン解釈がこれほど広く支持されているもう一つの理由を示唆する。それは、どこかがより優れているとか、物理学者たちの必要により適うと言った理由ではなく、単にそれが最初に登場したから、という理由である。

科学に対する素朴な見方――科学は単に、手に入る手がかりから、シャーロック・ホームズの物語のように「唯一の真の答え」を導き出すためのメカニズムに過ぎないという見方――からすれば、このような考え方は釈然としない。（実際、おそらく本書全体が、そのような見方をする人にとっては釈然としないだろう。）もしもこのような外的な要因が基礎物理学にこれほど深刻な影響をおよぼし得るなら、そうした影響を受けないような科学分野など存在するだろうか？　そして実際、これは量子力学基礎論に限ったことではない。すべての科学は人間の偏見や、それらの偏見の源となる、人間の営みのあらゆる側面――政治、歴史、文化、経済、芸術――から影響を受けやすい。ほとんどの科学者が、これには多かれ少なかれ同意するだろう。しかし、これらの非科学的な偏見という抽象的なものの存在について同意することと、その具体的な例に直面することとはまったく違う。コペンハーゲン解釈ほど広く行き渡っている中核的なものが、「偶発的な」非科学的原因によって支配的になったという考え方は、恐ろしいだろうし、人生のすべてを物理学に捧げた人々には特にそうだろう。コペンハーゲン解釈を放棄した場合、「選択肢は二つ以上ありますが、選択肢が二つ以上あるとき、あなたならどうやって選択しますか？」と、ウォータールー大学で物理学の哲学を研究するドリーン・フレーザーは尋ねる。「何が面白くて何が面白くないかについては自分の好みがあるから、それに従って選ぶでしょうか？　実際、そうやって選択する人が非常に多いのです。しかしそれは、ちょっと後ろめたいですよね」[26]。この不快感、この不安は、「黙って計算する」のが物理学者にとって魅力的であるもう一つの理由なのだ。だが、その不安に屈してしまうことは、自分たちの偏見をいっそう見えにくくするだけである。

このような偏見が要因として働いている多くの例を、私たちは本書のなかでじかに目にしてきた。政治的配慮、資金調達の方法、特定の場所と時代に主流だった考え方から個人どうしの争いまで。また、本書を通して働き続けていたのに、表面には現れていなかった偏見もたくさんある。フォン・ノイマンの証明に問題があることは、ベルが気づくより三〇年も前に、一人の女性、グレーテ・ヘルマンが見出していたのだが、彼女の研究は埋もれてしまった。その一九三五年の論文が冷遇されたことが、彼女の性別とまったく無関係だと考えることは困難だ。当時女性はまだ、一般に大学で教えることが許されていなかった。そして、量子力学基礎論を専門にすることは、どんな物理学者にとっても、キャリアに対する大きなダメージだったことからすると、この分野を研究したいと考える女性や、白人でない物理学者がほとんどいなかったと想像するのは、それほどとっぴなことではないだろう。なぜなら、彼ら・彼女らのアイデンティティーそのものがすでに、社会全体に深く組み込まれた偏見のせいで、科学や学問の世界全体において、キャリアを大きく損なう要因だったのだから。このことは、本書に女性や白人でない人々がほとんど登場しないという異様な事態を説明してくれる。特定の属性を持った人びとや、特定の考え方に対する偏見は、科学全体に染みわたっている。

しかし、このような偏見が存在するからといって、科学は他の人間の営みとまったく同じだとか、科学的真理は、実験や実在とは無関係な、誤った情報に基づく意見と何ら変わらないというわけではない。私たちの偏見が、最善の科学理論の内容を完全に決めてしまうわけではない——実在が抵抗するし、実在にはできる限り強く抵抗してほしいと私たちは願う。この抵抗が、科学として受け入れる仮説となり得るものを制限する。「科学は純粋で完全に合理的だ」と「科学は誰かがでっちあげたでたらめにすぎない」とのあいだには、広い中間地帯があるのだ。本書を通して見てきたように、人間がその中間地帯で介入できる余地はまだたっぷりある。それは、科学は信頼すべきでないという意味ではない——それはシャーロック・ホームズ的科学観と同じく素朴にすぎる。

それはそれとして、量子力学基礎論の物語は、科学はいかに機能するのかという疑問を呼び起こす。科学がどのようなものでないかについては、具体例を見てきた——科学は、実証主義者たちが考えていたような、検証可能性や純粋な経験の記述ではなかった。あるいは、ポパーが考えたような反証可能性でもなかった。あるいは、複雑な歴史の力から完全に独立したものでもなかった——実際、そのような歴史の力が、本書を通して多くの登場人物たちを打ちのめしたり支えたりしたのだ。では、科学はどのように機能するのだろう？　第11章の最後の部分でも述べたとおり、それは非常に複雑な問いだ。詳しく解説して答えるには、別の本を丸一冊書かねばならないだろう。だが、手短に答えるなら、こうなるだろう。すなわち、科学には、実験、数学的および論理的な推論、統一的な説明、そして、科学者が自分の生活や、自分を取り巻いている文化から持ち込む偏見が複合的に関係している、という答えだ。私たちは、これらの偏見を低減するよう努力している。必ずしもそれに成功するわけではないが、これらの偏見を説明し、低減するための、外部からもはっきりわかるような試みをまっとうに行えば、科学を遂行するプロセスの重大な一環となる。科学の体系全体が、この目標のために作られている。科学は、目を見張るような説明能力を誇り、数々の予測を成功させてきた。そのことからも、科学的真実を信頼せず、根拠の希薄な憶測や宗教的な信条、深く根差した文化的価値観に頼ることは、愚の骨頂と言えよう。科学は、正しく行われるなら、実験と実験によるデータ以外の権威を絶対に尊重しないように懸命に努力する。完全に成功することはないが、それでも、私たち類人猿がこれまでに見出した、周囲の世界について学ぶための、ほかのどんな方法よりも、科学はこの点において、よりよい実績を上げている。この世界は決して私たちが作ったものではないのだ。

似非科学とのちがい

量子力学の理解を目指す探究の物語は、断固として科学の物語だ。しかし、本書を通して見えてきた、文化的・歴史的な力の影響は、あって当然とはいえ、やはり厄介だ。量子力学基礎論をめぐる論争――正当な科学の範囲内での論争――と、進化、地球温暖化、そしてホメオパシー*などをめぐる「論争」のような、似非科学がでっちあげて吹っ掛けてくる論争とを、いかに区別することができるだろう？　なにしろ、ついつい両者を比べてみたくなってしまうではないか。気候変動は現実ではな

＊　病気の原因物質を薄めて投与して治療するという似非医学。

い、進化は起こらなかった、ホメオパシーは効くと（誤って）信じる人々の観点からすれば、これらはすべて、圧倒的多数が同意する科学的共通認識であり、喧嘩好きの少数派である、独立独歩の思想家たちが多大な代償を払って真実に身を捧げ、勝ち取ったものである。しかし、この成り行きが科学論争と一見似ていると思えること自体が幻想なのである。進化、地球温暖化、そしてホメオパシーに関する論争は、世界についての私たちの理解を人間のさまざまな偏見から切り離そうとする努力には少しも関心のない人々が、企業や、宗教や、政治的組織など科学の外部から資金援助を受け、あからさまにでっちあげたものだ。彼らは、科学を真剣に扱うよう全力で取り組んでなどおらず、その代わりに、自分たちの目的にばかり傾注し、自分たちの「説」に、科学の圧倒的な支持を得ている説と対等か、あるいはそれ以上の正当性を持つとかろうじて見せかけることができる程度に、科学的信頼性を薄くメッキしてまとわせようと躍起になっている。このような集団は、データを詳しく調べることには関心がなく、彼らが前もって定めた結論とデータが一致しなければ、容易にそれを放棄してしまい、自分たちの目的に合うような新しいデータを捏造する。地球温暖化と進化の場合、このような「論争」が、科学と科学者の側の政治的目標と認識されるものを押し返すためにでっちあげられた。そして、科学は政治的であり、これまでも一貫してそうであったということを、インテリジェント・デザインと気候変動否定論の背後にある力は、ちゃんと認識している。科学は公的領域において、最善の政策についての決定に対し、情報を提供する。それは、当然のことなのだ。また、これらの反科学的計略を押し進める組織にとって、科学が脅威なのも間違いない。科学は、データと論理以外の権威を尊重しないよう努めるというだけの理由で、今後も、ある種の組織にとっては政治的脅威であり続けるだろう。これらの組織にはおあいにく様だ。そしてこれもまた、これらの「論争」が、量子力学基礎論をめぐる論争とは違うというしるしだ――なにしろ、科学的共通認識に対抗する組織は、科学という概念そのものに反対する宗教的原理主義の団体などと同盟関係にあり、しばしば資金提供も受けているのだから。

対照的に、量子力学基礎論をめぐる論争では、科学はまっとうに機能するという点でみんなが同意していた。さもなければ、議論すべきことなどほとんどなかっただろう。コペンハーゲン解釈をめぐる、根深く、ときとして苦々しい対立はあったものの、本書で言及した物理学者のなかで、量子力学が正しいこと、あるいは、少なくとも、根底に存在する何らかの理論の優れた近似になっていることを疑った者はなかった。最初に量子力学を生み出す刺激になった実験データの信憑性を疑ったものはいなかったし、さらに、ハイゼンベルクとシュレーディンガー、そしてその他の学者たちによって量子論が構築されてからは、その予測を支えたデータを疑った者はいなかった。あるいは、コペンハーゲン解釈の優勢を維持しようという組織的な努力もなかった。この論争に、陰謀や、企業や政治的利害関係が関わっていたこともなかった。それは、全員が正しいと同意する理論が何を意味するかをめぐっての、物理学者たちの純粋な論争だった。実際、量子力学基礎論をめぐる議論は、その核心においては、量子力学をどれだけ真剣に扱うべきかをめぐる議論だった――そして、コペンハーゲン解釈に反対した者たちは、量子力学は、世界全体の理論として、ほんとうに真剣に扱われるべきだと主張した人々だった。

しかし、量子力学基礎論は、世間で起こっている、いわゆる科学と似非科学のあいだの論争に類似していると言えなくもない。コペンハーゲン解釈が、あいまいで、あたかも人間の意識が根本的な役割を果たすと保証するかのように見え、また、内部に多くの矛盾を抱えていることから、量子力学そのものが、ニューエイジの文化思想のナンセンスや、ばかげた似非科学を、絶えず科学から支援しているかのように見られがちになってしまったのだ。テレビアニメ『フューチュラマ』*は、この点について、なかなか正確に批判した。このアニメでは、三〇〇〇八年に、ある物理学の教授がこう主張している。「ディーパック・チョプラの教えによれば、量子力学では、「量子力学では、どんなことでも、何の理由もなしに、いついかなるときにも起こり得るのだ」。チョプラは実際に、意識は量子もつれから生じ、「量子ヒーリング」によって、精神は純粋な意志の力によって身体を癒すことができると主張している。

「私たちの体は、つまるところ、情報、知性、エネルギーの場である」と彼は言う。「量子ヒーリングは、エネルギー情報の場におけるシフトを利用し、うまくいかなかったアイデアを修正する」[27]。このような、量子力学が医学に対して持つ素晴らしい意味を喧伝する誤った発言をしているのは、チョプラだけではない。数えきれないほどの「量子」ヘルスケア詐欺が横行しており、彼らの製品はあなたの思考を良い方向へと導き、あなたの体を量子レベルで再構築するといった、意味のわからない効能を謳っている。そしておそらく、最もおぞましいのは、『ザ・シークレット』**などのベストセラーが、量子力学がもつという力についての根も葉もない作り話をまことしやかに主張し、非常に成功したがために、それに刺激されて二番煎じの『量子物理学者はなぜ失敗しないか』や『量子物理学者はなぜ太らないか』などの本が続々と出ていることだ。（個人的な経験から、この二つの主張は間違いであると私は断言できる。）これらの本は、あなたは十分強く願うだけで、あなた自身の実在を再形成し、望みをかなえることができる、なぜなら、量子力学は、私たちの周囲の宇宙を形成するうえで、意識のある観察者が重要な役割を果たすことを「証明している」のだから、と、息を弾ませてあなたに語る。

ここに、大きな皮肉がある。量子力学の非－コペンハーゲン解釈に対する批判者はしばしば、コペンハーゲン解釈に関する懸念は、古典力学における世界と同じように、知覚可能で「正常」な状態に世界を保ちたいという願望から来ていると述べる。しかし、コペンハーゲン解釈は、ほかのどの解釈が提案するものよりも、いっそう古くいっそう心地よい世界観に回帰しているのだ。コペンハーゲン解釈は、人間を、というよりむしろ、自己を、宇宙の真ん中に据え、何よりも重要なものとし、まさに古代人たちがそうしたように、ほかのすべてのものは私たちの周囲を周回していると考えるのだ。だからこそ量子力学は、「オルタナティブ」な人々にこれほど魅力的なのである。奇妙なかたちに捉えられ、私たちを謙虚にさせる宇宙の姿を提供するのではなく、コペンハーゲン解釈は、物理学をなじみ深く心地よくする。世界を理解したいと思うなら、私たちはあえて、人間の限られた知覚によって制約されていない世界を想像すべきだろう。

理論がもたらす世界観

だが、そういうことはどうでもいいのでは？　もしも、黙って計算してうまくいくなら――そして、実際にそれはうまくいく――どうして物理学者にほかに何か必要なのだろう？　それに、物理学者でない人にとって、そんなことは本当にどうでもいいではないか？

＊　三一世紀を舞台としたアメリカのSFコメディテレビアニメ。
＊＊　ロンダ・バーンによる疑似科学の本。

量子力学の計算を行うとき、コペンハーゲン解釈を使おうが、多世界解釈、パイロット波解釈、あるいはほかのどんな解釈を使おうが、出てくる答えが同じだというのはたしかだ。自発的収縮理論などの、量子力学の代替理論にしても、ほとんどすべての状況で同じ答えを出すだろう。一部の人々は、ヴォルフガング・パウリがボームに言ったように、異なる解釈が、何ら新しい予測をもたらさないのだから、私たちはただコペンハーゲン解釈を使い続ければいいのだという人々もいる――これは愚かな議論だ、それなら「私たちはただ多世界解釈を使い続ければそれでいいのだ」と、どの解釈でも、同じ論法を使うことができるからだ。

コペンハーゲン解釈の代替として提案されているものはどれも、物事を奇妙に見せているコペンハーゲン解釈から、少しでもその奇妙さを低減したいという思いによって推進されている。だがそんなことはやめて、その奇妙さを受け入れよう、コペンハーゲン解釈に対する不快感は、単に私たち人間が量子の世界を理解する能力に限界があるというしるしに過ぎないのだ、と主張する者たちもいる。この主張は、コペンハーゲン解釈の代替として有効なものがまったく存在せず、コペンハーゲン解釈の結論を私たちが受け入れるほかない場合には、もっと深刻な影響を及ぼすだろう。しかし、この主張にはもう一つ問題がある。「観測問題の解決策として提案されているものはすべて、何らかの点で奇妙です」とデイヴィッド・アルバートは言う。「ベルの定理は、それらがすべて奇妙でなければならないことを証明しています。……［しかし］奇妙であることと、一貫性がなく理解不可能なこととはまったく違います」。そしてアルバートは次のように言い添えた。多くの物理学者は、この点をまだよく理解していないようだ、と。「物理学者たちは、『そうだよ、コペンハーゲン解釈は奇妙だよ。でも、ほかの解釈もみんなそうだよ』と言うでしょう。けれどそこで、そう言った相手をはり倒して、

『違う！　コペンハーゲン解釈は奇妙なんかじゃない。それはちんぷんかんぷんで、理解できないんだ』と言い返したくなりますよね」[28]。

そして、一部の物理学者は、良い実証主義者のように、どんな実験も、異なる解釈を区別することができないのだから、それらを区別することには意味がないと主張する。つまり、コペンハーゲン解釈に一貫性がないとしても、その代替としてどの解釈を採用するか――代替など使わなくてもいいのだが、使うとして――は問題ではないというわけだ。この主張もやはり、完全に間違っている。私たちが現在の理論を越えて新しい理論を作り出したいのなら、つまり、新しい物理学を発見して、新しい実験結果を説明したいのなら、どの解釈を採用するかは大きな問題だ。二人の物理学者、パイロット波理論家と多元宇宙論者とに、量子力学を乗り越えることが期待できるのは、どのような理論かと尋ねれば、二つのまったく異なる答えが返ってくるだろう。リチャード・ファインマンは、二つの数学的に等価な理論（すなわち、一つの数学の、二つの異なる解釈）を実験によって区別する方法は存在しないが、どちらの理論を支持するかは、あなたの世界観に大きな違いをもたらすと指摘した[29]。その違いがやがて、私たちが構築する新しい考え方や新しい理論に影響を及ぼす。たとえば、一六世紀の天文学者ティコ・ブラーエは、地球が宇宙の中心にあり、太陽と月は地球の周囲を公転し、それ以外の惑星は太陽の周囲を公転していると考えていた。彼の説は、数学的には、コペルニクスの地動説と等価だった――天体の動きについて、まったく同じ予測をした――が、地球が宇宙の中心ではないという考え方は、宇宙の成り立ちについて、まったく異なる理論をもたらした。同様に、目に見えないユニコーンが夥しい数存在して、それらは一組の法則にしたがって群れを作るのだが、そのユニコーンたちが源となって、波動関数が機能し、それがシュレーディンガー方程式をもたらすという、新しい量子力学の解釈を構築することができるだろう。しかし、これは考え方としてはまずくて、ほかの解釈よりもはるかにまずいという点に同意していただけるだろう（と、私は願いたい）。科学理論の構築と評価に入ってくるのは、実験結果だけではないし、そんなことはあり得ない。さまざまな理論の全内容——数学だけでなく、数学とともにやってくる世界観——が、科学の営みにとって重要なのだ。

そして、最善の科学理論から私たちが得る世界観は、市民や社会にも広がり、私たちが自分たち自身をいかに見るかに、情報を提供する。本書の「はじめに」でお話ししたとおりだ。これはコペンハーゲン解釈について、すでに起こってきたことだ——つまるところ、そこから量子ヒーリングのナンセンスが出てきたのである。（だがもちろん、チョプラやその同類たちは、コペンハーゲン解釈が存在しなかったとしたら、何かほかのもので自分たちのやっていることを見栄えがするように包んで提示していただろう。そして、ほかの解釈が、何らかのかたちで誤解されていただろう。科学の不正流用は、どうしても起こってしまうものだ。コペンハーゲン解釈は、とりわけ流用されやすいというだけのことではないだろうか。）かつては、新しい物理学が人間の想像力の新しい地平を開いた。私たち自身の存在についての新しい考え方を。生物学と芸術、地質学と宗教などのように、まったく異なる幅広い分野において。もしもコペルニクスが地球を宇宙の中心という座から追いやっていなければ、人間は完全にユニークな創造物ではなく、類人猿から進化したものだという説を提唱する勇気は、ダーウィンには出せなかっただろう。そして、これら二つの洞察がなかったなら、キューブリック監督が映画『2001年宇宙の旅』を作ることはなかったに違いない。科学と文化は、分けることのできない一つの全体をなしており、いまは特に、これまでないほどにそうである。なぜなら、私たちが暮らしている世界では、そのあらゆる部分が、人間の活動によって、新しいかたちへと作り変えられているからだ。過去が何かの指針になるとすれば、量子力学の謎に答えを見出すことや、それを超えたところにある次の理論を発見することは、プロの物理学者としての生活のみならず、最終的には、すべての個人の日常生活に影響を及ぼす。

量子重力論への道

物理学の境界にある、物理学の基盤に関する重大な諸問題——その最大のものが、量子重力に関する問題だ——には、何十年もかかって、いまだ答えが出ていない。これらの難問はきわめて困難なので、一部の物理学者は指針とインスピレーションを求めて量子力学基礎論に向かった。時空の構造そのものが量子もつれから組み立てられていて、遠く離れた点どうしをワームホールでつないでいるのだと示唆する者たちもいる。[30] また、他の者たちは、永久インフレーションの多宇宙と弦理論の多宇宙は実際、多世界解釈の多宇宙と同じもので、これら三つの理論は、宇宙に関する同じ根本的な真実に至る、異なる道にすぎないと主張している。[31] さらに、量子論的非局所性をはっきりと出発点に据えて、アインシュタインの相対性理論を実際に破る量子重力理論を作り上げようとしている研究も存在する。[32] というのも、相対性理論を破らない量子重力理論の構築に疑問の余地なく成功した者はまだいないからだ。

そして私たちは、これまでに提案された夥しい数の量子力学解釈に対して、正当な扱いをしてきたとは到底言えない。本書で紹介した、解釈として十分である可能性のあるいくつかの考え方が、歴史的にも最も重要であり、いまなお多少かたちを変えて研究されている（ただし、ウィグナーの意識を基盤とする説は、必要以上に思弁的かつ曖昧で、唯我論に陥る恐れがあるとして放棄された）。しかし、さらに多くの解釈が、この三〇年間に提唱された。たとえば、原子以下の粒子は自らの過去に影響を及ぼすことができるという、逆因果律解釈という考え方が存在するが、これは量子論的非局所性を極限まで突き進めたものだ。確率の公理そのものを変えることにより、ベルの定理を回避しようとする解釈が存在するが、これが成功するかどうかはよくわからない。トホーフトは、ベルの結果に基づき設定された、奇妙さの障害物コースを通る独特のやり方で、独自の量子力学解釈を構築しているところだ。彼の理論は「超決定論的」と呼ばれるもので、一種の局所的隠れた変数理論であり、原子以下の粒子と実験の設定とのあいだに深い事前のアレンジメントが存在する。多くの物理学者と哲学者が、この種のアプローチを、一種の宇宙規模の陰謀説で、科学を行う可能性そのものをなくしてしまうとして、直ちに却下する。だがトホーフトは、科学そのものを犠牲にすることなく、これを行う方法を見つけることは可能だと信じており、彼は間違っていない可能性もある。存命の最高の数理物理学者の一人、ロジャー・ペンローズは、波動関数の収縮は実在しており、シュレーディンガーの方程式は、自発的収縮理論で使えるように修正しなければならないと考えている。ただし彼は、収縮は完全にランダムなのではなく、重力によって引き起こされると考える。これによって、一般相対性理論と量子力学を、思いもよらない新しいかたちで融合させようというわけだ。既存のいくつかの解釈を組み合わせた解釈まで存在している。たとえばパイロット波と多世界という二つの解釈の特徴を併せ持つ、多－相互作用－世界解釈が存在する。

さらに、場の量子論――量子力学を特殊相対性理論と結びつけ、粒子加速器で見られる複雑な高エネルギー物理学を記述する理論――の解釈にも、困難な問題が多数存在する。場の量子論は、通常の量子論が抱える問題の一部を共有している――観測問題と非局所性の問題は、場の量子論にもある――が、場の量子論自体の基礎に関する奇妙な問題が新たに生じている。[33] 既存の量子論の解釈のいくつか――たとえばパイロット波解釈――を場の量子論と両立させることは、現在進行中の難題だ。[34]（なかには、多世界解釈のように、何ら問題なく場の量子論と両立するものもあるが、この点ではそのような解釈が有利だということになる。）そして、量子力学基礎論においては、ほかにも非常に多くのアイデアと未解決問題があり、それらはすべて実に興味深い。数十年にわたり、物理学のほかの分野からはやめろと言われたり、関心を持たれなかったりしたにもかかわらず、量子力学基礎論の分野は健全で、急成長を遂げている。もしもジョン・ベルが生きていたなら、自分が何をやったかを見て驚くことだろう。

何が実在するのか？

では、何が実在するのだろう？　パイロット波だろうか？　多世界だろうか？　自発的収縮だろうか？　量子力学の解釈としては、どれが正しいのだろう？　私にはわからない。どの解釈にも批判者はおり（だが、基本的には、コペンハーゲン解釈ではない解釈の提唱者はほぼ全員、数あるもののなかでもコペンハーゲン解釈が最悪だという点ではたいてい一致する）、どういうわけかはわからないが、量子力学の数学に関係のある何かが、世界のなかで起こっている。正しい解釈は存在する。ただし、それは私たちがすでに手にしているどんな解釈でもないかもしれない。量子の世界を、便利な数学的虚構に過ぎないと軽んじるのは、世界に関する最善の理論を真剣に受け止めていないことになるし、新しい理論の探求において、自分たちの進行を妨害することにもなる。コペンハーゲン解釈の結論が「必然的だ」とか「理論の数学によって私たちに強制されている」などと言うことは、完全に間違っている。私たちの知覚とは無関係に存在する実在について話すことは無意味ではないし、世界を私たちが観察する対象物としてのみ考えるべきだというのは間違っている。唯我論と観念論は量子力学のメッセージではない。

私たち物理学者は、さまざまな異なる解釈を学び、使えるようにして、それらをすべて頭の片隅に置きながら自分の研究を行うべきだ。それらの解釈とは付かず離れずの関係を保ち、どれかを教条的に受け入れたりしてはならない。そして、自分の研究に、常に新しい見方を持ち込むようにしよう。何も私は、量子力学の解釈を物理学者全員が研究しなければならないと言っているのではない。それは、すべての物理学者が、量子重力や高温超電導（予期せぬ謎であり、それ自体のために丸一冊を要するテーマだ）などの、あらゆる具体的な未解決問題に取り組むべきだなどとは言えないのと同じことだ。しかし、すべての物理学者は、この問題を認識し、その分野について大まかな知識を持つべきだ。私たちは素晴らしく成功している理論を手にしているが、解釈には厄介な問題があり、また、この理論を卒業して次の理論へ進む過程で大きな難問にぶつかっている。難問に直面している際に、解釈が複数並立していることは、もしかすると科学の実際の活動には、それが正解ということかもしれない。あるいは、複数並立は別としても、謙虚さは正解ではないか。量子力学は少なくとも近似的には正しい。世界には、何らかの点で量子に似た、何か実在するものがある。それが何を意味するのか、私たちにはまだわからない。そして、それを明らかにするのは、物理学者の仕事だ。

これは大いなる企てである。これが、この壮大な物語のなかで、みんなが得ようとして、それぞれ独自の方法で戦ったものだ。ベルは厳しい批判者として文章を書くことで、ボームは頑なに体制を無視することで、エヴェレットはいたずら者のスタイルで。だが、重要なのは彼らのアイデアだけではない――彼らの物語も重要だ。物理学の背後にある歴史は、私たちの探究において、私たちを導いてくれる。理論の新しい解釈がそうしてくれるのと同様に。私たちをここまで導いてきた道は、さらに前進するうえでのヒントも与えてくれる。ほかに何の役にも立たなかったとしても、少なくともこのことを示すことが、本書の目的だった。最後を締めくくるにあたり、私よりもはるかにその任にふさわしい人物がこの主題について述べた言葉を引用しよう。

今日非常に多くの人が――そして、プロの科学者までもが――何千本も木を見てきたにもかかわらず、森を一度も見たことがないように私には思えます。歴史的、哲学的な背景について知ることで、ほとんどの科学者が悪い影響を受けている時代の偏見から自由になれます。こうして哲学的洞察によってもたらされた独立こそが――私の意見では――ただの職人か、真の真理の探究者なのかを区別するしるしです。[35]

――アルベルト・アインシュタイン

補遺——最も奇妙な実験についての四つの解釈

一九七八年、テキサス大学に移ってまもなく、ジョン・ホイーラーは、自ら「ボーア－アインシュタイン論争の核心に迫る」という、ひとつの思考実験を提案した。おまけに、「この実験は、宇宙のからくりそのものについて何か教えてくれるかもしれない」と示唆したのである。彼はそれを、遅延選択実験と呼んだ[1]（図A－1）。

その実験は、二種類の設定からなる。まず、左側に示した単純なほうの設定から始めよう（図A－1a）。左下の角から入ってきたレーザービーム（すなわち、光子のビーム）が、ビームスプリッターに入る。ビームスプリッターはその名のとおり、ビームを二等分し、一方は画面上へと向かい、もう一方は右方へ直進する。二本に分かれたビームのそれぞれがさらにもう一枚の鏡に当たって反射し、方向を変えて再び交差する。二本のビームはその後それぞれ一つの検出器に入る。これでこの設定での実験は終了する。

次に、同じ実験を、設定に少し細工を施して、もう一度行おう（右側の図A－1b）。今度は、右上の角で二本のビームが交差するところ（それぞれのビームが検出器に入るよりも前の位置）に第二

図A－1a

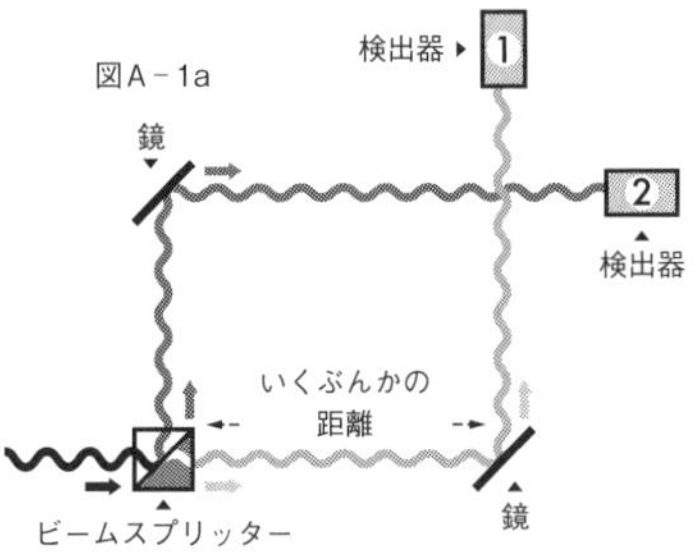

図A－1b

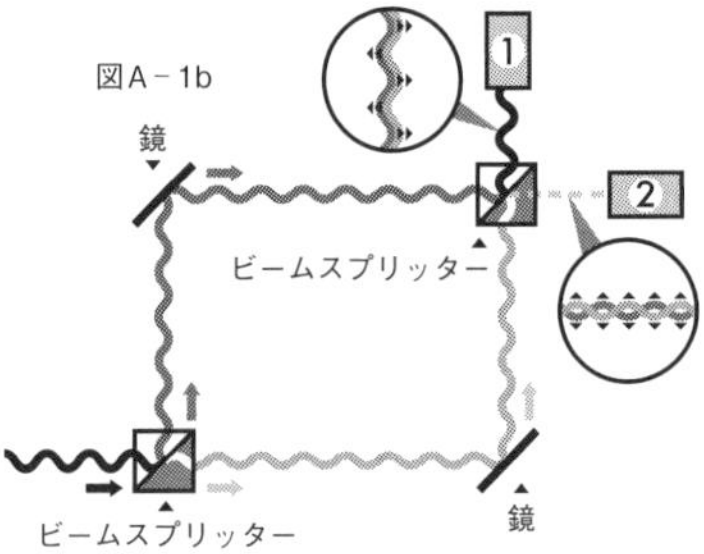

図A－1　ホイーラーの遅延選択実験。
(a) 第二のビームスプリッターがないので、一個の光子がそれぞれの検出器に到着する確率はどちらも50パーセント。(b) 第二のビームスプリッターがあるため、一個の光子は自らと干渉し、検出器2には決して到達しない。

のビームスプリッターを設置する。第二のスプリッターで、二本のビームはそれぞれ再び二等分される。スプリッターを通過したあとは、それぞれのビームの半分が右側に進んで検出器2に入り、残りの半分は画面上方に進んで検出器1に入る。ところが、このビームスプリッターには、上方に進む合成ビームと、右方へ進む合成ビームでふるまい方が異なるような細工が施されている。上方に進む二本の分割ビームは、光の波の山と谷が完全に同期していて、合成ビームとなったときに山と谷の両方が強化される。これは第5章の二重スリット実験で現れた干渉縞と同じく、建設的干渉の結果である。これとは対照的に、右方へ進む二本の分割ビームは、同期が完全にずれている。一方のビームの山が他方のビームの谷の位置に来るため、ビームどうしが完全に打ち消し合う。その結果、検出器2には光はまったく到達しない。なぜなら、検出器2に向かう二本のビームは互いに破壊的に干渉するからだ。[2] 検出器1に到達する光のほうは、左下の角からやってきて、最初のビームスプリッターに入った元々のレーザービームと同じ明るさである。

ここまでは問題ない。最初にレーザービームを発生させて使うこと以外は、ここまで述べてきたことはすべて古典物理学である。では、ここから量子の世界に入ろう。レーザービームを非常に暗くする――できる限り暗くし、一度に光子を一個だけ送り出し、この実験を光子一個のみで行えるようにするのだ。右上の角に第二のビームスプリッターを設置しないかぎり、この実験は依然としてごく単純である。光子は検出器1または2で検出され、私たちはそれがどちらの検出器に到着したかを見れば、光子が実験装置内で取った経路がどちらだったかを知ることができる。そして、一度に一個ずつ、多くの光子を実験装置内に送りこむと、それぞれの検出器に、ほぼ半分ずつの光子が入るだろう。

しかし、とホイーラーは言う。第二のビームスプリッターを実験装置に再び組み込むと、事態ははるかに複雑になる、と。第二のスプリッターを経路に入れると、検出器2には光子は一切入らなくなる。なぜなら、二重スリット実験の場合と同じように、光子は自らと干渉するからだ。一度に一個ずつ、あなたが気のすむまで多数の光子を送って実験をしても、光子はすべて検出器1に入る。ホイーラーは、これはそれぞれの光子が両方の経路を進み、自らと干渉するので、検出器2にはまったく入らなくなるからだと説明する。第二のビームスプリッターを挿入することで、「私たちは、一本の経路だけを通るという認識そのものを無意味にするのだ[3]」とホイーラーは言う。

この実験は、二重スリット実験とそれほど大きくは違わない――実際、これは実は二重スリット実験で、実験装置の構造を少し変えただけなのである。そして、二重スリット実験のときと同様、光子は、実験装置のなかを進み始める前から、第二のビームスプリッターがあるかないかを知っているのだと言いたくなる。ビームスプリッターが一つだけの場合、光子はひとつの経路だけを進む。だが、第二のビームスプリッターが挿入されていると、光子は両方の経路を進むので、自分自身と干渉することができるのだ、と。

だがホイーラーは、この実験にさらにもうひとつ細工を施した。それが遅延選択である。最初のビームスプリッターと、右下の鏡とのあいだには、いくぶんかの距離がある（図A－1a）。この距離を長くしよう——たとえば数キロメートルに。その場合、光子は光速で進むとはいえ、ビームスプリッターから検出器に至るまでに、十数マイクロ秒時間がかかる。これだけ時間があれば、私たちはコンピュータに指示して、光子が最初のビームスプリッターを離れたあとに、第二のビームスプリッターを挿入（または撤去）することができる。言い換えれば私たちは、図A－1aと図A－1bのどちらの実験を行うかの選択を、光子がすでに実験装置のなかを進みはじめたあとまで、遅らせることができるわけだ。ところが、実際にこのように実験したとしても、実験の結果は前とまったく同じなのである。第二のビームスプリッターが設置されると、光子は検出器2には決して至らない。そして、第二のビームスプリッターが撤去されると、光子は両方の検出器にほぼ半々に入る。

これらの結果はきわめて奇妙だ——しかし、実際にいくつもの実験で実際に確かめられている。このようなことが起こっているのは間違いない。だが、なぜ光子は、最初のビームスプリッターをすでに通過してしまったあとに、ひとつの経路だけを通るかどうかを「決める」ことができるのだろう？このパラドックスじみた状況は、光子が移動する距離を長くすると、いっそう悪化する。理屈の上では、一光年、あるいは、数十億光年の長さの距離を使ってこの実験を行うことができない理由はない。光子は、時折二つの場所に同時に存在できるほかに、自分自身の過去を編集できる——あるいは、私たち自身が実験の設定に関して行う選択が、遠い過去を書き換えられる——ようなのである。そして実際ホイーラーは、「私たちの観測行為そのものが、光子の歴史の本質を暴露したのみならず、ある意味、その歴史を決定したのだと、結論せざるを得ない。宇宙の過去の歴史は、私たちがいま行う観測によって与えられる以上の意味を持ってはいない」[4]と述べて、この考え方を支持したのである。

だがこれは、ホイーラー版のコペンハーゲン解釈を用いた、この実験に対する一つの解釈に過ぎない。つまるところ、観測とは何なのか？　そして、それはどのようなからくりで進むのか？　ホイーラーはこれらのことは決して説明せず、ただ、それは意識や生命とは何の関係もないと主張するばかりである。それ以外には、彼は観測とは「そのなかで不確定性が確定性へと収縮する、不可逆な行為である」[5]と述べるだけだ。観測、収縮——これは私たちがなじんでいる領域だが、ホイーラーは例のごとく、観測とは何であり、それがいかにして起こるかを定義する必要に迫られているのに、まさにそうすることを拒否している。（ホイーラーはまた、量子力学の「本質」は、「遅延選択実験が示すように、観測である」[6]とも述べている。しかしこれは、観測とは具体的に何なのかを特定するうえで、何の役にも立っていない。）もちろん、この実験にはほかにも解釈法がある——ホイーラーの、定義が不十分で一貫性が疑わしい考え方とはまったく異なる解釈法だ。そのうちの三つを紹介する。

パイロット波解釈　光子が一個ビームスプリッターに入る。そのパイロット波は二つに分岐し、二つの経路の両方を進むが、そのあいだ、光子は一方の経路だけを取る（ただし、どちらの経路なのかは、私たちにはわからない）。第二のビームスプリッターがなければ、パイロット波は両方の検出器に達し、光子もパイロット波に運ばれて、どちらかの検出器に入る。

第二のビームスプリッターが設置されているなら、そこに到達したパイロット波は、自らと干渉し、検出器2には決して到達しない。そのため、光子も、どちらの経路をたどってきたかにかかわらず、検出器2には到達しない。

第二のビームスプリッターが挿入されたのが、光子が最初のビームスプリッターを通過した前であろうとあとであろうと、関係ない——問題なのは、パイロット波が到達するときに、第二のビームスプリッターが設置されているか否かだけである。

多世界解釈　一個の光子の〔運動を記述する、空間的に広がりをもった〕波動関数が第一のビームスプリッターに入り、分裂し、そして両方の経路を進む。もしも第二のビームスプリッターが挿入されていなければ、光子の波動関数は両方の検出器に入り、検出器の波動関数ともつれあう。この巨大なもつれあった波動関数には夥しい数の粒子が関与しているので、デコヒーレンスが急速に起こり、波動関数が分岐する。ひとつの分岐においては、光子は検出器1に入り、もうひとつの分岐においては、光子は検出器2に入る。

第二のビームスプリッターが挿入されているなら、光子がそこに到達したとき、光子の波動関数は自らと破壊的に干渉し、検出器2に光子が到達しないことを確実にする。その結果光子は検出器1にのみ入り、世界は分岐しない[7]。

第二のビームスプリッターが挿入されたのが、光子が最初のビームスプリッターを通過した前であろうとあとであろうと、関係ない——問題なのは、波動関数が到達するときに、第二のビームスプリッターが設置されているか否かだけである。

自発的収縮理論　一個の光子の波動関数が第一のビームスプリッターに入り、分裂し、両方の経路を進む。第二のビームスプリッターが挿入されていなければ、光子の波動関数は両方の検出器に入り、両方の検出器の波動関数ともつれあう。この巨大なもつれあった波動関数には夥しい数の粒子が関与しているため、そのうちどれかひとつは、ほとんど瞬時に収縮することほぼ確実である。その結果光子は、完全にランダムに、いずれかの検出器に入るよう強いられる。

もしも第二のビームスプリッターが挿入されていたなら、光子の波動関数はそこに到達したときに、自らと破壊的な干渉をし、右側の検出器には決して入らないことを確実にする。

第二のビームスプリッターが挿入されたのが、光子が最初のビームスプリッターを通過した前であろうとあとであろうと、関係ない――問題なのは、波動関数が到達するときに、第二のビームスプリッターが設置されているか否かだけである。

要するにホイーラーの結論は、どう考えても、否応なしに正しくはない。（最悪、論理的に一貫性がないおそれもある。）また、この実験は、これらの異なる解釈によって見れば、特に奇妙だというわけでもない――ベルの実験ほど奇妙ではないことは間違いない。この実験を、ベルの実験のいくつかの側面に結び付けた応用版も存在するが、それらも、ここに挙げたすべての代替解釈によって説明が可能だ（ただし説明は少し難しくなるが）。

最後に一言。パイロット波は一般に非局所的だが、このケースでは、パイロット波解釈を使ったとき、すべては完全に局所的である。そのため、ホイーラーはある一つの意味では正しかった――これこそまさに、アインシュタイン－ボーア論争の核心にあったものだ、つまり、理論の上では、それは局所的に説明できるのに、コペンハーゲン解釈の支持者たちは、それに非局所的な説明を与えることに固執するのだ。

謝辞

四〇名を超える物理学者、哲学者、そして歴史家の皆さんが、ご親切にも時間を割いて、本書のために、公開を前提に私のインタビューを受けてくださった。その全員のお名前をここに挙げることはしない（「参考文献」に、インタビューに応じてくださった方々のリストがある）が、幾人かのお名前をここに記して、特に感謝申し上げたい。デヴィッド・アルバート、シェリー・ゴールドシュタイン、ティム・モードリン、ローデリヒ・トゥマルカ、そしてニノ・ザンギーは、私の本がまだ計画段階で、ほんとうに実現するかどうか誰にもわからなかった時期に、わざわざ時間を取り、公開前提の取材を受けてくださった。ディーター・ツェーは、自宅に私を招き入れて、楽しく会話させてくださったうえに昼食までごちそうしてくださった。メアリー・ベルは長時間にわたって話をしてくださったばかりか、翌日再び訪問することを許してくださった。そしてサム・シュウェーバーは時間を惜しむことなくご対応くださったが、残念なことに、本書の出版を待たずに逝去された。

もう一五年近く前になるが、コーネル大学でデイヴィッド・マーミンとディック・ボイドと話をしたことで、私はこの本に至る道のりを歩み始めたのだった。本書の内容にお二人は何ら責任はない

――じつのところ、私がここに書いたことの一部に、お二人とも同意されないだろうということを、私は心得ている――が、本書に何か価値あるものが含まれているなら、その功績の一部はお二人にある。そして、ミシガン大学在学中、私を揺るぎなく支えてくださった、ドレガン・フタラー先生も、私がここに書いたことの多くに同意されないと思うが、先生のかつてのご支援が私をここに導いたのである。

ピーター・アルダスが、実績を示す既存の著作物の抜粋などひとつも準備できない、まったく未経験の著者に賭けてみることにしていなかったなら、本書は絶対に存在していないだろう。ピーターはさらに、私をアニル・アナンサスワミに紹介してくれて、このアナンサスワミが代理人探しを一歩ずつ励ましながら導き、一貫して支えてくれた。

私（とアニル）の代理人のピーター・タラックは、本書がしかるべき人の手に渡るよう配慮してくれた。そのしかるべき人というのが、ベーシック・ブックスの私の編集者、T・J・ケレハーである。TJの編集、熱意、そして忍耐力が本書を、私が正当に期待できる範囲をはるかに越えた素晴らしいものにしてくれた。かつてベーシック・ブックスの一員だったヘレーネ・バルテルミーは、本書の第一部について、有用なコメントと示唆をくださり、多くの困難な問題を一挙に解決してくださった。そしてメリッサ・ヴェロネシとキャリー・ワッタソンは、私が最後の瞬間に不要な変更を加えようと躍起になったにもかかわらず、校閲の過程をとおして本書を忍耐強く世話してくださった。

デヴィッド・ベイカー、ピーター・バーン、オリヴァル・フレーレ、ベンジ・ヘリー、ニッキー・ハーン、デヴィッド・カイザー、コリン・ニコルス、そしてエリザベス・セイヴァーはみな、本書の草稿のかなりのページ数を読んでくださり、有用なフィードバックをくださった。本書に残っている不適切な部分や誤りは、彼らが最善の努力をしてくれたにもかかわらず残ってしまったものである。そしてアンドリュー・マクネアは、出版の直前に、草稿全体を詳しく確認するという仕事を引き受けてくださった。彼に落胆させられたことは一度もなかった。

アルフレッド・P・スローン財団のドロン・ウェーバー、イライザ・フレンチ、そしてジョシュ・グリーンバーグは、私が本書をきちんと仕上げるために要した期間にわたり、本書執筆に私が仕事時間のすべてを充てられるようご助力くださった。チップ・セベンズは私に彼のマセマティカのコードを使わせてくれたほか、UCSCのサマースクールのことを教えてくれたうえに、寛大にも時間を割いてくださった。そしてオリヴァル・フレイルの『The Quantum Dissidents（量子の反乱分子）』は、本書のための調査に要する時間を優に半減してくれた。オリヴァル自身が、私の調査のあいだじゅう、役に立つ情報やフィードバックを提供してくださった。

ジョン・クラウザーは個人的な手紙を読ませてくださり、ロバート・クリースは、彼がジョン・ベルにインタビューした際のオリジナルの録音を私にご提供くださった。デヴィッド・ウィックとアンドリュー・ウィッテーカーも、寛大にも個人的な記録資料を見せてくださった。ジェレミー・バーンスタイン、トルールス・ピータスン、ジェラルド・ホルトン、そしてデヴィッド・キャシディーは、私の問い合わせに即座に有用な返事をくださった。そしてクリス・フックスは私に電子メールでもう一度チャンスをくださった。

ニック・ジェームズは私の落書きのような図とだらだらした説明を、美しいイラストに変えてくださった。エイドリアン・グラントは、本書のために私が行ったインタビューの大部分を録音データから文書に書き起こしてくださり、彼女の友人たちに援軍をお願いさせてくださった。リパ・ロングはエイドリアンが文書起こしを中断したところを引き継いでくださり、アンドリュー・シュワルツコップはこの一五年間、私からの光学に関する質問に答えてくださっているほか、私の突拍子もない思いつきにおつきあいくださっているが、本書もそのひとつである。ダニエル・ジョーダンは、コペンハーゲンは滅ぼすべきだということをご理解くださっている。そしてリサ・グロスマンは、ボストンは途方もなく遠いにもかかわらず、常に待機してくださっていた。

二〇一三年、UCサンタクルーズ宇宙論哲学サマースクールでの昼食をきっかけに、私は中断していた本書のプロジェクトを再開することができた。二〇一五年のウィーンでの緊急量子力学会議でのあわただしい会話や、二〇一六年ザイク（ドイツ）での国際物理哲学サマースクールでの、もっとゆったりした会話は、すべて、本書執筆においてかけがえのないものとなった。UCバークレー科学技術史歴史資料室は、執筆と校正のあいだ、私の学術資料調査の拠点となった。そして米国物理学協会（AIP）アーカイヴス、ニールス・ボーア・アーカイブス、そしてCERNアーカイブスは、調査のために私がアクセスすることを寛大にも許可してくださった。

本書にご協力いただき、感謝すべき人は、ほかにも大勢いらっしゃる。ゴードン・ベロー、セレステ・ビーヴァー、アン・ブラウン、グレン・キアッケリー、サラ・コービー、ピーター・コールズ、アレックス・デマシ、ジョナサン・デュガン、ルーカス・ダンラップ、ジャレド・エマーソン＝ジョンソン、ニーナ・エメリー、アマンダ・ゲフター、ルイーザ・ギルダー、ケイト・ハンリー、メリッサ・ホーゲンブーム、パーカー・イムリー、ロブ・イリオン、ヴィクトリア・ジャガード、カグリアン・クルダック、トム・レヴェンソン、クリス・リントット、マイク・マーシャル、ケイティー・メドウズ、アリッサ・ネイ、エミリー・ニコルス、ロバート・オシュショーン、ピエランジェロ・ピラク、マイケル・ポラシェンスキー、アリ・ラブキン、ライアン・リース、ステファン・リヒター、ローラ・レーチェ、ジム・セスナ、ラリー・スカラー、アルフォン・スミス、キムバリー・スミス、ジョナ・ワイスマン、ブライアン・ウェチト、アレックス・ザニ、そしてウィヤー家の人々にお礼を申し上げるが、お世話になったのはこの方々でおわり、というわけではない。

また、私の両親、そしてそれ以外の家族に、励まし続けてくれたことと、何十年にもわたり、合理的に考えて、そこまでは答えられないのが普通だと思われるような質問を次々と浴びせられるのに耐えてくれたことに、感謝する。

最も静かで最もフワフワの同僚でいてくれたコペルニクス、どうもありがとう。

そして最後に、エリザベスに、彼女の忍耐と、すべてに、感謝する。

訳者あとがき

二〇世紀の幕開けに萌芽した量子力学は、一九二五年に理論的に定式化され、はや一〇〇年になろうとしている。その応用は着々と進み、エレクトロニクスを生み出して、情報通信技術や医療その他の産業を成り立たせている。スマートフォンなど、日常生活で触れる機器をとおして暮らしにも浸透している。ジャーナリストのブライアン・クレッグによれば、二〇一四年における「先進国」のGDPの約三五パーセントが量子技術に由来するという。今や量子力学は現代社会にとって不可欠だ。

そんな量子力学だが、わかりにくい。だが、それはある意味当然だ。量子力学は、日常生活では見たり触れたりできない分子や原子、そしてそれよりもはるかに小さな要素を扱う理論だからだ。そのため高度な数学が必要で、訓練なしには厳密には扱えなくなってしまう。（だが、数学抜きでも、最も大切なその「考え方」は議論できるので、ご安心を。）

さらに量子力学には、その解釈を巡る問題がつきまとう。量子力学の正統的な解釈法は、ボーアが提唱したコペンハーゲン解釈である。観測結果のみが実在であり、その背後に実在など存在しないという、実証できることだけを問題にする立場だ。観測対象を記述する波動関数は、観測によって乱され、瞬時に「収縮」して一つの値に決定するという。

本書は、コペンハーゲン解釈の持つ問題点を取り上げ、それが初期から批判されてきたこと（特に、局所的な客観的実在を信じるアインシュタインによって)、代替解釈がいくつも提案されていること、そして実験によって局所実在論的な見方は否定されたものの、コペンハーゲン解釈の実在の捉え方にも問題があることを紹介し、このような状況に至った科学史的経緯を、多くの文献やインタビューを通して明らかにし、最後に今後物理学者はどのような姿勢で物理学に臨むべきかを提案する意欲的なものだ。

著者アダム・ベッカーは、宇宙論の博士号取得後、カリフォルニア大学バークレー校の客員研究員を務めたこともある。BBCのウェブ動画の原稿や、科学誌『ニュー・サイエンティスト』の記事なども執筆し、量子力学の不思議な世界を人々に広める活動に取り組む。「How can we truly understand what's real?(実在とは何か、真に理解するには?)」という約七分のウェブ動画に本書のエッセンスがアニメでわかりやすく紹介されているので、ぜひご覧いただければと思う。(https://www.bbc.co.uk/reel/video/p09fgqll/how-can-we-truly-understand-what-s-real-)

本書で驚くのは、従来とは違ったボーア像だ。賢人と呼ばれながら、話は要領を得ず鈍重で、自らを中心とするグループが構築した、実在については不問にする解釈を強気で押し進めたかのように描かれている。これは、若手研究者を大切に育てた徳の高い科学者としてデンマーク市民からも尊敬されているという、ほかの多くの本のボーア像とはかなり違う。

じつのところボーアは、コペンハーゲン解釈を当面のあいだ守り通すことにより、慎重な不可知論の立場で、生まれたばかりの量子力学を大切に育てたかったのではないだろうか。ノートルダム大学のドン・ハワード教授が述べているとおり、不明な部分を推測で論じるのではなく、しばらく不問にしておいて、確実にわかる観測結果だけを論じているうちに、やがて客観的で腑に落ちる全体像が出現するだろうと期待していたのではないか。科学で問題に取り組む際、わからない困難なことに出会ったなら、多くの科学者がするように。それは不誠実さとは違うだろう。

二〇世紀前半にウィーンを中心として興隆した論理実証主義哲学と、量子力学との双方向の影響について、詳しい事実が紹介されているのは興味深い。観測結果だけが実在だというコペンハーゲン解釈は、知覚可能なものだけが存在するという論理実証主義の考え方とうまく合致していた。ウィーンの論理実証主義者たちと、コペンハーゲンの物理学者たちは交流もしていたという。同時代にあって、共通する考え方の枠組みを使い、影響しあっていたようだ。科学は、哲学をはじめとする思想や、時代の趨勢と常に関わりあっている。ボーアはまた、東洋の陰陽思想や、美術のキュビズムにも触発され、相補性の考え方に至ったそうだ。物理学の思考と、ほかの思想との類似性を見抜き、役に立つ思想を柔軟に取り込み、物理学に活かすことのできる人であったと言えよう。

アインシュタインも、常に哲学を思考に活用していた。相対性理論構築の際、論理実証主義の前身とも言えるエルンスト・マッハの思想を拠り所とした。しかし後に実在論的立場へと転じ、いわば量子力学の哲学的な基盤を厳しく問い、実証主義的なコペンハーゲン解釈の批判に回る。二度のソルヴェイ会議で論争を挑み、また、一九三五年にＥＰＲ論文を発表して、量子力学は「非局所的か、あるいは不完全だ」という議論を突きつけたことはつとに有名だ。彼は、量子力学の背後に、何らかの実在的な「隠れた変数」があると考えていた。

科学史においては、ボーアとアインシュタインの議論では、保守的な実在論に固執するアインシュタインが、進歩的なボーアに論駁されたとされることが多いようだが、じつのところ、古典力学に従う巨視的な観測者に依拠した観測論に固執したボーアのほうがむしろ保守的で、アインシュタインが行ったコペンハーゲン解釈批判こそ、ボーム、エヴェレット、ベルをはじめとする新しい考え方につながったように思われる。

一九六四年、ベルは量子力学の予測と一致するような予測をする隠れた変数理論はすべて非局所的であることを発見し、仮に局所的な隠れた変数理論が存在するなら、それが満たすべき不等式を突き止める。これにより、それまで哲学的傾向の強かったボーアとアインシュタインの論争が、科学的に検証可能なものとなった。そして、ついに二〇一五年、ベルの発見から半世紀を経てようやく、四つの研究チームが独立に、正確な検証実験に成功。ベルの不等式の破れが検証され、アインシュタインの局所的実在論は反証されたのだった。しかし、証明されたのは、非局所的な相関が存在するということであって、実在を考えないコペンハーゲン解釈が正しいということではないだろう。非局所的な相関を持つ実在には可能性が残っている。つまり、観測による波動関数の瞬時の収縮を持ち込まないで済むような量子力学の解釈の可能性は否定されていない。エヴェレットの多世界解釈など、新しい提案はこの方向にあるといえよう。

波動関数の収縮と、たとえば多世界、どちらも直観的にはなじみにくく、どちらを好むかは人それぞれだろう。解釈は恣意的に選べるなら、既存のコペンハーゲン解釈を使い続ければいいという考え方もある。しかしベッカーは、どの解釈を採用するかは大きな問題だという。現状を打開し、新しい物理学を発見するには、解釈の選択は重要なのだ。ファインマンも、数学的に等価な二つの理論を実験によって区別することはできないが、どちらの理論を選ぶかは、その人の世界観に大きな違いをもたらすと指摘している。科学理論は実験結果だけから構築することはできず、世界観を必ず伴っている。つまり、新しい物理学をもたらすには、新しい世界観が必要なのだ。

ある科学理論が、進歩のために変化すべき時点に到達しているのに、特定の考え方に固執しつづければ、それは謬見・偏見となる。進歩するには、考え方の枠組みはシフトしなければならない。シフトの方向の導き手となるのが世界観であり、哲学はその源として頼れるだろう。シフトを妨げる、科学者個人や科学者コミュニティーに潜む偏見に常に注意を払い、理論にどんな解釈があり得るのか、どの解釈に発展性があるのかについて、オープンな心で探り続け、また、哲学や歴史を学んで、大局観を失わないようにしようと、ベッカーは呼びかける。

たとえばデイヴィッド・ドイッチュは、エヴェレット自身からその多世界理論を聞き、並行宇宙という新しい世界観を獲得し、これを利用して量子コンピュータ理論を考案したという。ドイッチュらの成果を足がかりに、従来のコンピュータでは事実上不可能な計算を超高速で成し遂げる量子コンピュータの開発が実際に取り組まれている今日、多世界解釈には発展性が感じられる。このように科学理論が突き動かす実社会の動きは、市民の世界観にも変化をもたらし、新しい量子力学の解釈が人々の共通認識になっていくのだろう。逆に社会の共通認識や風潮も、哲学や科学の思考に影響を及ぼして、すべてが絶えず変化していくのだろう。ゆっくりと、あるいは急激に。

最後になりましたが、本書をご紹介くださり、翻訳にあたり多大なご支援をいただいた編集部の田中尚史氏をはじめ、筑摩書房の皆様に心から御礼申し上げます。

二〇二一年六月

吉田三知世

Zeilinger, Anton. 2005. "The Message of the Quantum." *Nature* 438 (December 8): 743.

Zurek, W. H. 1981. "Pointer Basis of Quantum Apparatus: Into What Mixture Does the Wave Packet Collapse?" *Physical Review* D 24 (6): 1516–1525.

———. 1991. "Decoherence and the Transition from Quantum to Classical." *Physics Today* 44 (October): 36–44.

arXiv:quant-ph/9709032.

Teller, Paul. 1995. *An Interpretive Introduction to Quantum Field Theory.* Princeton University Press.

Thorne, Kip. 1994. *Black Holes and Time Warps: Einstein's Outrageous Legacy.* W. W. Norton. キップ・ソーン『ブラックホールと時空の歪み——アインシュタインのとんでもない遺産』（林一・塚原周信共訳、白揚社、1997年）

Von Neumann, John. 1955. *Mathematical Foundations of Quantum Mechanics.* Translated by Robert T. Beyer. Princeton University Press. フォン・ノイマン『量子力学の数学的基礎』（井上健・広重徹・恒藤敏彦訳、みすず書房、1957年）

Warman, Matt. 2011. "Stephen Hawking Tells Google 'Philosophy Is Dead.'" Telegraph, May http://www.telegraph.co.uk/technology/google/8520033/Stephen-Hawking-tells-Google-philosophy-is-dead.html　2020年12月24日にアクセス。

Weinberg, Steven. 2003. *The Discovery of Subatomic Particles.* 2nd ed. Cambridge University Press. S・ワインバーグ『新版・電子と原子核の発見——20世紀物理学を築いた人々』（本間三郎訳、ちくま学芸文庫、2006年）

————. 2012. "Collapse of the State Vector." *Physical Review* A 85, 062116.

————. 2013. *Lectures on Quantum Mechanics.* Cambridge University Press.

————. 2014. "Quantum Mechanics Without State Vectors." arXiv:1405.3483.

Werkmeister, William H. 1936. "The Second International Congress for the Unity of Science." *Philosophical Review* 45 (6): 593–600.

Wheeler, John A. 1957. "Assessment of Everett's 'Relative State' Formulation of Quantum Theory." In Barrett and Byrne 2012, 197–02.

————. 1985. "Physics in Copenhagen in 1934 and 1935." In French and Kennedy 1985, 221–26.

Wheeler, John A., and Kenneth Ford. 1998. *Geons, Black Holes, and Quantum Foam: A Life in Physics.* W. W. Norton.

Wheeler, John A., and Wojciech H. Zurek, eds. 1983. *Quantum Theory and Measurement.* Princeton University Press.

Whitaker, Andrew. 2012. *The New Quantum Age: From Bell's Theorem to Quantum Computation and Teleportation.* Oxford University Press.

————. 2016. *John Stewart Bell and Twentieth-Century Physics.* Oxford University Press.

Wick, W. David. 1995. *The Infamous Boundary.* Copernicus.

Wigner, E. P. 1963. "Problem of Measurement." *American Journal of Physics* 31 (1): 6–15.

Wigner, Eugene, and Andrew Szanton. 1992. *The Recollections of Eugene P. Wigner: As Told to Andrew Szanton.* Plenum Press.

Wise, M. Norton. 1994. "Pascual Jordan: Quantum Mechanics, Psychology, National Socialism." In *Science, Technology, and National Socialism,* edited by Monika Renneberg and Mark Walker. Cambridge University Press.

Zeh, H. Dieter. 2002. "Decoherence: Basic Concepts and Their Interpretation." https://arxiv.org/abs/quant-ph/9506020

————. 2006. "Roots and Fruits of Decoherence." arXiv:quant-ph/0512078v2.

Reichenbach, Hans. 1944. *Philosophic Foundations of Quantum Mechanics.* Dover.

Reisch, George. 2005. *How the Cold War Transformed Philosophy of Science: To the Icy Slopes of Logic.* Cambridge University Press.

Rhodes, Richard. 1986. *The Making of the Atomic Bomb.* Simon and Schuster. リチャード・ローズ『原子爆弾の誕生』上・下（神沼二真・渋谷泰一訳、紀伊國屋書店、1995年）

Rosenfeld, L. 1963. "On Quantization of Fields." *Nuclear Physics* 40:353.

Ruetsche, Laura. 2011. *Interpreting Quantum Theories.* Oxford University Press.

Sarkar, Sahotra, ed. 1996a. *Science and Philosophy in the Twentieth Century.* Vol. 1, The Emergence of Logical Positivism. Garland.

———, ed. 1996b. *Science and Philosophy in the Twentieth Century.* Vol. 5, Decline and Obsolescence of Logical Positivism. Garland.

Schiff, Leonard I. 1955. *Quantum Mechanics.* 2nd ed. McGraw-Hill. シッフ『量子力学』上・下（井上健訳、吉岡書店、上：1970年、下：1972年）

Schilpp, Paul Arthur, ed. 1949. *Albert Einstein: Philosopher-Scientist.* MJF Books.

Schlosshauer, Maximilian, ed. 2011. *Elegance and Enigma: The Quantum Interviews.* Springer.

Schlosshauer, Maximillian, et al. 2013. "A Snapshot of Foundational Attitudes Toward Quantum Mechanics." arXiv:1301.1069.

Seevinck, M. P. 2012. "Challenging the Gospel: Grete Hermann on von Neumann's No-Hidden-Variables Proof." Radboud University, Nijmegen, the Netherlands. http://mpseevinck.ruhosting.nl/seevinck/Aberdeen_Grete_Hermann2.pdf 2020年12月24日にアクセス。

Shimony, Abner. 1963. "Role of the Observer in Quantum Theory." *American Journal of Physics* 31:755–773. doi:10.1119/1.1969073.

Sigurdsson, Skuli. 1990. "The Nature of Scientific Knowledge: An Interview with Thomas S. Kuhn. *Harvard Science Review* (winter 1990), pp. 18–25 https://www.mprl-series.mpg.de/proceedings/8/3/index.html

Sivasundaram, Sujeevan, and Kristian Hvidtfelt Nielsen. 2016. "Surveying the Attitudes of Physicists Concerning Foundational Issues of Quantum Mechanics." arXiv:1612.00676.

Smart, J. J. C. 1963. *Philosophy and Scientific Realism.* Routledge and Kegan Paul.

Smyth, Henry D. 1951. "The Stockpiling and Rationing of Scientific Manpower." *Physics Today* 4 (2): 18. doi:10.1063/1.3067145.

Sommer, Christoph. 2013. "Another Survey of Foundational Attitudes Towards Quantum Mechanics." arXiv:1303.2719.

Stadler, Friedrich. 2001. "Documentation: The Murder of Moritz Schlick." In *The Vienna Circle: Studies in the Origins, Development, and Influence of Logical Empiricism,* edited by Friedrich Stadler, 866–909. Springer.

Stanford Daily. 1928. "Dr. Moritz Schlick to Be Visiting Professor Next Summer Quarter," July 31, p. 1. http://stanforddailyarchive.com/cgi-bin/stanford?a=d&d=stanford19280731-01.2.6

Talbot, Chris, ed. 2017. *David Bohm: Causality and Chance, Letters to Three Women.* Springer.

Tegmark, Max. 1997. "The Interpretation of Quantum Mechanics: Many Worlds or Many Words?"

Cambridge University Press. ミカエル・ニールセン、アイザック・チャン『量子コンピュータと量子通信』全3巻（木村達也訳、オーム社、2004－2005年）

Norsen, Travis. 2007. "Against 'Realism.'" *Foundations of Physics* 37 (3): 311–doi:10.1007/s10701-007-9104-1.

Norsen, Travis, and Sarah Nelson. 2013. "Yet Another Snapshot of Foundational Attitudes Toward Quantum Mechanics." arXiv:1306.4646.

Norton, John D. 2015. "Relativistic Cosmology." https://www.pitt.edu/~jdnorton/teaching/HPS_0410/chapters/relativistic_cosmology/index.html 2020年12月24日にアクセス。

O'Connor, J. J., and E. F. Robertson. 2003. "Erwin Rudolf Josef Alexander Schrodinger." http://www-groups.dcs.st-and.ac.uk/~history/Biographies/Schrodinger.html 2020年12月24日にアクセス。

Olwell, Russell. 1999. "Physical Isolation and Marginalization in Physics: David Bohm's Cold War Exile." *Isis* 90 (4): 738–756.

Ouellette, Jennifer. 2005. "Quantum Key Distribution." *Industrial Physicist,* January/February, 22–25. https://people.cs.vt.edu/~kafura/cs6204/Readings/QuantumX/QuantumKeyDistribution.pdf 2020年12月24日にアクセス。

Pais, Abraham. 1991. *Niels Bohr's Times in Physics, Philosophy, and Polity.* Oxford University Press. アブラハム・パイス『ニールス・ボーアの時代——物理学・哲学・国家』1・2（西尾成子・今野宏之・山口雄仁訳、みすず書房、1巻：2007年、2巻：2012年）

Pauli, Wolfgang. 1921. *Theory of Relativity.* Translated by G. Field. Dover. W・パウリ『相対性理論』上・下（内山龍雄訳、ちくま学芸文庫、2007年）

———. 1994. *Writings on Physics and Philosophy.* Edited by Charles P. Enz and Karl von Meyenn. Translated by Robert Schlapp. Springer-Verlag. W・パウリ『物理学と哲学に関する随筆集』（岡野啓介訳、シュプリンガー・フェアラーク東京、1998年）

Pearle, Philip. 2009. "How Stands Collapse II." In *Quantum Reality, Relativistic Causality, and Closing the Epistemic Circle,* edited by W. C. Myrvold and Christian, 257–292. Springer.

Peat, F. David. 1997. *Infinite Potential: The Life and Times of David Bohm.* Addison Wesley Longman.

Pigliucci, Massimo. 2014. "Neil deGrasse Tyson and the Value of Philosophy." *Scientia Salon,* May 12. https://scientiasalon.wordpress.com/2014/05/12/neil-degrasse-tyson-and-the-value-of-philosophy/ 2020年12月24日にアクセス。

Powers, Thomas. 2001. "Heisenberg in Copenhagen: An Exchange." *New York Review of Books,* February 8, 2001.

Putnam, Hilary. 1965. "A Philosopher Looks at Quantum Mechanics." In Putnam 1979, 130–58.

———. 1979. *Mathematics, Matter, and Method.* 2nd ed. Cambridge University Press.

Quine, Willard Van Orman. 1953. *From a Logical Point of View.* Harper Torchbooks ed. Harper and Row. ウィラード・ヴァン・オーマン・クワイン『論理的観点から——論理と哲学をめぐる九章』（飯田隆訳、勁草書房、1992年）

———. 1976. *The Ways of Paradox.* Harvard University Press.

———. 2008. *Quine in Dialogue.* Edited by Dagfinn Follesdal and Douglas B.Quine. Harvard University Press.

——理論物理学の夜明け』(松浦俊輔訳、青土社、2003年)
———. 2007. *Uncertainty: Einstein, Heisenberg, Bohr, and the Struggle for the Soul of Science.* Anchor. ディヴィッド・リンドリー『そして世界に不確定性がもたらされた——ハイゼンベルクの物理学革命』(阪本芳久訳、早川書房、2007年)

Ma, Xiao-Song, et al. 2012. "Quantum Teleportation over 143 Kilometres Using Active Feed-Forward." *Nature* 489 (September 13): 269–273. doi:10.1038/nature11472.

Mann, Charles, and Robert Crease. 1988. "Interview: John Bell." *OMNI,* May, 85–92, 121.

Marcum, James A. 2015. *Thomas Kuhn's Revolutions.* Bloomsbury.

Margenau, Henry. 1950. *The Nature of Physical Reality: A Philosophy of Modern Physics.* McGraw-Hill.

———. 1954. "Advantages and Disadvantages of Various Interpretations of the Quantum Theory." *Physics Today* 7 (10): 6–13. doi:10.1063/1.3061432.

———. 1958. "Philosophical Problems Concerning the Meaning of Measurement in Physics." *Philosophy of Science* 25 (1): 23–33. doi:10.1086/287574.

Maudlin, Tim. 2002. *Quantum Non-locality and Relativity.* 2nd ed. Blackwell.

Maxwell, Grover. 1962. "The Ontological Status of Theoretical Entities." *Minnesota Studies in the Philosophy of Science* 3:3–27.

Mencken, H. L. 1917. "The Divine Afflatus." *New York Evening Mail,* November 16.

Mermin, N. David. 1985. "Is the Moon There When Nobody Looks? Reality and the Quantum Theory." *Physics Today* 38 (4): 38–47.

———. 1990. *Boojums All the Way Through: Communicating Science in a Prosaic Age.* Cambridge University Press. マーミン『量子のミステリー』(町田茂訳 . 丸善、1994年)

———. 1993. "Hidden Variables and the Two Theorems of John Bell." *Reviews of Modern Physics* 65 (3): 803–815.

———. 2004a. "What's Wrong with This Quantum World?" *Physics Today,* February, 10–11.

———. 2004b. "Could Feynman Have Said This?" *Physics Today* 57 (5): 10–11. doi:http://dx.doi.org/10.1063/1.1768652

Mersini-Houghton, Laura. 2008. "Thoughts on Defining the Multiverse." https://arxiv.org/abs/0804.4280

Miller, Arthur I. 2012. *Insights of Genius: Imagery and Creativity in Science and Art.* Springer.

Misner, Charles W. 2015. "A One-World Formulation of Quantum Mechanics." *Physica Scripta* 90 (088014), 6pp.

Misner, Charles W., Kip S. Thorne, and Wojciech H. Zurek. 2009. "John Wheeler, Relativity, and Quantum Information." *Physics Today,* April, 40–46.

National Aeronautics and Space Administration. 2013. "Wilkinson Microwave Anisotropy Probe." https://map.gsfc.nasa.gov/ 2020年12月24日にアクセス。

Neurath, Otto. 1973. *Empiricism and Sociology.* Reidel.

New York Times. 1935. "Einstein Attacks Quantum Theory." Science Service, May 4, p. 11.

New York Times. 1935. "Statement by Einstein," May 7, p. 21.

Nielsen, Michael A., and Isaac L. Chuang. 2000. *Quantum Computation and Quantum Information.*

Quantum_Info_Sci_Report_2016_07_22%20final.pdf 2020年12月23日にアクセス。

Isaacson, Walter. 2007. *Einstein: His Life and Universe.* Simon and Schuster. ウォルター・アイザックソン『アインシュタイン――その生涯と宇宙』(二間瀬敏史監訳、関宗蔵・松田卓也・松浦俊輔訳、武田ランダムハウスジャパン、2011年)

Jaki, Stanley L. 1978. "Johann Georg von Soldner and the Gravitational Bending of Light, with an English Translation of His Essay on It Published in 1801." *Foundations of Physics* 8 (11/12): 927–950.

Jammer, Max. 1974. *The Philosophy of Quantum Mechanics.* John Wiley & Sons. マックス・ヤンマー『量子力学の哲学』(井上健訳、紀伊國屋書店、1983年)

———. 1989. *The Conceptual Development of Quantum Mechanics.* 2nd ed. Tomash.

Kaiser, David. 2002. "Cold War Requisitions, Scientific Manpower, and the Production of American Physicists After World War II." *Historical Studies in the Physical and Biological Sciences* 33 (1): 131–159.

———. 2004. "The Postwar Suburbanization of American Physics." *American Quarterly* 56 (4): 851–888.

———. 2007. "Turning Physicists into Quantum Mechanics." *Physics World,* May, 28–33.

———. 2011. *How the Hippies Saved Physics: Science, Counterculture, and the Quantum Revival.* W. W. Norton.

———. 2012. "Booms, Busts, and the World of Ideas: Enrollment Pressures and the Challenge of Specialization." *Osiris* 27 (1): 276–302.

———. 2014. "History: Shut Up and Calculate!" *Nature* 505 (January 9): 153–155. doi:10.1038/505153a.

Keller, Evelyn Fox. 1979. "Cognitive Repression in Contemporary Physics." *American Journal of Physics* 47 (8): 718–721.

Kennefick, Daniel. 2005. "Einstein Versus the Physical Review." *Physics Today* 58 (9): 43–48. doi:10.1063/1.2117822.

Kuhn, Thomas S. 1996. *The Structure of Scientific Revolutions.* 3rd ed. University of Chicago Press. トーマス・クーン『科学革命の構造』(中山茂訳、みすず書房、1971年)

———. 2000. *The Road Since Structure.* Edited by James Conant and John Haugeland. University of Chicago Press. トーマス・クーン『構造以来の道――哲学論集1970－1993』(佐々木力訳、みすず書房、2008年)

Kumar, Manjit. 2008. *Quantum: Einstein, Bohr, and the Great Debate About the Nature of Reality.* Icon Books. マンジット・クマール『量子革命――アインシュタインとボーア、偉大なる頭脳の激突』(青木薫訳、新潮文庫、2017年)

Lang, Daniel. 1953. "A Farewell to String and Sealing Wax." Reprinted in *From Hiroshima to the Moon: Chronicles of Life in the Atomic Age,* by Daniel Lang, 215–246. Simon and Schuster, 1959.

———. 1959. *From Hiroshima to the Moon: Chronicles of Life in the Atomic Age.* Simon and Schuster.

Levenson, Thomas. 2015. *The Hunt for Vulcan.* Random House. トマス・レヴェンソン『幻の惑星ヴァルカン――アインシュタインはいかにして惑星を破壊したのか』(小林由香利訳、亜紀書房、2017年)

Lindley, David 2001. *Boltzmann's Atom.* Free Press. デヴィッド・リンドリー『ボルツマンの原子

Hawking, Stephen. 1988. *A Brief History of Time.* Bantam Dell. スティーヴン・ホーキング『ホーキング、宇宙を語る——ビッグバンからブラックホールまで』（林一訳、早川書房、1989年）

———. 1999. "Does God Play Dice?" https://www.hawking.org.uk/in-words/lectures/does-god-play-dice　2021年3月30日アクセス。

Hearings Before the Committee on Un-American Activities, House of Representatives. 1949. Eighty-First Congress, First Session (March 31 and April 1). Statement of David Bohm.

Heidegger, Martin. 1996. *Being and Time: A Translation of "Sein und Zeit."* Translated by Joan Stambaugh. State University of New York Press. マルティン・ハイデッガー『存在と時間』上・下（細谷貞雄訳、ちくま学芸文庫、1994年）

———. 1999. *Contributions to Philosophy from Enowning.* Translated by Parvis Emad and Kenneth Maly. Indiana University Press.

Heilbron, John L. 1985. "The Earliest Missionaries of the Copenhagen Spirit." *Revue d'histoire des sciences* 38 (3–4): 195–230. doi:10.3406/rhs.1985.4005.

Heisenberg, Werner. 1958. *Physics and Philosophy.* Harper Torchbooks, ed. Harper and Row. W・K・ハイゼンベルク『現代物理学の思想』（河野伊三郎・富山小太郎訳、みすず書房、1989年）

———. 1971. *Physics and Beyond.* HarperCollins. W・ハイゼンベルク『部分と全体——私の生涯の偉大な出会いと対話』（山崎和夫訳、みすず書房、1974年）

Holton, Gerald. 1988. *Thematic Origins of Scientific Thought.* Rev. ed. Harvard University Press.

———. 1998. *The Advancement of Science, and Its Burdens.* Harvard University Press.

Howard, Don. 1985. "Einstein on Locality and Separability." *Studies in History and Philosophy of Science* 16:171–201.

———. 1990. " 'Nicht sein kann was nicht sein darf,' or the Prehistory of EPR, 1909–935: Einstein's Early Worries About the Quantum Mechanics of Composite Systems." In *Sixty-Two Years of Uncertainty: Historical, Philosophical, and Physical Inquiries into the Foundations of Quantum Mechanics,* edited by Arthur I. Miller, 61–111. Plenum Press.

———. 2004. "Who Invented the 'Copenhagen Interpretation'? A Study in Mythology." *Philosophy of Science* 71 (5): 669–682.

———. 2007. "Revisiting the Einstein-Bohr Dialogue." *Iyyun: The Jerusalem Philosophical Quarterly* 56:57–90.

———. 2015. "Einstein's Philosophy of Science." In *The Stanford Encyclopedia of Philosophy,* Winter 2015 ed., edited by Edward N. Zalta　http://plato.stanford.edu/archives/win2015/entries/einstein-philscience/

Huff, Douglas, and Omer Prewett, eds. 1979. *The Nature of the Physical Universe*: 1976 Nobel Conference. Wiley.

Incandenza, James O. 1997. *Kinds of Light.* Meniscus Films.

Interagency Working Group on Quantum Information Science of the Subcommittee on Physical Sciences. 2016. *Advancing Quantum Information Science: National Challenges and Opportunities.* Joint report of the Committee on Science and Committee on Homeland and National Security of the National Science and Technology Council. July. https://www.whitehouse.gov/sites/whitehouse.gov/files/images/

Feynman, Richard, Robert B. Leighton, and Matthew L. Sands. 1963. *The Feynman Lectures on Physics.* Vol. 1. Basic Books.

Fine, Arthur. 1996. *The Shaky Game.* 2nd ed. University of Chicago Press. アーサー・ファイン『シェイキーゲーム――アインシュタインと量子の世界』（町田茂訳、丸善、1992年）［ただし訳書の底本は旧版］

Forman, Paul. 1971. "Weimar Culture, Causality, and Quantum Theory: Adaptation by German Physicists and Mathematicians to a Hostile Environment." *Historical Studies in the Physical Sciences* 3:1–115.

————. 1987. "Behind Quantum Electronics: National Security as Basis for Physical Research in the United States, 1940–960." *Historical Studies in the Physical and Biological Sciences* 18 (1): 149–229.

Freedman, Stuart J., and John F. Clauser. 1972. "Experimental Test of Local Hidden-Variable Theories." *Physical Review Letters* 28:938–941. doi:10.1103/PhysRevLett.28.938.

Freire, Olival, Jr. 2009. "Quantum Dissidents: Research on the Foundations of Quantum Theory Circa 1970." *Studies in History and Philosophy of Modern Physics* 40:280–289. doi:10.1016/j.shpsb.2009.09.002.

French, A. P., and P. J. Kennedy, eds. 1985. *Niels Bohr: A Centenary Volume.* Harvard University Press.

Galison, Peter. 1990. "Aufbau/Bauhaus: Logical Positivism and Architectural Modernism." *Critical Inquiry* 16:709–752.

Gamow, George. 1988. *The Great Physicists from Galileo to Einstein.* Dover.

Gardner, Martin. 2001. "Multiverses and Blackberries." *Skeptical Inquirer,* September/October 2001. https://skepticalinquirer.org/2001/09/multiverses-and-blackberries/　2020年12月22日にアクセス。

Ghirardi, G. C., A. Rimini, and T. Weber. 1986. "Unified Dynamics for Microscopic and Macroscopic Systems." *Physical Review* D 34:470.

Gisin, Nicholas. 2002. "Sundays in a Quantum Engineer's Life." In Bertlmann and Zeilinger 2002, 199–07.

Godfrey-Smith, Peter. 2003. *Theory and Reality: An Introduction to the Philosophy of Science.* University of Chicago Press.

Gottfried, Kurt, and N. David Mermin. 1991. "John Bell and the Moral Aspect of Quantum Mechanics." *Europhysics News* 22 (4): 67–69.

Goudsmit, Samuel. 1947. *Alsos.* AIP Press. サミュエル・ゴーズミット『ナチと原爆――アルソス：科学情報調査団の報告』（山崎和夫・小沼通二訳、海鳴社、1977年）［邦訳書の著者名表記は、サムエル・ハウトスミット］

————. 1973. "Important Announcement Regarding Papers About Fundamental Theories." *Physical Review* D 8:357.

Gould, Elizabeth S., and Niyaesh Afshordi. 2014. "A Non-local Reality: Is There a Phase Uncertainty in Quantum Mechanics?" https://arxiv.org/abs/1407.4083

Griffiths, David J. 2005. Introduction to Quantum Mechanics. 2nd ed. Pearson Education.

Hahn, Hans, Rudolf Carnap, and Otto Neurath. 1973. "The Scientific Conception of the World: The Vienna Circle." In Neurath 1973, 299–18.

Encyclopedie with Neurath's International Encyclopedia of Unified Science." In *Encyclopedia and Utopia: The Life and Work of Otto Neurath* (1882–1945), edited by E. Nemeth and Friedrich Stadler, 53–61. Springer.

de Boer, Jorrit, Erik Dal, and Ole Ulfbeck, eds. 1986. *The Lesson of Quantum Theory.* Elsevier.

Derman, Emanuel. 2012. "2012: What Is Your Favorite Deep, Elegant, or Beautiful Explanation?" *Edge.* https://www.edge.org/responses/what-is-your-favorite-deep-elegant-or-beautiful-explanation 2020年12月22日にアクセス。

Deutsch, D. 1985. "Quantum Theory, the Church-Turing Principle, and the Universal Quantum Computer." *Proceedings of the Royal Society of London* A 400:97–117.

DeWitt, Bryce S. 1970. "Quantum Mechanics and Reality." *Physics Today* 23 (9): 30–35. doi:10.1063/1.3022331.

DeWitt-Morette, Cecile. 2011. *The Pursuit of Quantum Gravity: Memoirs of Bryce DeWitt from 1946 to 2004.* Springer.

Discussion Sections at Symposium on the Foundations of Modern Physics: The Copenhagen Interpretation 60 Years after the Como Lecture. 1987.

Dresden, Max. 1991. "Letters: Heisenberg, Goudsmit and the German 'A-Bomb.'" *Physics Today* 44 (5): 92–94. doi:10.1063/1.2810103.

Einstein, Albert. 1949a. "Autobiographical Notes." In Schilpp 1949, 2–4.

———. 1949b. "Reply to Criticisms." In Schilpp 1949, 665–88.

———. 1953. "Elementary Considerations on the Interpretation of the Foundations of Quantum Mechanics." Translated by Dileep Karanth. http://arxiv.org/abs/1107.3701

Ellis, George, and Joe Silk. 2014. "Defend the Integrity of Physics." *Nature* 516 (December 18): 321–323. doi:10.1038/516321a.

Faye, Jan. 2007. "Niels Bohr and the Vienna Circle." Preprint. http://philsci-archive.pitt.edu/3737/ 2020年12月22日にアクセス。

Feldmann, William, and Roderich Tumulka. 2012. "Parameter Diagrams of the GRW and CSL Theories of Wavefunction Collapse." *Journal of Physics* A: Mathematical and Theoretical 45 (2012) 065304 (13pp.). doi:10.1088/1751-8113/45/6/065304.

Fermi, Laura. 1954. *Atoms in the Family: My Life with Enrico Fermi.* University of Chicago Press. ローラ・フェルミ『フェルミの生涯――原子力の父』(崎川範行訳、法政大学出版局、1955年)

Feynman, Richard P. 1982. "Simulating Physics with Computers." *International Journal of Theoretical Physics* 21 (6/7): 467–488.

———. 2005. *Perfectly Reasonable Deviations from the Beaten Path.* Edited by Michelle Feynman. Basic Books. リチャード・ファインマン『ファインマンの手紙』(ミシェル・ファインマン編、渡会圭子訳、ソフトバンククリエイティブ、2006年)

"Feynman: Knowing Versus Understanding." YouTube. Posted by Teh Physicalist, May 17, 2012. https://www.youtube.com/atch?v=NM-zWTU7X-k

———. 2015. *The Quantum Dissidents: Rebuilding the Foundations of Quantum Mechanics.* Springer-Verlag.

Blackmore, John T. 1972. *Ernst Mach; His Work, Life, and Influence.* University of California Press.

Bohm, David. 1957. *Causality and Chance in Modern Physics.* Harper Torchbooks ed. Harper and Row. D・ボーム『現代物理学における因果性と偶然性』（村田良夫訳、東京図書、1969年）

Bohr, Niels. 1934. *Atomic Theory and the Description of Nature.* Cambridge University Press. ニールス・ボーア『原子理論と自然記述』（井上健訳、みすず書房、1990年）

———. 1949. "Discussion with Einstein on Epistemological Problems in Atomic Physics." In Schilpp 1949, 201–41.

———. 2013. *Collected Works.* Vol. 7, Foundations of Quantum Physics II (1933–1958). Edited by J. Kalckar. Elsevier.

Born, Max. 1978. *My Life: Recollections of a Nobel Laureate.* Scribner's Sons.

———. 2005. *The Born-Einstein Letters: Friendship, Politics and Physics in Uncertain Times.* Macmillan. 『アインシュタイン・ボルン往復書簡集——1916－1955』（西義之・井上修一・横谷文孝訳、三修社、1976年）［訳書の底本はここに挙がっている原書より古い］

Bricmont, Jean. 2016. *Making Sense of Quantum Mechanics.* Springer International.

Bridgman, Percy W. 1927. *The Logic of Modern Physics.* Macmillan. パーシー・ブリッジマン『現代物理学の論理』（今田恵訳、新月社、1950年）［邦訳の著者名表記はブリッヂマン］

Bub, Jeffrey. 1999. *Interpreting the Quantum World.* Rev. ed. Cambridge University Press.

Byrne, Peter. 2010. *The Many Worlds of Hugh Everett III: Multiple Universes, Mutual Assured Destruction, and the Meltdown of a Nuclear Family.* Oxford University Press.

Camilleri, Kristian. 2009. "A History of Entanglement: Decoherence and the Interpretation Problem." *Studies in History and Philosophy of Modern Physics* 40:290–302.

Cao, Chunjun, Sean M. Carroll, and Spyridon Michalakis. 2016. "Space from Hilbert Space: Recovering Geometry from Bulk Entanglement." https://arxiv.org/abs/1606.08444

Cassidy, David. 1991. *Uncertainty: The Life and Science of Werner Heisenberg.* W. H. Freeman. デヴィッド・キャシディー『不確定性——ハイゼンベルクの科学と生涯』（金子務監訳、宇多村俊介・佐藤恵子・伊藤憲二・大槻有紀子・村松俊彦訳、白揚社、1998年）

———. 2009. *Beyond Uncertainty: Heisenberg, Quantum Physics, and the Bomb.* Bellevue Literary Press.

Chopra, Deepak. 1995. "Interviews with People Who Make a Difference: Quantum Healing," by Daniel Redwood. Healthy.net. http://healthyupdate.net/scr/interview.aspx?Id=167　2021年3月30日にアクセス。

Clauser, John F. 1969. "Proposed Experiment to Test Local Hidden-Variable Theories." *Bulletin of the American Physical Society* 14:578.

———. 2002. "Early History of Bell's Theorem." In Bertlmann and Zeilinger 2002, 61–8.

Clauser, John F., Michael A. Horne, Abner Shimony, and Richard A. Holt. 1969. "Proposed Experiment to Test Local Hidden-Variable Theories." *Physical Review Letters* 23:880–884. doi:10.1103/PhysRevLett.23.880.

Cushing, James. 1994. *Quantum Mechanics: Historical Contingency and the Copenhagen Hegemony.* University of Chicago Press.

Dahms, Hans-Joachim. 1996. "Vienna Circle and French Enlightenment: A Comparison of Diderot's

Ayer, A. J. 1982. *Philosophy in the Twentieth Century.* Vintage.

Bacciagaluppi, Guido, and Antony Valentini. 2009. *Quantum Theory at the Crossroads: Reconsidering the 1927 Solvay Conference.* arXiv:quant-ph/0609184v2.

Ball, Philip. 2013. *Serving the Reich: The Struggle for the Soul of Physics Under Hitler.* Vintage. フィリップ・ボール『ヒトラーと物理学者たち——科学が国家に仕えるとき』(池内了・小畑史哉訳、岩波書店、2016年)

Ballentine, Leslie E., et al. 1971. "Quantum-Mechanics Debate." *Physics Today* 24 (4). doi:10.1063/1.3022676.

Barnett, Lincoln. 1949. *The Universe and Dr. Einstein.* Victor Gollancz. リンカーン・バーネット『宇宙とアインシュタイン』(崎川範行・小林三二訳、時事通信社、1959年)

Barrett, Jeffrey Alan, and Peter Byrne, eds. 2012. *The Everett Interpretation of Quantum Mechanics: Collected Works 1955–1980 with Commentary.* Princeton University Press.

Bassi, Angelo, et al. 2013. "Models of Wave-Function Collapse, Underlying Theories, and Experimental Tests." *Reviews of Modern Physics* 85 (2). doi:10.1103/RevModPhys.85.471.

Bell, John S. 1964. "On the Einstein-Podolsky-Rosen Paradox." *Physics* 1:195–200. Reprinted in Bell 2004.

———. 1966. "On the Problem of Hidden Variables in Quantum Mechanics." *Reviews of Modern Physics* 38:447–452. Reprinted in Bell 2004.

———. 1980. "Bertlmann's Socks and the Nature of Reality." CERN Preprint CERN-TH-2926. https://cds.cern.ch/record/142461?ln=en

———. 1981. "Bertlmann's Socks and the Nature of Reality." *Journal de Physique,* Seminar C2, suppl., 42 (3): C2 41–61. Reprinted in Bell 2004.

———. 1990. "Indeterminism and Non Locality." Talk given in Geneva, January 22, 1990. https://cds.cern.ch/record/1049544?ln=en　2020年12月21日にアクセス。Transcript: http://www.quantumphil.org./Bell-indeterminism-and-nonlocality.pdf

———. 2004. *Speakable and Unspeakable in Quantum Mechanics.* 2nd ed. Cambridge University Press.

Bell, John, Antoine Suarez, Herwig Schopper, J. M. Belloc, G. Cantale, John Layter, P. Veija, and P. Ypes. 1990. "Indeterminism and Non Locality." Talk given at Center of Quantum Philosophy of Geneva, January 22. http://cds.cern.ch/record/1049544?ln=en.　Transcript, http://www.quantumphil.org./Bell-indeterminism-and-nonlocality.pdf

Beller, Mara. 1999a. "Jocular Commemorations: The Copenhagen Spirit." *Osiris* 14:252–273.

———. 1999b. *Quantum Dialogue: The Making of a Revolution.* University of Chicago Press.

Bernstein, Jeremy. 1991. *Quantum Profiles.* Princeton University Press.

———. 2001. *Hitler's Uranium Club: The Secret Recordings at Farm Hall.* 2nd ed. Copernicus.

Bertlmann, R. A., and A. Zeilinger, eds. 2002. *Quantum [Un]speakables: From Bell to Quantum Information.* Springer.

Bird, Kai, and Martin J. Sherwin. 2005. *American Prometheus: The Triumph and Tragedy of J. Robert Oppenheimer.* Vintage.G

Morette）1995年2月28日、米国テキサス州オースティンにて。聞き手：ケネス・W・フォード。Niels Bohr Library & Archives　http://www.aip.org/history-programs/niels-bohr-library/oral-histories/23199　2020年12月21日にアクセス。

ハイリー，バジル（Hiley, Basil）2008年1月11日、英国ロンドンのブリックベック・カレッジにて。聞き手：オリヴァル・フレイレ。Niels Bohr Library & Archives　https://www.aip.org/history-programs/niels-bohr-library/oral-histories/33822　2020年12月21日にアクセス。

ホイットマン，マリーナ（Whitman, Marina）（フォン・ノイマンの娘）2011年1月30日。聞き手：グレイ・ワトソン　https://web.archive.org/web/20110428125353/http://256.com/gray/docs/misc/conversation_with_marina_whitman.shtml

ボーア，ニールス（Bohr, Niels）1962年11月17日、デンマーク、コペンハーゲンにて。聞き手：トーマス・S・クーン、オーエ・ペテルセン、エリク・リューディンガー　Niels Bohr Library & Archives　http://www.aip.org/history-programs/niels-bohr-library/oral-histories/4517-5　2020年12月12日にアクセス。

ボーム，デイヴィッド（Bohm, David）1981年5月8日、イギリス、ロンドン、エッジウェアにて。聞き手：リリアン・ホドソン。Niels Bohr Library & Archives　https://www.aip.org/history-programs/niels-bohr-library/oral-histories/4513

ボーム，デイヴィッド（Bohm, David）1986年7月7日。聞き手：モーリス・ウィルキンス。Niels Bohr Library & Archives　http://www.aip.org/history-programs/niels-bohr-library/oral-histories/32977-3　2020年12月12日にアクセス。

ボーム，デイヴィッド（Bohm, David）1979年6月15日、アメリカ、ニューヨーク州、ニューヨークにて。聞き手：マーティン・J・シャーウィン。Atomic Heritage Foundation, "Voices of the Manhattan Project"　http://manhattanprojectvoices.org/oral-histories/david-bohms-interview　2020年12月12日にアクセス。

ボーム，デイヴィッド（Bohm, David）1966年11月30日、米国ニュージャージー州プリンストンにて。聞き手：チャールズ・ウィーナー、ジャグディシュ・メーラ。Niels Bohr Library & Archives　http://www.aip.org/history-programs/niels-bohr-library/oral-histories/4964　2020年12月21日にアクセス。

【参考文献】

Abers, Ernest S. 2004. *Quantum Mechanics.* Pearson.

Albert, David. 2013. Lecture at the UCSC Institute for the Philosophy of Cosmology. http://youtu.be/gjvNkPmaILA? t=1h28m40s

Anderson, P. W. 2001. "Science: A 'Dappled World' or a 'Seamless Web'?" *Studies in History and Philosophy of Modern Physics* 32:487–494.

Andersen, Ross. 2012. "Has Physics Made Philosophy and Religion Obsolete?" Atlantic, April 23. https://www.theatlantic.com/technology/archive/2012/04/has-physics-made-philosophy-and-religion-obsolete/256203/　2020年12月21日にアクセス。

Arndt, Markus, et al. 1999. "Wave-Particle Duality of C60 molecules." *Nature* 401 (October 14): 680–682. doi:10.1038/44348.

ハイリー , バージル（Hiley, Basil）2015年10月29日、イギリス、ロンドン
バブ , ジェフリー（Bub, Jeffrey）2017年2月2日、電話インタビュー
ファン・フラーセン , バス（van Fraassen, Bas）2017年5月20日、アメリカ、ピノール
フレイザー , ドリーン（Fraser, Doreen）2017年5月24日、カナダ、オンタリオ州ウォータールー
ベル , メアリー（Bell, Mary）2015年10月19日および20日、スイス、ジュネーブ
ベルトルマン , ラインホルト（Bertlmann, Reinhold）2015年11月2日、オーストリア、ウィーン
ペンローズ , ロジャー（Penrose, Roger）2015年10月26日、イギリス、ロンドン
マーミン , デイヴィッド（Mermin, N. David）2016年1月11 ～ 12日、アメリカ、ニューヨーク州イサカ
ミルボルド , ウェイン（Myrvold, Wayne）2017年5月24日、カナダ、オンタリオ州ロンドン
モードリン , ティム（Maudlin, Tim）2015年1月28日、アメリカ、ニューヨーク州ニューヨーク
ライファー , マシュー（Leifer, Matthew）2015 年10月24日、オーストリア、ウィーン
ルドルフ , テレンス（Rudolph, Terence）2015年10月29日、イギリス、ロンドン
レゲット , アンソニー（Leggett, Anthony）2017年5月4日、電話インタビュー
ワイズマン , ハワード（Wiseman, Howard）2015年10月24日、オーストリア、ウィーン

【その他のインタビュー】

ウィグナー , ユージン（Wigner, Eugene）1966年11月30日、米国ニュージャージー州プリンストンにて。聞き手：チャールズ・ウィーナー、ジャグディシュ・メーラ。Niels Bohr Library & Archives, American Institute of Physics, College Park, MD, USA［以下、Niels Bohr Library & Archives と記す］提供　http://www.aip.org/history-programs/niels-bohr-library/oral-histories/4964　2020年12月21日にアクセス。

クラウザー , ジョン（Clauser, John）2002年5月20、21、23日に米国カリフォルニア州ウォールナットクリークにて。聞き手：ジョアン・ブロンバーグ。Niels Bohr Library & Archives　http://www.aip.org/history-programs/niels-bohr-library/oral-histories/25096　2020年12月21日にアクセス。

シモニー , アブナー（Shimony, Abner）2002年9月9日、米国マサチューセッツ州ウェルズリーにて。聞き手：ジョアン・ブロンバーグ。Niels Bohr Library & Archives　http://www.aip.org/history-programs/niels-bohr-library/oral-histories/25643　2020年12月21日にアクセス。

シュテルン , オットー（Stern, Otto）1962年5月29 ～ 30日、米国カリフォルニア州バークレーにて。聞き手：トーマス・S・クーン。Niels Bohr Library & Archives　http://www.aip.org/history-programs/niels-bohr-library/oral-histories/4904　2020年12月21日にアクセス。

ディラック , ポール（Dirac, Paul）1963年5月14日、英国ケンブリッジにて。聞き手：トーマス・S・クーン。 Niels Bohr Library & Archives　https://www.aip.org/history-programs/niels-bohr-library/oral-histories/4575-5　Part 5.

ドウィット , ブライスと、セシル・ドウィット = モレット（DeWitt, Bryce, and Cecile DeWitt-

参考文献

【著者によるインタビュー】

アスペ，アラン（Aspect, Alain）2015年11月4日、フランス、パレゾー

アハラノフ，ヤキール（Aharonov, Yakir）2015年10月24日、オーストリア、ウィーン

アルバート，デイヴィッド（Albert, David）2015年2月4日、アメリカ、ニューヨーク。2017年5月17日に電話インタビュー

ヴェイドマン，レフ（Vaidman, Lev）2015年10月24日、オーストリア、ウィーン

ウォレス，デイヴィッド（Wallace, David）2013年6月27日、アメリカ、カリフォルニア州サンタクルーズ。2015年10月26日、イギリス、オックスフォード

ヴュートリッヒ，クリスチャン（Wuthrich. Christian）2015年7月20日、ドイツ、ザイク

エスフェルト，ミヒャエル（Esfeld, Michael）2015年10月21日、スイス、ジュネーブ

エメリー，ニーナ（Emery, Nina）2017年5月5日、電話インタビュー

カイザー，デイヴィッド（Kaiser, David）2016年1月19日、アメリカ、マサチューセッツ州ケンブリッジ

ギシン，ニコラ（Gisin, Nicholas）2015年10月24日、オーストリア、ウィーン

キャロル，ショーン（Carroll, Sean）2015年11月14日、アメリカ、カリフォルニア州マリブ

クラウザー，ジョン（Clauser, John）2015年8月12日、アメリカ、カリフォルニア州ウォールナットクリーク

グランジェ，フィリップ（Grangier, Phillip）2015年11月4日、フランス、パレゾー

ゴールドシュタイン，シェルドンとニノ・ザンギー（Goldstein, Sheldon, and Nino Zanghi）2015年2月3日、アメリカ、ニュージャージー州ニューブランズウィック

シュウェーバー，シルヴァン・サミュエル（Schweber, Silvan Samuel）2016年9月7日、電話インタビュー

スタインバーグ，エフレーム（Steinberg, Aephraim）2017年5月25日、カナダ、オンタリオ州トロント

スペッケンズ，ロバート（Spekkens, Robert）2017年5月23日、カナダ、オンタリオ州ウォータールー

スモーリン，リー（Smolin, Lee）2017年5月22日、カナダ、オンタリオ州トロント

セベンス，チャールズ（Sebens, Charles）2017年5月3日、電話インタビュー

ソーンダース，サイモン（Saunders, Simon）2015年10月26日、イギリス、オックスフォード

ツァイリンガー，アントン（Zeilinger, Anton）2015年11月2日、オーストリア、ウィーン

ツェー，ディーター・H（Zeh, H. Dieter）2015年10月23日、ドイツ、ネッカーゲミュント

トホーフト，ヘーラルト（'t Hooft, Gerard）2015年10月24日、オーストリア、ウィーン

ネイ，アリッサ（Ney, Alyssa）2017年5月8日、アメリカ、カリフォルニア州デービス

ノーエンバーグ，マイケル（Nauenberg, Michael）2015年8月6日、アメリカ、カリフォルニア州サンタクルーズ

ハーディ，ルシアン（Hardy, Lucien）2017年5月23日、カナダ、オンタリオ州ウォータールー

28　アルバート、2015年のインタビュー。

29　"Feynman: Knowing Versus Understanding," YouTube, posted by TehPhysicalist, May 17, 2012, https://www.youtube.com/watch?v=NM-zWTU7X-k　この動画は、1964年にファインマンがコーネル大学でメッセンジャー・レクチャーを行ったときの模様。本講演はのちに、*The Character of Physical Law* として書籍化された。

30　たとえば、Cao, Carroll, and Michalakis 2016 をはじめ、ほかにも、ファン・ラームスドンク、サスキンド、マルダセナらが多数の論文を発表している。

31　たとえば、Mersini-Houghton 2008.

32　たとえば、Gould and Afshordi 2014.

33　場の量子論では交換関係が局所性を保証するという議論はまったく筋が通っていない。なぜなら、交換関係は観測の過程には適用されないからだ。場の量子論で観測が起こる場合、収縮が起こり、標準的な非相対論的量子力学におけるのとまったく同じく、ベルの不等式を破ることを説明するために、その収縮はすべての空間にわたって瞬時に起こらなければならない。したがって「観測」は依然として問題であり、非局所性はなおも存在している（多世界解釈がそうしているとされるのと同様、ループホールを利用するのでないかぎり）。場の量子論の特殊な解釈問題については、Ruetsche 2011と Teller 1995を参照のこと。とりわけ、ハーグの定理は場の量子論にとっては問題であるようだ。

34　これらの理論を場の量子論に拡張するのが困難な理由のひとつは、場の量子論自体の一貫性に関する厄介な基礎的問題が存在することである（ひとつ前の註を参照のこと）。

35　アルベルト・アインシュタインからロバート・ソーントンへの1944年12月7日付の手紙 EA 61-574, https://plato.stanford.edu/entries/einstein-philscience/

補遺

1　Wheeler and Ford 1998, p. 334.

2　ビームスプリッターの中心部には半透鏡が設置されていて、ここに入射する光の半分は透過し、残りの半分は反射する。そして、画面下から入射するビームの半分が反射して右側へと向かうとき、ビームスプリッターは反射ビームの位相を180度ずらす。その結果、反射ビームは透過ビームと位相がずれてしまう。

3　Wheeler and Ford 1998, p. 336.

4　同上 p. 337. 強調は引用元による。

5　同上 , p. 338.

6　同上 p. 339. 強調は引用元による。.

7　多世界解釈の大半のバージョンで、粒子そのものは存在しない。自発的収縮理論の大半のバージョンでも、これは同じである。そのため、私が「光子」という言葉を使っているのは少しいんちきなのだが、もし細かいことにとことんこだわるなら、「光子」を「波束」と読み替えていただきたい。

催されたもので、当然ながらパイロット波理論が首位になった。もうひとつ（Sommer 2013）は、出席者の大半が学生である非常に小さな会議で、「保留」以外にどの説も強く支持されなかった。最近行われた、会議という限定された範囲を越えた調査のひとつ（Sivasundaram and Nielsen 2016。これまでで最大の調査）では、コペンハーゲン解釈が支持されていることを最も鮮明に示す結果が得られた。回答者の40パーセント近くがコペンハーゲン解釈を支持し、それ以外の解釈はどれも、回答者の6パーセント以上の支持を得ることができなかった。しかし、この調査にしても、実施方法に重大な問題がある――会議の場での実施ではなく、調査票を個別に送付することにより行われたが、それでもなお、調査の通知を受け取った物理学者たちのサンプルは、物理学全体を代表してはいなかった。さらに、回答率は10パーセントにすぎず、調査計画者による回答バイアスへの補正はまったく行われなかった。もしも科学を研究対象とする社会学者が誰かこれをお読みなら、このテーマで物理学者たちに対して適切な調査を実施していただきたい！　それはもう、注目と称賛を集めること間違いなしです――専門誌への掲載を保証されるでしょうし、マスコミにも大きく取り上げられるでしょう。

11　ツァイリンガー、2015年のインタビュー。

12　シュウェーバー、2016年のインタビュー。

13　エメリー、2017年1月10日の個人的なやりとりと、2017年のインタビュー。

14　Zeilinger 2005.

15　Derman 2012.

16　1980年以降の経験論の復活は、哲学者のバス・ファン・フラーセンによるところが大きい。彼は、自ら「構成的経験論」と呼ぶ立場を提唱している。当然のことながらファン・フラーセンは、物理学を対象とする科学哲学者の大半よりも、コペンハーゲン解釈に好意的である。しかし彼は、「今日の基準では、［コペンハーゲン］は解釈ではない」と認めた。彼は物理学者ジョン・クレーマーの「量子力学の交流解釈」をより好む。交流解釈は、反実在論的精神でコペンハーゲン解釈を更新しようとする試みである。（ファン・フラーセン、著者とのインタビュー）

17　第8章と同様、私はここで分析哲学者について述べている。大陸哲学者は彼らとはまったく違う。いずれにせよ、物理学を対象とする科学哲学者の大半は分析哲学者である。大陸哲学者の多くが科学哲学に取り組んでいるが、物理学の哲学を専門とする者は少ない。

18　Warman 2011.

19　Pigliucci 2014.

20　Andersen 2012.

21　Isaacson 2007, p. 514.

22　Mermin 1990, p. 199.

23　Mermin 2004b.

24　Mermin 1990, p. 200.

25　アルバート、2015年のインタビュー。

26　フレーザー、2017年のインタビュー。

27　Chopra 1995.

27 Keller 1979.

28 Byrne 2010, p. 323.

29 同上 p. 332.

30 同上 p. 322.

31 同上 pp. 321–322.

32 Deutsch 1985. 強調は引用元による。

33 Freire 2015, p. 322.

34 Huff and Prewett, eds., 1979, p. 29.

35 Byrne 2010, p. 347. エヴェレットの家族は、火葬の後、遺灰を一年間保管していたが、最終的にはエヴェレットの指示にしたがい、ごみとともに回収に出した。

36 National Aeronautics and Space Administration 2013, "Wilkinson Microwave Anisotropy Probe," https://map.gsfc.nasa.gov/　2020年12月9日にアクセス。

37 Rosenfeld 1963.

38 Gardner 2001.

39 ウォレス、2013年のインタビュー。

40 Ellis and Silk 2014.

41 ルヴェリエ、アインシュタイン、ヴァルカンについての、詳細で実に面白い解説は、Levenson 2015 を参照されたい。

42 *New York Evening Mail* 1917年11月16日付。https://en.wikiquote.org/wiki/H._L._Mencken も参照されたい。

43 Albert 2013.

第12章　途方もない幸運

1 *Encyclopedia and Utopia: The Life and Work of Otto Neurath* (1882–1945), edited by E. Nemeth and Friedrich Stadler (Springer), p. 53.

2 Ma et al. 2012.

3 ツァイリンガー、2015年のインタビュー。

4 Arndt et al. 1999.

5 ツァイリンガー、2015年のインタビュー。

6 Weinberg 2014, p. 82.

7 トホーフト、2015年のインタビュー。

8 de Boer, Dal, and Ulfbeck, eds., 1986, p. 53. 強調は引用元による。

9 Tegmark 1997; Schlosshauer et al. 2013; Sommer 2013; Norsen and Nelson 2013; Sivasundaram and Nielsen 2016,.

10 ノールセンとネルソン（Norsen and Nelson 2013）が述べるように、「調査で明らかになるのは、コミュニティー全体としての考え方の傾向というよりもむしろ、調査が行われた会議への招待者を決定する過程についてである」。この種の標本バイアスはまた、二つの調査でコペンハーゲン解釈が多数派にならなかった理由を説明する。それらは、異色の会議で行われたのだ。ひとつ（Norsen and Nelson 2013）は、ボーム説の支持者らによって主

62 Bell 2004, p. 216.

63 同上 p. 230.

64 同上 p. 194.

第11章　コペンハーゲンVS. 宇宙

1 DeWitt 1970.

2 Freire 2015, pp. 226–227.

3 DeWitt 1970.

4 同上。

5 同上。

6 同上。

7 同上。

8 これらの引用はすべて、1971年の『フィジックス・トゥデイ』誌に掲載された、ドウィットへのコメントと、それらのコメントに対するドウィットの返事。Ballentine et al. 1971.

9 Jammer 1974, p. 509を参照。

10 DeWitt（the reply to replies）in Ballentine et al. 1971.

11 Thorne 1994, p. 268.

12 Norton 2015.

13 Born 2005, p. 122. この手紙には日付がないが、ボルンからの1936年8月の手紙への返事で、1936年の後半に書かれた論文への言及があるので、1936年のものである可能性が高い。

14 Kennefick 2005.

15 ホイーラーは、これらを最初にブラックホールと呼んだ人物ではなかったが、これを用語として使い始めたのは彼が最初だった。Misner, Thorne, and Zurek 2009.

16 ドウィットとドウィット＝モレット、1995年のインタビュー。

17 Freire 2015, p. 130.

18 DeWitt-Morette 2011, p. 95.

19 Byrne 2010, p. 319.

20 同上 pp. 3–4. この情報は、エヴェレットのFBIファイルからのもの。

21 Byrne 2010, p. 196.

22 1977年6月20日付のエヴェレットからウィリアム・ハーヴィーへの手紙。Everett Papers, http://hdl.handle.net/10575/1150　2020年12月9日にアクセス。ハーヴィーは、「社会的逸脱」に関する論文を執筆するためにフィリップ・パールをインタビューした社会学者と同一人物であることに注意。

23 1957年5月31日付のエヴェレットからフランクへの手紙。Everett Papers, http://hdl.handle.net/10575/1153　2020年12月9日にアクセス。

24 1957年8月3日付のフランクからエヴェレットへの手紙。Everett Papers, http://ucispace.lib.uci.edu/handle/10575/1173　2020年12月9日にアクセス。

25 2016年10月13日の、ピーター・バーンとの個人的なやりとり。

26 Byrne 2010, p. 339.

33 ツェー、2015年のインタビュー。

34 Camilleri 2009, p. 296.

35 ツェー、2015年のインタビュー。

36 Zurek 1991.

37 Zeh 2002.

38 Zurek 1981.

39 Camilleri 2009, p. 298.

40 Anderson 2001.

41 Bub 1999, p. 6.

42 Freire 2015, p. 307.

43 Whitaker 2016, p. 41.

44 Wheeler and Zurek 1983, p. 188.

45 Misner, Thorne, and Zurek 2009, pp. 40–46.

46 Bell 2004, p. 160.

47 Feldmann and Tumulka 2012; Bassi 2013. 収縮が起こる頻度に対する制限も、収縮が空間内でいかに局所化されているかに依存する（すなわち、2つのパラメータの縮退）。「数万年」という数字は、収縮によって波動関数が約100ナノメートルの範囲内に局所化されていることを仮定している――これは日常的な物体にとっては小さいが、水素原子よりも1000倍大きい。

48 この言い方はあまり正確ではない――私が述べている自発的収縮模型（GRW）では、粒子そのものは存在しない。したがって、厳密に言えば、ここに出てくる「スロットマシン」の台数は、波動関数が存在している配位空間の次元数によって決まる。だが、その次元数は、波動関数のなかに「住んでいる」粒子の数にも結びついているので、この言い方は完全に間違いでもない――私はいくつかの詳細を解説しているだけである。（いずれにせよ、どの自発的収縮理論も粒子を根本的なものとは見なさないものの、異なる自発的収縮理論は、異なる存在論を持っている。）

49 Bell 2004, p. 204.

50 Ghirardi, Rimini, and Weber 1986.

51 同上 p. 209.

52 Bell 2004, p. 170.

53 同上 p. 213.

54 Bell 1990.

55 シモニー、2002年のインタビュー。

56 Gottfried and Mermin 1991.

57 ギシン、2015年のインタビュー。

58 ベルトルマン、2015年のインタビュー。

59 Whitaker 2016, p. 374.

60 ベルトルマン、2015年のインタビュー。

61 Bertlmann and Zeilinger 2002, p. 271.

第10章　量子の春

1　ベルトルマン、2015年のインタビュー。
2　同上。
3　Bell 1981.
4　Bell 1980.
5　同上 p. 139.
6　同上 p. 142.
7　同上 p. 143.
8　同上 pp. 151–152.
9　同上 p. 214.
10　Gisin 2002, p. 199.
11　ギシン、2015年のインタビュー。
12　同上。
13　ベルトルマン、2015年のインタビュー。
14　クラウザー、2015年のインタビュー。
15　アスペ、2015年のインタビュー。
16　Freire 2015, p. 278.
17　本書は1975年に出版されたが、初版ではベルについての言及はなかった——のちに、1983年の第二版で加筆された。
18　マーミンの一連の論説は、第7章のベルの定理の説明の基盤にもなっている。
19　1984年3月30日付のファインマンからマーミンへの手紙。Feynman 2005, p. 367. 最後の一文にある括弧でくくった註は、省略記号なしに削除されている。
20　Feynman 1982.
21　Kaiser 2011, p. 232; Ouellette 2005.
22　Interagency Working Group on Quantum Information Science of the Subcommittee on Physical Sciences 2016.
23　http://www.nature.com/news/europe-plans-giant-billion-euro-quantum-technologies-project-1.19796　2020年12月6日にアクセス。
24　http://www.nature.com/news/chinese-satellite-is-one-giant-step-for-the-quantum-internet-1.20329　2020年12月6日にアクセス。
25　ハイリー、2008年のインタビュー。
26　Freire 2015, pp. 165, 319–320.
27　Schlosshauer 2011, pp. 35–36.
28　Camilleri 2009, p. 294.
29　同上 p. 295.
30　同上 p. 295.
31　同上 p. 294.
32　Schlosshauer 2011, p. 37.

と。

56 Freire 2015, p. 197.

57 Zeh 2006.

58 ツェー、2015年のインタビュー。

59 Freire 2009.

60 ツェー、2015年のインタビュー。

61 同上。

62 Zeh 2006.

63 クラウザー、2002年のインタビュー。

64 同上。

65 Freire 2015, p. 271.

66 Kaiser 2011.

67 Kaiser 2002, pp. 150–152; Kaiser 2011, pp. 22–23.

68 Freire 2015.

69 1975年5月30日付のジョン・ベルからジョン・クラウザーへの手紙と、1975年7月1日付のジョン・クラウザーからジョン・ベルへの手紙。ジョン・クラウザー提供。

70 1975年6月30日のジョン・ベルからジョン・クラウザーへのテレックス。ジョン・クラウザー提供。

71 もちろんボームは明白な例だ。もう一つの例として、Kaiser 2011, pp. 20–21で論じられている、1950年代のニューヨーク・シティにおけるハンス・フライシュタットの量子力学基礎論に関する討論グループを参照されたい。

72 Clauser 2002, p. 72.

73 アルバート、2015年のインタビュー。

74 同上。

75 同上。

76 同上。

77 同上。

78 たとえば、クラウス・タウスクの短命に終わった物理学者人生について、Freire 2015 を参照されたい。

79 Goudsmit 1973.

80 Kaiser 2011, p. 122.

81 Freire 2015, p. 268.

82 同上 p. 269.

83 アスペ、2015年のインタビュー。

84 クラウザー、2015年のインタビュー。

85 アスペ、2015年のインタビュー。

86 同上。

87 同上。

88 同上。

21　同上 p. 281.
22　Camilleri 2009.
23　Wigner 1963.
24　ツェー、2015年のインタビュー。
25　Freire 2015, p. 157.
26　同上 p. 161.
27　ツェー、2015年のインタビュー。
28　シモニー、2002年のインタビュー。
29　1993年6月27日付のアブナー・シモニーからW・デヴィッド・ウィックへの手紙。W・デヴィッド・ウィック提供。
30　シモニー、2002年のインタビュー。
31　1993年のシモニーからウィックへの手紙。
32　シモニー、2002年のインタビュー。
33　1993年のシモニーからウィックへの手紙。
34　同上。
35　Shimony 1963,.
36　シモニー、2002年のインタビュー。
37　1993年のシモニーからウィックへの手紙。
38　シモニー、2002年のインタビュー。
39　同上。
40　同上。
41　1993年のシモニーからウィックへの手紙。
42　同上。
43　Clauser 1969.
44　クラウザー、2015年のインタビュー。
45　1969年8月8日付のアブナー・シモニーからユージン・ウィグナーへの手紙。W・デヴィッド・ウィック提供。
46　Clauser 2002, interview.
47　John F. Clauser, Michael A. Horne, Abner Shimony, and Richard A. Holt 1969, "Proposed Experiment to Test Local Hidden-Variable Theories," *Physical Review Letters* 23:880, doi:10.1103/PhysRevLett.23.880.
48　1969年のシモニーからウィグナーへの手紙。Letter from Shimony to Wigner, 1969.
49　クラウザー、2002年のインタビュー。
50　クラウザー、2015年のインタビュー。
51　クラウザー、2002年のインタビュー。
52　Kaiser 2011, p. 47.
53　Whitaker 2012, p. 174.
54　Freedman and Clauser 1972.
55　ヴァレンナのサマースクールの起源についての詳細は Freire 2015, Chapter 6を参照のこ

71 同上 p. 148.

72 同上 p. 149.

73 Smart 1963, p. 48.

74 同上 pp. 43–44.

75 Putnam 1979, p. 81.

76 ベルの証明があまりに長く放置されていたため、ハンソンがそれを見た可能性がほとんどないのはとりわけ残念である。ハンソンは1967年に飛行機の墜落事故で不慮の死を遂げてしまったが、これはベルの論文が出版される前年だった。ハンソンは、実証主義者でも、実在論者でもなかった——彼は、どちらかといえばクーンの考え方に近かった——が、コペンハーゲン解釈の熱心な擁護者だった。しかし、彼の擁護は、もっぱらフォン・ノイマンの証明の妥当性に基づいていた。

77 Putnam 1965, p. 157. 強調は引用元による。

78 同上 pp. 157–158.

79 Smart 1963, p. 41.

第9章　表面下の実在

1 クラウザー、2002年のインタビュー。

2 Wick 1995, p. 116.

3 クラウザー、2002年のインタビュー。

4 Clauser 2002, pp. 77–78.

5 クラウザー、2015年のインタビュー。

6 じつのところウーは、その数年後、彼女の学生のカスデイとウルマンとともに、このようなベルの実験をやってみようとしたが、うまくいかなかった——いくつもの更なる仮定が含まれていたからだ。Whitaker 2012, p. 179を参照のこと。

7 クラウザー、2015年のインタビュー。

8 同上。

9 同上。

10 ベルの1964年の論文とされているものは、その公式な出版日は1964年となっているものの、実際に出版されたのは1965年。Freire 2015, p. 237を参照のこと。

11 1969年3月5日付のジョン・ベルからクラウザーへの手紙。ジョン・クラウザー提供。

12 Clauser 2002, p. 80.

13 ツェー、2015年のインタビュー。

14 同上。

15 同上。

16 同上。

17 Freire 2009.

18 ツェー、2015年のインタビュー。

19 Freire 2009.

20 同上 p. 282.

ぐ「大陸哲学者」と、ラッセルおよび実証主義者の伝統を受け継ぐ「分析哲学者」だ。これはなにも、大陸哲学者全員がヘーゲルに同意するということでもなければ、分析哲学者全員が実証主義者に同意するということでもない――本章は主に、ほとんどの分析哲学者が実証主義を拒否したという、分析哲学の内部で起こった革命を取り扱っている。しかし、分析哲学者も大陸哲学者も、それぞれの哲学上の先人たちが追求した問題をつづけて追う傾向があり、とりわけ、問題へのアプローチのスタイルについては踏襲しがちである。分析哲学者は、科学哲学に関する問題への関心が強い。一方の大陸哲学者は、政治や個人の経験に関する問題に傾きがちである。言語哲学、倫理、古代哲学など、両者の関心が重なる領域もある、分析的な政治哲学者や、大陸系の科学哲学者も存在する。分析哲学と大陸哲学の分断が最も顕著に表れるのは、方法論だ。分析哲学者は一般に、明瞭な文章と論理的分析を評価し、科学に対して健全な称賛を抱く。大陸哲学者の議論は内省、政治的配慮、美意識に基づくことが多く、科学的（あるいは数学的、論理的）な帰結なるものの妥当性に対して、より懐疑的になる傾向がある。

A・J・エイヤーは、分析主義哲学者らのあいだになおも実証主義の影響が継続していることをうまくまとめた。ウィーン学団が提唱したような類の論理実証主義が哲学コミュニティーによって放棄されてからずいぶん経った1982年、エイヤーは次のように記した。「ウィーン学団の主要テーゼのなかで無傷で残っているものはほとんどない……［しかし］ウィーン流実証主義の精神は生き残っているとは言えると思う。その哲学と科学の和解において、その論理テクニックにおいて、その明瞭さへのこだわりにおいて、哲学からの安易な浮上の傾向としか私には記述できないものを放棄したことにおいて、それは、その主題に新しい方向を与えたが、その主題はいまや逆戻りすることはないだろう」（Ayer 1982, pp. 140–41）。

大陸哲学者は総じて、物理学を対象とする哲学者のなかでは少数派であり、量子力学の解釈に関する科学的な議論にはあまり貢献した実績がないので、本書で私は彼らのことをほぼ完全に無視している。私が「哲学者」と述べているほかの箇所では、読者のみなさんにはこれを「分析哲学者」と頭のなかで読み替えていただきたい。

62 クーン、ファイヤアーベント、そしてハンソンは、実在論者ではなかったが、スマート、パトナム、ポパー、マクスウェル、そして哲学者コミュニティーの残りの人々の多く――ハーバート・ファイグルなど、ウィーン学団の元メンバーたちも含め――は、実在論を支持する議論に納得していた。今日、物理学を研究する哲学者らは、その大多数が何らかの種類の実在論者である。

63 Maxwell 1962.

64 同上 p. 11.

65 Smart 1963, p. 39.

66 同上 p. 47.

67 Putnam 1979, p. 73.

68 Smart1963, p. 40.

69 同上 p. 47.

70 Hilary Putnam 1965, p. 132. 強調は引用元による。

禁じられ、もう一方は許されるなら、論理的に言って、恣意的なルールであり、ご都合主義的ルールであると見なされなければならない」(Reichenbach 1944, p. 142)。ライヘンバッハは、コペンハーゲン解釈は、どの主張が無意味かについてのその場しのぎ的な原理を物理法則のなかに持ち込もうとしているため問題があるとして退けた。彼は、それに代わるものとして、3値論理システムに基づく解釈を支持したが、やがてその解釈も、微視的なものと巨視的なものとの境界に関してそれ自体の問題があることが判明した。

48 Stadler 2001, p. 906.

49 より詳細は、Reisch 2005 を参照のこと。

50 Quine 1976, p. 42.

51 Quine 2008, p. 25.

52 クワインが批判したもうひとつの「実証主義のドグマ」は、「分析的と総合的の区別」だったのだが、論を進めるなかでクワインは、この二つのドグマはじつは表裏一体の関係にあるとし、両者に対する効果的な反論を行った。通常このクワインの論文は、「分析的と総合的の区別」を批判するものとして記憶されているが、本書の話の筋からすると「意味の検証可能性説」への彼の批判のほうが重要である。

53 Quine 1953, p. 41.

54 クワインの論文が哲学コミュニティーに影響を及ぼしたことは明白である。しかし、それは奇妙でもある。というのも、主張を個別のものとして検証することは不可能であることも、分析的であることと総合的であることを区別することには問題がある(先に述べたように)ことも、クワインが最初に指摘したわけではないからだ。実際、カルナップ当人を含め、数名の優れた実証主義者たちが、これらの事柄を指摘していた。これに関する詳細は、Godfrey-Smith 2003, pp. 32–33を参照されたい。ならば、クワインの論文にそのような影響力があったのはなぜなのだろう? これは謎であり、その答えを推測する文献が多数存在している。実証主義者たちは、これらの二つの問題が彼らのプログラムにどのような意味を持つのか、十分に理解してはいなかったようだ。そして、クワインの明解で勢いのある文章は、これらの問題をはっきりとおもてに出し、忘れられないものにし、それゆえ不可避にもした。

55 Kuhn 2000, p. 279.

56 Sigurdsson 1990.

57 Kuhn 2000, pp. 291–292.

58 Marcum 2015, p. 13.

59 Kuhn 1996, p. 40.

60 とはいえ、クーンはコペンハーゲン解釈に特に問題があるとは考えていなかった。実際彼は、『科学革命の構造』への着想の多くを、ノーウッド・ハンソンの研究から得ているが、ハンソン自身、極端な反実証主義者で、コペンハーゲン支持者だった。

61 この主張は、社会学者や科学史家の多くには受け入れられた(そして、間違いなく市民の想像力を掻き立てた)。しかも、哲学者のなかにも、クーンの考え方に共感する者たちはいた。そのような哲学者の大半は、ヘーゲル哲学の流れを汲む者たちだ。

現代哲学は、(おおまかに言って)二つの陣営に分かれている。ヘーゲル哲学を受け継

19 Hahn, Carnap, and Neurath 1973, pp. 304–305.

20 同上 p. 317.

21 同上 p. 305.

22 Ayer 1982, p. 123.

23 Pauli 1921, p. 4.

24 同上 p. 206.

25 Born 2005, p. 218.

26 Cushing 1994, pp. 110–111, 114. を参照のこと。

27 アインシュタインが、若いころはマッハの考えの信奉者だったがのちに考えを変えたのか、それとも、彼がマッハの哲学をそれほど好きになったことなどなかったのかについては議論があり、どちらの立場についても、それを支持する非常に多くの文献が存在している（素晴らしい！）。しかし、1920年代までには、アインシュタインはマッハ陣営にはまったく与しなくなっていたことについては、ほとんどすべての文献が一致している。

28 Isaacson 2007, p. 334.

29 Cushing 1994, pp. 110–111.

30 Kumar 2008, p. 262. 強調は引用元による。

31 Einstein 1949b, p. 667.

32 同上。

33 Cushing 1994, pp. 110, 114.

34 Bridgman 1927, p. 1.

35 同上 pp. 2–4.

36 同上 p. 5. 強調は引用元による。

37 Faye 2007.

38 同上。

39 ドイツ語の元々の表題は、“Quantentheorie und Erkennbarkeit der Natur.”である。Werkmeister 1936 に倣い、この文脈における“Erkennbarkeit”を「可知性（knowability）」とした。

40 同上。強調は引用元による。

41 Pais 1991, p. 443.

42 Faye 2007.

43 同上。

44 Schiff 1955, p. 6.

45 Heisenberg 1958, p. 48.

46 同上。

47 少なくとも一人の傑出した実証主義者、ハンス・ライヘンバッハは、意味の検証可能性説を直接コペンハーゲン解釈を支持するために使うことはできないと認識していた。「ある存在物の値について、測定前に何か主張しても、それは検証不可能なので無意味だと論じるのは間違っているだろう。測定後の値について何か主張しても、それはやはり検証不可能なのだ。もしも［ボーア－ハイゼンベルク解釈］において、一方の種類の主張だけがそれはこの文脈における前提と等価（でありかつ同様に無関係）である。ここで決定論が分析にいかに無関係かについて、より正確な説明は、Maudlin 2002, pp. 15–16を参照のこと。

39 Bell 2004, p. 157 n10.　強調は引用元による。

40 この主張の多数の例が Norsen 2007 にある。

41 たとえば、Nielsen and Chuang 2000, p. 117. を参照のこと。

42 Bell, Suarez, Schopper, Belloc, Cantale, Layter, Veija, and Ypes 1990.

43 Bernstein 1991, p. 74.

44 Wick 1995, p. 289.

45 Bernstein 1991, p. 74.

46 アンダーソンからウィックへの1993年9月15日付の手紙。個人蔵。

47 同上ならびに Whitaker 2016, p. 210.

第8章　天と地のあいだには、人知を超えたことが溢れている

1 ニールス・ボーア、1962年のインタビュー。聞き手、トーマス・S・クーン、オーエ・ペテルセン、エリク・リューディンガー。

2 同上。

3 同上。

4 同上。

5 同上。

6 ボーア自身が実証主義者だったかどうかは、昔から今に至るまで大いに議論されている。カッシングはじめ、多くの人々がそうだったと主張し、ハワードらはそうではなかったと主張している。だが歴史的に見て、ボーアの見解の詳細がどうであったかは重要ではない。ボーアの見解が曖昧だった――この点についてほとんど異論はないだろう――がために、コペンハーゲン解釈の擁護に実証主義的論法がいつでも用いられていたこと、そしてしばしばこのような擁護がボーア自身の見解とされてきたという事実のほうがはるかに重要である。

7 *Stanford Daily* 1928年7月31日1面。http://stanforddailyarchive.com/cgi-bin/stanford ?a=d&d=stanford19280731-01.2.6.

8 Hahn, Carnap, and Neurath 1973, p. 299.

9 マニフェストを書いた人々についてもう少し詳しくは、Ayer 1982, p. 127を参照のこと。

10 Hahn, Carnap, and Neurath 1973, p. 301. 強調は引用元による。

11 Godfrey-Smith 2003, p. 23.

12 同上 p. 306.

13 同上 p. 309.

14 同上 p. 316.

15 同上 p. 309. 強調は引用元による。

16 同上 p. 316. 強調は引用元による。

17 同上 pp. 317 − 318.

18 Galison 1990 を参照のこと。

ベルはその通りにし、修正版を送り返した。ところが、編集部に届いたその論文は、間違った場所にファイルされ、失われてしまった。ベルの優れた論文を出版しようと躍起になっていた編集者、エドワード・コンドンは、一体どうなっているのかを尋ねるためベルに再び手紙を送った。しかしコンドンは、ベルへの手紙をSLAC気付で送ってしまった。ベルはCERNに戻っていたにもかかわらず。コンドンの手紙は、「差出人に返送：宛名人不明」というスタンプが押されて戻ってきてしまった。ついにベルがコンドンに、自分の論文が出版されるのはいつかを尋ねる手紙を送った。ようやくコンドンは何が起こったのかを理解し、ベルにもう一度修正版の論文を送ってほしいと頼み、即座に出版した――最初に投稿された二年後のことだった。

論文の出版が遅れたため、そのなかでベルが問いかけていた疑問に対して、ベル自身が既に答えを出していた。そのため、出版されたバージョンには、疑問が述べられているのみならず、ベル自身がそれに答えた（よりいっそう名高い）論文が参考文献として挙がっていた。Jammer 1974, p. 303. 参照のこと。

28 Bernstein 1991, p. 72.

29 実際、ボーム版では、スピンがもつれあった電子のペアが使われていたのだが、考え方はまったく同じであり、光子のほうが実験で扱いやすい――そして、偏光のほうがスピンよりも考えやすい。

30 Bernstein 1991, p. 73.

31 H. P. Stapp 1975, "Bell's theorem and world process," Nuovo Cim B 29（2）: 271, https://doi.org/10.1007/BF02728310.

32 Translated and quoted in Howard 1985, pp. 187–188.

33 続くセクションで示すベルの定理の説明は、マーミンによるいまでは古典となった優れた論文Mermin 1985に負うところが大きい。また、私がここで示す説明と少し似た、類似の流れに沿った説明が、W. David Wick 1995, The Infamous Boundary（Copernicus）にある。ただし、こちらの説明では、ルーレット盤ではなくスロットマシンを使っており、私は自分の説明を考案し書き上げてしまうまで、ウィックの説明についてはまったく知らなかった。

34 ブラッド・ニーリーにはお詫び申し上げる。

35 これはカリフォルニア州の実際の法律である。なぜこのような法律が存在するのか、私は知らないが、図7－3aに描かれたカリフォルニア州のルーレットは、実際にそこのカジノで使われているものである。しかし、図7－3bのトリプル盤はロニーが考案したものである。

36 EPR実験に対応する。

37 たとえば、教科書として広く使われているGriffiths 2005では、pp. 423–426でそう主張されている。Abers 2004, pp. 192–195にも同様の主張が見られる。さらに、Freire 2015, p. 244や、数十件の古い論文にも同じものがある。Norsen 2007によれば、1980年ごろまでは、「[ベルの定理は］局所決定論的理論や局所的隠れた変数理論に対する制約だと考えられていた」。

38 Bell 2004, p. 143. 強調は引用元による。ベルは実際には決定論について述べていたのだが、

7　Mann and Crease 1988, p. 86.

8　Bell 2004, p. 215.

9　Bernstein 1991, p. 51.

10　同上 p. 52.

11　同上 pp. 52–53.

12　同上 p. 64.

13　同上 p. 53.

14　同上 p. 66.

15　同上 p. 65.

16　同上 p. 67.

17　Mann and Crease 1988, p. 85.

18　同上 p. 88. 強調は引用元による。

19　グリーソンの証明は、実は隠れた変数には言及していなかった。グリーソンは物理学者ではなく数学者で、彼の証明は、量子力学の根底にある数学的構造であるヒルベルト空間のいくつかの特徴に関するものだった。しかし、ヤウホと彼の同僚のパイロンは、グリーソンの証明の必然的帰結のひとつが、隠れた変数を排除していることをベルに指摘したのだった——そして、この必然的帰結は、フォン・ノイマンの証明よりも、また、彼ら自身の証明よりも、はるかに強いように思われたのだった。

20　実際、ベルは筋の通らない仮定を二つ特定したのだった。一つはフォン・ノイマンとヤウホが使ったもの、そしてもう一つはグリーソンが使ったものだ。じつのところ、グリーソンの仮定こそ、ベルを状況依存性の概念へと導いたものだった。フォン・ノイマンの仮定は、グリーソンのそれと関連しているが、より具体的で、それを不適切と判断するのは比較的容易だった。そしてフォン・ノイマンの仮定こそ、グレーテ・ヘルマンが1930年代に正当な根拠がないと正しく見抜き、のちにベルも「ばかげている」と呼んだものである。

21　Jammer 1974, p.164.

22　Mermin 1993, p. 811n23, アブナー・シモニーの言葉を引用して。

23　Bell 2004, p. 2.

24　位置は、パイロット波解釈において、特別な役割を担う——粒子は常に位置を持っているが、測定装置との関連の外側においては、常に良く定義されているとは限らないほかの性質がいろいろと存在する。しかし、量子的な粒子の測定はすべて、ボーム流の解釈では、最終的には 位置の測定に帰着するので、位置が常に良く定義されているかぎり実際の問題は存在しない。これは、「preferred basis problem」と呼ばれる問題に関連することなのだが、この問題は本書の範囲を逸脱している。ただ、この問題は9章と10章で大きなテーマとなっているデコヒーレンスと関連することである。

25　Bell 2004, p. 167.

26　Bernstein 1991, p. 72.

27　ベルは、フォン・ノイマンの証明を覆す論文を、広く読まれている専門誌、『レビューズ・オブ・モダン・フィジックス』（訳註：米国物理学会が発行する査読のある物理学専門誌）に投稿した。ベルは、掲載に先立ち、いくつか小さな変更を施すよう求められた。

36 Wheeler and Ford 1998, p. 268.
37 ブライス・ドウィットとセシル・ドウィット－モレット、1995年のインタビュー。
38 Freire 2015, p. 111.
39 同上。
40 Wheeler 1957, p. 201.
41 Freire 2015, p. 114.
42 1957年4月24日付のペテルセンからエヴェレットへの手紙。Barrett and Byrne 2012, p. 237. に収録。
43 1957年5月31日付のエヴェレットからペテルセンへの手紙。同上 p. 240. に収録。
44 Byrne 2010, p. 182.
45 1957年4月9日付のウィーナーからホイーラーへの手紙。Barrett and Byrne 2012, p. 232. に収録。
46 すべて Margenau 1958から。
47 1957年4月8日付のマージナウからホイーラーとエヴェレットへの手紙。Everett Papers, http://ucispace.lib.uci.edu/handle/10575/1179
48 1957年5月7日付のドウィットからホイーラーへの手紙。Barrett and Byrne 2012, p. 246. に収録。強調は元々の手紙による。
49 1957年5月31日付のエヴェレットからドウィットへの手紙。同上 p. 254. に収録。強調は元々の手紙による。
50 ブライス・ドウィットとセシル・ドウィット－モレット、1995年のインタビュー。
51 Barrett and Byrne 2012, p. 307.
52 Byrne 2010, p. 221.
53 同上 p. 221.
54 同上 p. 168.
55 Freire 2015, pp. 114–115.
56 Bricmont 2016, p. 8.
57 Beller 1999b, p. 183.
58 Byrne 2010, p. 221. 強調は引用元による。
59 Byrne 2010, p. 251.
60 ザビエル会議の記録 Xavier conference transcript, p. 95, http://ucispace.lib.uci.edu/handle/10575/1299。また、Byrne 2010, p. 255. にも。

第7章　科学の最も深遠な発見

1 Bernstein 1991, p. 67.
2 同上 p. 68.
3 同上 p. 12.
4 同上 p. 13.
5 同上 p. 14.
6 同上 p. 50.

11 同上 p. 56.

12 Freire 2015, p. 87n46.

13 この点に関する詳細は第11章を参照のこと。

14 Byrne 2010, p. 132.

15 同上 p. 89.

16 同上 p. 89.

17 Everett-Misner "cocktail party" tape, 1977. In Barrett and Byrne 2012, p. 300.

18 同上 pp. 302–307.

19 同上。

20 エヴェレットからヤンマーへの1973年9月19日付の手紙。Barrett and Byrne 2012, p. 296. に収録。

21 Barrett and Byrne 2012, p. 75.

22 エヴェレットからドウィットへの1957年5月31日付の手紙。Barrett and Byrne 2012, p. 255 に収録。強調は引用元による。

23 エヴェレットからペテルセンへの1957年5月31日付の手紙。Barrett and Byrne 2012, p. 239 に収録。

24 Byrne 2010, p. 91.

25 Wheeler 1985.

26 Byrne 2010, p. 161.

27 ホイーラーからボーアへの1956年4月24日付の手紙。Hugh Everett III Papers, UC Irvine, http://ucispace.lib.uci.edu/handle/10575/1195.

28 ホイーラーからエヴェレットへの1956年5月22日付の手紙。Hugh Everett III Papers, UC Irvine, http://ucispace.lib.uci.edu/handle/10575/1143.

29 同上。

30 アレキサンダー・スターンからジョン・ホイーラーへの1956年5月20日付の手紙。この箇所の引用の強調はすべて、元々の手紙では大文字で記されている。Everett Papers, http://ucispace.lib.uci.edu/handle/10575/1160.

31 1956年5月22日付の、ホイーラーからエヴェレットへの第二の手紙。Box 4, Folder 3, Correspondence from Wheeler to Everett and Others, Oct 1955–Dec 1957, Hugh Everett addition to papers, 1935–1991, American Institute of Physics, Niels Bohr Library & Archives, College Park, MD, USA, http://ucispace.lib.uci.edu/handle/10575/14608.

32 ジョン・ホイーラーからアレキサンダー・スターンへの1956年5月25日付の手紙。Everett Papers, http://ucispace.lib.uci.edu/handle/10575/1123 強調は元々の手紙による。

33 ペテルセンからエヴェレットへの1956年5月28日付の手紙。Everett Papers, http://ucispace.lib.uci.edu/handle/10575/1188

34 エヴェレットからペテルセンへの1956年6月の手紙（下書き、日付無し？）Everett Papers, http://ucispace.lib.uci.edu/handle/10575/1191

35 ペテルセンからエヴェレットへの1956年5月28日付の手紙。Everett Papers, http://ucispace.lib.uci.edu/handle/10575/1188

50 Freire 2015, p. 36.
51 Talbot 2017, p. 230.
52 同上、p. 178.
53 Freire 2015, p. 36.
54 同上 pp. 37–38.
55 同上 p.39に引用されている。元々の発言はフランス語。著者アダム・ベッカーとアレックス・ザニが英訳。ローゼンフェルトは、数名の同僚からボームに対して辛く当たりすぎていることを示唆されて、英訳からこの文章を削除した。
56 Freire 2015, p. 38.
57 Heisenberg 1958, pp. 131–132.
58 1953年11月26日のボルンからアインシュタインへの手紙。Born 2005, p. 203.
59 Freire 2015, pp. 39–40.
60 著者による、シュウェーバーへのインタビュー .
61 Talbot 2017, p. 311.
62 同上 p. 121.
63 Freire 2015, p. 48.
64 Talbot 2017, p. 247.
65 1952年5月12日のアインシュタインからボルンへの手紙。Born 2005.
66 Einstein 1953.
67 Born 2005に収録された、アインシュタインからボルンへの1948年4月の手紙。もちろん、ベルの定理はそのような事実である。しかしベルの定理が登場するのはこの15年後で、そのころまでにはアインシュタインは亡くなっていた。この点に関する更なる詳細は第7章を参照のこと。
68 Born 2005, p. 199.
69 アハラノフ、2015年のインタビュー。
70 Freire 2015, p. 54.
71 同上 p. 56. 強調は引用元にある。

第6章　別世界からやって来た！

1 シュテルン、1962年のインタビュー。聞き手、トーマス・クーン。
2 Isaacson 2007, p. 515.
3 Byrne 2010, p. 26.
4 同上 p. 30.
5 同上 p. 32.
6 同上 p. 38.
7 同上 p. 57.
8 Misner 2015, p. 1.
9 Byrne 2010, p. 57.
10 同上 pp. 57–58.

34　原子とブラウン運動についての物語は、第2章参照。

35　デイヴィッド・ボームからアーサー・ワイトマンへの日付のない手紙。おそらく1952年ごろワイトマンがニールス・ボーア研究所を訪れていたあいだに書かれたと思われる（コペンハーゲンのニールス・ボーア・アーカイブス提供）。強調は引用元にあったもの。

36　Wheeler and Zurek 1983, p. 391.

37　Bricmont 2016, p. 274に引用されている。

38　Talbot 2017, p. 439.

39　Bohm 1986, interview, Part 5.

40　Freire 2015, p. 33.

41　Talbot 2017, p. 224.

42　1951年ごろのヴォルフガング・パウリからデイヴィッド・ボームへの手紙。CERNのパウリ・アーカイブス。https://cds.cern.ch/record/80946.

43　Cushing 1994, p. 149.

44　Talbot 2017, p. 147. 残念ながら、ワイトマンがボーアの印象を報告するためにボームに送った手紙の原本は失われてしまった。私たちがいま参照できるのは、ボームがこのころ他の友人たちに送った手紙のなかで説明している、ワイトマンの手紙の内容だけだ。コペンハーゲンのニールス・ボーア・アーカイブスにある、ボームのワイトマンへの手紙を参照のこと。この手紙は、ワイトマンからボームへの失われた手紙に対する返信である。ボームはワイトマンに、ボームの考えについてニールス・ボーアが抱いた印象を報告してくれたことに感謝している。パイロット波解釈に対するボーアの反応については、ボームをめぐる別の言い伝えが存在する。こちらは、科学哲学者ポール・ファイヤアーベントによって伝えられたものである。ファイヤアーベントは、1952年にコペンハーゲンのボーアの研究所を訪問した際、ボーアはボームの研究に対して、まったく異なる反応を示したと主張した。「彼には、空が崩れ落ちてきたように思えたらしかった……。ボーアは、軽蔑的でもなければ、動揺しているようでもなかった。彼は驚嘆していた」。ファイヤアーベントがボーアに、ボームの研究の何がそれほど驚嘆に値するのかと尋ねると、ボーアは説明を始めたが、他の用事で呼ばれてしまった――この時点でボーアの弟子たちがさっと話を横取りして、フォン・ノイマンの全能の証明を持ち出して、ボームの説を却下した（Peat 1997, p. 129）。しかし、この話も、40年近く後になって語られたものだ。ほんとうにこのようなことがあったのかはっきりしないし、あったとして、この通りだったのかはわからない。とりわけ、ボームの説（すなわち、ボームがワイトマンに送った手紙）に対するボーアの反応について、入手可能な当時のほかの証拠と矛盾するように思えるため、信憑性には問題があろう。

45　Talbot 2017, p. 247.

46　同上 p. 147.

47　Freire 2015, p. 32.

48　Bohm 1957, p. xi.

49　マルクス主義は、おそらく、関連する複数のイデオロギーの集合として記述するほうがより正確と思われ、「マルクス主義」を一枚岩のものとして語るのは難しいだろう。

7　同上 p. 169.

8　ボーム、1986年のインタビュー、Part 3。

9　ボーム、1979年のインタビュー。

10　同上。

11　Bird and Sherwin 2005, p. 193.

12　同上。

13　Wheeler and Ford 1998, p. 216.

14　Olwell 1999.

15　第4章参照。

16　ボーム、1986年のインタビュー、Part 3。

17　Talbot 2017, p. 4.

18　*Hearings Before the Committee on Un-American Activities, House of Representatives* 1949, Eighty-First Congress, First Session（March 31 and April 1）Statement of David Bohm, p. 321.

19　ボーム、1986年のインタビュー。

20　同上、Part 4。

21　同上。

22　同上、Part 3。ここでは、パウリの名前が「Pavvy」と記されていることに注意。だが、ボームがPart 4でこの話の一部を繰り返すところでは、パウリの名前は正しい綴りになっている。このことと、Part 3内の記述からして、ボームはここでは実際に「パウリ」と言っていたことがはっきりする。

23　同上、Part 4。

24　同上。

25　同上、p. 125ならびにTalbot 2017, p. 224.

26　ボームの理論における観測は、測定される系に実際に影響を及ぼすが、その影響は明確に定義されており、任意の所与の系に対して具体的にどのようなものかを容易に示すことができる。より詳細は第7章を参照のこと。

27　Feynman, Leighton and Sands 1963, ch. 37, section 37-1.

28　この光子のふるまいこそ、アインシュタインが1927年のソルヴェイ会議で抗議したものだ（第3章参照）。彼は、光子がスクリーンにぶつかるまでは波動であるということは、不可避的に非局所性を意味すると主張したのである。そして、スクリーンにぶつかる前の光子が物理的な波動ではないのだとしたら、それはいったい何なのか？　ボーアらは、スクリーンに衝突する前の光子は物理的な波動ではないと主張したが、スクリーンに衝突する前に光子は何をしていたのかについては、著しく曖昧だった。

29　引用元については、Beller 1999b, p. 163を参照のこと。また、Bohr 2013, p. 311も参照されたい。

30　Beller 1999a, p. 263.

31　Mermin 2004a, pp. 10–11.

32　Wheeler and Zurek 1983, p. 392.

33　Wheeler and Zurek 1983, p. 391.

かでヨルダンは、東西ドイツの国境沿いに核兵器を配備することを提唱した。

73 Margenau 1950, p. 422.

74 Margenau 1954.

第5章 流浪する物理学

1 この話は、1989年5月に米国物理学会（APS）のある会合でドレスデンが語ったもののようだ。しかし、その会合の公式記録には、ドレスデンの発言はまったく記録されていない。この話は、Peat 1997, p. 133に登場する。しかしピートは、APSの会議でドレスデンの発言を実際に聞いて記録したのではない。また、ピートは、ドレスデンがのちに何度も手紙でこの話を書いていたと主張しているが、その手紙を示してほしいと求められたとき、ピートはそうすることができなかった。これと同じエピソードの少し違うバージョンがCushing 1994, pp. 156–57に登場するが、カッシングはドレスデンの名前は示していない。しかし、ピートが説明した話と極めてよく似ているのは明らかで、カッシングは1989年のAPSの会合でドレスデンと同じパネルにいた。たとえピートとカッシングが1989年のドレスデンの発言を正確に再現していることを私たちが認めたとしても、それは、つまるところ、一人の人間がある出来事を40年後に回想した内容に頼ることになってしまう。この話は、せいぜい大きく割り引いて受け取るべきだろう。

2 ピートの誤りの例（誤りのすべてではない）

- ボームは、バークレーの学生時代の初期にコペンハーゲン解釈への疑いを抱くようになったとピートは主張している。ボームはウィルキンスとのインタビューでこれをはっきりと否定し、彼はプリンストンに行くまではそのような疑いはまったく持っていなかったと述べている。
- ピートは、ファインマンがバークレーでボームとともに博士課程をオッペンハイマーの下で修了したと主張しているが、ファインマンがバークレーの学生だったことはない。
- ピートは、フリッツ・ツビッキーが、母国語のロシア語も含め、すべての言語を一つの訛りで話したらしいと述べている。しかしツビッキーはスイス出身である。これに類似した主張は、最初ジョージ・ガモフに関するものとして述べられた。
- ピートは、アインシュタインがマックス・ボルンへの手紙のなかで、ボームの理論を「童謡」と呼んだと主張しているが、アインシュタインはそのようなことは述べていない。彼は明らかに自分自身の論文を「童謡」と呼んだのである。
- ピートは、ボームが1950年にHUACの前で証言したと繰り返し述べている。しかし実際の証言は1949年である。おまけにピートは、自著のために行った、ボームの友人や同僚へのインタビューをまったく録音していなかった。彼はただ人々と話をし、その後何日も経ってから記憶に頼って彼らの発言を書き下して、それを直接の引用として使っていた（ピートとの個人的やりとり）。

3 Peat 1997, p. 81.

4 ボーム、1986年のインタビューより。

5 同上。

6 Bird and Sherwin 2005, p. 273.

ルクは、どうもそうではなかったようだ。

43 Cassidy 2009, p. 305.

44 Rhodes 1986, p. 386.

45 Bernstein 2001, p. 43.

46 Cassidy 2009, p. 372.

47 Bernstein 2001, p. 78.

48 同上 p. 78n7.

49 同上 pp. 116–117.

50 同上 p. 116.

51 ボーアの母はユダヤ系だったため、ナチスにとってはそれでボーアを処刑すべき人物としてマークするに十分だった。

52 Rhodes 1986, p. 500.

53 本セクションの金額はすべて、CPI inflation calculator（https://www.usinflationcalculator.com/）を使って2020年のドル値に換算されている。この箇所の元々の金額は19億ドル。

54 Kaiser 2014.

55 Forman 1987. 元々の金額は100万ドル。

56 同上。元々の金額は4400万ドル。

57 Kaiser 2014.

58 Kaiser 2002, pp.138–139.

59 このような変化は、他の分野でも見られたのだが、物理学ほど劇的ではなかった――1945年から1951年までのあいだに、アメリカで授与された博士号はすべての分野で増加したが、物理学での年増加率は平均の二倍で、他のどの分野よりも高かった。これとは対照的に、戦争の半世紀前、物理学で授与された博士号は、アメリカのすべての分野の博士号の平均増加率の87パーセントしかなかった。Kaiser 2002を参照のこと。

60 Lang 1953, p. 217、Kaiserとの個人的やりとり。

61 Smyth 1951.

62 Lang 1953, p. 216.

63 同上。

64 同上 pp. 216–217.

65 同上 p. 239.

66 同上 p. 221.

67 Kaiser 2007. 本段落の多くが、この注目すべき論考に基づいている。

68 Kaiser 2004.

69 Kaiser 2007.

70 同上。

71 この面会は、のちにマイケル・フレインによる優れた戯曲『コペンハーゲン』の主題となる。

72 Wise 1994, pp. 251–252. ハイゼンベルクとパウリはヨルダンの要望に応えたので、ヨルダンは戦後西ドイツの極右政治家としての第二のキャリアを始めることができた。そのな

18 マリーナ・ホイットマン（フォン・ノイマンの娘）、2011年のインタビューでの言葉。

19 ユージン・ウィグナー、1966年のインタビューでの言葉。

20 Rhodes 1986, p. 106.

21 同上、p. 109.

22 von Neumann 1955, p. ix.

23 同上 pp.349–351.

24 同上 p. 420.

25 同上。

26 同上。

27 U-238に低速中性子をぶつけると、ときどきプルトニウム239が生じる。これはウランとはまったく異なる元素だ。P-239は、U-235とほぼ同様に低速中性子で分裂するが、U-238からP-239を作り出すには、そもそも良い低速中性子源が必要である——そして、最良の低速中性子源は制御された核連鎖反応だ。そのようなわけで、すでにU-235を多少持っているなら、U-238からP-239を得るのははるかに容易になる。

28 Rhodes 1986, p. 294.

29 同上 p. 275.

30 ウィグナー、1966年のインタビュー。

31 同上。

32 同上。

33 Rhodes 1986, p. 281.

34 同上、pp. 378 and 387.

35 同上、p. 381.

36 Lang 1953, p. 58.

37 Cassidy 2009, p. 295.

38 Wheeler and Ford 1998, p. 32.

39 Bernstein 2001, pp. 35–36. ハイゼンベルクの数の扱いに問題があることは、彼の同僚のあいだではよく知られていた。（そして、誤解のないように言っておくと、パイエルスがハイゼンベルクとともに研究したのは1920年代であり、ドイツの原爆開発計画においてではない。戦中戦後、パイエルスはイギリスにいた。）

40 ドイツの原爆開発計画の内部にも、精製黒鉛が有効な選択肢だと気付いていた人は確かにいたようだが、この情報がどの程度広く共有されていたかははっきりせず、また、これに気付いていた人々は、黒鉛の精製はコストが高すぎて現実的ではないと、これを退けた。同上、pp. 25–26を参照のこと。

41 Cassidy 2009, p. 322.

42 Bernstein 2001, p.40. 公平のために申し上げておくと、オッペンハイマー（マンハッタン計画の科学者リーダー）も、実験物理学に取り組んだことはそれまでまったくなかった——だが彼の下で課題に取り組む実験物理学者が大勢いたし、また、オッペンハイマー自身、実験的研究に対してハイゼンベルクのような軽率な態度を取ることはなかった。オッペンハイマーは実験物理学者たちを尊敬しており、自らの限界を知っていた。ハイゼンベ

49 Jammer 1974に、当時と、後年の反応の例が挙がっているので参照されたい。

50 Fine 1996, p. 66.

51 これらの論文のひとつにおいて、観測問題へのコペンハーゲン流アプローチの奇妙さを説明する試みとして、名高い「シュレーディンガーの猫」の思考実験（本書の「はじめに」でも紹介している）が記述された。

52 Fine 1996, p. 74.

53 Jammer 1974, p. 187.

54 非常によく知られているように、マックス・ボルンは、アインシュタインが量子力学に対して抱いている問題は、決定論に関するものだと考えていたが、やがてパウリがボルンのその考えの誤りを正した。Born 2005および、より詳細にはMermin 1985を参照のこと。パウリがボルンの誤りを正したのは1954年だったが、誤解は今日に至るまで広く残っている。二人の著名人によるこの例として、Jammer 1974, p. 188ならびにHawking 1988, p. 56を参照されたい。

55 Jammer 1974, p. 188.

56 アインシュタインからシュレーディンガーへの1935年6月19日の手紙。"Einstein on Locality and Separability," *Studies in History and Philosophy of Science* 16:178.

57 Beller 1999b, p. 4.

58 Beller 1999a, p. 257にある引用。

第4章　マンハッタンのなかのコペンハーゲン

1 Heisenberg 1958, p. 129.

2 同上 pp. 54–55.

3 同上 p. 43.

4 同上 p. 128.

5 これが本当にプランクの訪問の理由だったかどうかには、議論がある。また、この面会がどのように進んだかについてもさまざまな説がある。より詳細は、Ball 2013を参照されたい。

6 同上 p. 62.

7 Kumar 2008, p. 293.

8 Ball 2013, p. 62.

9 Rhodes 1986,p. 188.

10 Ball 2013, p. 72；Rhodes 1986, p. 185.

11 Isaacson 2007, p. 401.

12 Born 1978, p. 251.

13 O' Connor and Robertson 2003.

14 同上。

15 Fermi 1954, p. 120.

16 Born 2005, p. 111.

17 Rhodes 1986, pp. 195–196.

含まれる前提を使ってしまう、誤った論法〕——だ。というのもそれは、波動関数は確率分布にすぎないということを仮定しているからだ。別の言い方をすれば、その議論は、ボーアとその仲間たちが到達したい結論をすでに仮定しているのである。この点に関するより詳細な議論は、同上、p. 195を参照のこと。

28 たとえば、Kumar 2008に、このときのいきさつに関する「古典的な」説明がある。そこでは、勝ち誇ったボーアが振りかざすアインシュタインの理論によって、アインシュタイン自身が倒されてしまう。

29 Howard 1990, p. 98.

30 アインシュタインがほんとうに懸念していたのは、不確定性原理だったとしても、ボーアが一般相対性理論を持ち出したのは、皮肉というよりむしろ憂慮すべきことだった。量子力学の論理的一貫性は一般相対性理論の存在に頼るべきではない。というのもこの二つの理論は、互いに独立であるのみならず、よく知られているように、両立しないからだ。ボーアがアインシュタインに帰したパラドックスには、量子力学以外のものは含まない解決法が存在するのだが、その解決法はボーアが提案したものではない。実際、数十年間誰にも提案されなかった。この問題全般について、より詳細は、Howard 1990; Howard 2007; Bricmont 2016, pp. 238–41を参照のこと。

31 Wheeler and Zurek 1983, p. 138. に再録。

32 *New York Times* 1935.

33 同上。

34 Fine 1996, p. 35.

35 同上 p. 38.

36 何年ものちにアインシュタインは、批判に対する回答のなかでこの点についてはっきりと述べた。「［EPR］パラドックスは、次の二つの主張のいずれかを放棄するように私たちに強制する：（1）［波動］関数による記述は完全である。（2）空間的に隔てられた物体どうしの実際の状態は、互いに独立である［局所性］」(Einstein 1949b, p. 682).

37 Born 2005, p. 155.

38 同上 pp. 169–170.

39 Kumar 2008, p. 313.

40 同上 p. 307.

41 Wheeler and Zurek 1983, p. 142.

42 同上 p. 143.

43 同上 p. 148. 強調は Wheeler and Zurek による。

44 ヤンマーは、ボーアはそう考えていたと推測している（Jammer, 1974)。ベルは判断しかねている（Bell 1981; Bell 2004にも再録)。Bell 2004, pp. 155–156も参照されたい。

45 すなわち、直前の段落で引用されている部分。ボーア自身がBohr 1949, p. 234で重要だと特定した。

46 Bohr 1949, p. 234.

47 Born 2005, p. 207.

48 Kumar 2008, p. 313.

っているのは、会議の議事録用に自分のコメントの写しを提出し、コモでの講演の写しと差し替えるように求めたことだけだ。しかし、会議で取られた記録からすると、内容はほとんど変わらなかったようだ。詳細は、Bacciagaluppi and Valentini 2009を参照されたい。

8 Beller 1999a, p. 268.

9 Forman 1971

10 論理実証主義者は、第8章でさらに大勢登場する。

11 Kumar 2008, p. 157.

12 同上、p. 160.

13 同上。

14 同上。

15 Born 2005, p. 218.

16 前半はJammer 1974, p. 204、後半はBohr 1934, pp. 56–57.

17 Heisenberg 1958, p. 186.

18 Pauli 1994, p. 33.

19 ハイゼンベルク、ヨルダン、そして他の人々の名誉のためにお断りしておくが、統一的なひとつの解釈が存在するとは、彼らは言わなかった――少なくとも当時は。ヨルダンは1927年に「ゲッティンゲン－コペンハーゲン精神」について述べ、その三年後ハイゼンベルクが同様の状況で、「量子論のコペンハーゲン精神」に言及したが。「コペンハーゲン解釈」という言葉が初めて使われたのは1955年、ハイゼンベルクによってであった。より詳細は、第4章およびHoward 2004を参照のこと。

20 Jammer 1974, p. 204。だが、Mermin 1985 も参照のこと。

21 Einstein 1949b in Schilpp 1949, p. 667.

22 同上 p. 669.

23 アインシュタインは、この数年前から量子力学における局所性の問題を気にかけていた。ハイゼンベルクの行列力学が登場する前から、アインシュタインは光子の統計がある種の非局所性を意味していることを認識していた。Howard 2007を参照のこと。アインシュタインはまた、早くも1909年に、局所性を考えれば、光子の概念は、マクスウェルの電磁気学の法則に重大な修正を迫ることも気づいていた。Bacciagaluppi and Valentini 2009を参照のこと。

24 Bacciagaluppi and Valentini 2009, p. 487.

25 同上。

26 同上、pp. 487–488。バキアガルッピとヴァレンティーニは、彼ら自身次のように主張している。「アインシュタインの議論はあまりに簡潔なため、その意図は誤解されやすく、確率の性質について混乱していたために生じたものだとして退けられてしまうかもしれない」（p. 195）。

27 つまるところ、波動関数が、一個の電子がフィルム上のある一つの位置に記録される確率について述べているに過ぎないなら、一個の電子の波動関数が、二つの異なる位置に二個の電子を記録するようにフィルムを導くことは論理的に不可能である。しかし、この議論は循環論法――文字通りの論点先取〔訳註：あることを証明するのに、そのことが暗に

48 同上、p. 76.

49 同上。

50 第1章参照

51 Bohr 1934, p. 53.

52 同上、p. 54.

53 同上、pp. 56–57.

54 彼はマッハではなくカントの考え方をなぞっていたのかもしれない。あるいは、まったく違うことをしていた可能性もある。ボーアの文章が難解なため、この点に関してはさまざまな意見が出ている。

55 第5章以降に、いくつかの異なる解釈を記述している。また、これらの異なる解釈のなかに正しいものがあるかか否かは問題ではないことにも注意してほしい。なぜなら、相補性なしに量子世界を記述することは不可能だとボーアは主張しているのだから、量子力学のほかの解釈の可能性が論理的に存在するだけでも、ボーアは反駁されたことになる。

56 1963年のインタビューでポール・ディラックが語った言葉。インタビューは、米国メリーランド州カレッジパークの米国物理学協会ニールス・ボーア・ライブラリー・アンド・アーカイブズ［以下、ニールス・ボーア・ライブラリーと略す］による。https://www.aip.org/history-programs/niels-bohr-library/oral-histories/4575-5, Part 5.

57 *Discussion Sections at Symposium on the Foundations of Modern Physics: The Copenhagen Interpretation 60 Years after the Como Lecture,* 1987, p. 7.

第3章　街なかの乱闘

1 この寓話は、その部分部分が繰り返し記述されてきた。物理学者が一般向けに書く本には、この寓話がさまざまなかたちで記されていることが多い。たとえば、Hawking 1988, p. 56や、Hawking 1999などがある。この話は、量子力学の歴史を記した数冊の本、とりわけ、Jammer 1974 および Jammer 1989 を主な出典としている（たとえば、Jammer 1989, p. 374を参照のこと）。また、20年以上を経てボーアとハイゼンベルクが当時を振り返った回想記にも登場する（Bohr 1949; Heisenberg 1971）。しかし、その内容は、量子力学が実際に構築されつつあった時期の資料として入手可能なものとは矛盾しており（たとえば、Bacciagaluppi and Valentini 2009 に収録されている第五回ソルヴェイ会議の議事録や、アインシュタイン、シュレーディンガー、ボーアらの当時の手紙など）、信頼できないと考えなければならない。この点に関する更なる情報は（本書のほかに）、Howard 2004; Howard 2007; Fine 1996; Beller 1999b; Cushing 1994; Freire Jr. 2015; Bricmont 2016 などを参照のこと。

2 1926年12月4日のアルベルト・アインシュタインからマックス・ボルンへの手紙。Born 2005.

3 Kumar 2008, p. 150.

4 Bacciagaluppi and Valentini 2009, pp. 242–244.

5 同上、pp. 254–255.

6 同上、p. 435.

7 第2章の最後の部分を参照のこと。ボーアが実際に何と言ったかはわからない――わか

15 最後まで抵抗していた者たちは、1970年にジョン・クラウザーが行った、ジョン・ベルの検証実験がもたらした副次的な影響のおかげで、ついに光子の実在性を認めざるを得なくなった。第9章参照のこと。

16 Kumar 2008, p. 35.

17 Barnett 1949, p. 49.

18 Isaacson 2007, p. 331.

19 Heisenberg 1971, p. 62.

20 これはおそらく、ハイゼンベルクがあとから自分の研究を正当化するために述べたものと推測される。彼が軌道を無視した真の動機は、先立つ10年間に、新しい実験結果を説明する上で軌道がほとんど役に立たなかったからだろう。Beller 1999b, Chapters 2 and 3、特にpp. 52–58を参照のこと。

21 同上、p. 63.

22 同上、p. 64.

23 同上、pp. 65–66.

24 Kumar 2008, p. 227.

25 同上、p.131.

26 同上、p.132.

27 Beller 1999a, p. 266.

28 同上 , p. 257.

29 Heilbron 1985, p. 223.

30 Beller 1999a, p. 258.

31 同上、p. 271 n54.

32 同上、pp.258–259.

33 Gamow 1988, p. 237.

34 Beller1999a, p. 261.

35 Niels Bohr 1934, p. 53, コモでの講演を出版したもの（ボーアがこの本の序論で述べているところでは、最初は『ネイチャー』誌に英語で掲載された）。

36 Beller 1999a, p. 256.

37 同上、p. 257.

38 Beller 1999a, p. 257.

39 同上、p. 252.

40 Cassidy 1991, p. 214.

41 同上、p. 213.

42 同上。

43 Beller 1999b, p. 29.

44 Kumar 2008, p. 212.

45 同上、p. 222.

46 Heisenberg 1971, p. 73.

47 同上、p. 75.

紹介するスライドによる発表を参照のこと。さらなる資料は次のウェブサイトを参照されたい。http://web.mit.edu/redingtn/www/netadv/PHghermann.html　2020年11月18日にアクセス。

13　Jammer 1974, p. 247「アインシュタインやシュレーディンガーなどの傑出した物理学者たちがボーアの考え方に異議を唱えたにもかかわらず、大多数の物理学者は無条件に相補性（すなわちコペンハーゲン）解釈を受け入れていた。少なくとも、量子力学が誕生してからの最初の20年間はそうであった」。

14　専門家への説明：私は単一粒子の定常状態に対する位置表示の波動関数を例として使っているだけである。のちほど、より複雑なものに触れる。

15　「波動関数ゼロメーター」™は、マイナス1の平方根などの虚数を表示するかもしれない。だが今は、そのような厄介事は脇に置いておこう。

16　厳密には、確率を与えるのは波動関数の二乗だが、考え方は同じである。

17　Isaacson 2007, p. 515.

18　Bell 2004, p. 117.

第2章　どこか腐敗していたデンマークの固有状態

1　Heisenberg 1971, p. 62.

2　ボーアの原子模型は、「量子力学」という名称の起源ではない。この名称は、20世紀の最初の10年を通して、プランクの黒体放射を皮切りに、電磁放射が離散的な大きさのまとまりとして吸収されたり放射されたりする一連の現象が発見されるなかで徐々に使われ始めたものだ。歴史のなかのこの時期——本章で解説されている1900年のプランクの発見から1925年にハイゼンベルクとシュレーディンガーによる理論の構築に至るまで——は、それ自体で一冊の本を書くに値する。これまでにそのような本が多数著されている。優れた例には、Kumar 2008；Lindley 2007 がある。

3　Heisenberg 1971, p. 61.

4　Heisenberg 1971, p. 61.

5　Heisenberg 1971, p. 64.

6　Kumar 2008, p. 193.

7　Isaacson 2007, p. 84.

8　Einstein 1949a in Schilpp 1949, p. 21.

9　次を参照のこと：Howard 2015 in *The Stanford Encyclopedia of Philosophy,* http://plato.stanford.edu/archives/win2015/entries/einstein-philscience/（スタンフォード哲学百科事典は、オンラインで無料公開されている哲学事典）. また、アインシュタインがマッハの信奉者たちに及ぼした影響と、彼らがアインシュタインの真の哲学的立場を知ったときの反応についての更なる情報は、本書の第8章を参照されたい。

10　Holton 1998, p. 70.

11　同上 p. 130.

12　Einstein 1949a, p. 21.

13　Isaacson 2007, p. 334.

14　Kumar 2008, p. 262. 強調はクマールによる。

原註

はじめに

1 Heisenberg 1958, p. 129.

2 Mermin 1990, p. 199.

3 Heisenberg 1971, p. 63.

4 Jaki 1978 参照のこと。実験は、アインシュタインの数十年前に可能だったであろう——そして実際、アインシュタインの100年前に、ヨハン・ゾルドナーによって、ニュートン力学の検証実験として提案された。しかし、アインシュタインが、このような形で検証可能なニュートンの重力に取って代わり得る理論を提案するまで、誰も気にかけなかった。

プロローグ　成し遂げられた不可能なこと

1 Bernstein 1991, p. 20.「わかりました」の強調は、バーンスタインによれば、ベルによるもの。「出来が悪い」の強調は、バーンスタインの「ベルは『出来が悪い』という言葉を、いかにも痛感しているという感慨を込めて発音した」という記述からの推測。

2 Bell 2004, p. 160.

3 同上。

4 Mann and Crease 1988, p 90.

第1章　万物の尺度

1 Jammer 1974, p. 204. しかし、Mermin 2004a も参照のこと。

2 Heisenberg 1958, p. 129.

3 Jammer 1974, p. 164. また、ヨルダンの立場はボーアの立場と矛盾し、ハイゼンベルクのそれはどちらとも両立しないことに注意。じつのところ、「コペンハーゲン解釈」という呼び名でひとくくりにされているものには、互いに矛盾する多くの立場が含まれているのだが、みな同じだと主張している。これについては第3章でより詳細に論じる。

4 アインシュタインからD・リプキンへの1952年7月5日の手紙。Fine 1996, p. 1.

5 Kaiser 2011, p. 8.

6 Fine 1996, p. 94.

7 Born 2005, p. 140.

8 Rhodes 1986, pp. 108–109.

9 Fine 1996, p. 42n3に、これについて紙幅を割いて議論している。

10 Beller 1999b, pp. 213–214. に引用されている。

11 Jammer 1974, pp. 273–274参照。また、ヘルマンの論文の該当箇所の英訳が、http://mpseevinck.ruhosting.nl/seevinck/trans.pdf で参照できる。2020年11月18日にアクセス。

12 Mermin 1993, p. 805.「グレーテ・ヘルマンは、議論のなかの明白な欠陥を指摘したが、彼女は完全に無視されてしまったようだ。誰もがフォン・ノイマンの証明を引用しつづけた」。ヘルマンについてさらに詳しい情報は、Seevinck 2012 によるグレーテ・ヘルマンを

【タ行】

索引

著者　アダム・ベッカー　Adam Becker
サイエンスライター。一九八四年生まれ。コーネル大学で哲学と物理学を学び、ミシガン大学で宇宙物理学のPh.D.を取得。ＢＢＣや*New Scientist*ほか多くのメディアに寄稿。本書が初の著書。

訳者　吉田三知世（よしだ・みちよ）
京都大学理学部物理系卒業。英日・日英の翻訳を手がける。訳書に、トゥロック『ここまでわかった宇宙の謎』（日経ＢＰ社）、マンロー『ホワット・イフ?』、ダイソン『チューリングの大聖堂』、シュービン『あなたのなかの宇宙』、ボダニス『E=mc^2』（共訳）、クラウス『ファインマンさんの流儀』（以上、早川書房）などがある。

実在とは何か　量子力学に残された究極の問い

二〇二一年八月三〇日　初版第一刷発行
二〇二四年五月二五日　初版第四刷発行

著　者　アダム・ベッカー
訳　者　吉田三知世
発行者　喜入冬子
発行所　株式会社　筑摩書房
東京都台東区蔵前二－五－三　郵便番号一一一－八七五五
電話番号　〇三－五六八七－二六〇一（代表）
装幀者　水戸部功
印刷・製本　中央精版印刷株式会社

ISBN978-4-480-86092-7　C0042